普通高等教育园林景观类『十二五』规划教材

中外园林简史

主　编　赵　燕　李永进

副主编　李东徽　朱黎青　伍敏华　王立科

中国水利水电出版社
www.waterpub.com.cn

内 容 提 要

本教材主要介绍了中外几千年的园林发展史，重点介绍了东方园林、伊斯兰园林和欧洲典型时期的园林历史。全书共分3篇8个章节，让读者在掌握相关园林历史知识，了解园林设计精髓所在的同时，也能更好地应用于设计实践之中。教材的编写注重真实性、系统性、连贯性和科学性。

上篇介绍的东方园林包括中国古典园林、中国近代园林和日本园林；中篇介绍的伊斯兰园林包括印度园林、土耳其园林、西班牙园林和波斯园林；下篇介绍的欧洲园林包括欧洲古典园林和欧洲近现代园林。教材的编写旨在让读者了解世界各类园林的渊源、发展、演变、形式、风格、类型等一般规律和特征，便于读者学习和研究中外园林史。

本教材适用于园林专业及相关专业的本科生和研究生，也可供相关领域的师生和从业人员学习参考。

图书在版编目（CIP）数据

中外园林简史 / 赵燕，李永进主编. -- 北京 : 中国水利水电出版社，2012.8(2022.7重印)
普通高等教育园林景观类“十二五”规划教材
ISBN 978-7-5084-9854-6

Ⅰ. ①中… Ⅱ. ①赵… ②李… Ⅲ. ①园林建筑－建筑史－世界－高等职业教育－教材 Ⅳ. ①TU-098.4

中国版本图书馆CIP数据核字(2012)第173643号

书　　名	普通高等教育园林景观类“十二五”规划教材 **中外园林简史**
作　　者	主编　赵燕　李永进　副主编　李东徽　朱黎青　伍敏华　王立科
出版发行	中国水利水电出版社 （北京市海淀区玉渊潭南路1号D座　100038） 网址：www.waterpub.com.cn E-mail：sales@mwr.gov.cn 电话：(010) 68545888（营销中心）
经　　售	北京科水图书销售有限公司 电话：(010) 68545874、63202643 全国各地新华书店和相关出版物销售网点
排　　版	中国水利水电出版社微机排版中心
印　　刷	清淞永业（天津）印刷有限公司
规　　格	210mm×285mm　16开本　14.75印张　460千字
版　　次	2012年8月第1版　　2022年7月第3次印刷
印　　数	5001—6000册
定　　价	45.00元

凡购买我社图书，如有缺页、倒页、脱页的，本社营销中心负责调换

本书编委会

主　编　赵　燕（云南农业大学）
李永进（河北工业大学）

副主编　李东徽（云南农业大学）
朱黎青（上海交通大学）
伍敏华（河北科技师范学院）
王立科（河北工业大学衡水学院）

参加编写人员　赵　雁（云南农业大学）
杜　娟（云南农业大学）
李　魁（瑞典农业科学大学）
陈　翀（海南大学）
李　娜（河北工业大学）
陈　婕（河北保定技术学院）
张　锐（河北科技师范学院）

前言 Preface

本教材在园林专业中具有专业基础课和专业课的双重性质，通过本课程给学生传授中外几千年的园林发展史，灿烂的古代文化，各种思想相互交织衍生了形式多样、丰富多彩的民族艺术，园林就是这众多艺术中的一棵璀璨的明珠。它虽然与物质活动密切相关，但又不完全为了人们的物质需求，关键是满足人们的精神审美需求。

“古为今用，洋为中用”，本教材以东方园林、伊斯兰园林、欧洲园林等不同类型、不同性质的园林进行介绍，让学生了解世界各园林的发展历程、园林的精髓所在，掌握相关的理论知识，以便更好地应用到工作实践当中。

教材在编写中注意贯彻其真实性、系统性、连贯性和科学性。按21世纪农林院校人才培养目标的需求而编写，全书共分上、中、下3篇8个章节，共40学时。具体分工如下：

绪论部分由赵燕和杜娟编写；第1章由杜娟、李东徽、陈翀和朱黎青编写，杜娟、李东徽、陈翀编写了古典园林部分，朱黎青编写了近代园林部分；第2章由李东徽、杜娟、陈翀编写；第3章由赵雁、李甦编写；第4章由李永进（古代的造园、中世纪欧洲的庭园、文艺复兴时期意大利造园）、张锐（17—18世纪的法国造园）、伍敏华（18世纪的英国造园、英国现代园林、西方现代园林的特点、现代园林的发展趋势）、王立科（英国园林、美国及城市公园运动、法国现代园林）、李娜和陈婕（德国现代城市公园、现代园林设计新思潮）编写。

本书在编写过程中，参考了大量的国内外相关资料、图书和论文。参考文献中已注明，如有遗漏，敬请谅解。在此，谨向各位学者、专家表示衷心的感谢。书中如有不足和不妥之处，还望同行批评指正！

编者

2012年1月

目录
Contents

中篇　伊斯兰园林

下篇 欧洲园林

绪　论

■ 园林的定义

园林是人类创造文明的产物之一，是历史 、文化、民族、自然的综合知识的体现。我国的造园艺术及其营建已有数千年的历史，文献记载的相关词汇较多，分别有：囿、园、圃、苑、庭、院、园囿、苑囿、山庄、别墅、草堂等。尽管它们的性质和规模不完全相同，但都有一个共同的特点，即在一定的地段范围内，利用并改造天然山水地貌或者人为地开辟山水地貌，结合植物的栽种和建筑的布置，从而构成一个供人们观赏、游憩、居住的环境。园林乃是为了补偿人们与大自然环境相对隔离而人为创设的“第二自然”。创造这样一个环境的全过程，一般称为造园。研究如何去创造这样一个环境的学科称为造园学。

园林的规划有大有小，内容有简有繁，但都是由土地、水体、植物、建筑 4 种基本要素组成。

园林是以建筑、树木、花草、水石、地理、生物、土壤、气象、历史、工学、美术、文学、雕刻、规划、设计、施工、管理等互为依托、相互交融所创造的，是集科学性、艺术性和实践性为一体的综合性学科。

伴随着园林建设和研究的不断推进，人类编写了来源自然、索取自然、破坏自然、保护自然、回归自然的人类发展史。随着旅游事业和环境科学的发展，尤其是近 20 多年来，园林建设和研究进入了一个崭新的阶段，现代园林的内容更为广泛，类型更为繁多，甚至包括了更大规模的区域性或国土性的生态景观，发展成为一门综合的环境学科。

■ 园林史

园林史是记录和论述园林的渊源、发展演变、形式、风格、类型等一般规律及特征，为现代园林的建设和深入研究提供借鉴的一门园林理论。

■ 世界园林史

纵观世界园林史，数万年来经历了原始文明、农业文明、工业文明和信息文明 4 个阶段。

● 原始文明时期

人类社会的原始文明大约持续了 200 多万年。最初树巢而居，如同鸟兽，后来巢穴而居，艰苦度日。人类处于对大自然的被动适应状态，所以不可能产生更高的精神追求，也就不可能有园林的出现。到了后期，出现了原始的公社和人类聚集的部落。于是在房前屋后有了果园、菜园、畜养鸟兽的场地。它不仅满足了人们的日常需求，观赏性的动物、植物也逐渐进入人们的生活，因而，园林开始萌动。

● 农业文明时期

大约 1 万年前，在亚洲和非洲的一些大河冲积平原和三角地区，伴随农业生产力的进一步发展，产生了城镇、国都。手工业、商业使建筑技术不断提高，为大规模建造园林提供了有利的条件。原有的果园、菜园、兽场已远离城市，以花园、猎苑已成为人们精神寄托、社会活动、休闲的地方。而花园猎苑设在城市或郊区，或设在宫廷附近。此时古埃及出现了宫苑、圣林和金字塔；古希腊出现了庭院、竞技场；我国出现了宫室等。各种园林的形式和风格不断交流、融合、得以发展或绝灭。最终形成三种类型：东方园林、伊斯兰园林和欧洲园林。

● 工业文明时期

18 世纪中期，英国革命的胜利促进了欧洲工业文明的发展，而当时的盲目性、掠夺性和无序性造成了资源和环境的严重破坏。为了更好地解决这些问题，人们提出了很多改造方案和理论学说。美国园林学家奥姆特德则开创了自然保护区和城市园林化的先河。由此，对城市、街道、广场、居住区等场所统一规划，建立各种自然保护区园林。

● 信息文明时期

20 世纪 60 年代以来，由于经济的快速发展，人们的物质生活和精神生活得到极大地丰富，生态环境的破坏与自然资源的利用的矛盾日趋严重，自然灾害、温室效应频频显现。迫使人们必须认识到有计划、有步骤、可持续才是社会经济发展的必经之路。

■ 世界园林概述

● 世界园林的划分

世界园林的划分主要是以世界文化体系为标准，其中包括：种族、宗教、风俗习惯、历史地理、语言文字、文化交流等因素。尤其以种族、宗教、语言文字影响最大。一般认为，世界园林有东方、伊斯兰、欧洲三大系统。

● 三种园林体系特点

○ 东方园林

以中国园林为代表，影响日本、朝鲜及东南亚，主要特色是自然山水、植物与人工山水植物栽培与建筑相结合。东方园林属于自然式山水式园林，是一种以自然为主，与建筑有机融合，涵蕴诗情画意的园林。

○ 伊斯兰园林

伊斯兰园林属于规则式园林，是以古巴比伦和古波斯园林为渊源，十字形庭院为典型，封闭建筑与特殊节水灌溉系统相结合，富有精美图案和装饰色彩。范围较大，它以幼发拉底河、底格利斯河两河流域及美索不达米亚平原为中心，横跨欧、亚、非三大洲，尤以印度、西班牙中世纪园林风格最为典型。其特点为：园林面积较小，建筑也较封闭，十字形林荫路够成中轴线，将全园分割成四区。在园林中，十字形道路交汇点设水池，以象征天堂。园中沟渠明暗交替，盘式涌泉滴水，表示对水的珍视。庭院中绿化树木尽可能相同。彩色陶瓷马赛克图案装饰在庭院中广泛应用。

○ 欧洲园林

欧洲园林是以古埃及和古希腊园林为渊源，以法国古典主义和英国自然风景式园林为代表，呈现规则式和自然式构图，艺术造诣精湛。以欧洲本土为中心辐射北美、南美、澳大利亚等区域，对南非、北非、伊斯兰、东亚等地区产生重要的影响。其特点为：规则式园林体现规则严谨、气势恢弘、雍容华贵、庄重典雅。自然式园林体现自然天成，返璞归真的艺术境界。

上篇 | 东方园林

第1章 中 国 园 林

中国园林（约前11世纪至1911年）是人类文明的重要遗产。它被举世公认为世界园林之母，世界艺术之奇观。其造园手法已被西方国家所推崇和摹仿，在西方国家掀起了一股“中国园林热”。中国的造园艺术，以追求自然精神境界为最终和最高目的，从而达到“虽由人作，宛自天开”的审美旨趣。它深浸着中国文化的内蕴，是中国5000年文化史造就的艺术珍品，是一个民族内在精神品格的生动写照，是我们今天需要继承与发展的瑰丽事业。

1.1 中国古典园林

1.1.1 与中国古典园林有关的字义

学习中国具有鲜明特色的古典园林时，必须先对园林字义有所了解。这就是说，如果事先不彻底领会有关宫苑和园林的文字的概念，就如同不懂术语而谈论学问一般，最终不能彻底弄清，所以必须从头进行下去。

庭园和公园等词是现代的术语，中国古代绝未使用过庭园和公园这两个词，而用园囿和园林等词表示这样的意思。庭这个字当然是应用的，但它仅仅表示建筑物前面的广场的意思。庭后面加个园字，合起来构成庭园一词，以往绝不曾有过；反而是将庭字放在下面，上面加个字，构成掖庭、园庭、门庭等词，这类熟词却是有的。

查阅《字林》、《辞源》、《康熙字典》等辞书就可大体弄懂词义，这里从这些辞书中遴选列举出来，加以简单的解释。

囿：筑垣以设境界而于其中饲养禽兽的场所称为囿。但是它并不是像现在的动物园那样集中奇禽异兽以观赏和教育为目的，而主要是以实用为目的。大量饲养牛马之类以供军用，养禽的目的主要也是供食用，而不是为了观赏。古代农闲是讲习武事而猎于田野，因为有毁田害民之弊，所以才划定土地，筑成垣壁而设囿。

同样是这样饲养禽兽的场所，原来称为囿，到汉代以后就改称为苑了。后来逐渐在苑中栽种蔬菜和果树之类，这仍与原来的囿的意思相同，应该视为设有垣墙的禽兽饲养场。到了后来，又以另外的含义称宫室为内苑和禁苑，对书名也应有文苑、类苑、说苑等名称了。

园：有墙者称为囿，有藩者称为园。由此可见，园是用简单的篱笆之类围起来的。就是平整土地上，四周设置轻便的围墙，以便栽植果树。此外还有完全不同的另外一个含义，将历代帝王的陵墓也称为园。

圃：栽种蔬菜的土地称为圃。场圃一词的由来是春夏之季称为圃，到了秋冬收获季节平整土地而得称为场，其实完全是同一土地。如果称为园圃，则指栽培果树和蔬菜的场所而言。

庭：堂室阶前和门屏之内的广场称为庭，与我们所想的庭园根本不同。《玉海》一书中说“堂下至门谓之庭”。指的是建筑物前面的广场，因此庭前的台阶下面可以称为庭除。

除此以外，庭这个字与别的字配合起来有种种用法，所以有时不够明确。《说文》中有表示宫中之意，后庭或椒庭一词指后宫而言。现在使用的一些词，如家庭、径庭之类，则已经变成完全不同的另外的意思了。

掖：掖字出自肘掖的意思，表示旁边、旁侧。掖字与别的字配合起来，构成表示建筑和庭园的相当重要的词。宫殿旁边的建筑物称为掖庭，殿傍的墙垣称为掖垣，宫阙旁侧的小门称为左右掖门。

复道：楼房相连的通道称为复道。屋室与屋室相通，或连接屏垣等也通过复道。传说中有立于复道之上检阅众将列队的事。

驰道：天子所行之道谓之驰道，相当于现在所说的中道。驰道多设于禁苑及其他特殊的场所，与一般臣下的行道有所区分。

驰道两侧筑垣，以便使人看不见天子从中通过。《史记·项羽本纪》中有筑垣如街以防敌人看出辎重的记载。

宅：居托之所，居处谓之宅。宅字解作为居住处所是适切的。必须经过选择，选择吉日吉处营建住宅。所以古人得到五亩之宅，将其中的一半为田地，结庐供春夏二季居住之用；另一半在村内建宅，以备秋冬二季居住之用。

第：出自顺序、等级的意思。古代的住宅有甲乙大小的顺序等级，转用于房屋的顺序，于是形成宅第这一说法。

阁道：虽然与园林的关系较远，但也经常使用这个词。意思是天子行走的道，也有登楼之陛的意思。文献中有建造栈道、木阁，以迎王、后的记载，由此可以大体了解阁道一词。

院：以垣围起来的场所称为院，还有院子等称法，也指建筑物前面的墙和建筑物围圈的中庭而言。儒者、佛徒、道士的居所称为书院、僧院、道院。

亭：安居民众的处所，道路途中供人停留之所称为亭，也指旅馆和馆舍而言。旅馆的称法可能稍嫌夸大，秦代的制度有十里一亭之设，看来似乎是供旅人休息的处所。从这个意义转来，到了汉代，开始在苑内也设亭。当时的苑有相当大的规模，这与我们现在所见的模型庭园很不相同。我们翻阅《辞源》，注释说现在的园囿中设有许多亭，作为游人休息之所，亭实际上也是构成中国庭园风格不可缺之物。

台：能够展望四方的高处称为台，是从四面堆土而筑成的；城门上的处所等也称为台。这个台字与其他诸字相结合，自古至今用以表示各种意思。

观：在台上筑造房屋以便远观，由这个意思而产生观这个名称。汉代在宫城的门上设观，以便眺望远景，有观阙等名称，还有台观、观楼等许多叫法。

榭：在台上建造的木结构建筑称为榭，有“合土以为台榭”之句。榭又指收藏乐器的处所，这与观看事物的观不同。又有“无室曰榭”的说法，看来恐怕指的是周围无四壁的建筑物。由乐器库转而为演奏音乐的场所，或许也用于称呼演习武技的练习场。榭想必不是层楼型的建筑物，而是四面敞开的非常简单的平房。台榭一词自古就大量使用。添加台榭在风景之美中起相当重要的作用。

壁：壁就是墙，是御风寒之物，仅这样解释不能说明其含义。墙有堆土积成的，有砌砖筑成的，也有木材造成的，所以不能断定是哪一种，但是看它与另外字的组合，则似乎可以推断它是用土、石砌起来并加以涂抹而筑成的。壁在中国园林中是相当受重视的一项，其中有照壁、迎壁、影壁等名称。屏风状立在门的入口内外。在这三种之中，影壁式壁面抹泥并加墨彩，画上天然景色峰峦林谷之类。照壁建在街门内传达室的内侧，所以它能挡住外面使不能看见里面。《辞源》里找不到迎壁这个词条，因而难以弄清其出处，这是遗憾的事。汉语中冠以迎字的词有迎将、迎春、迎晨、迎会等，中国自古就有出门相迎的习惯，这也是迎字的用法。因此，迎壁建在从门口向外出去的地方的正面，以便从正面遮住不体面、不协调之处，确是颇得其妙。

一般都在这类照壁和迎壁上雕刻龙纹或是其他纹饰，或是大字书写福、寿等吉祥词语，其构筑的位置和使用的建筑材料虽然各有不同，但它们都是门口不可缺少的装饰物，普遍地建立于住宅中。

墙：墙是垣的一种，必是用砖石砌建而成的，这是墙的特点。宫室周围筑墙，但并不限于宫室，一般的居室周围也筑墙。《诗经》中有“墙有茨”的句子，讽刺墙上生茨的状况，墙是自很古的时代就有的。

1.1.2 中国古典园林的类型

中国古典园林是由中国的农耕经济、集权政治、封建文化培养的产物。比起同时期的其他园林体系，其发展历史最久、持续时间最长、分布范围最广，这是一个博大精深而又源远流长的风景式园林体系。

1.1.2.1 按照园林基址和开发方式分类

按照园林基址的选择和开发方式不同，中国古典园林可以分为人工山水园和天然山水园两大类。

1. 人工山水园

在平地上开凿水体、堆筑假山，人为地创设山水地貌，配以花木栽植和建筑营造，把天然山水风景缩移模拟在一个小范围之内。这类园林均修建在平坦地段上，尤以城镇内的居多。在城镇的建筑环境里面创造摹拟天然野趣的小环境，犹如点点绿洲，故也称为“城市山林”。它们的规模从小到大，包含的内同亦相应地由简到繁。一般来说，小型的在0.5公顷以下，中型的约为0.5~3公顷，3公顷以上的就算大型人工山水园了。

人工山水园的四个造园要素之中，建筑是由人工经营的自不待言，即便山水地貌亦出乎人为，花木全是人工栽植。因此造园所受的客观制约条件很少，人的创造性得以最大限度地发挥。艺术创造游刃有余，必然导致造园手法和园林内涵的丰富多彩。所以，人工山水园是最能代表中国古典园林艺术成就的一个类型。

2. 天然山水园

建在城镇近郊或远郊的山野风景地带，包括山水园、山地园和水景园等。规模较小的利用天然山水的局部或片段作为建园基址，规模大的则把完整的天然山水植被环境围起来作为建园的基址，然后配以花本栽植和建筑营构。基址的原始地貌因势利导作适当的调整、改造、加工，工作量的多少视具体的地段条件和造园要求而有所不同。

1.1.2.2 按照园林隶属关系分类

按照园林的隶属关系加以分类，中国古典园林可以归纳为若干个类型。其中的主要类型有三个：皇家园林、私家园林、寺观园林。

1. 皇家园林

指归属于皇帝、诸侯、皇室私有的园林，古籍里称苑、宫苑、苑圃、御苑等。例如，秦阿房宫、汉上林苑、隋西苑、唐华清宫、元御苑、清圆明园等，现存中国皇家园林的代表是颐和园和承德避暑山庄。属于诸侯国王的园林如春秋战国时魏国的灵台、梁囿，燕国的禅台、黄金台、仙台；楚国的放鹰台，赵国的野台、赵圃，秦国的会盟台，齐国的柏寝台等。以楚国的章华台和吴国的姑苏台最为著名。在汉代分封于梁国的梁孝王刘武的梁园，是汉代藩王中最宏伟的园林。

魏晋南北朝以后，随着宫廷园居生活的日益丰富多样，皇家园林按其不同的使用情况又有大内御苑、行宫御苑、离宫御苑之分。

大内御苑：大多建置在皇城或宫城之内，即皇帝的宅园，个别在皇城、都城外。

行宫御苑：供皇帝游憩或短期驻跸之用。

离宫御苑：供皇帝长期居住、处理朝政的地方。

2. 私家园林

指未封王的皇族或贵族、官僚、武将、缙绅等的私有园林，古籍里称为园、园亭、园熟、池馆、山池、山庄、别墅、别业等。最早的是西汉茂陵袁广汉宅园；东汉有梁翼的园圃和菟园。

民间的私家园林是相对于皇家的宫廷园林而言。封建的礼法制度为了区分尊卑贵贱，而对士民的生活和消费方式作出种种限定，违者罪为逾制和僭越，要受到严厉制裁。因此，私家园林无论在内容和形式上都表现出许多不同于皇家园林之处。

宅园：建置在城镇里的私家园林，依附于邸宅作为园主人日常游憩、宴乐、会友、读书的场所，规模不大。一般紧邻邸宅后部呈前宅后院的格局，或位于邸宅的一侧而成跨院。

游憩园：少数单独建置，不依附于邸宅的称为游憩园。

别墅园：建在郊外山林风景地带，供园主人避暑、休养或短期居住之用。其不受城市用地的限制，规模一般比宅园大一些。

3. 寺观园林

为佛家的寺院园林和道家的道观园林。分为三种类型：寺观外园林、寺观内部园林绿化和在寺观中或一侧建独立的园林。

皇家园林、私家园林、寺观园林这三大类型是中国古典园林的主体、造园活动的主流、园林艺术的精华荟萃。除此之外，也还有一些并非主体、亦非主流的园林类型，例如：

衙署园林：衙署也称为衙门，是封建时代各级官吏行使统治权力的场所，包括中央和地方省、州、道、府、县等，建筑规模和布局都有明显的等级差异。衙署的庭院绿化点缀，早在唐代已有记载。另外，在衙署内的眷属住房的后院建置小园林，犹如住宅的宅园。所谓“衙署园林”即指此两部分。

祠堂园林：祠堂是祭祀祖先、先哲、哲人的建筑，遍及全国城乡，其中大部分为民间的宗祠。这类建筑很重视绿化和园林化，从而形成祠堂园林。有的经过适当的改造，向公众开放，则又兼有公共园林的性质。

书院园林：封建时代的教育机构，除了官学和私塾之外，还有一种“书院”。书院大盛行于宋代，一般由民间集资兴办，也有官办的。校址选择在山水风景优美的地方，同时也很重视建筑群的园林化，因此而形成“书院园林”，为生徒创造一个幽雅清静的学习环境，以利于潜心向学。另外，各地著名的“藏书楼”多有附属园林的建置，其性质、功能与书院园林颇有类似之处。我国历代创建的大小书院有7000多所，其中岳麓书院（湖南长沙）、白鹿洞书院（江西九江）、嵩阳书院（河南登封）、睢阳书院（河南商丘）并称为中国古代的四大书院。

公共园林：多见于一些经济发达、文化昌盛地区的城镇、村落，为居民提供公共交往、游憩的场所，有的还与商业活动相结合。它们多半是利用河、湖、水系稍加园林化的处理，或者城市街道的绿化，或者因就与名胜、古迹而稍加整治、改造。绝大多数都没有城垣的范围，呈开放的、外向型的布局，与其他园林类型的建置采用封闭、内向型的布局不一样。公共园林一般由地方官府出面策划，或为缙绅出资赞助的公益性质的善举，后期的发展较为普遍。

坛庙祠馆园林：是我国古代传统建筑类型中带有公共活动或集会性质的建筑物。

陵寝园林：是埋葬先人、纪念先人、实现避凶化吉的目的而专门修建的园林。如北京明十三陵、南京明孝陵等。

1.1.3 中国古典园林的特点

中国古典园林作为一个成熟的园林体系，与世界上的其他园林体系相比，它所具有的个性是鲜明的。它的各个类型之间，又有着许多相同的共性。这些个性和共性可以概括为四个方面。

1.1.3.1 本于自然，高于自然

自然风景以山、水为地貌基础，以植被作为装点。山、水、植物乃是构成自然风景的基本要素，当然也是风景式园林的构景要素。但中国古典园林绝非一般地利用或者简单地摹仿这些构景要素的原始状态，而是有意识地加以改造、调整、加工、剪裁，从而表现一个精炼概括的自然、典型化的自然。像颐和园那样的大型天然山水园才能够把典型性格的江南湖山景观在北方的大地上复现出来。这就是中国古典园林的一个最主要的特点——本于自然而又高于自然。这个特点在人工山水园的筑山、理水、植物配置方面表现得尤为突出。如明代造园专家计成在《园冶》起首篇提出的“虽由人作，宛自天开”。

1.1.3.2 建筑美与自然美的融糅

法国的规整式园林和英国的风景式园林是西方古典园林的两大主流。前者按古典建筑的原则来规划园林，以建筑轴线的延伸控制园林全局；后者的建筑物与其他造园三要素之间往往处于相对分离的状态。但是，这两种截然相反的园林形式却有一个共同的特点：把建筑美与自然美对立起来，要么建筑控制一切，要么退避三舍。

中国古典园林中建筑无论多寡，也无论其性质、功能如何，都力求与山、水、花木这三个造景要素有机地组织在一系列风景画面之中。突出彼此协调、互相补充的积极的一面，限制彼此对立、互相排斥的消极的一面，甚至能够把后者转化为前者，从而在园林总体上使得建筑美与自然美融糅起来，达到一种人工与自然高度协调的境界——

天人谐和的境界。

1.1.3.3 诗画的情趣

文学是时间的艺术，绘画是空间的艺术。园林的景物既需“静观”，也要“动观”，即在游动、行进中领略观赏，故园林是时空综合的艺术。中国古典园林的创作，能充分地把握这一特性，运用各个艺术门类之间的触类旁通，融铸诗画艺术于园林艺术，使得园林从总体到局部都包含着浓郁的诗、画情趣，这就是通常所说的“诗情画意”。

诗情，不仅是把前人诗文的某些境界、场景在园林中以具体的形象复现出来，或者运用景名、匾额、楹联等文学手段对园景作直接的点题，而且还在于借鉴文学艺术的章法、手法使得规划设计颇多类似文学艺术的结构。如沧浪亭的楹联：“清风明月本无价，近水遥山皆有情 ”与“沧浪”之说暗合。

1.1.3.4 意境的含蕴

意境是中国艺术创作和欣赏的一个重要美学范畴，也就是说把主观的感情、理念熔铸于客观生活、景物之中，从而引发鉴赏者类似的感情激动和理念联想。

游人获得园林意境的信息，可通过视觉或者借助于文字、古人的文学创作、神话传说、历史典故等信号的感受，而且还通过听觉、嗅觉的感受。诸如十里荷花、丹桂飘香、雨打芭蕉、流水叮咚，乃至风动竹篁有如碎玉倾洒，柳浪松涛之若天籁清音，都能以“味”入景，以“声”入景而引发意境的遐思。曹雪芹笔下的潇湘馆，那“凤尾森森，龙吟细细”更是绘声绘色，点出此处意境的浓郁蕴藉了。

如拙政园（此亦拙者之为政也）的见山楼：陶渊明的名句“采菊东篱下，悠然见南山”；苏舜水的“沧浪亭”，苏州网师园的“濯缨水阁”，司马迁《史记》中《渔父》：“渔父莞尔而笑，鼓枻而去，乃歌曰：‘沧浪之水清兮，可以濯吾缨。沧浪之水浊兮，可以濯吾足。’”沧浪歌早在春秋时期已经传唱，孔子、孟子都提到过它。孟子曰：“有孺子歌曰：‘沧浪之水清兮，可以濯我缨；沧浪之水浊兮，可以濯我足。’”孔子曰：“小子听之！清斯濯缨，浊斯濯足矣，自取之也。”苏州网师园：网师即渔父、钓叟，柳宗元有“独钓寒江雪”之句（原为渔隐）。

这四大特点及其衍生的四大美学范畴——园林的自然美、建筑美、诗画美、意境美，乃是中国古典园林在世界上独树一帜的主要标志。它们的成长乃至最终形成，固然由于政治、经济、文化等复杂因素制约，但从根本上来说，与中国传统的意识形态的方方面面以及重整体观照、重直觉感知、重综合推衍的思维方式的启导也有着直接关系。可以说，四大特点本身正是这些哲理和思维方式在园林艺术领域内的具体表现。园林的全部发展历史反映了这四大特点的形成过程，园林的成熟时期也意味着这四大特点的最终形成。

1.1.4 中国古典园林的发展历程

中国古典园林的历史悠久，大约从公元前 11 世纪的奴隶社会末期直到 19 世纪末期封建社会解体为止，在 3000 余年漫长的、不间断的发展过程中形成了世界上独树一帜的风景园林体系——中国园林体系。

中国古典园林的全部发展历史分为五个时期：萌芽期、形成期、转折期、全盛期和成熟期。

1.1.4.1 中国古典园林的萌芽期—商、周（公元前 16 世纪—前 220 年）

1. 时代背景

中国进入文明社会的历史可上溯约 5000 年，当时正值传说时期的三皇五帝时代。大约公元前 2100 年左右，禹死启立，建都阳城（今河南登封市境），建立国体制度，黄河中下游出现了我国历史上第一个奴隶制国家——夏。

商灭夏（公元前 16 世纪—前 11 世纪），进一步发展了奴隶制。他以河南中部和北部为中心，建立了一个文化相当发达的奴隶制社会。商朝首都多次迁徙，最后的 200 余年间建都殷（今河南安阳市境）。因此，商王朝的后期又称为殷。

大约在公元前 11 世纪，生活在陕西、甘肃一带的周族灭殷，建立历史上最大的奴隶制王国，以镐京（今西安西南）为首都。为了控制中原的商族，还另建东都洛邑（今河南洛阳）。周王朝的统治者分封王族和贵族到各地建立许多诸侯国，运用宗法与政治相结合的方法来强化大宗主周王的最高统治，各受封诸侯国也相继营建各自的诸侯国度和采邑。周代晚期，周幽王被犬戎杀于临潼骊山脚下，秦襄公击败犬戎，护送平王到洛阳避难，从此以后成为东周。

东周史称春秋时代（公元前770—前476），春秋之后称为战国时代（公元前475—前221）。春秋战国之际，正当中国奴隶制社会瓦解，开始走向封建社会转型的社会巨大变动时期。春秋时代的150多个诸侯国相互兼并的结果，到战国时代只剩下7个大国，即所谓的“战国七雄”，周天子的地位相当衰微。各国君主纷纷招贤纳士，实行变法，以图富国强兵。“士”这个阶层受到各国统治者的重用，他们所倡导的各种学说亦有了实践的机会，形成了学术上百家争鸣、思想上空前活跃的局面。

2. 中国古典园林的三个起源

最早见于文字记载的园林形式是“囿”，里面的主要建筑物是通神的“台”。中国古典园林的雏形产生囿和台的结合，时间在公元前11世纪，也就是奴隶社会后期的殷末周初。

囿：囿的建置与帝王的狩猎活动有着直接的关系，也可以说，囿起源于狩猎。囿除了为王室提供祭祀、丧祭所用的牺牲、供应宫廷宴会的野味之外，还兼有“游”的功能，虽然游观功能不是主要的，但已具备园林的雏形性质了。

台：即用土堆筑而成的方形高台，原始功能是等高以观天象，通神明，因而具有浓厚的神秘色彩。台还可以登高远眺，观赏风景。“游观”功能的日趋明显，使台成为一种主要的宫苑建筑物，并结合于绿化种植而形成以它为中心的空间环境，又逐步向着园林雏形的方向上转化。

园圃：上古时代，已有园圃的经营。园圃内所栽培的植物，一旦兼作观赏的目的，便会向着植物配置的有序化的方向上发展，从而赋予园林雏型的性质。

这三个源头之中，囿和园圃属于生产基地的范畴，它们的运作具有经济方面的意义。因此，中国古典园林在其产生的初始便与生产、经济有着密切的关系，这个关系甚至贯穿于整个萌芽期的始终。

3. 萌芽期的发展概况

中国古典园林萌芽期的造园简史见表1.1所示。

表1.1 中国古典园林萌芽期的造园简史

朝代	通史	皇家园林	私家园林	寺观园林
商（前17世纪—前11世纪）	商灭夏，商建都于殷	鹿台、桑林之野、**沙丘苑台**、百泉、桐宫	无记载	无记载
周（前11世纪—前256年）	周灭殷，建立中国历史上最大的奴隶王国，定都镐京	**灵台、灵沼、灵囿、章华台、姑苏台**	无记载	无记载

公元前1066年周武王灭殷，建立中国历史上最大的奴隶制国家，开始大规模营建城郭宫室的活动。

春秋战国时期，正是奴隶制社会向封建社会的转化期。旧的礼制处于崩溃之中，文化呈自由开放。诸侯国势力强大，诸侯国君摆脱宗法等级制度的约束，竞相修建庞大、豪华的宫苑，其中多是建置在郊野的离宫别馆。由原来单个的狩猎通神和娱乐的囿、台发展到城外建苑，苑中筑囿，苑中造台，集田猎、游憩、娱乐于一苑的综合性游憩场所。作为敬神通天的台，其登高赏景的游憩娱乐功能进一步扩大，苑中筑台，台上再造华丽的楼阁，成为当时园林中一道风景线。

春秋时期燕有钓台、金台、阑马台；楚有章华台、荆台；赵有龙台；吴有姑苏台；郑有原圃。战国时期七个大国——秦、齐、楚、燕、韩、赵、魏的离宫别苑近50处。秦国有凤台、会盟台；齐国有柏寝台、琅琊台；楚国有放鹰台；燕国有禅台、招贤台；韩国有乐林苑；赵国有野台、从台、赵圃；魏国有灵台、梁囿等。其中楚国章华台、吴国姑苏台在历史上知名度最高。

文献记载的最早的两处皇家园林是：殷纣王修建的“沙丘苑台”和周文王修建的“灵台、灵沼、灵囿”。

4. 萌芽期的园林实例

（1）沙丘苑台。

沙丘苑台又名沙丘宫，为商代最后一位帝王纣王在今河北省广宗县境内所修造，是中国园林的最初形式，可谓中国历史上第一座皇家园林，遗址尚存，如图 1.1 所示。

据《史记》载：公元前 11 世纪商纣王在此始筑沙丘苑台，放养蜚鸟野兽，设酒池肉林淫乐其中。赵武灵王继筑沙丘宫，前二九五年赵主父偕少子王何游沙丘异宫，长子章欲夺王位趁机作乱，诈以主父令诏王杀先入肥义，何即与章战。公子成李兑起四邑之兵据难，章败主父纳之。成兑因围主父宫章死成兑谋即解兵亦难赦责矣，遂围之主父欲出不得，又不得食探爵而食之，三月余饿死宫中。前二一零年秦始皇东巡还，至沙丘病危行符玺赐扶苏与丧会咸阳而葬。书已封未付使者，七月丙寅崩于沙丘平台。赵高遂篡政立嗣遗诏谋变，李斯恐诸公子及天下有变，秘不发丧。棺藏车中百官奏事如故归咸阳。遗址系三代帝王沙丘踪迹及重大事件轶闻之历史见证，亦可藉以想见当年苑囿平台之广大，离宫别馆之精美。

图 1.1 沙丘苑台

（引自 http://blog.voc.com.cn/blog_showone_type_blog_id_718888_p_1.html）

（2）灵台、灵沼、灵囿。

周族到周文王时国势逐渐强盛，公元前 11 世纪，迁都于沣河西岸的丰京，经营城池宫室，另在城郊建成著名的灵沼（养鱼、龟等水产之处）和灵囿（养鹿等动物之处），加上灵台合称为“三灵”（灵台、灵沼、灵囿）。

1）灵台。

灵台象征着高山，是中国最早的天文观象台，位于今西安市长安区灵沼街道办阿底村东南约 500 米的沣河西岸。灵台的建造表示一个国家机制的完善，灵台的功能据各种史料记载是一个集观察气候、制定律历、于民施教、动员战争、占卜大事、庆祝大典、会盟诸侯等的一个多功用场所，如图 1.2 所示。

图 1.2 灵台

［图片引自：周维权. 中国古典园林史（第二版）. 北京：清华大学出版社. 1999］

《大雅－灵台》篇中记载着关于西周文王以民力修建灵台时，平民百姓欢乐而顺从之场景，其诗曰；“经始灵台，经之营之。庶民攻之，不日成之。经始勿亟，庶民子来（其大意为：文王开始建筑那灵台，营造它来量地界。老百姓齐来建造它，不到几天很快建成了。始建本不须急成，百姓们都急忙的到来修建）。

2）灵沼。

灵沼位于西安市长安区沣河西岸，南起秦渡津，北至客省庄，南北长约 8 公里，东西宽约 3 公里的地段。其象征着大海，喻指帝王的恩泽所及之处。是封建社会上层饲养鱼类和水产的地方。

3）灵囿。

灵囿象征着滋养万物生长的辽阔土地。所谓“囿”即供帝王贵族进行狩猎、游乐的一种园林形式。周文王在平定社会以后，在距离当时国都镐京不远的地方，修建一处供自己游乐的场所，夯筑高大的土台（即灵台），挖了宽阔的水池，池中蓄养着各种游鱼水产（灵沼），还在其附近圈占了一片方圆约 70 里的山林，让天然草木与鸟兽在其中草孳生繁育，称为“灵囿”。

“文王灵囿盘游之说”源于《孟子》，当时诸侯间大兴台池，畜养鸟兽成风，后世孟子提出了“古之人君与民偕乐，故能乐也”，“民欲与之偕亡，虽有台池鸟兽，岂能独乐哉”（解释：文王与一般民众在那里欢乐，所以才能欢乐，民众想自己都活不下去了，就想与自己的王一同灭亡，王虽然有台、池、鸟兽，但一个人乐，就不是一个好的君主，乐也不会长久的）。孟子将这个道理来教化梁惠王，让其做一个明君，于是后世帝王在大开苑囿池台之际往往搬出《孟子》所谓“与民同乐”的论点作为依据，鞭策和监督社会上的一些不良之风。

文王的灵台、灵池、灵囿主题明确，能游、能赏。有阜原、池沼、动物、植物、树木、花，更有景点建筑，这些都是人为加工创造的。可以说它是人为艺术与自然风景的结合，是一个很好的人文景观，它标志着我国古典园林的真正开始。同时，还可能有其政治寓意。赋予灵台更为神圣的性格，以显示周受命于天，为灭商建周制造舆论准备。所以，文王之灵台、灵池、灵囿，兼有游赏、望气、通神的功能。

（3）章华台。

始建于东周列国时春秋楚灵王六年（前 535）。历时六年竣工。《水经注·沔水》载“水东入离湖……湖侧有章华台，台高十丈，基广十五丈……穷土木之技，单府库之实，举国营之数年乃成。”经考古发掘，其台地遗址范围很大，东西长约 2000 米，南北宽约 1000 米，其总面积达 220 万平方米。位于古云梦泽内，今湖北省武汉以西，沙市以东，岳阳长江以北的一大片自然风景绮丽的上古神话甚多的水网、湖沼密布的荆江三角洲上。台的体量庞大，榭亦美轮美奂，是当时“高台榭”的典型，台的三面为人工水池环抱，临水成景。山环水抱的做法也是在园林里面开凿大型水体工程见于史书之首例，如图 1.3 所示。

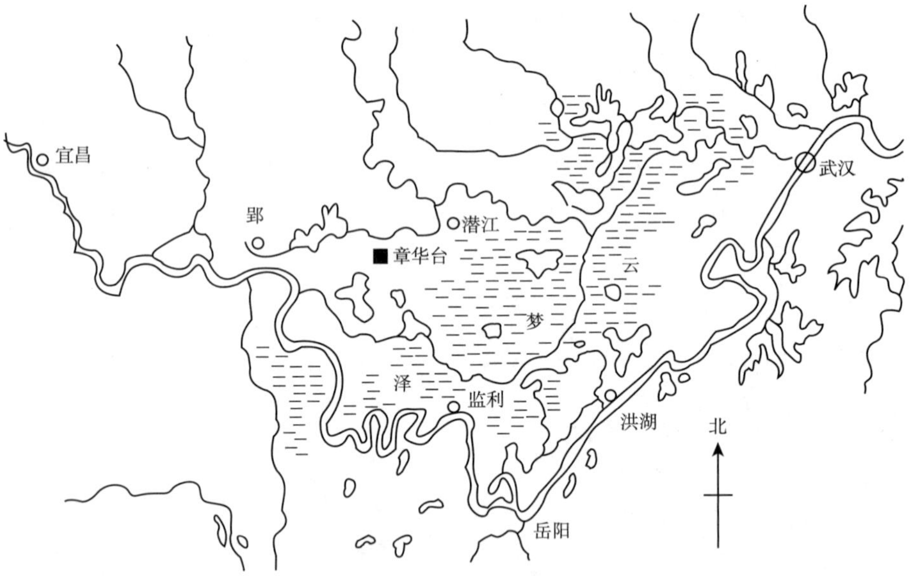

图 1.3　章华台位置图

［图片引自：周维权著．中国古典园林史（第二版）．北京：清华大学出版社．1999］

（4）姑苏台。

姑苏台在吴国国都吴西南 12.5 公里的姑苏山上，始建于吴王阖闾十年（前 505），春秋时代，各诸侯争相兴建园囿。后经夫差续建，历时五年乃成。姑苏山横亘于太湖之滨山上怪石嶙峋，峰峦奇秀，至今尚保留着古台址十余处。

这座宫苑全部建在山上，因山成台，联台为宫，千里尽作苑囿。苑中又广建宫室及小品，总体布局因山就势，曲折而下，规模宏大，极其华丽。主台“广四十八丈”，“高三百丈”。宫苑的建筑极华丽。除了一系列的台之外，还有许多宫、馆及小品建筑物，并开凿山间水池。其总体布局因山就势，曲折高下。《述异记》对这座宫苑有一段文字描述：

“周旋诘曲，横亘五里，崇建土木，殚耗人力。宫妓数千人，上别立春宵宫，为长夜之饮，造千石酒钟。夫差作天池，池中造青龙舟，舟中盛陈妓乐，日与西施为水嬉。吴王于宫中作海灵馆、馆娃阁（宫），铜钩玉槛。宫中之楹槛皆珠玉饰之。”如图 1.4 所示。

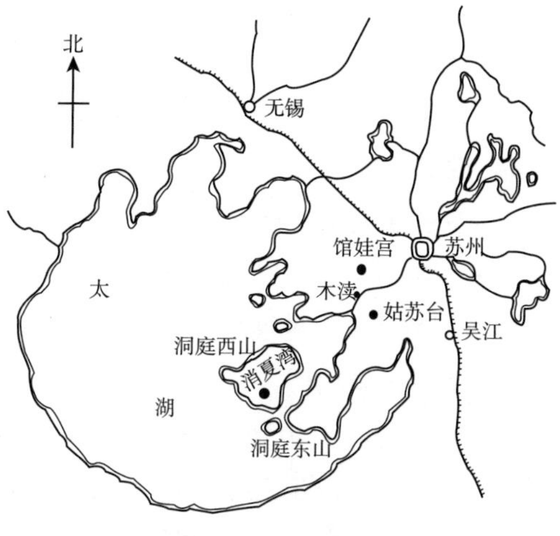

图 1.4 姑苏台位置图

［图片引自：周维权．中国古典园林史（第二版）．北京：清华大学出版社．1999］

5. 萌芽期的造园特点

商、周是园林生成期的初始阶段，天子、诸侯、卿士大夫等大小贵族奴隶主所有的“贵族园林”相当于皇家园林的前身，但尚不是真正意义上的皇家园林。

（1）夏、殷时代，建筑术逐渐发展，出现了宫室、世室、台等建筑物，并进一步发展。

（2）周代定城郭宫室之制，规定大小诸侯的级别，宫门、宫殿、明堂、辟雍等都定出等级，囿、沼、台三者的融合也在此时确立下来，而园圃周围筑墙围绕，种植梅、桃、木瓜、李、漆、桑、栗等树，盛栽各种花果树木，后来汉代苑囿继承此风，而扩大了规模。

（3）春秋战国时代呈现出文化方面自由奔放发展之势，霸主逞其权势豪奢之欲而营建宫殿园圃，中国建筑至此时发生了大的转变和飞跃，如吴王夫差的姑苏台和秦始皇的阿房宫是这一时期建筑的代表，设计时考虑到殿馆、阁楼、廊道等建筑物与池沼楼台的风物相联系，相映生辉，这是周代不曾有的重大进展。另外，战国时期出现了以自然山水为主的造园风格。

1.1.4.2 中国古典园林的形成期—秦、汉（公元前 221—公元 220）

1. 时代背景

公元前 236 年秦王嬴政经过 16 年战争（公元前 236—公元 221），陆续消灭了韩、赵、燕、魏、齐、楚六国，实现统一。建立了中国历史上第一个统一的中央集权的封建王朝。秦实行中央集权，分全国为 36 个郡，改官制，统一货币，统一文字，统一度量衡，兴修驰道、直道、水利等，这些改革举措，有力促进了秦统一全国后经济的蓬勃发展。同时，秦王嬴政聚敛天下财富，大力营造国都咸阳，大修上林苑，起骊山陵园，开创了我国造园史上一个辉煌的篇章。

秦亡汉兴，经过 4 年楚汉战争，汉高祖刘邦击败项羽，立都长安。汉高祖刘邦采取封建和郡县两种制度并行的策略，既封同姓子弟又封异姓功臣的宽松政策，自己礼贤下士，招贤任能，提倡儒学，以礼治国，稳定社会秩序，使汉政权建立不久便呈现出蓬勃的生机。至汉武帝，对内大兴儒学，文化呈现空前繁荣局面；对外派张骞出使西域，进行贸易往来和文化交流，使汉代进入全盛时期。汉武帝大兴土木，建造宫室苑囿，因此，西汉皇家园林与秦代相比较，有过之而无不及，将建筑山水宫苑这一园林形式已发展到了顶峰。至汉元帝以后，宦官专权，外戚横行，致使王权旁落，终被王莽篡夺。

王莽篡汉称帝 15 年，被汉更始帝刘玄所灭。汉宗室刘秀原为更始的大马司，受诸将的拥戴而即帝位，定都于洛阳。东汉统治者为了巡狩、祭祀和享乐，在新都洛阳建造了若干园囿。汉末，豪强混战，长期以来形成的长安、洛阳等政治、经济、文化中心遭受毁灭性的破坏，大小苑囿难逃厄运。

2. 影响中国古典园林向着风景式发展的因素

台、囿、园圃本身已经包含着园林的物质因素，可以视为中国古典园林的原始雏型。那么，促成形成期的中国园林向着风景式的方向上发展的社会因素则是人们对大自然环境的生态美的认识——山水审美观念的确立。

除了山水审美观念之外，影响园林向风景式方向上发展的三个重要的意识形态方面的因素分别是：天人合一思想、君子比德思想、神仙思想。

（1）天人合一思想。

这一命题由宋儒提出，他将天道与人性合而为一，寓天德于人性，把封建社会制度的纲常伦纪外化为天的法则。秦、汉时天人合一又演化为“天人感应”说。认为天象、自然界的变异和社会人事的变异之间存在着互相感应的关系。正是由于天人谐和的主导和环境意识的影响，明确了中国园林封建史的发展方向。两晋南北朝以后，通过人的创造性劳动更多地将人文的审美融入到大自然的山水景观之中，形成中国风景式园林“源于自然，高于自然”、“建筑与自然相融糅”等基本特点，并贯穿于此后园林的始终。

（2）君子比德思想。

源于先秦儒家，它从功利、伦理的角度来认识大自然。在儒家看来，大自然山林泽川之所以会引起人们的美感，在于它们的形象能够表现出与人的高尚品德相类似的特征，从而将大自然的某些外在形态、属性与人的内在品德联系起来。孔子曰：“知者乐水，仁者乐山。知者动，仁者静。”就是以水的流动表现智者的探索，以山的稳重与仁者的敦厚相类比，山中蕴藏万物，可施惠于人，正体现仁者的品质。把泽及万民的理想的君子德行赋予大自然而形成山水的风格，这种“人化自然”的哲理必然会导致人们对山水的尊重。中国自古以来即把“高山流水”作为品德高洁的象征，“山水”成了自然风景的代称，园林从一开始便重视筑山和理水，也就决定了中国园林的发展必然遵循风景式的方向。

（3）神仙思想。

产生于周末，盛行于秦、汉，是原始的神灵、山岳崇拜与道家的老、庄学说融糅混杂的产物。到秦、汉时，民间已广泛流传着许多有关神仙和神仙境界的传说，其中东海仙山和昆仑山最为神奇，流传也最广，成为我国两大神话的渊源。园林里面由于神仙思想的主导而模拟的神仙境界实际上就是山岳风景和海岛风景的再现，这种情况盛行于秦、汉时的皇家园林，对园林向着风景式方向上的发展，也起到了一定的促进作用。

3. 形成期的发展概况

中国古典园林形成期的造园简史如表1.2所示。

表1.2　　**中国古典园林形成期的造园简史**

朝代	通史	皇家园林	私家园林	寺观园林
秦 （前221）	秦灭六国，统一全国，建立中国历史上第一个统一的中央集权的封建王朝	咸阳宫、上林苑、阿房宫、秦始皇陵、秦长城、宜春苑、梁山宫、骊山宫、林光宫、兰池宫		
西汉 （公元前206—公元25）	秦亡汉兴，经楚汉战争，汉高祖战败项羽，建立西汉王朝，建都长安	上林苑、未央宫、甘泉宫、建章宫、兔园	袁广汉宅园	
东汉 （25—220）	王莽篡汉称帝15年，被汉更始帝所灭。刘秀建立东汉王朝，定都洛阳	广成苑、鸿池、鸿德苑、苹圭灵昆苑、平乐苑、上林苑、光风园、西苑、显阳苑	梁冀的园圃、菟园	“洛阳白马寺”为佛教传入中国后兴建第一座寺院 五台山始建佛寺“大孚灵鹫寺” 天师道创始人张道陵在峨眉山修寺

（1）皇家园林。

公元前221年秦始皇建立中国历史上第一个中央集权的封建王朝，建都咸阳。秦始皇开始实现“大咸阳规划”，大规模建设宫苑。开始真正意义上的“皇家园林”。在渭水北面建六国宫、兰池宫、梁山宫等，渭水南面扩建上林苑，新建信宫、阿房宫、骊山宫等。文献记载秦代短短12年所建离宫别苑数百处。

西汉王朝建立初，秦旧都咸阳被项羽焚毁，另建新都长安，建长乐宫、未央宫。至公元前140年汉武帝期间，当时经济繁荣，国力强大，汉武帝好大喜功，皇家造园活动空前兴盛。公元前138年扩建上林苑，公元前120年扩建甘泉宫，公元前104年新建建章宫。

公元25年刘秀建立东汉王朝，定都洛阳。东汉初期，朝廷崇尚节俭，宫苑兴造不多。到后期统治阶级追求享乐，又兴建了许多新的宫苑。东汉前期（25—88），洛阳的宫苑主要有鸿驰苑、上林苑、广成苑；东汉后期（112—180），主要有西苑、鸿德苑、显阳苑、灵昆苑等。东汉的皇家园林数量不如西汉多，规模较西汉小。皇家宫苑趋向小型化。

（2）私家园林。

西汉初年，私人营园的并不多见。汉武帝以后，地主、商人广治田产，拥有大量奴婢，过着奢侈的生活。有文献记载的私家园林最早始于西汉中期，分别是汉武帝时期的茂陵富商袁广汉宅园和宰相田蚡的第宅园池。到西汉中期，更趋奢华成风。其中，曲阳侯王王根及成都侯王王商的第宅园林都是规模宏大，楼观壮丽。

到东汉时，私家园林见于文献记载的已经比较多了，除了建在城市以及近郊的第宅、园池外，随着庄园经济的发展，园林化的郊野庄园也开始出现并兴盛起来。如东汉开国元勋梁统的后人梁冀的三处私园——园圃、林苑和菟苑。东汉中期以后，帝王荒淫，吏治腐败，外戚宦官专政，许多文人出身的官僚由于不满现状，逃避政治迫害纷纷辞官回到自己的庄园隐居，隐士庄园开始萌芽，因此当时著名的隐士庄园主多为文人。隐士和隐逸思想开始对园林发生影响，如东汉的大文学家、科学家张衡就是当时著名的致仕归田的隐士，还有旅行家仲长统则是终生不仕的隐士中的一位代表人物。

由于缺乏更具体的文字材料，所谓园林化的庄园只是一个模糊的概念。它们在东汉时尚处于萌芽状态，到了下一个时期的魏晋南北朝时才得以长足发展。相应地，隐逸思想亦随之而丰富其内涵，更深刻地渗透于后世的私家园林创作活动之中。

（3）寺观园林。

公元58年，东汉时期汉明帝派人到印度求法，并制定洛阳白马寺藏佛经，佛教传入中国，但东汉佛教并未受到朝廷重视。道教开始行于东汉末年，其渊源为原始的巫术、神仙、阴阳五行之说，奉老子为教主，张道陵倡导的五斗米教为道教定型化之始。由于出于宗教本身的目的和宗教活动的需要，佛教、道教常在郊野地经营寺观，因此众多郊野修建的寺观成为山野风景开发建设的先行者。最早的郊野寺观分别是：公元58年东汉印度高僧慑摩腾和竺法兰在五台山始建佛寺“大孚灵鹫寺”；东汉末年天师道创始人张道陵在峨眉山修炼、炼丹所建的道观。

4. 形成期的园林实例

（1）西汉上林苑。

上林苑原为秦国的旧苑，于秦惠王时建成，秦始皇再加以扩大、充实，成为当时最大的皇家园林。苑内最主要的一组宫殿建筑群是阿房宫。秦末，秦皇宫苑全部被项羽焚毁，火烧三月而宫室苑园殆尽，有史为证。汉武帝三年（公元前138年）就秦上林苑加以扩建，汉武帝在位后期，对外战争频繁，军饷不敷，将上林苑的部分土地租赁给贫农耕种，所得赋税充作军饷。汉成帝时开始精简园内活动，转让公馆建筑，裁撤管理机构。到西汉末年，苑内大部分可耕土地恢复良田，上林苑作为皇家园林，已经名存实亡。

汉上林苑北濒渭河，南抵秦岭，东到蓝田，西至周至，占地面积方300里（汉代一里相当于0.414公里），范围十分广阔，如图1.5所示。苑内建有大量亭台楼阁，布满珍禽奇兽，名木异草。上林苑有大而宏伟的建章宫和两个大名池，即昆明池和太液池，如图1.6所示。

建章宫是上林苑中最大的也是最重要的一个宫城，位于汉长安城西城墙外，今三桥北的高堡子、低堡子一带。建章宫的正门阊阖，左凤阙、右神明，高大壮丽，做工精美，耐人寻味，它打破了建筑宫苑格局，在宫苑中出现了

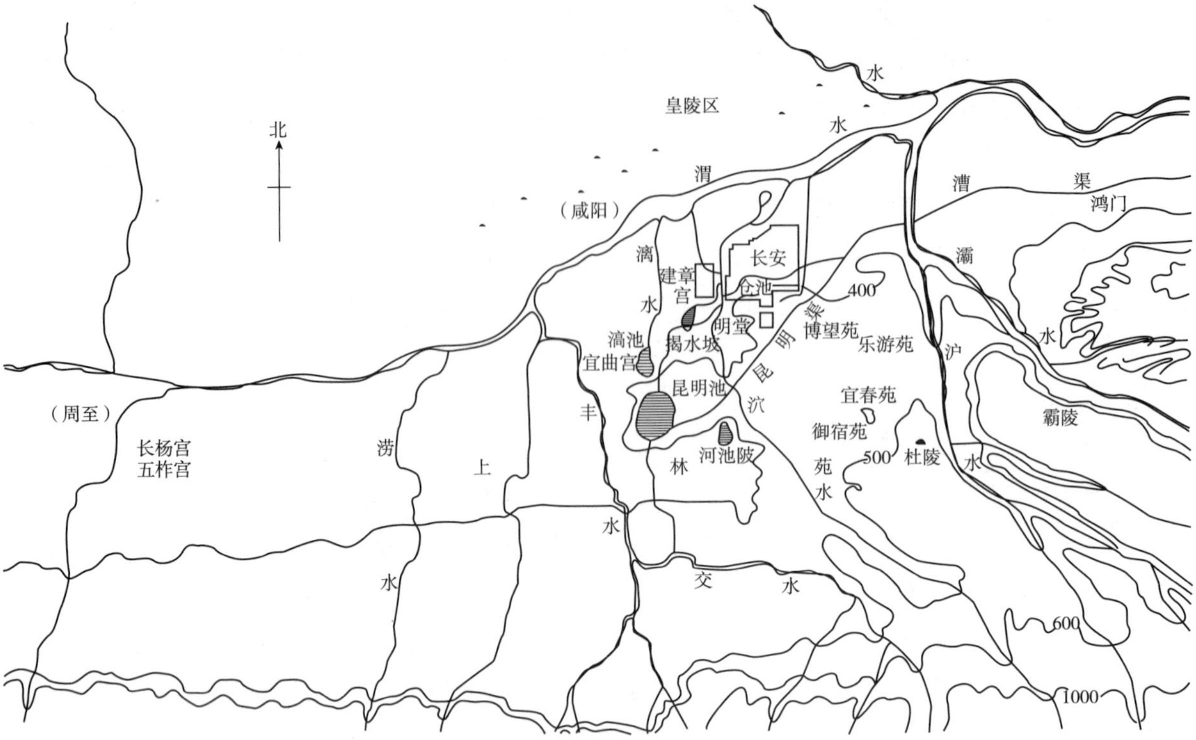

图 1.5　西汉长安上林苑位置图

［图片引自：周维权．中国古典园林史（第二版）．北京：清华大学出版社．1999］

图 1.6　西汉建章宫

（引自 http：//www. bdlrl. com/ship/_ private/20_ ca/02 - gdca/hg03 - jzg. html）

1—壁门；2—神明台；3—凤阙；4—九室；5—井干楼；6—圆阙；7—别风阙；8—鼓簧宫；9—娇娆阙；10—玉堂；11—奇宝宫；12—铜柱殿；13—疏圃殿；14—神明堂；15—鸣銮殿；16—承华殿；17—承光宫；18—兮指宫；19—建章前殿；20—奇华殿；21—涵德殿；22—承华殿；23—婆娑宫；24—天梁宫；25—骀荡宫；26—飞阁相属；27—凉风台；28—复道；29—鼓簧台；30—蓬莱山；31—太液池；32—瀛洲山；33—渐台；34—方壶山；35—曝衣阁；36—唐中庭；37—承露盘；38—唐中池

叠山理水的园林建筑，北部以园林为主，南部以宫殿为主。传说汉武帝迷信方士说教，认为东海有神山，神山上有仙草，是神仙常住的地方，故在建章宫北凿池堆山，取名太液池，以定阴阳津液之说。太液池起土建台，称渐台，台高二十余丈，台上建阁，极为壮观。台下水击石壁浪花飞溅有声有色。太液池中有三岛，摹拟东海三仙山。《史记》、《封禅书》载："……命曰太液池，其中有瀛洲、蓬莱、万丈象海中仙山"。太液池高岸环洲，碧波荡漾。犹如天山胜境。太液池岸还用浴室雕凿"鱼龙、奇禽、异兽之属"，使仙山更具神秘色彩。

建章宫的总体布局，成为后世"大内御苑"规划的滥觞，它的园林是历史上第一座具有完整的三仙山的仙苑式皇家园林。从此以后"一池三山"成为历来皇家园林的主要模式，一直沿袭到清代。西汉末年，建章宫毁于王莽之手。

昆明池位于上林苑之南，引沣河而成池，是上林苑中最大的水体。汉武帝做昆明池的初衷是"欲伐昆明夷，教习水战"之用，后来却成了皇帝泛舟览胜的场所，同时昆明池还具有多种功能，充当大型人工水库，既是保证汉长安的供水，又调节漕运水源。

上林苑是经过人工规划设计的大型人工组景的山水园，它具备发展期古典园林的全部功能——游憩、居住、朝会、娱乐、狩猎、通神、求仙、生产、军训等。

1）在当时的园林布局中，栽树移花、凿池引泉、叠石造山、建宫设观，这种人为的园林山水造景的出现为以后的山水园林艺术的发展和设计开创了先例。

2）宫殿的组合与外观，突破前人观念，出现新的突破。开发水系丰富、开凿人工湖。开创了"园中园"手法，形成了苑中有苑，苑中有宫，苑中有观（馆）的格调。

3）上林苑的每个景区中，都建有一定数量的建筑，并作为苑的主题，使人工美与自然美相统一；上林苑开创我国造园"一池三山"人工山水布局之先河，其分割水面和划分空间的手法为后世所效仿。

4）上林苑首创以雕塑装饰园景的艺术，太液池北岸有"石鱼，长二丈，宽五尺。西岸有石龟二枚，每长六尺"。

5）上林苑是一个珍贵的植物园，同时也是一个饲养珍禽异兽的动物园。

6）上林苑中还有帝王的陵墓，如白鹿原山的汉文帝灞陵、汉宜帝杜陵等。

（2）梁孝王的梁园（兔园）。

梁孝王（刘武）是汉武帝的叔叔，好宾客，尤爱与文人相交。兔园后称梁园，也称梁苑。据《西京杂记》载："梁孝王好宫室苑囿之乐，作曜华之宫，筑兔园，园中有百灵山，山上有肤寸石、落猿岩、栖龙岫，又有燕池，池中有鹤洲、岛渚，宫观相连，延亘数里，奇果异树，瑰禽怪兽，靡不毕备。王与宫人宾客垂钓其中"。说明兔园的范围也颇可观，其型制以建筑为主，但山水动物已占很大比重。由于受文图影响，园中布景、题名已开始出现诗画意境。这是我国古代园林中可发展的苗头，文化素质对园囿的影响由来已久，但见诸史籍。

（3）西汉茂陵富商袁广汉宅园。

西汉时期，茂陵富豪袁广汉在茂陵北山下大建宅园，东西四里，南北五里。园中楼台馆榭，重客回廊，曲折环绕，重重相连，用石堆造假山，高十余丈，造落差为瀑布，引激流水为池。园内山水间驯养奇兽珍禽，栽植各种奇树异草。这里值得注意的是石假山，袁广汉开始创造了石假山，它一方面反映了西汉时民间堆筑石山的水平，另一方面也反映了西汉经济的发展。还可注意这是积沙为洲渚，这和堆假山一样，是人造自然的大手笔。

（4）梁冀的园圃、菟园。

梁冀为东汉开国元勋梁统的后人，顺帝时官拜大将军，历事顺、冲、质、桓四朝。《梁统列传》所记述的梁冀的两处私园——"园圃"、菟园，反映当时的贵戚、官僚的营园情况。其一，广开"园圃"，"深林绝涧、有若自然"，具备浓郁的自然风景的意味。园林中构筑假山的方式，尤其值得注意，它摹仿崤山形象，是为真山的缩移摹写。梁冀园林假山的这种构筑方式，可能是中国古典园林中见于文献记载的最早例子。其二，建制在洛阳西郊的菟园“经亘数十里”，但未见有园内筑山理水的记载，却着重提到“缮修楼观，数年乃成”。足见建筑物不少，尤以高楼居多而且营造规模十分可观。

5. 形成期的造园特点

秦、西汉为中国古典园林发展的重要阶段，相应于中央集权的政治体制的确立，出现了皇家园林这个园林类型。它的“宫”、“苑”两个类别，对后世的宫廷造园影响极为深远。东汉则是园林由形成期发展到魏晋南北朝转折时期的过渡阶段。

（1）尚不具备中国古典园林的全部类型，造园活动的主流是皇家园林。私家虽已见诸文献记载，但为数甚少而且大多数是摹仿皇家园林的规模的内容，两者之间尚未出现明显的类型上的区别。园林的内容驳杂，园林的概念也比较模糊。

（2）园林的功能由早先的狩猎、通神、求仙、生产为主，逐渐转化为后期的游憩、观赏为主。进入汉代后，囿改成为苑，沼改称为池，用字有所改变。

（3）由于原始的山川崇拜、帝王的封禅活动，再加上神仙思想的影响，大自然在人们的心目中尚保持着一种浓重的神秘性。儒家的“君子比德”之说，又导致人们从伦理、功利的角度来认识自然之美。对于大自然山水风景，仅仅构建了低层次的自觉的审美意识。园林也存在类似的情况，虽本于自然却未必高于自然。在园林里面所进行的审美的经营尚处在低级的水平上，造园活动并未完全达到艺术创作的境地。

1.1.4.3 中国古典园林的转折期—魏、晋、南北朝（220—589）

1. 时代背景

公元220年，东汉灭亡后，豪强相互兼并，形成魏、蜀、吴三国鼎立的局面。263年，魏灭蜀，两年后司马氏篡位，建立晋王朝。280年晋灭吴，结束了分裂的局面，中国复归统一，史称西晋。

经过将近100多年的持续战乱，社会经济遭到极大破坏，人口锐减。据文献记载，东汉后期全国人口有5006万人，到西晋初年仅537万人。西晋开国之初，允许塞外比较落后的少数民族移居中原从事农业生产以弥补中原人口锐减的状况，同时在律令、官制、兵制、税制方面作了适当改革。由于这些措施，社会呈现短暂的安定景象。然而，维系封建大帝国的地方小农经济基础并未完全恢复，庄园经济和豪强势力日益强大并转化为门阀士族。士族拥有自己的庄园和世袭的特权，有很高的地位并足以与皇室相抗衡。300年，爆发了“八王之乱”。流离失所的农民不堪残酷压榨而酿成“流民”起义，移居中原的少数民族也纷纷发动叛乱。从304年匈奴族刘渊起兵反晋开始，黄河流域完全陷入匈奴、羯、氐、羌、鲜卑等5个少数民族豪酋相继乱战、政权更迭的局面。

西晋末年，北方的一部分士族和大量汉族劳动人民迁移到长江中下游，南渡的司马氏于317年建立东晋王朝。东晋在南渡的北方士族和当地士族的支持下，维持了103年。南方相继为宋、齐、梁、陈4个政权更迭代兴，史称南朝，前后共169年。北方5个少数民族先后建立16个政权，史称“五胡十六国”，其中鲜卑族拓跋部的北魏权势最强大，于386年统一整个黄河流域，是为北朝，从此形成了南北朝对峙的局面。北魏积极提倡汉文化，利用汉族士人统治汉民，因此北方一度呈现安定繁荣。但不久统治阶级内部开始倾轧，分裂为东魏和西魏，随后又分为北齐、北周。

2. 影响中国古典园林发生转折的因素

（1）长期的分裂、战乱使旧礼教日益崩溃。

300多年的动乱分裂时期，政治上大一统局面被破坏势必影响到意识形态上的儒学独尊。人们敢于突破儒家思想的桎梏，藐视正统儒学制定的礼法和行为规范，向非正统的和外来的种种思潮中探索人生的真谛。由于思想解放而带来了人性的觉醒，成了这个时期文化活动的突出特点。

社会动荡不安，普遍流行着消极悲观的情绪和及时享乐的思想，从而导致了行动上的两个极端倾向：贪婪奢侈、玩世不恭。这两种行为倾向都能体现出士人对政治厌恶和对现实不满。厌恶政治正是老、庄所标榜的虚无、无为而治的思想基础；不满现实的情绪则促成了新兴佛教的重来生不重现世的学说的流行。老庄、佛学与儒学相结合而形成玄学。玄学是魏晋南北朝时期盛行于士人中的显学。玄学体系以“贵无”思想为主。玄学家重“清淡”，好谈老庄或注解《老子》、《庄子》、《周易》等书以抒己志，处处体现出超然物外的洒脱思想。而士大夫知识分子中出现了相当数量的“名士”，名士大多是玄学家，号称“竹林七贤”的王戎、山涛、嵇籍、稽康、向秀、刘伶、阮咸都是名士的代表人物。名士们以任情放荡、玩世不恭的态度来反抗礼教的束缚，寻求个性的解放，一方面表现为饮酒、服食、狂狷的具体行为；另一方面则表现为寄情山水、崇尚隐逸的思想作风，这就是所谓的“魏晋风流”。

寄情山水和崇尚隐逸成为这个时期的社会风尚，从而启导着知识分子阶层对大自然山水的再认识，从审美的角度去亲近它、理解它。于是，社会上又普遍形成了士人们的游山玩水的浪漫风习。

（2）庄园经济的产生和发展。

汉晋之际，在传统的封建经济形态中，迅速发展着一种新的生产组织形式——庄园。这种自给自足、多种经营的庄园经济兴起于西汉，到魏晋南北朝时期已经完全成熟，并形成了山林川泽私有化、庄园环境园林化等特征。

在庄园经济和该时期文化艺术的影响下，园林形式如庄园、别墅以及它们所呈现的山居风光和田园风光都别具特色，经过文人的诗文吟咏，逐渐在文人圈子里培养出一种包含着隐逸情调的美学趣味。这对后世影响极其深远，促成了唐、宋及以后田园诗画、山居诗画的大发展。

（3）文学艺术的发展。

魏晋南北朝时期的士族门阀制度和玄学的流行，直接或间接地影响着文学艺术的创作。中国古代第一批有历史记载的艺术家出现了：三国时期，吴国的画家曹不兴，当时被列为吴国的“八绝”之一；东晋的画家顾恺之、文人陶渊明以及书法家王羲之、王献之父子的大名更是至今妇孺皆知。

魏晋南北朝的文化艺术博大精深，对于当时园林的影响可以说是极其深远，其中尤为重要的如下。

1）“经营位置”。即考虑整个结构和布局，使结构恰当，主次分明，远近得体，变化中求得统一。我国历代绘画理论中谈的构图规律，疏密、参差、藏露、虚实、呼应、简繁、明暗、曲直、层次以及宾主关系等，既是画论，又是造园的理论根据。如画家画远山则无脚，远树则无根，远舟见帆而不见船身，这种简繁的方法，既是画理，也是造园之理。

2）“传移模写”。即向传统学习。从魏晋南北朝开始，园林艺术向自然山水园发展，以宫、殿、楼阁建筑为主，充以禽兽。其中的宫苑形式被扬弃，而古代苑囿中山水的处理手法被继承，以山水为骨干是园林的基础。构山要重岩覆岭、深溪洞壑，崎岖山路，涧道盘迂，合乎山的自然形势。山上要有高林巨树、悬葛垂萝，使山林生色。叠石构山要有石洞，能潜行数百步，好似进入天然的石灰岩洞一般。同时又经构楼馆，列于上下，半山有亭，便于憩息；山顶有楼，远近皆见，跨水为阁，流水成景。这样的园林创作方能达到妙极自然的意境。

（4）佛教、道教的盛行。

佛教、道教盛行，作为宗教建筑的佛寺、道观大量出现，由城市及其近郊而遍及于远离城市的山野地带。

3. 转折期的园林发展概况

中国古典园林转折期的造园简史如表 1.3 所示。

表 1.3　中国古典园林转折期的造园简史

朝代	通史	皇家园林	私家园林	寺观园林
三国 （220—280）	东汉灭亡后，豪强互相兼并，形成魏、蜀、吴三国鼎立的局面	曹魏邺城铜雀园、玄武苑、芳林园		

续表

朝代	通史	皇家园林	私家园林	寺观园林
西晋 （265—316）	魏灭蜀。两年后司马氏篡魏，建立晋王朝，定都洛阳。280年吴亡于晋，中国归附统一，史称西晋	洛阳芳林园（华林园） 东吴华林园 西晋华林园	西晋石崇金谷园 潘岳山庄	
东晋 （317—420）	匈奴族起兵反晋，西晋末北方部分士族和大量汉族迁移到长江中下游，南渡司马氏建立东晋，定都建康	东晋华林园	东晋谢氏庄园	东晋庐山东林寺 杭州灵隐寺
南北朝 （420—589）	南朝相继为宋、齐、梁、陈4个政权更迭代兴，史称南朝，北方五个少数民族先后建立16个政权，其中鲜卑族拓跋部的北魏势力最强大，于386年统一黄河流域为北朝，从此形成南北朝对峙的局面	宋之乐游园、青林苑、上林苑 齐之新林苑、芳乐园 梁之兰亭苑、江潭苑、湘东苑 后赵之华林园、桑梓苑 后燕之龙腾苑 北齐之仙都苑	大官僚张伦宅园玄圃	同泰寺 河南少林寺 河南建国寺 天台国清寺

魏晋南北朝时期，私家园林大为兴盛，寺观园林也开始出现，中国园林从早先的以皇家造园为主流，变成皇家、私家、寺观三大园林类型的并行发展。所以说，这个时期乃是中国古典园林发展史上一个承前启后的转折期。

（1）皇家园林。

三国、两晋、十六国、南北朝相继建立的政权都在各自首都进行宫苑建设，主要集中在北方的邺城、洛阳和南方的建康。

邺城（今河北临漳县境内）是战国时期魏国的重要城池之一，东汉末年，为曹操封邑，其锐意经营邺城城池宫苑。210年曹操在宫城西面建铜雀园。后赵、西魏、前燕、东魏、北齐五朝皆定都邺城，历时79年。期间，335年，后赵皇帝石虎扩建铜雀园；347年，石虎在城北新建华林园；401年前燕慕容熙兴建龙腾苑；538年，东魏扩建南邺城；571年，北齐后主高纬在南邺城的西面兴建仙都苑。

220年，曹丕登帝，为魏文帝，定都洛阳，在东汉的旧址上修复和新建宫苑、城池。224年建芳林园。其后，司马氏篡魏，建立西晋王朝，仍定都洛阳，城市、宫苑多沿曹魏旧制。到493年，北魏时期开始对洛阳大规模改造扩建。北魏洛阳在中国城市建设史上有划时代的意义，确立了此后的皇都格局的模式——干道、衙署、宫城、御苑自南而北构成城市的中轴线规划体制，构成宫城、内城、外城三套城垣的形制，如图1.7所示。北魏宣武帝时扩建华林园（即芳林园，因避齐王曹芳讳改名华林园）。

建康即今天的南京，是魏晋南北朝时期的吴、东晋、宋、齐、梁、陈6个朝代的建都之地。221年，孙权称帝，定都建业（西晋时改名建康），在宫城北面新建华林园，南齐时建芳乐苑，刘宋时建乐游苑。南朝历代在此建有宫苑20多处。

（2）私家园林。

私家园林继汉袁广汉园之后，在魏晋南北朝时期遍地开花，出现了两类倾向明显的私家园林：一类是建在城市里面或城近郊的城市型私园——宅园、游憩园；一类是建在郊外的庄园、别墅。其中，北魏时期大官僚张伦在洛阳的宅园是城市私园的代表，西晋大官僚石崇在洛阳西北郊的金谷园、西晋文人陶渊明在庐山脚下的小型庄园、东晋文人谢灵运的会稽别墅则是庄园、别墅的代表。

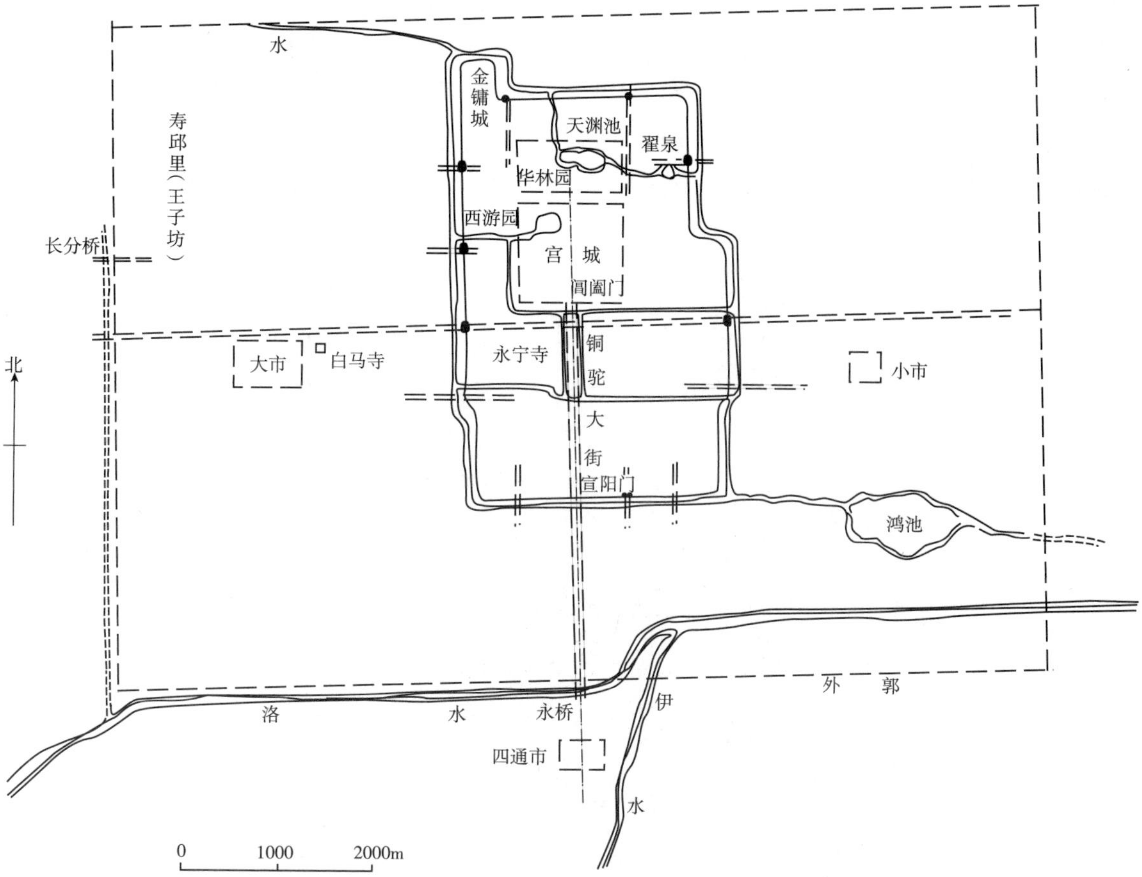

图 1.7 北魏洛阳平面图

［图片引自：周维权．中国古典园林史（第二版）．北京：清华大学出版社．1999］

（3）寺观园林。

魏晋南北朝时期在中国造园史上突出的贡献是寺观园林的兴起，它为中国园林增添了一个新的类型。佛寺的修建始于东汉，起初是作为礼佛的场所，后来由于僧人、施主居住游乐的需要，逐步在寺旁、寺后开辟了园林。由于舍宅为寺、舍宫为寺之风的影响，不少皇家园林、住宅园林被改作为寺庙，寺院园林的修造因此达到了很高的水平。

从汉末到西晋时全国只有佛寺 42 座，到北魏时，洛阳城内外就有 1000 多座，其他州县也建起了佛寺。到了北齐时全国佛寺约有 3 万多座，可见当时佛寺的盛况。

随着寺观的大量新建，相应地出现了寺观园林这个新的类型。寺观园林包括 3 种情况：一是毗邻于寺观而单独建置的园林，犹如宅园之于邸宅；二是寺观内部各种殿堂庭院的绿化或园林化；三是郊野地带的寺观外围的园林化环境。寺观园林开拓了造园活动的领域，一开始便向着世俗化的方向发展。郊野寺观尤其重视外围的园林化环境，对于各地风景名胜区的开发起到了主导型的作用。384 年东晋高僧慧远所建庐山东林寺为该时期郊野寺观园林的典型，527 年梁朝时期建康城笼鸡山始建同泰寺（今江苏南京鸡鸣寺）为城市寺观园林的代表。

（4）公共园林。

非主流的园林类型开始见于文献记载，如文人名流经常聚会的新亭、兰亭这样一些近郊的风景游览地，就具有公共园林的性质。

亭在汉代本来是驿站建筑，也相当于基层行政机构，到两晋时，演变为一种风景建筑。文人名流在城市近郊的风景地带游览聚会、诗酒唱和，亭的建置提供了遮风避雨、稍事坐憩的地方，也成为点缀风景的手段，逐渐转化为公共园林的代称，以会稽近郊的“兰亭”最为著名。

4. 转折期的园林实例

(1) 曹魏邺城之铜雀园。

御苑铜雀园又名“铜爵园”，初建于建安15年（210年）前后。后赵、东魏、北齐屡有扩建。

铜雀园位于邺城西北部，紧邻宫城。长3里，宽2里。园中有鱼池堂皇，园内引入长明沟之水，开凿水池，作为水景。园中亦种植许多果树和其他树木。园的西北角垒建三个高台：铜雀台、金虎台、冰井台，三台之间和台基之间都有阁道相通，如图1.8所示。

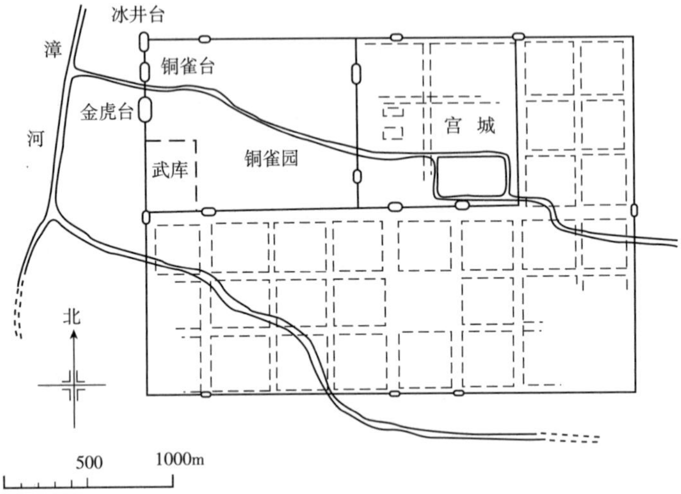

图1.8 曹魏邺城平面图

[图片引自：周维权. 中国古典园林史（第二版）. 北京：清华大学出版社. 1999]

铜雀园是以邺城城墙为基础而建的大型台式建筑，达到了我国古代高台建筑的顶峰，略具“大内御苑”的性质，是一座兼有军事坞堡功能的皇家园林。

(2) 洛阳华林园（芳林园）。

曹操其子曹丕篡汉登帝位，定都洛阳。至237年开始大规模的宫苑建设，其中包括著名的芳林园。芳林园相当于“大内御苑”，是当时最重要的一座皇家园林。芳林园后因避齐王曹芳之讳而改名为华林园。其后，司马氏篡魏，建立西晋王朝，仍定都洛阳，宫苑多沿曹魏旧制，主要御苑仍为华林园。至鲜卑族建立的北魏政权自平城迁都洛阳，为适应社会发展，也为强化北魏王朝对北方的统治，493年孝文帝开始对洛阳大规模的改造、整理、扩建。在北魏宣武帝时，在曹魏华林园的大部分基址上进行了大规模的改建和修复。华林园经历了曹魏、西晋直到北魏的若干个朝代200余年的不断建设，成为当时北方的一座著名的皇家园林，其造园艺术成就在中国古典园林史上有一定的地位。

华林园位于洛阳的城市中轴线北端。西北面为各色文石堆筑的景阳山，山上广种松竹。东南面的池陂可能是东汉天渊池的扩大，引来穀水绕过主要殿堂之前，形成完整的体系，创设各种水景，提供舟行浏览之便，这样的人为地貌基础显然已有全面缩移大自然山水景观的意图。天渊池中有九华台，台上建清凉殿，流水与禽鸟雕刻小品结合于机枢而做成各式小戏，建高台“凌云台”以及多层的楼阁，养畜山禽杂兽，殿宇森列有足够场地进行上千人的活动。另外，“曲水流觞”的园景设计开始出现在园林中。

(3) 建康华林园。

建康城周长20里19步，城内的太初宫由孙策的将军府改建而成。267年，孙皓在太初宫之东营建显明宫，太初宫之西建西苑，即太子的园林。与城市建设和宫殿建设的同时，也修整河道和供水设施，先后开凿青溪、潮沟、运渎、秦淮河，改善了城市的供水和水运，建康城日益繁荣。出城之南至秦淮河上的朱雀航，官府衙署鳞次栉比，居民宅邸延绵直至长江岸，大体上奠定了此后建康城的总体格局，如图1.9所示。

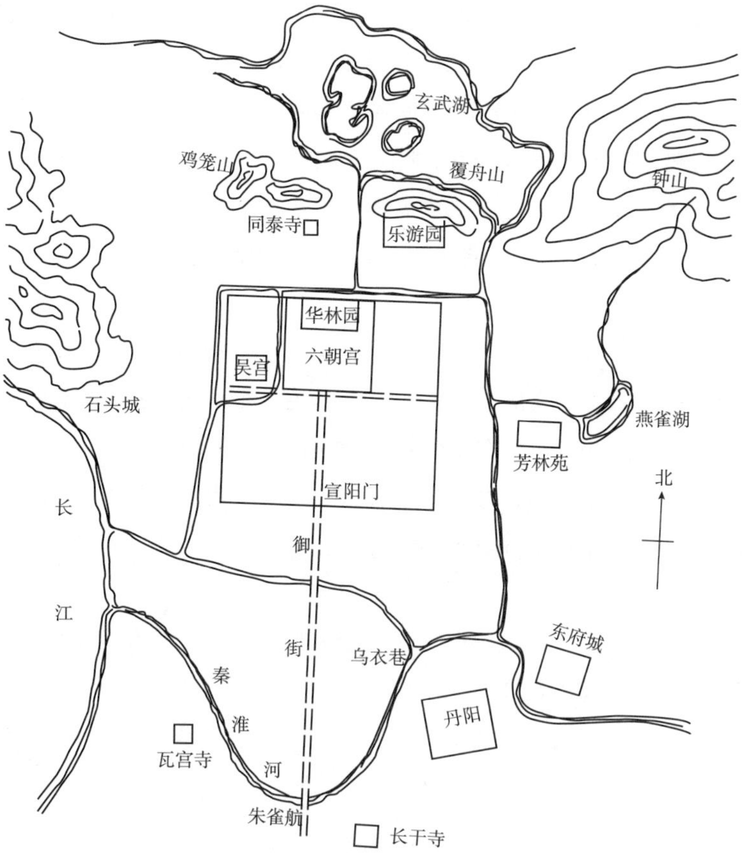

图 1.9　六朝建康平面图

［图片引自：周维权．中国古典园林史（第二版）．北京：清华大学出版社．1999］

东晋立国之初，因吴旧都修而居之。建章宫即“台城”，“六代宫室门墙虽时有改筑，然皆因吴旧址”，大体上不出台城的范围，如图 1.10 所示。

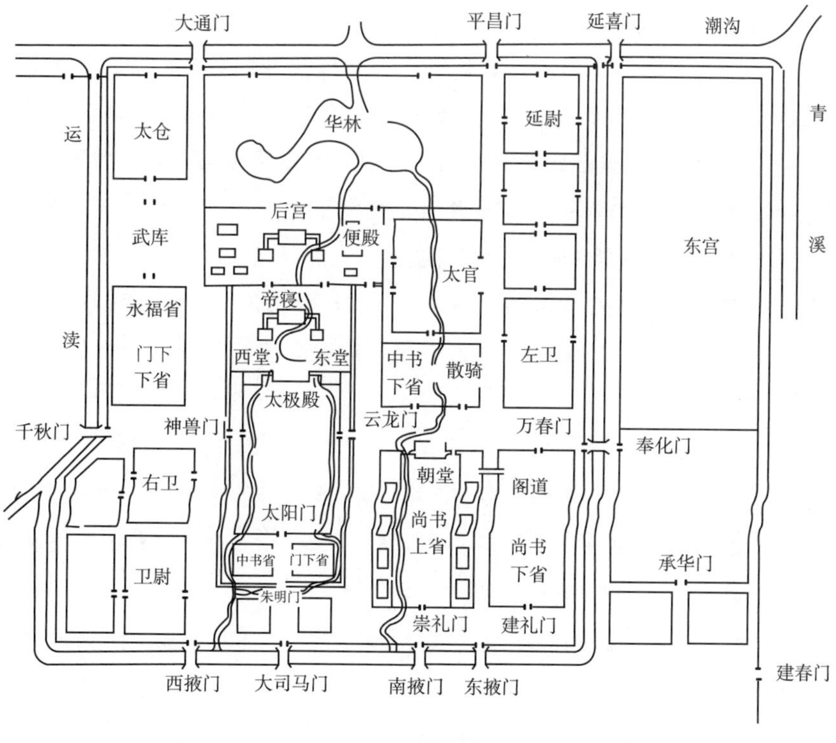

图 1.10　台城平面示意图

［图片引自：周维权．中国古典园林史（第二版）．北京：清华大学出版社．1999］

建康华林园始建于吴，历经东晋、宋、梁、陈的不断经营，是南方的一座重要的、与南朝历史相始终的皇家园林。

华林园位于台城北部，与宫城及其前后的御街共同形成干道—宫城—御苑的城市中轴线的规划序列。早在东吴，引玄武湖之水入华林园。东晋在此基础上开凿天渊池，堆筑景阳山，修建景阳楼。到刘宋时大加扩建，保留景阳山、天渊池、流杯渠等山水地貌并整理水系，又先后修建琴室、芳香琴堂、日观台、清暑殿、光华殿、醴泉殿等。到陈代，又修建临春、结绮、望仙三阁。后隋文帝灭陈，华林园随之灰飞烟灭。

（4）张伦宅园。

张伦，字天念，北魏上谷沮阳（今河北省怀来县与北京市延庆县一带）人。10 多岁到皇帝身边效力，担任官职，但与北魏统治阶层的其他人相比，他只是一个汉臣儒吏，地位和权势不及鲜卑族拓跋氏的嫡系王侯，因而他没有足够的财力与物力投入到园林建筑中。但张伦的文化素养很高，造园思想高明。

张伦宅院位于北魏洛阳城东阳门外御道北的昭德里，北边为邙岭，南边是洛河，宅院坐北朝南，周长只有 1200 步。大假山景阳山作为园林的主景，结构相当复杂，显然是以土石凭借一定的技巧筑叠而成的土石山。园内高树成林，蓄养多种的珍贵禽鸟。

采用“小中见大”的规划设计，是由秦汉风格向唐宋风格过渡的代表。张伦宅院的建筑艺术，越过了自然园林的历史，步入了提炼与概括自然山水美的新阶段，园中的筑山理石不再是单纯的写实摹拟的方法，而是采用写意与写实相结合的方法，巧于因借，叠石成山，巧妙布景，是造园艺术创作方法的一个飞跃。对我国北魏以后的园林建筑有深刻影响。

（5）西晋石崇金谷园。

石崇，字季伦，西晋渤海南皮（今河北南皮东北）人。他因助司马氏篡位有功，历任官职，在此期间，敲诈勒索而暴富。晚年辞官，为满足其游宴生活之需要以及退休后安享山林之乐趣、兼作吟咏服食，耗巨资建造了一座庞大的园林别墅，名金谷园，又称河阳别业。石崇生平善于结交文人，如潘岳等 24 人，晚年常聚集金谷园，号“金谷二十四友”。这些诗人吟诗作画，赏花弄月。其后，石崇死于“八王之乱”中，死前，有爱姬绿珠者不堪凌辱，坠楼殉节，金谷园被没入官。

金谷园位于洛阳西北郊的金谷涧，依邙山、临金谷水。地形略有起伏，分为前园和后园，园内亭台楼阁备极华丽，建筑内外金碧辉煌，雕梁画栋。园内有清泉茂林、众果、竹柏、药草之属，有许多“观”和“楼阁”，有从事生产的鱼池、土窟等，从这些建筑物的用途可以推断金谷园是一座巧妙利用地形和水系的园林化庄园。人工开凿的池沼和由园外引来的金谷水穿梭萦流于建筑物之间，河道能行驶游船，沿岸可垂钓。名士潘岳尝游其地，他赋诗描绘道：“回溪萦曲阻，峻阪路逶迤，绿池泛淡淡，青柳何依依。滥泉龙鳞澜，激波连珠，前庭树沙棠，后院植乌椑。灵囿繁石榴，茂林列芳梨。饮至临华沼，迁坐登隆坻。”由此，可设想金谷园的那一派赏心悦目，恬适宜人的风貌，在清纯的自然环境、田园环境和朴素的园林环境中又显现一派绮丽华靡的格调。

（6）东晋谢氏庄园。

东晋士族大官僚谢玄因病致仕，在会稽郡的始宁县占领山泽，经营自己的别墅，其孙谢灵运又继续开拓。谢灵运是当时的大名士、大文学家，曾任永嘉太守。他写了一篇《山居赋》，对这个别墅的开拓过程、如何利用山水风景地带而“相地卜宅”经之营之的情况做了详细介绍。

这座别墅分为南居和北居，南居为谢灵运父、祖卜居之地，北居则是其别业。南北居完全契合与天然山水地形。南居是庄园的主体部分，自然景观有特色，建筑布局与山水风景相结合，道路敷设与景观组织相配合。在布局规划上，其收纳远近借景，与山水风景结合较好，体现清纯的审美情趣，浓郁的隐逸情调。呈现出一幅大自然生态的情景和自给自足的庄园经济的景象。

（7）东晋庐山东林禅寺。

东林寺位于江西九江庐山西北麓，是佛教净土宗的发祥地，东晋时南方佛教的中心道场。始建于东晋太元十一年（386 年）。名僧慧远为东林寺建寺者，他先在西林寺以东结“龙泉精舍”，后得江州刺史恒伊之助，筹建东林寺。

东林寺营建在自然风景优美地带，该寺北负香炉峰，傍带瀑布之壑，表石垒基，即松栽构，周回玉阶青泉，森树烟凝，宛若仙境。处幽谷之中，其周围的群山绿树犹如碧绿的屏风，庙前有虎溪水流过，更突出这片清凉世界与尘世属不同的境界。

东林寺红墙环绕，在碧绿的景色中昭示着佛国的威严。东林寺的建筑，纵轴线上为山门、弥勒殿、神运殿。神运殿两侧有三笑堂，十八高贤影堂。三笑堂后藏经阁、聪明泉。神运殿是寺内最宏伟的建筑。

东林寺是营建在自然风景优美地带的寺观，同时也成为了自然风景区开发的开拓者。远离城市的名山大川逐渐向人们敞开其无限优美的风姿，形成早期旅游的风景名胜区。东林寺的园林经营与私家园林的别墅有异曲同工之处。

（8）会稽兰亭。

绍兴兰亭位于浙江兴城外兰渚山下，原为越王勾践种植兰花的地方，至东晋永和九年（353）三月三日，因大书法家王羲之在此会聚当时的社会名流 26 人作曲水流觞的修禊活动，自撰书《兰亭集序》而扬名古今，成为我国的书法圣地。1600 多年来，兰亭地址几经变迁，现在兰亭是明朝嘉靖二十七年（1548），从宋兰亭遗址——天章寺迁移至此，期间几经兴废。清康熙三十二年（1693），康熙御笔《兰亭集序》勒石，上覆以亭。到了清嘉庆三年（1718）重修兰亭、曲水流觞处、右军祠等。并查明旧兰亭址在东北隅土名石壁下，已垦为农田，于是将垦为农田的旧址重新纳入兰亭。

兰亭位于今浙江绍兴西南 13.5 公里的兰渚山下，有亭翼然，建于渚上。兰亭曾经多次挪移位置，为的是找到一个更理想的自然环境。这是一个以亭为中心，周围“有崇山峻岭，茂林修竹，又有清流激湍，映带左右”的大自然环境。

现在，整个兰亭景区位于平地上，基地南北进深约 200 余米，东西宽约 80 米，入口在北端。进门经竹径到达鹅池，池旁三角亭内碑上书“鹅池”二字，如图 1.11 所示。由鹅池碑亭旁屈曲前进，到达“兰亭”碑亭，此亭样式较为别致，如图 1.12 所示。经此亭折而右即曲水流觞亭。此亭为一个纪念亭，其样式作四面厅式，亭内不作曲水流觞之举。其北部有一座八角攒尖亭，亭内有康熙手书《兰亭集序》碑。碑亭东侧为王羲之之祠，俗称“王右军祠”，如图 1.13 所示，祠在水池之中，祠内又是水池，内外有水夹持，可称此祠的一大特色，如图 1.14 所示。

图 1.11　鹅池

（引自 http：//image. baidu. com/）

图 1.12　兰亭

（引自 http：//image. baidu. com/）

图 1.13　王右军祠入口
（引自 http：//image. baidu. com/）

图 1.14　王右军祠
（引自 http：//image. baidu. com/）

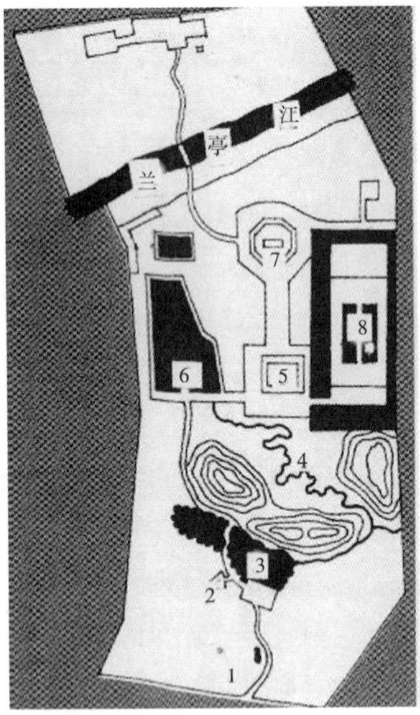

图 1.15　绍兴兰亭平面示意图
（引自 http：//baike. baidu. com/view/641578. htm）
1—大门；2. 鹅池亭；3—鹅池；4—流觞曲水；5—流觞亭；6—兰亭碑亭；7—御碑亭；8—王右军祠

兰亭有雅致的园林景观、独享的书坛盛名、丰厚的历史文化积淀于一身，“景幽、事雅、文妙、书绝”为四大特色。会稽兰亭是文人名流经常聚会的一处近郊的风景游览地，具有公共园林的性质，是首次见于文献记载的公共园林，如图 1. 15 所示。

5. 转折期的造园特点

与形成期相比，这个时期的园林规模由大入小，园林造景由过多的神异色彩转化为浓郁的自然气氛，创作手法由写实趋向于写实与写意相结合。中国古典园林开始形成皇家、私家、寺观这三大类型并行发展的局面和略具雏型的园林体系，把园林发展推向转折的阶段，导入升华的境界，成为此后全面兴盛的伏脉。

（1）中国古典风景式园林由再现自然进而表现自然，由单纯的摹仿自然山水进而适当地概括、提炼，但始终保持着“有若自然”的基调。

（2）园林的规划设计由此前的粗放转变为较细致、更自觉的经营，造园活动完全升华到艺术创作的境界。

（3）皇家园林的狩猎、求仙、通神的功能基本上消失或仅保留其象征性的意义，生产和经济运作则已很少存在，游赏活动成为主导的甚至唯一的功能。它的两个类别之一的“宫”已具备“大内御苑”的性质，纳入都城的总体规划之中。大内御苑居于都城中轴线的结束部位，这个中轴线的空间序列构成了都城中心区的基本模式。

（4）私家园林作为一个独立的类型异军突起，集中反映了这个时期造园活动的成就。城市私园多为官僚、贵族所经营，代表一种华靡的风格和争奇斗富的倾向。庄园、别墅随着庄园经济的成熟而得到了很大发展，它们作为生产组织、经济实体，同时也是文人名流和隐士们“归田园居”、“山居”的精神寄托。他们作为后世别墅园的先型，代表着一种天然清纯的风格。其所蕴含的隐逸情调、表现的田园风光，深刻地影响着后世的私家园林特别是文人园林的创作。

（5）寺观园林拓展了造园活动的领域，一开始便向着世俗化的方向发展。郊野寺观尤其注重外围的园林化环境，对于各地风景名胜区的开发起到了主导型的作用。

1. 1. 4. 4　中国古典园林的全盛期——隋、唐（589—960）

1. 时代背景

581 年，北周贵族杨坚废北周静帝，建立隋王朝。589 年，隋军南下灭陈，结束了两晋南北朝 300 余年的分裂局面，中国复归统一。

隋文帝杨坚爱惜民力、革除弊政、勤俭治国，封建经济有所发展，社会安定繁荣。隋炀帝杨广即位后，一反其父作风，穷奢极侈地营建宫苑、游幸江南，还多次发动对外战争。其结果国力耗尽、民怨沸腾，终于酿成了隋末的农民大起义。各地官僚、豪强亦乘胜叛乱，割据一方。

618 年，豪强李渊削平割据势力，统一全国，建立唐王朝。唐初汲取隋亡的教训，实行轻徭役、薄赋税的政策，励精图治。经济发展、政局稳定，开创了唐王朝在中国历史上空前繁荣兴盛的局面。中唐以后，边塞各地的节度使拥兵自重，又逐渐形成藩镇割据。天宝年间，节度使安禄山、史思明发动叛乱，唐玄宗被迫出走四川。从此藩镇之祸愈演愈烈，吏治腐败、国势衰落。907 年，节度使朱全忠自立为帝。唐王朝亡，中国又陷入五代十国的分裂局面。

2. 影响中国古典园林步入全盛的因素

（1）大运河的开通。

隋统一全国后，人民得到安定的社会条件从事生产，社会经济逐渐恢复。隋文帝于 584 年命宇文恺率众重开漕渠。自大兴城西北引渭水，略循汉代漕渠故道而东，至潼关入黄河，长 150 多公里，名广通渠。604 年改名永通渠。但是，大规模的修造，还是在隋炀帝杨广以后。605 年，隋炀帝征发百万士兵和夫役，修造通济渠。同年又改造邗沟。608 年，又征发河北民工百万开凿永济渠。610 年沟通长江河。至此，开凿大运河的工程基本完成，是为隋唐大运河。隋炀帝在修运河同时，还在两岸筑起御道，种上杨柳树。从长安到江都，沿途建造离宫 40 多处。此外，沿运河还建立了许多粮仓，作为转运或储粮之所。

隋代开凿的大运河，以京都洛阳为中心，东北抵涿郡，东南至余杭，全长 2500 公里。沟通了海河、黄河、淮河、长江、钱塘江五大水系，并把京师、东都、涿郡（幽州）、浚仪（汴州）、梁郡（宁州）、山阳（楚州）、江都（扬州）、吴郡（苏州）、余杭（杭州）等通都大邑联缀在一起，从而加强了各地区间的联系。当时运河上“商船旅往返，船乘不绝”，它对隋唐时期南北经济、文化交流，维护全国统一和中央集权制的加强，都起到了促进作用。

（2）推行均田制。

隋、唐推行均田制，限制农民的人身依附关系，把部曲和庄客解放为自耕地，佃农制代替了佃奴制。在经济结构中消除庄园经济的主导地位，逐渐恢复地主小农经济并奠定其在宋以后长足发展的基础。庄园性质有了改变，从早先的“领主庄园”转化为“地主庄园”，已不再为少数士族集团所垄断，“特权地主”与一般地主趋于合流。士族衰落，庶族渐兴。

（3）儒学获得正统地位，确立科举制度。

唐王朝在政治结构中削弱门阀士族势力，维护中央集权，确立科举取士制度，强化官僚机构的严密统治。意识形态上儒、道、释共尊而以儒家为主，儒学重新获得正统地位。广大知识分子改变了避世和消极无为的态度，通过科举积极追求功名、干预世事，成为国家大一统局面的主要力量。

（4）文学艺术的繁荣发展。

唐代继隋之后，成为古代中国继秦汉之后的又一昌盛时代。贞观之治和开元之治把中国封建社会推向发达兴旺的高峰。文学艺术方面，诸如诗歌、绘画、雕塑、音乐、舞蹈等，呈现出群星灿烂、盛极一时的局面。绘画的领域已大为开拓，除了宗教画之外还有直接描写现实生活和风景、花鸟的世俗画。按照题材区分画科的做法具体化了，花鸟、人物、神佛、鞍马、山水均成独立的画科。山水画已脱离在壁画中作为背景处理的状态而趋于成熟，山水画家辈出，开始有工笔、写意之分，并且唐代已出现诗、画互相渗透的自觉追求。同时，山水画也影响着园林，诗人、画家直接参与造园活动，园林艺术开始有意识地融糅诗情、画意，这在私家园林中尤为明显。

（5）木构建筑技术及艺术的成熟。

传统的木构建筑，无论在技术或艺术方面均已趋于成熟，具有完善的梁架制度、斗拱制度及规范化的装修、装饰、建筑物的造型丰富，形象多样，这从保留至今的一些殿堂、佛塔、石窟、壁画及传世的山水画中都可以看得出来。

（6）园艺技术的进步。

观赏植物栽培的园艺技术有了很大进步，培育出许多珍惜品种，如牡丹、琼花等，也能够引种驯化、移栽异地花木。

3. 全盛期的园林发展概况

中国古典园林全盛时期的造园史如表 1.4 所示。

表 1.4　中国古典园林全盛期的造园简史

朝代	通史	皇家园林	私家园林	寺观园林
隋朝（581—618）	隋文帝灭陈，结束了魏晋南北朝分裂时期，中国恢复统一，定都长安	大兴苑、仁寿宫（唐九成宫）、隋洛阳西苑、西藏布达拉宫	绛守居园池	
唐朝（618—907）	唐高祖李渊太原起兵，削平割据势力，统一全国，建立唐朝，隋朝灭亡	太极宫、大明宫、华清宫、翠微宫、九成宫、洛阳宫、上阳宫、禁苑、玉华宫、兴庆宫	王维辋川别业、白居易庐山草堂、白居易履道坊宅园、杜甫成都浣花溪草堂、卢鸿的嵩山别业	唐大慈恩寺、北京长天观（明清白云观）

隋唐园林在魏晋南北朝所奠定的风景式园林艺术的基础上，随着封建经济、政治和文化的进一步发展而臻于全盛的局面。

（1）皇家园林。

581 年，隋文帝杨坚取代北周建立隋王朝，建都长安。582 年营建新都大兴城于汉代长安故城东南面，大兴城北建御苑“大兴苑”。598 年隋文帝在长安西郊建仙游宫。593 年在长安西北新建仁寿宫。605 年隋炀帝兴建东都洛阳，建立“两京制”，并在洛阳城西侧兴建西苑。

618 年，李渊建立唐王朝，在长安、洛阳建置两京。随着唐王朝的兴盛，大规模的皇家园林建设开始，这时期其数量之多，规模之宏大，远远超过魏晋南北朝时期。

长安：唐初扩建隋代大兴苑，并改名为太极宫；扩建大兴苑，并更名为禁苑。624 年唐高宗在长安北郊新建玉华宫。625 年在长安南终南山下新建翠微宫。631 年扩建隋代仁寿宫，改名九成宫。634 年唐高宗在长安禁苑东南建大明宫。714 年唐玄宗在长安城东北扩建兴庆宫。747 年唐玄宗扩建长安东面骊山的华清宫，如图 1.16 所示。

洛阳：632 年重修隋代洛阳宫城紫薇城，改名为洛阳宫。唐高宗时在洛阳西南新建上阳宫，如图 1.17 所示。

隋唐的皇室园居生活多样化，大内御苑、行宫御苑、离宫御苑这三种类别的区分就比较明显，它们各自的规划布局特点也更为突出。这时期的皇家造园以初唐、盛唐最为频繁，天宝年间以后随着唐王朝国势的衰落，许多宫苑毁于战乱，皇家园林的全盛局面逐渐消退，终于一蹶不振。

（2）私家园林。

唐代的私家园林由于盛唐时期政治稳定，经济、文化繁荣，呈现历史上空前的太平盛世和安定局面。人们普遍追求生活上求富，精神上求乐，居住上求适。达官显宦、皇亲国戚、富豪巨商和文人学士更是争相营构豪华的宅第和园池，使私家园林比魏晋南北朝时期更为兴盛，普及面更广，艺术水平在上代的基础上又有所提高。

唐代通过考试遴选政府各级官吏，于是，皇帝以下的政权机构已不再为门阀士族所垄断，广大庶族地主知识分子有了进身之阶。他们一旦取得官僚的身份便有了优厚的俸禄和相应的权力、地位，然而却没有世袭的保证。宦海浮沉，升迁与贬谪无常，出处进退的矛盾心态经常困扰着他们。于是，便把眼光投向园林，借助园居生活而得到暂时的解脱。因此，园林的享受在一定程度上满足了入世者避世企望，在“显达”与“穷通”之间起到了缓冲的作用。凡属士人几乎都刻意经营自己的园林，而且都或多或少地有这种感情的色彩。唐代确立的官僚政治，便逐渐在

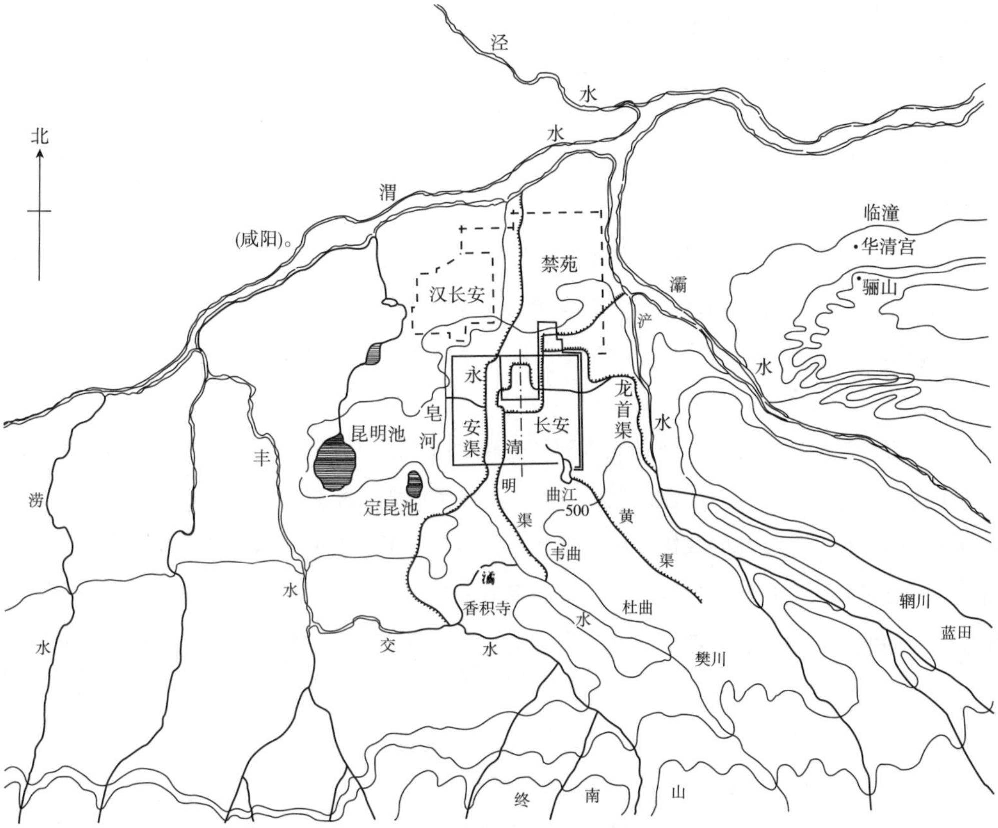

图 1.16 唐长安近郊平面图

［图片引自：周维权．中国古典园林史（第二版）．北京：清华大学出版社．1999］

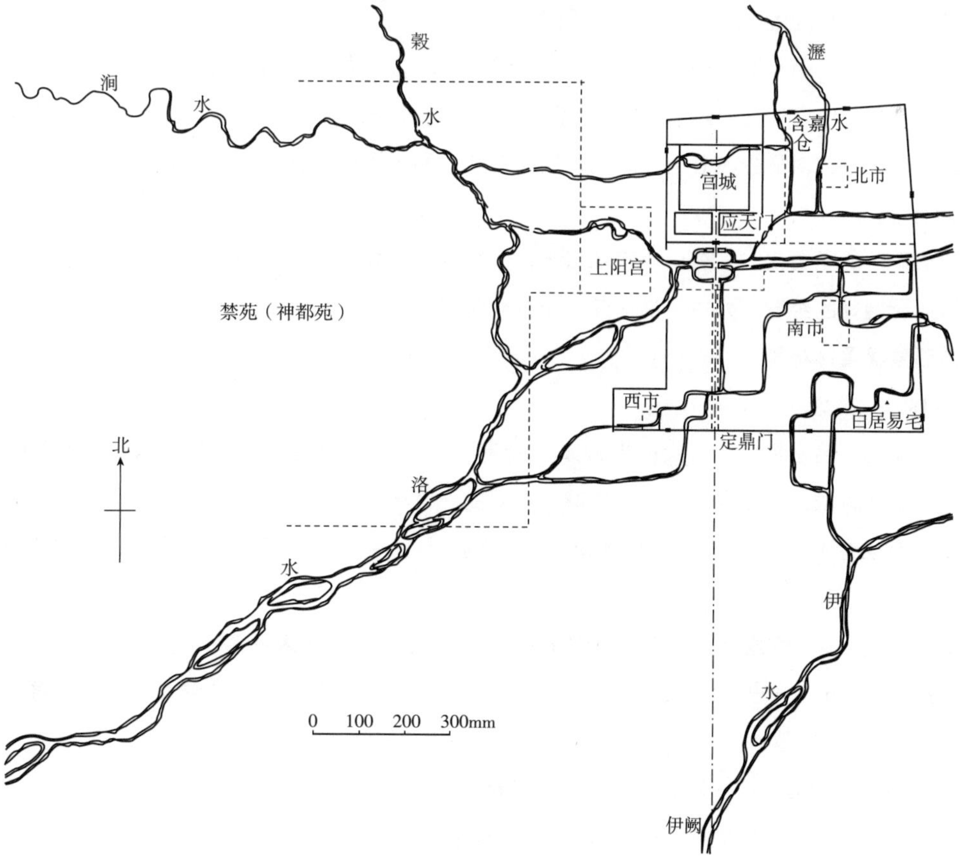

图 1.17 隋唐洛阳平面图

［图片引自：周维权．中国古典园林史（第二版）．北京：清华大学出版社．1999］

私家园林中催生出一种特殊的风格——士流园林。而隐逸思想发展到中唐以后，其具体实践已不必“归田园居”，更不必“遁迹山林”，园林生活完全可以取而代之，园林在文人士大夫生活中所占的地位也越来越重。在这种社会风气的影响下，士流园林开始兴盛起来，同时也促进了私家园林长足发展的局面。

长安城内的大部分居住坊里均有宅园或游憩园，称为“山池院”。规模大者占据半坊左右，多为皇亲和大官僚所建。以白居易在洛阳城内的履道坊宅园为代表。

另外，还有建置在郊野地带的私家园林，它渊源于魏晋南北朝时期的别墅、庄园，但大多数的性质已经从原先的生产、经济实体转化为游憩、休闲，属于园林的范畴了。以李裕德在洛阳城郊修建的平泉庄、白居易的庐山草堂、杜甫的成都浣花溪草堂、王维的辋川别业、隐士文人卢鸿的嵩山别业为代表。

（3）寺观园林。

佛教经过东晋、南北朝的广泛传播，到唐代达到了普遍兴盛的局面。佛教的 13 个宗派都已经完全确立，道教的南北天师道与上清、灵宝、净明逐渐合流，教义、典仪、经籍均形成完整的体系。唐代的统治者出于维护封建统治的目的，采取儒、道、释三教并尊的政策，在思想上和政治上都不同程度地加以扶持和利用。

寺、观的建筑制度已趋于完善，大的寺观往往是连宇成片的庞大建筑群，包括殿堂、寝膳、客房、园林四部分功能分区。封建时代的城市，市民居住在封闭的坊里之内，缺少为群众提供公共活动的场所设置。在这种情况下，寺、观往往在进行宗教活动的同时开展社交和公共活动。于是，佛寺成为各阶层市民的平等交往的公共中心。除此之外，佛寺还兴办社会福利事业。道观的情况，亦大抵如此。据文献记载，唐长安城内的寺、观共有 152 所，建置在 77 个坊里之内。一部分为隋代的旧寺观，大部分为唐代兴建的，其中不少是皇室、官僚、贵戚舍宅改建。这些寺观占地面积相当可观，规模大者竟占一坊之地，如靖善坊的大兴善寺，是京城规模最大的佛寺之一。长安城内的佛寺，多数都有园林或者庭院园林化的建置，如慈恩寺尤以牡丹和荷花最负盛名，文人们到慈恩寺赏牡丹、赏荷，成为一时之风尚。而崇业坊内的元都寺，桃花之盛闻名于长安。

寺观不仅在城市兴建，而且遍及于郊野。但凡风景优美的地方，尤其是山岳风景地带，几乎都有寺观建置，故云：“天下名山僧（道）占多”。全国各地以寺观为主体的山岳风景名胜区，到唐代差不多都已陆续形成。寺观作为接待香客和游客的场所，对风景名胜区之区域格局的形成，和原始型旅游的发展，起着决定性作用。

（4）衙署园林。

唐代两京中央政府的衙署内，多有山池花木点缀，个别还建置独立的小园林。各地方政府的衙署由文人担任地方官者，多注重衙署园林的经营，如白居易任江州司马时营建的衙署、山西绛洲洲衙的园林、中唐名相李裕德任新繁县令时修建的新繁县署园林等。

（5）公共园林。

公共园林始于东晋，名士们经常聚会的地方如“新亭”、“兰亭”等应是其雏形。唐代，随着山水风景的大开发，风景名胜区、名山风景区遍布全国各地，在城邑近郊的一些小范围的山水形胜之处，建置亭、榭等小体量建筑物作为简单点缀，而成为园林化公共游览地的情况也很普遍。以亭为中心，因亭而成景的邑郊公共园林有很多见于文献记载。

在经济、文化比较发达的地区、大城市里一般都有公共园林，作为文人名流参会饮宴、市民游憩交往的场所。其中，以长安、扬州为代表。长安的公共园林文献记载较多，绝大多数在城内，少数在近郊，最著名的是乐游原与曲江池。

城内公共园林包括三种类型：一是利用坊里内的岗阜——“原”，如乐游原，它是长安城东新昌坊一带隆起的高地，地势高而平坦，早在西汉时期便是长安城郊的游览胜地。汉代就曾在原上修建“乐游苑”，作为皇家园林，隋代长安大兴城将乐游原纳入城郭之中，因为地势高，成为城区内游览的好去处；二是利用水渠转这部位的两岸而创，以水景为主的游览地，如著名的曲江；三是街道的绿化。另外，长安城近郊往往利用河滨水畔风景佳丽地段，略施园林化的点染，而赋予公共园林的性质，如长安近郊的昆明池便是应用这种做法。

4. 全盛期的园林实例

（1）隋西苑。

隋西苑是隋炀帝的宫苑之一，又称会通苑。建于大业元年（605），与洛阳城同时兴建。这是历史上仅次于西汉上林苑的一座特大皇家园林。

位于隋东都洛阳宫城以西，北背邙山，东北隅与东周王城为界，周一百二十里。苑中造山为海，周十余里；海内有蓬莱、方丈、瀛洲诸山，高百余尺，台观殿阁，分布在山上。山上建筑装有机械，能升能降，忽起忽灭。海北有龙鳞渠，渠面宽二十步，屈曲周绕后入海。沿渠造十六院，是十六组建筑庭园，供嫔妃居住。每院临渠开门，在渠上架飞桥相通。各庭院都栽植杨柳修竹，名花异草，秋冬则剪彩缀绫装饰，壮丽非凡。院内还有亭子、鱼池和饲养家畜、种植瓜果蔬菜的园圃。

关于西苑十六院，《大业杂记》中记为：延光院、明彩院、合香院、承华院、凝辉院、丽景院、飞英院、流芳院、耀仪院、结骑院、百福院、资善院、长春院、永乐院、清暑院、明德院，共十六院。每院开东、西、南三门，门并临龙鳞渠，渠宽二十步，上跨飞桥，过桥百步即杨柳修竹，四面郁茂，名花异草，隐映轩陛（台阶）。另有逍遥亭，结构之丽，冠于古今。十六院相互仿效，每院置一屯，每院置四品夫人一人，有宫人管理，饲养猪、牛、羊等，穿池养鱼，园内种蔬菜瓜果等，无所不有。园中另筑游观景致数十，或泛轻舟画舸，习采菱之歌，或升飞桥阁道，奏游春之曲。

唐代改名为东都苑，武后时又改为神都苑，面积已大为缩小，即便如此，也比洛阳城大两倍多。东都苑的面积虽缩小，但水系未变，建筑物则有所增损、易名。

隋西苑的布局，继承了汉代“一池三山”的形式，反映了王权与神权的统治以及享乐主义思想，具有浓厚的象征色彩。十六组建筑庭园分布在山水环绕的环境之中，成为苑中之园，不像汉代宫苑那样以周阁复道相连。这是从秦汉建筑宫苑转变为山水宫苑的一个转折点，开北宋山水宫苑——艮岳之先河。山上的建筑能时隐时现，反映建筑技巧的提高。

（2）唐长安城四大宫苑。

唐朝京都长安城是在隋大兴城的基础上修建完善的，分为皇城、宫城和郭城三部分。面积 84 平方公里，是今西安市区（明西安城）的 8 倍。长安城规模宏大，气势磅礴，结构匀称，布局整齐。长安城中“百千家似围棋局，十二街如种菜畦”，宫苑相连，街坊纵横，是当时全国政治、经济、文化中心，也是世界上人口最多和最为繁华的城市之一，如图 1.18 所示。

从城市的平面布局来看，规划者严格讲求左右对称。全城以宫城的承天门、皇城的朱雀门和外郭城的明德门之间的连线，也即承天门大街（亦名天街）和朱雀大街为南北向中轴线，以此为中心向左右展开。为突出北部中央宫城的地位，以承天门、太极殿、两仪殿、甘露殿、延嘉殿和玄武门等一组组高大雄伟的建筑物压在中轴线的北端，以其雄伟的气势来展现皇权的威严。之后，随着不断增添新殿，才使这种格局有所变化。

唐代长安城有四大宫苑群：西内太极宫、东内大明宫、南内兴庆宫和禁苑。唐初政治中心为太极宫，高宗之后转往大明宫，兴庆宫则是唐玄宗处理政务及与杨贵妃长期居住的地方。

1）西内太极宫（隋大兴宫）。

太极宫建于隋初。隋称为大兴宫，唐睿宗景云元年（710），改称太极宫。因其为唐京都的正宫，故又称京大内。唐太极宫实际上是太极宫、东宫、掖庭宫的总称，位于唐长安城中央的最北部。据考古实测并参考文献记载可知，宫城东西宽 2830 米，南北长 1492 米。其中掖庭宫宽 702 米，太极宫宽 1285 米，东宫宽 832 米，是一东西长、南北短的长方形。

太极宫宫内布局也非常讲究，严格按照古代宫室建筑原则执行。宫内主体建筑采用“前朝后寝”的原则。南宫

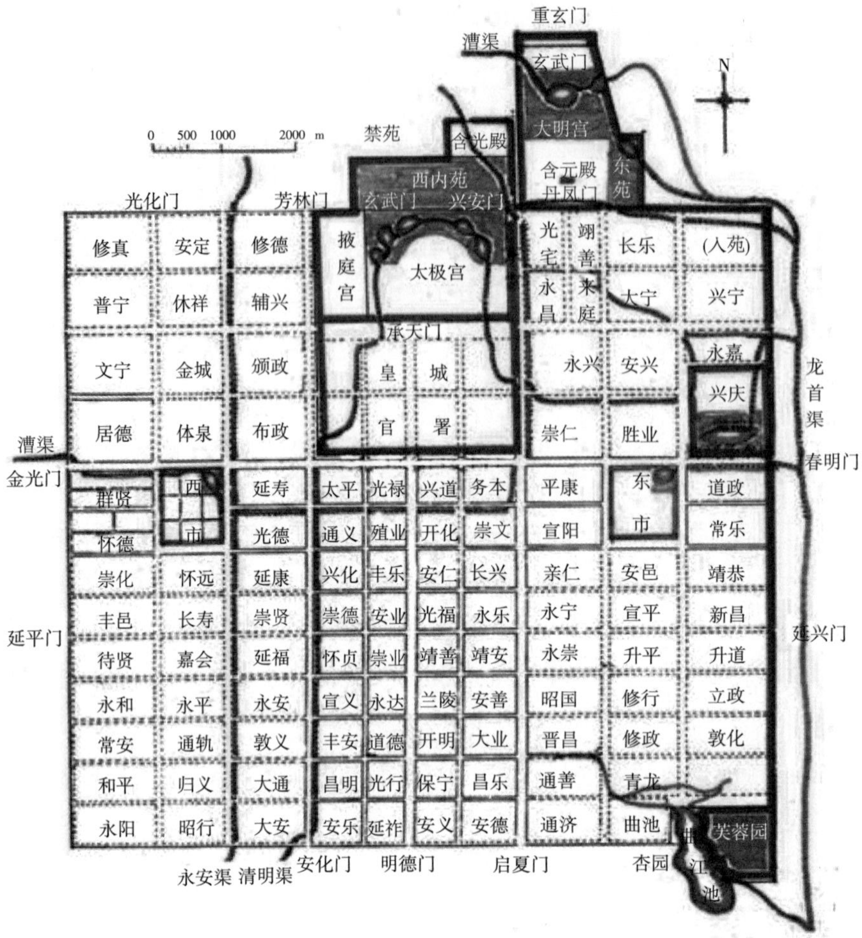

图 1.18　隋唐长安城平面图

［图片引自：周维权．中国古典园林史（第二版）．北京：清华大学出版社．1999］

墙的正门“承天门”，为太极宫的正门，是封建皇帝举行“外朝”大典之处，其后为朝区的正殿“太极殿”，殿的两侧分列官署。寝区为多路、多跨的院落建筑群，中路的正殿“两仪殿”和“甘露殿”。后部的苑林区以三个大水池——东海池、南海池、北海池为主体构成水系，围绕着这三个大水池建置一系列殿宇和楼阁，其中著名的凌烟阁为专门收藏功臣画像的楼阁，此外还有一处赛马球的球场和一处“山水池”即园中之园。其北墙的正门玄武门也是太极宫的后门，通往“西内苑”。

太极宫的东西两侧分别为东宫与掖庭宫。两宫面积均小于太极宫，为纵长方形结构，建于隋初。掖庭宫是宫女居住之处，以及犯罪官僚的家属和女仆发配入宫后的劳动之所。东宫为太子居住之处，亦称春宫、储宫。

2）东内大明宫。

大明宫位于长安禁苑东南之龙首原高地上，又称“东内”，以其相对于长安宫城之“西内”（太极宫）而言。它是唐朝初期新建的一处宫殿区。贞观八年（634）十月，唐太宗李世民为备太上皇“清暑”，由百官献赀助役，开始营建。但是，宫还未建成，太上皇李渊就在第二年的五月病死在大安宫中。大明宫的营建工程也就此停工。大明宫再次大规模营建是在高宗龙朔时期。此后大明宫尚有多次营建和修葺，如玄宗开元元年（713）曾修大明宫，宪宗元和十二年（817）、十三年又曾二次增修大明宫宫殿，新造蓬莱池周廊四百间，浚龙首池，起承晖殿。不过这些工程只是增修补葺罢了。

大明宫是一座相对独立的宫城，也是太极宫以外的另一处大内宫城。据考古实测，大明宫周长 7628 米，面积 3.3 平方公里，平面制形是一南宽北窄的楔形，如图 1.19 所示。

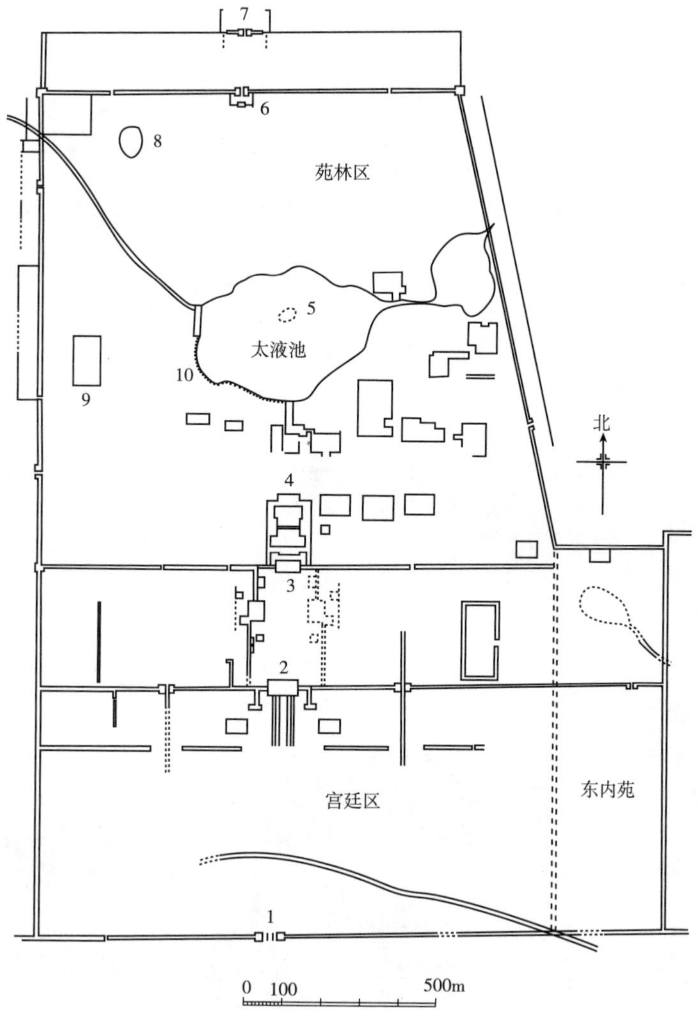

图 1.19 大明宫重要建筑遗址

[图片引自：周维权. 中国古典园林史（第二版）. 北京：清华大学出版社. 1999]

1—丹凤门；2—含元殿；3—富政殿；4—紫宸殿；5—蓬莱山；6—玄武门；7—重玄门；8—三清殿；9—麟德殿；10—沿池回廊

大明宫在唐朝三大殿中规模最大，建筑布局以丹凤门、含元殿、宣政殿、紫宸殿和玄武门为南北轴线，官厅、别殿、亭阁与楼观等分布于东西两侧。大明宫的南半部为朝政建筑区，其中三大殿又构成前、中、后三个空间，前为“大朝”，以高大雄伟的含元殿为主体，面朝宽阔的丹凤门广场，国家盛大的庆典多在此举行。中为“中朝”，以宣政殿为主体，朝廷各重要机构如中书省、殿中内省、御史台、门下省、弘文馆、史馆等均设在其左右，为皇帝常朝和百官办事的行政中心。后为“内朝”，以紫宸殿为主体，紫宸殿是紧连后宫的便殿，官员召入此殿朝见亦称“入阁”，在当时是一件非常荣耀的事情。大明宫的北部为生活建筑区，富丽堂皇的宫殿楼阁环绕着风景如画的太液池，以太液池为界又可分为东西两大活动区，东部为蓬莱殿、浴堂殿、绫绮殿等，为皇帝与后妃的活动区。西部以麟德殿、金銮殿和翰林院等为主，是皇帝在内廷引对臣僚，举行宴会和观乐赏戏之处。这里最有名的宫殿莫过于麟德殿了。

大明宫中最宏伟的宫殿建筑是位于丹凤门正北的含元殿，它是大明宫第一大殿。也是当时整个长安城中最宏伟的宫殿，它修建在龙首原上，殿基高四丈多。殿前东西两侧建有向外延伸的阁楼，东名翔鸾阁，西名栖凤阁。殿阁之间以回廊相互连接。唐李华《含元殿赋》描写说：“左翔鸾而右栖凤，翘两阙而为翼，环阿阁以周墀，象龙行之曲直。”含元殿的作用和太极殿相似，它与丹凤门配合是举行“外朝”的地方，每至元旦、冬至，皇帝则临此殿听政和举行朝会，如图 1.20 和图 1.21 所示。

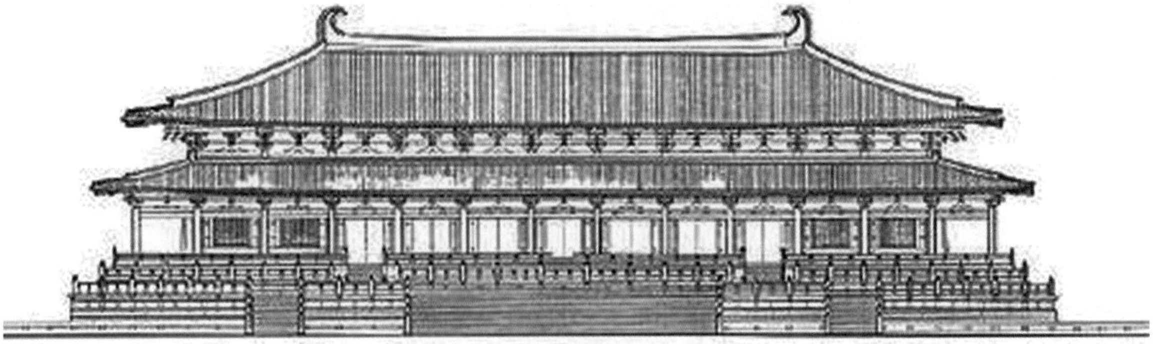

图 1.20　含元殿立面外观复原图
（引自：http：//www.ccnh.cn/jzlx/gdadf/259192622.htm）

图 1.21　含元殿整体外观复原图
（引自：http：//www.ccnh.cn/jzlx/gdadf/259192622.htm）

3）南内兴庆宫。

兴庆宫（又称南内）位于长安城兴庆坊内，是唐玄宗李隆基称帝前的旧居，本为离宫，开元二年（714）改为兴庆宫，几经扩建，成为皇帝起居听政的正式宫殿。兴庆宫南北长 1250 米，东西宽 1080 米，北部是宫殿区，南部是园林区。

兴庆宫是唐玄宗朝政的中心，是唐玄宗和杨贵妃长期居住的地方。园中心处为“龙池”，湖中碧波荡漾，岸边树木葱郁，草坪如茵，百花似锦，景色宜人。园内有勤政务本楼，有唐玄宗与杨贵妃游乐的沉香亭以及花萼相辉楼、长庆轩、缚龙堂、南薰殿、竹翠亭等景点，如图 1.22 所示。

4）禁苑（隋大兴苑）。

禁苑在长安宫城之北，即隋代的大兴苑，与大兴和城同时建成。因其包括禁苑、西内苑、东内苑三部分，故又名三苑。它与宫城太极宫和大明宫向邻，又在都城的北面，就其位置而言，应属于大内御苑的性质。

禁苑的范围辽阔，据《唐两京城坊考》：“禁苑东西二十七里，南北二十三里，周一百二十里。”禁苑地势南高北低，长安城内的永安渠自景耀门引入苑内连接于汉代故城的水系。“苑中宫亭，凡二十四所”，即 24 处建筑群，如鱼藻宫、梨园、芳林园、未央宫等，如图 1.23 所示。

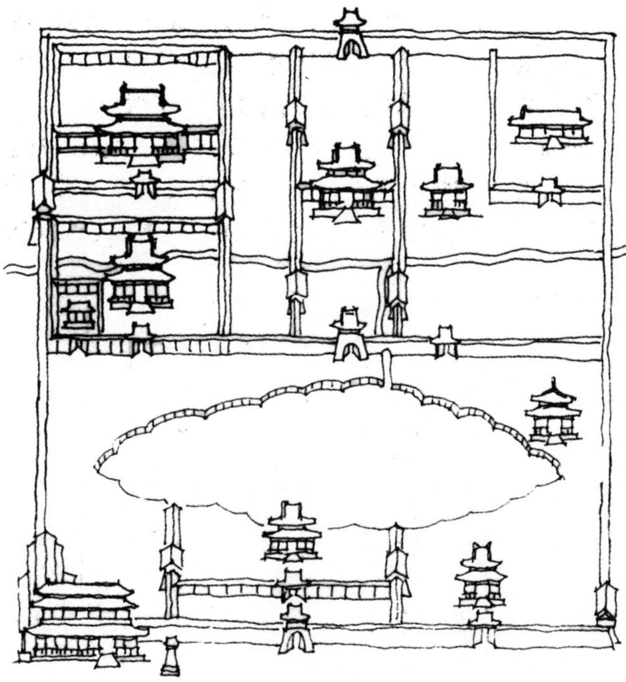

图 1.22 宋刻唐兴庆宫图碑

［图片引自：周维权．中国古典园林史（第二版）．北京：清华大学出版社．1999］

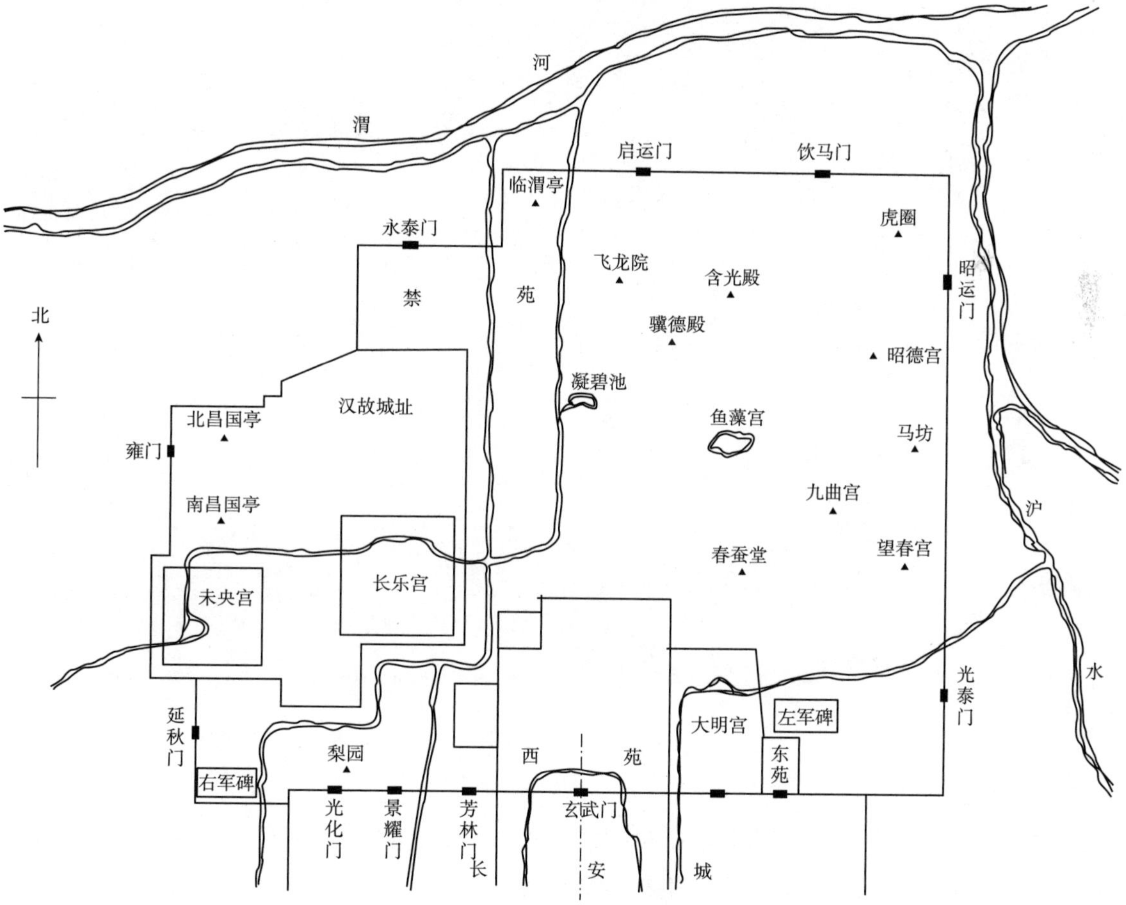

图 1.23 禁苑平面示意图

［图片引自：周维权．中国古典园林史（第二版）．北京：清华大学出版社．1999］

西内苑即西苑，位于太极宫之北，玄武门外，亦称北苑，南北一里，东西与宫城长度相当，其内有瑶池和樱桃园。瑶池约位于大安宫北、重玄门内，樱桃园位于冰井台以北。其中大安宫原是唐太宗为秦王时所构，宫苑之中多山村景色，深为太宗喜爱，具体情况史书未有记载。

东内苑即东苑，在大明宫之东侧，南北二里，东西相当于一坊里宽度。南门廷政门，门之北为龙首殿和龙首池。

（3）华清宫。

华清宫在今西安城以东30公里的临潼县，南枕骊山，北临渭水。据《长安志》载：秦始皇始建温泉宫室，名“骊山汤”，汉武帝时加以修葺。隋开皇三年（583），“又修屋宇，列树松柏千余株”。唐贞观十八年（644），诏左屯卫大将军姜行本、将作匠阎立德主持营建宫殿，赐名温泉宫。天宝六年（747）扩建，改名华清宫。又筑会昌城，在温泉附近设置官员的官署和宅邸。后来，唐明皇长期在此居住，处理朝政，接见臣僚，华清宫成为与长安大内相联系的政治中心。华清宫与北坡的苑林区相结合，形成了北宫南苑格局的规模宏大的离宫御苑。安史之乱后，华清宫逐渐荒废，五代时改为道观。

华清宫宫城有四门：北为津阳门，因面临渭津而名；南曰昭阳门，寓得日之光、昭昭明亮之意；东是开阳门，因朝太阳而取名；西称望京门，取西望京都长安之意。宫内分东、中、西三区，以隔墙分开，如图1.24所示。

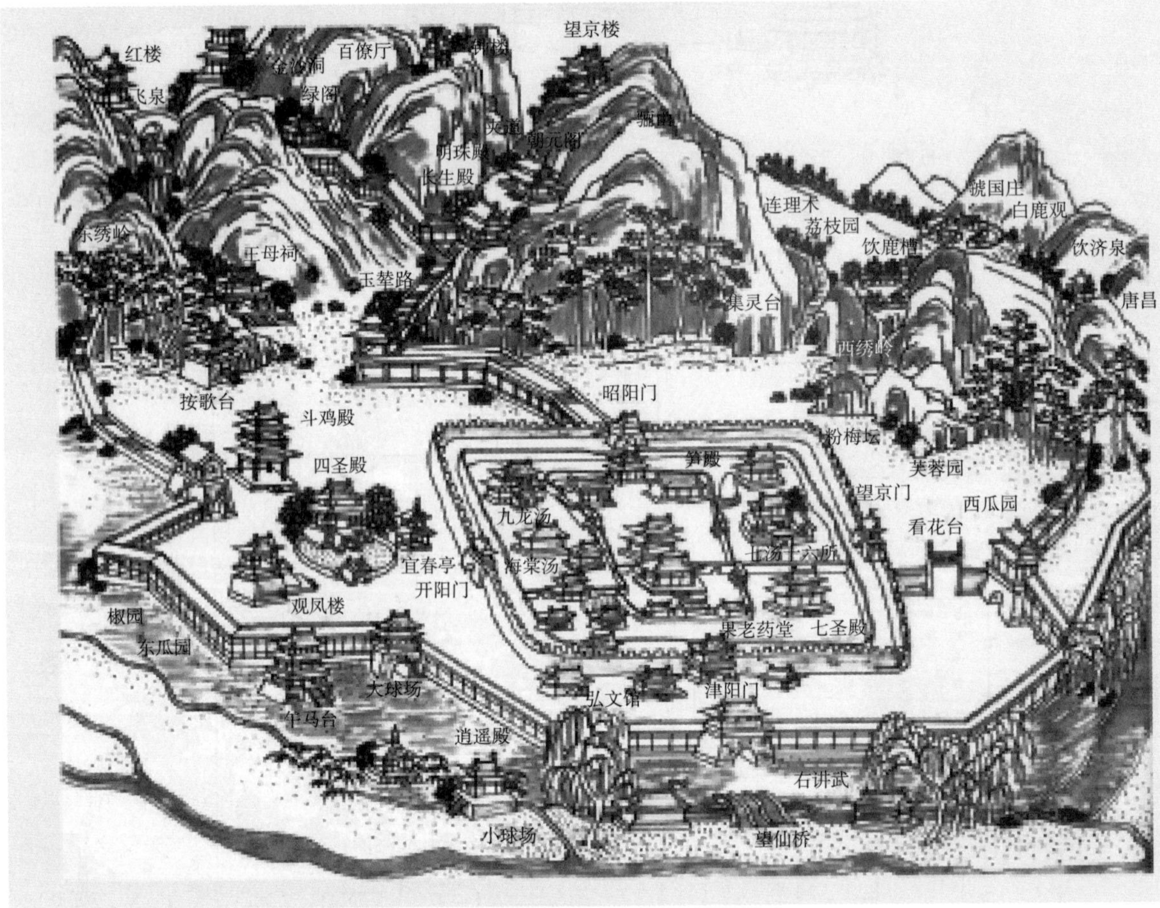

图1.24　华清宫图

［图片引自：周维权．中国古典园林史（第二版）．北京：清华大学出版社．1999］

东区：东区是皇帝和后妃游幸华清宫时沐浴宴娱之地。由北向南有瑶光楼、梨园、小汤、飞霜殿、御汤九龙殿等。九龙殿亦名莲花汤，是唐玄宗御用汤池。莲花汤紧西北为海棠汤，亦名芙蓉汤，为杨玉环沐浴池。海棠汤和莲花汤南为星辰汤，即唐贞观十八年阎立德为太宗修建的御汤。汤池南接温泉水源。源上是依宫墙而建、传为神女沐浴之所而得名的玉女殿。

中区：主体建筑为巍巍壮丽的前、后大殿，是皇帝在华清宫处理政务、进行各种国事活动的地方。殿南近山脚下，由东向西，依次排列着供太子沐浴的太子、少阳两汤、供内官六部官员沐浴的尚食汤和为梨园弟子沐浴而建的宜春汤。汤池南为御书亭，是唐太宗贞观十八年书写的《温泉铭》碑亭。

西区：自北向南有玄宗因崇敬神仙张果老，为企求得到长生不老药而修建的果老药堂，以及供奉历代祖宗的十圣殿。据宋程大昌《雍录》注曰："殿在宫中，自神尧至睿宗、昭成肃明皇后皆立，衣衮衣，绕殿石榴皆太真所植。"殿南并排有希望神仙降临的瑶坛和羽帐。再南是供奉神仙、进行修身养性的功德院和嫔妃、宫女沐浴的长汤十六所。

值得一提的是，苑林区在天然植被的基础上，还进行了大量的人工绿化种植。不同的植物配置更突出了各景区和景点的风景特色。

（4）绛守居园池。

隋开皇十六年（596），由内军将军临汾县令梁轨开创的绛守居园池，是隋代著名的私家园林。

绛守居园池在山西运城新绛县城西隅高垣上，绛州古衙署后部。隋代绛州井水碱咸，既不宜饮用，又无法灌田。内将军临汾县令梁轨于隋开皇十六年（596）修筑渠道，引九原山鼓堆泉水灌溉绛州，余水放衙署后部蓄为池沼，又建亭阁于池畔，始有园池。园池中部有一南北向小土丘，可通静观楼，楼前有甬道，两侧筑有花墙，名子午梁。莲池在园西，与蓄水池（又名苍塘）有渠道沟通，渠上架拱形小桥。池西有冬景亭，池南有洄涟轩（又名洄涟亭）。子午梁东侧有叠石假山，还有影壁六角拱门、春景亭、八卦亭、拙亭、燕节楼、望井台、苍塘风堤和孤岛等景物。园池有意建为春、夏、秋、冬四园，每个景区分别种植了与四季相应的迎春、夏莲、秋菊、冬梅等花卉，还充分运用琴、棋、书、画、石、亭、桌、壶等物品来营造春浓、夏艳、秋实、冬寒的人文意境。园池构建以水为主，水面积约占全园的四分之一还要强，一渠清流，蜿蜒其间，跨水渠，过栈桥，登亭阁，流连于岛台之间，观花赏景，雅静宜人，是我国北方典型的自然山水园林。到唐穆宗长庆三年（823），绛州刺史樊宗师写有《绛守居园池记》，从中可以看到绛守居园池的大概面貌。唐宋著名文人学士如岑参、欧阳修、梅尧臣、范仲淹等皆曾驻步其间，吟诗作赋，赞美园景。范仲淹有《居园池》，诗云：

绛台使君府，亭台参园圃，一泉西北来，群峰高下睹。

池鱼或越金，水帘常布雨。怪柏锁蛟龙，丑石斗驱虎。

群花相倚笑，垂柳自由舞。静境合通仙，晴阴不知暑。

每于风月期，可物诗酒助。登临问民俗，依旧陶唐古。

绛守居园池后经隋、唐、宋、元、明、清各代官衙州牧的不断添建维修，现在绛守居园池的地形地貌基本保存完整，总体规模布局、形制及池塘渠道、亭台部位尚清晰可辨，是古代园林中有据可查、有遗迹可寻的最古老的名园，具有很高的文物价值及园林艺术价值，是研究我国园林艺术史的重要实物资料。

（5）白居易履道坊宅园。

太和三年（829），白居易以刑部侍郎告病归洛阳，长期居住于此。白居易有《池上篇》诗，诗前自序宅园创造经过和景物布局。履道里在洛阳城东南，占地十七亩，"屋室三之一，水五之一，竹九之一"，又筑池塘、岛、桥于园中。后又在池东筑粮仓，池北建书库，池西修琴亭。园中又开环池路，置天竺石、太湖石等；池中植白莲、折腰菱，放养华亭鹤。池中有三岛，先后作西平桥、中高桥以相联通。园中环境优美，亭台水榭，竹木掩映，白居易自誉其园云："都城（指洛阳）风土水木之胜在东南隅，东南之胜在履道里，里之胜在西北隅。西邗北垣第一第，即白氏叟乐天退老之地。"足可见其园之美。

（6）王维辋川别业。

王维的辋川别业，是自魏晋山居栖逸盛行以来又一座十分优美的山水庄园，在中国历史上也极为有名，地处唐长安城附近蓝田县的辋川谷，北距县城 10 公里。这里山林葱郁，田原肥沃，有河自南山穿谷而出，向北汇入灞水。

王维有《辋川集》诗 20 首，专门描述辋川 20 处胜景，序中称：他与裴迪经常游止的地方有孟城坳、华子冈、文杏馆、斤竹岭、鹿柴、木兰柴、茱萸、宫槐陌、临湖亭、南垞、欹湖、柳浪、栾家濑、金屑泉、白石滩、北垞、竹里馆、辛夷坞、漆园、椒园等20处（如图1.25所示）。

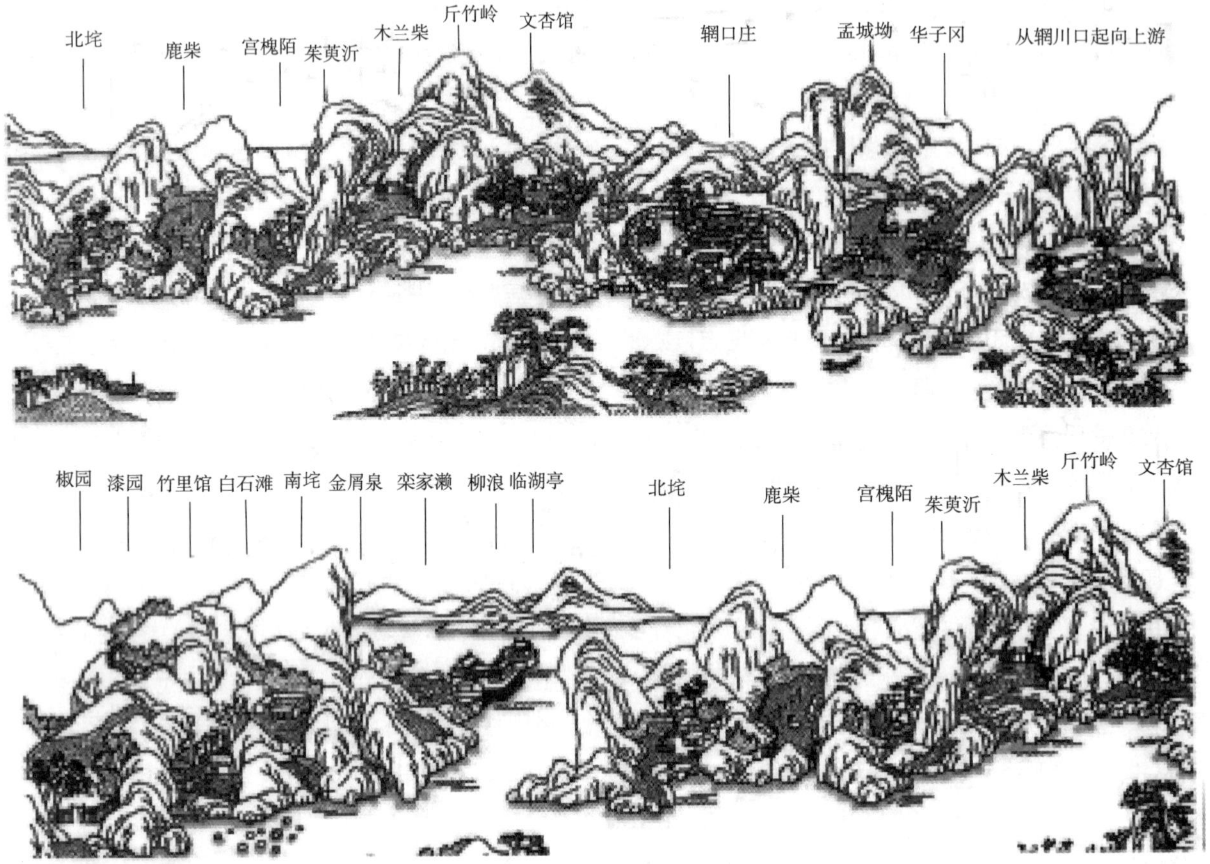

图1.25　王维辋川别业想象图

［图片引自：周维权．中国古典园林史（第二版）．北京：清华大学出版社．1999］

辋川别业有山、岭、岗、坞、湖、溪、泉、沜、濑、滩等自然景观，亦有茂密的植被和丰富的鸟兽活动，总体上以天然风景取胜，局部的园林化则偏重于各种树木花卉的大片成林或丛植成景。建筑物并不多，形象朴素、布局疏朗，造景十分注重意境。王维对辋川别业的描述与他的所有山水诗文一样，给人一种清新而空灵的感受。这是由于他对现实的冷漠，而将全部的身心和所有的才智都用于对大自然细致入微的观察上面的缘故，因此能用其生花妙笔勾勒出自然山水丰富多彩的面貌，展示出清丽动人的画面。后人评价说："味摩诘之诗，诗中有画；观摩诘之画，画中有诗。"这同样也体现在他对山居别业的经营上，那里的每一处景致皆被处理得如同诗画一般，他又用诗画的语言予以描述，读其诗文就像把我们带进了他的别业，并将所有的美景一幅幅地再现到我们的眼前，从而得到无穷的享受。

（7）唐长安大慈恩寺。

该寺始建于隋代，原名无漏寺，武德初年废弃。唐贞观二十二年（648），高宗为其母文德皇后立为寺，故以慈恩命名。该寺占晋昌坊东半部，规模宏大，几十余院，总1897间，寺僧300人。寺中有多名画家如阎立本、吴道子、尉迟乙僧所作的多幅壁画，为长安三大译经院之一。玄奘还在此创立了慈恩宗，使大慈恩寺在中国佛教史上最负盛名。

慈恩寺内，繁花似锦、绿树成荫，尤以牡丹和荷花最负盛名。文人到斯内赏花成为一时风尚。永徽三年（652），玄奘在高宗资助下依照印度的建筑形制建造的大雁塔成为城南游览胜区。

慈恩寺开展大量的世俗活动，成为城市公共交往的中心，它的环境处理把宗教的肃穆与人间的愉悦相结合重视庭院的绿化和园林的经营。寺内以园林之美和花木的栽培而闻名于世，文人常到寺庙适应世俗趣味，追慕私家园林。

（8）长安曲江池。

位于唐都长安东南隅，一半在城内，一半在城外，是都城地区最著名的景区。开发始于秦代，秦代称恺州，西汉称宜春院（上林苑内）。隋营大兴城时，凿以为池，辟为都城的风景区。唐玄宗开元时期，开始了曲江池大规模的扩建和营造。安史之乱后，园林尽废，文宗太和九年（835）发神策军修淘曲江，沿岸修建亭馆，把曲江池的开发扩建又推向高潮。曲江池经过修浚开发，沿岸宫殿连绵，楼阁玲珑，参差异态，杨柳成行，烟水明媚，与邻近各园形成了以曲江为中心的风景游览胜地，如图 1.26 所示。

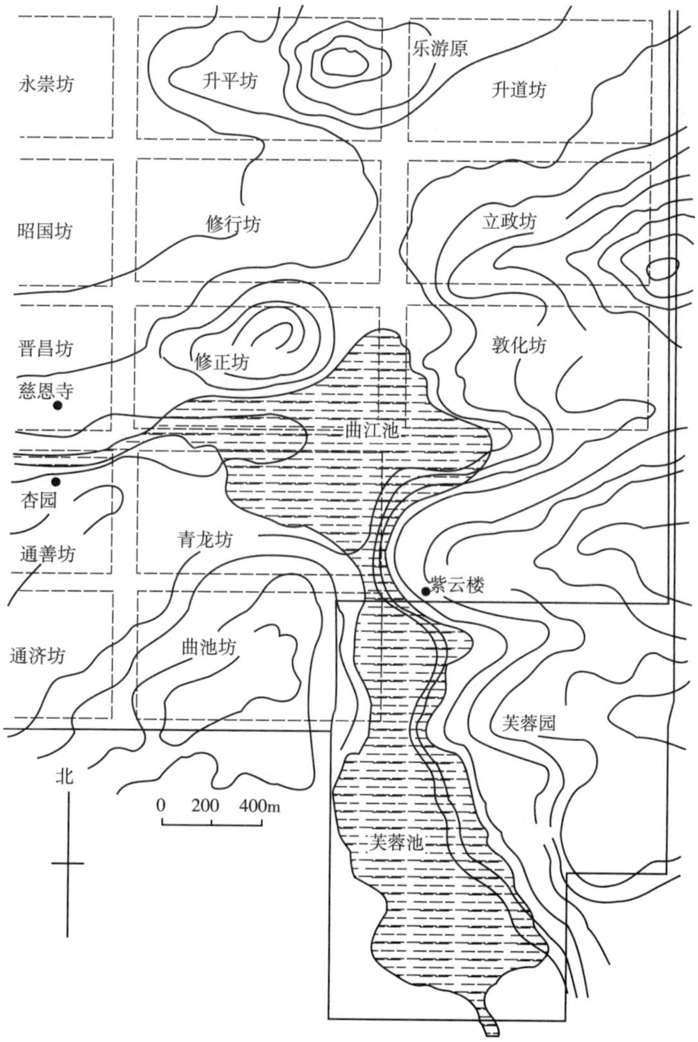

图 1.26 唐长安曲江位置图

［图片引自：周维权．中国古典园林史（第二版）．北京：清华大学出版社．1999］

曲江池以湖面景色为主，沿岸盛植杨柳花卉，加之宫殿楼阁高低参差，与花草树木相映生辉，巍巍终南，倒映湖中，湖光山色，煞是迷人。曲江的南岸有紫云楼、彩霞亭等建筑，还有御苑“芙蓉苑”；西面有杏园、慈恩寺。水面达 70 万平方米。芙蓉园、杏园都是文人墨客常去聚会的地方。曲江池最热闹的是春天，新科进士在此举行“曲江宴”，其后还在杏园再度设宴，所谓“探花宴”，此后再到慈恩寺的大雁塔上把自己的名字写在壁上，所谓“雁塔题名”，至此，完成士子所举行的庆祝三部曲。

5. 全盛期的造园特点

中国园林在隋、唐时期政治、经济、文化等综合因素的影响下，诗文、绘画、园林三者互相渗透，各展其长，使园林更富诗情画意，出现了写意山水园林的新阶段。中国古典园林的第三个特点“诗画的情趣”开始形成，隋唐园林作为一个完整的园林体系已经成型。

（1）隋、唐时期，皇家园林的“皇家气派”已经完全形成，皇家园林类型所独具的特征，不仅表现为园林规模的宏丽，而且反映在园林总体的布置和局部的设计处理上面。它的形成，标志着皇权的神圣独尊和封建经济、文化的繁荣。因此，皇家园林出现了像西苑、兴庆宫、华清宫、九成宫等具有划时代意义的作品。同时，皇家园林还不断吸取各家园林所长，尤其是文人园林的诗情画意，呈现出文人化园林风格的倾向。

（2）隋、唐时期，私家园林兴盛，逐渐形成王公贵戚园林、士流园林、文人园林等园林类型。其园林风格为简远、疏朗、雅致、天然，正是中国风景式园林主要特点的外伸，成为中国写意山水园林的杰出代表。山水画、山水诗文、山水园林这三个艺术门类互相渗透，互相融合，中国古典园林的第三个特点“诗画的情趣”已经形成，虽然第四个特点“意境的蕴涵”尚处于朦胧的状态，但是隋唐园林作为一个完整的园林体系已经成型，从而影响及于亚洲汉文化圈内的广大地域。

（3）寺观园林得到普及，并进一步世俗化。寺观注重经营园林、庭院绿化和周围的园林化环境，逐渐成为风景名胜区的保护者、管理者和游客、香客的接待场所。

（4）公共园林已更多地见于文献记载。作为政治、文化中心的两京，尤其重视城市的绿化建设。公共园林、城市绿化配合宫廷、邸宅、寺观的园林，完全可以设想都城所呈现出的一派郁郁葱葱景象。

（5）风景式园林创作技巧和手法的应用，较之上代有所提高而跨入了一个新的境界。造园用石的美学价值得到了充分肯定，园林中的“置石”已经比较普遍了。而园林中的理水，除了依靠地下泉眼得水之外，更注意于从外面的河渠迎来活水。

隋唐园林不仅发扬了秦汉大气磅礴的气度，又在精致的艺术经营上取得了辉煌的成就，这个全盛局面发展到宋代，在两宋特定的历史条件和人文背景下，终于瓜熟蒂落，开始了中国古典园林的成熟时期。

1.1.4.5　中国古典园林的成熟期——宋、元、明、清（960—1911）

1. 时代背景

960 年，宋太祖赵匡胤陈桥兵变，建都开封（汴梁），改名为东京。从此封建王朝的都城便逐渐东移。宋朝实行以文治国，解除骄兵悍将的兵权，出现兵不识将，将不专兵的局面，但也极大地削弱了军队的战斗力。在异族侵略战争中节节败退，称臣纳贡。1126 年，金军攻下东京，又改名汴梁。次年金太宗废徽、钦二帝，北宋灭亡。宋高宗赵构逃往江南，建立半壁河山的南宋王朝，1138 年定杭州为“行在”，改名临安。南宋王朝政治上苟且偷安，卖国投降，生活上纸醉金迷，终不能享国日久，在经历了几番异族的铁蹄蹂躏之后，被元朝取而代之。

1206 年，铁木真统一蒙古诸部，号称成吉思汗，起兵西征。忽必烈即帝位后，南征，南宋灭亡。1264 年忽必烈定都于燕京，称为大都，改国号为元。元朝统治者起自漠北，征服四方而得以统治广大地域，由于民族文化所限，故需广为招收人才，辽、金遗臣来归者皆授以官职，汉人之有才能者则延为幕宾。那个时代，远自波斯、阿拉伯、欧罗巴亦有不少人来仕于元。

元朝末年，各地纷纷起义。濠州人朱元璋随郭子兴起兵，经过 15 年东征西讨，1368 年建都于金陵。朱元璋就是明太祖，年号为洪武。明太祖分封诸王子于全国各地。其孙朱允汶继帝位，即惠帝。此时藩王逐渐跋扈，惠帝意图削弱诸王的势力，于是燕王朱棣以“靖难”为号召，率兵大举南下，攻陷金陵而登帝位，是为明成祖。明成祖改北平为北京，改旧都为南京。

明末，农民起义。1644 年正月，李自成改西安为西京，拥兵东进，攻取居庸关，威逼北京。崇祯皇帝自缢而亡。同一时期，女真族的努尔哈赤起兵于建州，经过多年奋斗建立后金国。于 1616 年称汗，年号为天命。1625 年攻占沈阳以为都城。1636 年其子太宗皇太极继位，改国号为清。1644 年世祖顺治帝嗣位。当年 3 月李自成攻下了明都北京城，驻在山海关防清的明将吴三桂“冲冠一怒为红颜”，引狼入室，联合清军攻打李自成。清人利用这个机会，宣称为明帝报仇，遂于该年 5 月进入北京城，取得了全国的统治地位。清朝在康熙、雍正、乾隆三代连续有 130 年的治世，出现了中国封建社会最后一个灿烂辉煌的太平盛世。

这个帝国表面上的强大程度似乎可以追慕汉、唐，然而当时的世界形势却以远非昔比了。欧洲诸国锐意向东方强制通商，实行侵略。英国殖民印度，进而威胁中国。清朝政府在鸦片战争中失败，割地赔款，丧权辱国。又经历第二次鸦片战争、中法战争、中日甲午战争、八国联军侵华，清政府不断与法、英、日、俄、德、意、比、荷、奥等列强签订一系列不平等条约。此时，民主革命先行者孙中山先生掀起了武装推翻清王朝的斗争。1911 年 10 月，在武昌起义的炮声中，统治中国长达 268 年的最后一个封建王朝轰然倒塌。

2. 影响中国古典园林走向成熟的因素

（1）“华夏民族之文化历数千载之演进，造极于赵宋之世”。

著名史学家陈寅恪说：“华夏民族之文化历数千载之演进，造极于赵宋之世。”园林作为文化的重要内容之一，也不例外。它历经千余年的发展亦“造极于赵宋之世”而进入完全成熟的时期。这种情况的出现，自有其影响因素。首先城市商业和手工业空前繁荣，资本主义因素已在封建经济内部孕育，城乡经济高度发展，带动了科学技术的长足进步，如建筑和园林方面的技艺在这个时期有较大提高和发展。另外，宋代“重文轻武”，文人的社会地位提高，刺激文人士大夫的造园兴趣，所以园林规划设计趋于清新、精致、细密。并且自中唐以后，诗词在内容和风格上发生了明显的变化，园林诗和园林词成为宋代诗词中的一大类别，他们或即景生情、或托物言志，通过对叠石为山、引水为池以及花木草虫的细腻描写而寄托作者的情怀，并且宋代是历史上最以绘画艺术见重的朝代，画家获得了前所未有的受人尊崇的社会地位。而宋代的文人士大夫阶层，除传统的琴、棋、书、画等艺术活动外，品茶、古玩赏和花卉观赏也开始盛行，进行这些活动需要一个共同的理想场所，这个场所往往就是园林，因此，前者的盛行必然促成后者的发达。

（2）商品经济长足发展，文化艺术异彩纷呈。

元朝统一全国后，随着农业、手工业的恢复和发展，商品生产逐渐兴盛，商品经济的发展带动了市民文化及民间造园艺术的发展。其中，经济文化最发达的江南地区，造园活动最兴盛，对造园艺术和技术的要求高。相应地，园林的规划技术和施工组织也趋于严密，技术高度逐渐成熟。如建筑方面，木结构技术在宋代的基础上继续完善，装修装饰趋于精致，匠师的技术成就偶见于文字流传，如《鲁班经》、《工段营造录》等；叠山方面，园林不仅使用石材多样化，技法也趋于多样化，还出现了不同的地方风格和匠师的个人风格；观赏植物方面，陆续刊行了许多经过文人整理的专著，如明代王象晋的《群芳谱》，清初陈淏子的《花镜》、汪灏的《广群芳谱》等。《花镜》是中国历史上最早刊行的一部花卉园艺学专著。

（3）文人、画家参与造园的日趋普遍。

文人园林萌芽于魏晋南北朝，兴起于唐代。到宋代，它已成为私家造园活动中的一股巨大潮流，同时还影响着皇家园林和寺观园林。宋代文人园林的风格，较之唐代已经更为成熟，风格表现也更为明显。元代在蒙古族的统治下，汉族文人地位低下，知识分子不屑于侍奉异族，即使出仕为官，也一样心情抑郁。在绘画上所表现出的就是藉笔墨以自鸣高雅，山水画发展了南宋马、夏一派的画风而更重意境和哲理的体现。明初由于专制苛酷，画家动辄得咎，画坛意识出现仿古的现象。到明中叶，元代那种自由放逸，别出心裁的写意画风又复呈光辉灿烂。文人、画家参与造园活动比过去更为普遍，个别的甚至成了专业造园家，造园工匠也努力提高自己的文化素养，其中涌现出一大批知名的造园家。诸如此类情况必然会影响园林艺术尤其是私家园林的创作，园林意匠的蕴藉更为深远，园林艺术比以往更密切地融合诗文、绘画趣味，从而赋予园林本身以更浓郁的诗情画意。

3. 成熟期的园林发展概况

中国古典园林成熟期的造园简史如表 1.5 所示。

表 1.5　　中国古典园林成熟期的造园简史

朝代	通史	皇家园林	私家园林	寺观园林
北宋（960—1127） 南宋（1127—1279）	宋太祖赵匡胤陈桥兵变，建都开封，改名东京。 1126 年，金军攻下东京，又改名为汴梁，次年金太宗废徽、钦二帝，北宋灭亡。 宋高宗赵构逃亡江南，建立半壁河山的南宋王朝，定杭州为“行在”，改名临安，与北方的金王朝对峙	大内御苑代表作：后苑、延福宫、艮岳 行宫御苑代表作：景华苑、琼林苑、宜春园、玉津园、金明池、牧苑等。 大内御苑代表作：宫城的园林区后苑。 行宫御苑代表作：（分布在西湖风景优美地段） 集芳园、玉壶园、聚景园、屏山园、德寿宫、樱桃园	洛阳私家园较多，如：富郑公园、环溪、湖园、苗帅园、董氏西园、东园等 临安诸园：真珠园、南园、甘园、梅坡园、水月园、网师园、沈尚书园等 苏子美沧浪亭、欧阳修平山堂	灵隐寺 三天竺寺 韬光庵 天王院花园子
元朝（1271—1368）	蒙古族的元王朝统一全中国，建都大都	元大都太液池	狮子林、沈氏东园（今留园）	元归元寺（明西园寺） 大承天护圣寺
明朝（1368—1644）	明王朝灭元，建都南京，永乐十九年（1421年）迁都北京	大内御苑共有六处：御花园、慈宁宫花园、万岁山、西苑、兔园、东苑。 行宫御苑有两处：南苑、上林苑	苏州拙政园、无锡寄畅园、上海豫园、北京清华园、苏州留园	园静寺
清朝（1644—1911）	李自成拥兵东进，明崇祯帝自缢，攻占北京。吴三桂以为明帝报仇之名引清兵入关，清人于该年 5 月进入北京城，取得了全国的统治地位。 继康熙、雍正之后，乾隆皇帝统治时期，社会稳定、人民生活有了很大提高，史称“康乾盛世”。嘉庆皇帝统治时期，清朝进入缓慢发展阶段。道、咸之际，以英国为首的西方殖民主义势力通过两次鸦片战争，使中国沦为半殖民地半封建社会	西苑 香山行宫（后改名静宜园） 玉泉山静明园 畅春园 承德避暑山庄 圆明园 大内御苑：西苑、慈宁宫花园、建福宫花园、宁寿宫花园 行宫御苑：静宜园、静明园、南苑 离宫御苑：圆明园、避暑山庄、颐和园	李渔的芥子园 王熙的怡园 扬州：片石山房、个园、寄啸山庄、小盘谷、余园等 苏州：太平山的高义园、虎丘的拥翠山庄、退思园、羡园、网师园、留园等 杭州：郭庄、西泠印社 吴兴：小莲庄 海宁：安澜园 上海：豫园 南京：袁枚的随园和江南织造府的商园 北京：半亩园、萃锦园 山东：十芴园 广州：余荫山房 台湾：林本源花园	大觉寺 白云观 普宁寺 法源寺 古常道观 乌尤寺 清音阁 黄龙寺 太素宫 潭柘寺 国清寺

两宋是中国古典园林进入成熟期的第一个阶段，它将中国古典园林的园林艺术水准、技法及大众园林审美观念都推到了前所未有的高度，成为我国园林艺术在明清全面发展成熟的一个先声。元、明、清初是中国古典园林成熟期的第二阶段，它上承两宋的余绪在某些方面又有所发展，可以说是第一阶段的延伸、继续，当然也有发展和变异。从乾隆到清末的不到二百年的时间，是中国历史由古代转入近、现代的一个急剧变化的时期，也是中国古典园林全部发展历史的一个终结时期，这个时期的园林继承了上代的传统，取得了辉煌的成就，同时也暴露出封建文化的末世衰颓的迹象。

（1）皇家园林。

960 年，宋太祖赵匡胤即位，建都于后周的旧都开封，改名东京。北宋初年建成比较著名的“东京四苑”琼林苑（964 年）、玉津园、金明池、宜春苑，宋徽宗时兴建延福宫（1113）和艮岳（1117）如图 1.27 所示。

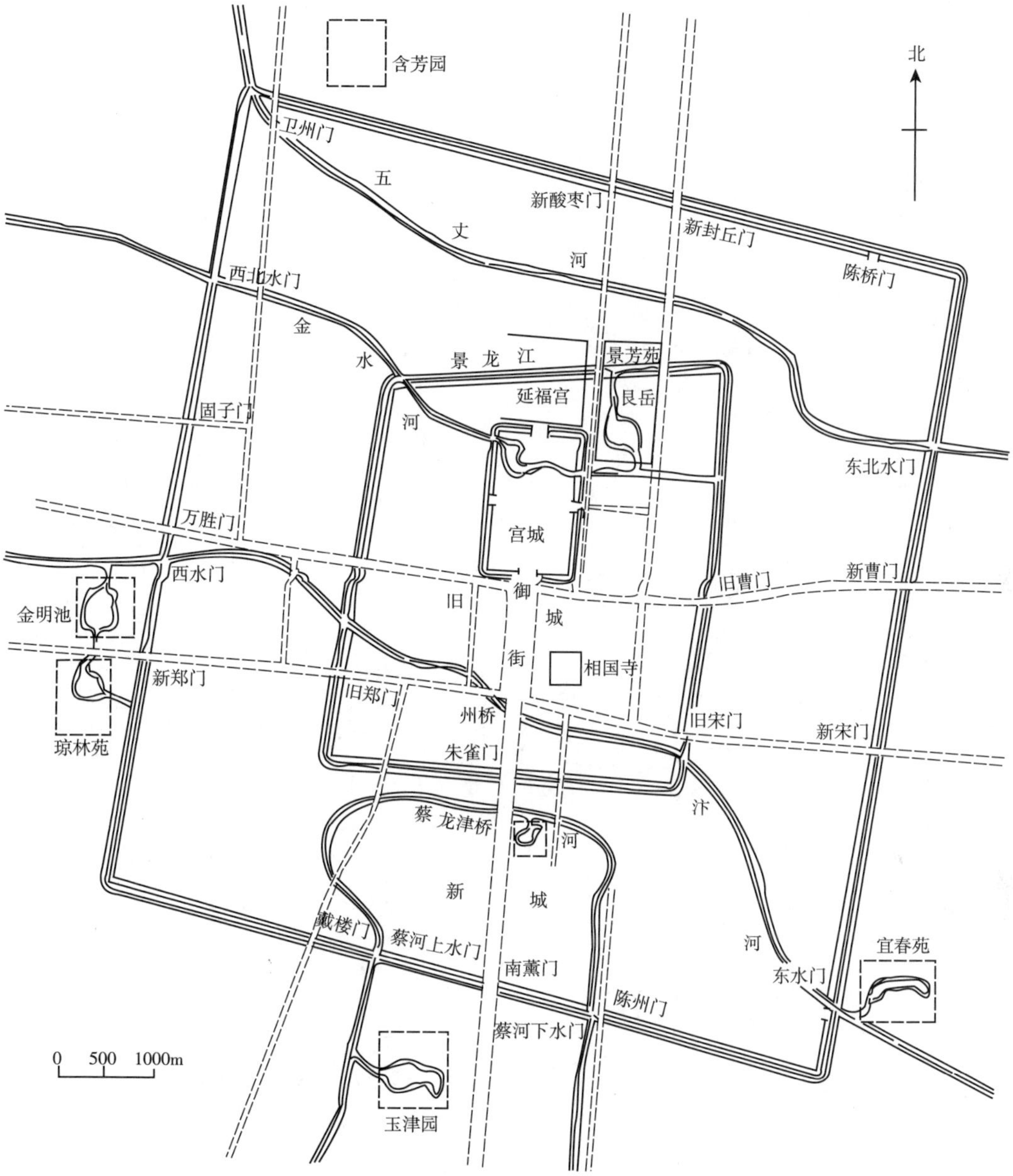

图 1.27 北宋东京城平面示意及主要宫苑分布图

［图片引自：周维权. 中国古典园林史（第二版）. 北京：清华大学出版社. 1999］

1126 年，金军攻下东京，宋高宗赵构建立南宋王朝，定都杭州，改名为临安。临安的皇家园林均为大内御苑和行宫御苑。大内御苑只有一处，即宫城的苑林区——后苑。行宫御苑很多，德寿宫（1162）和樱桃园在城外，大部分则分布在西湖风景优美的地段，较大的如湖北岸的集芳园、玉壶园，湖东岸的聚景园，湖南岸的平山园、南园，湖中小孤山上的延祥园、琼华园、三天竺的下天竺御园，北山的梅冈园、桐木园等处。其余的分布在城南郊钱塘江畔和东郊的风景地带，如玉津园、富景园等，如图 1.28 所示。

宋代皇家园林在规划设计上更精密细致，但比起中国历史上任何一个朝代都缺少皇家气派，更多地接近民间私家园林尤其文人园林。南宋皇帝经常把行宫御苑赏赐臣下作为别墅园或者把臣下的私家园林收归皇室作为御苑。北宋某些行宫御苑较长时间开放任百姓入内游览，说明皇家园林和私家园林具有较多共性。宋代皇家园林之所以出现规模较小和接近文人园林的情况，固然由于国力国势的影响，而与当时朝廷的文化风尚也有直接关系。

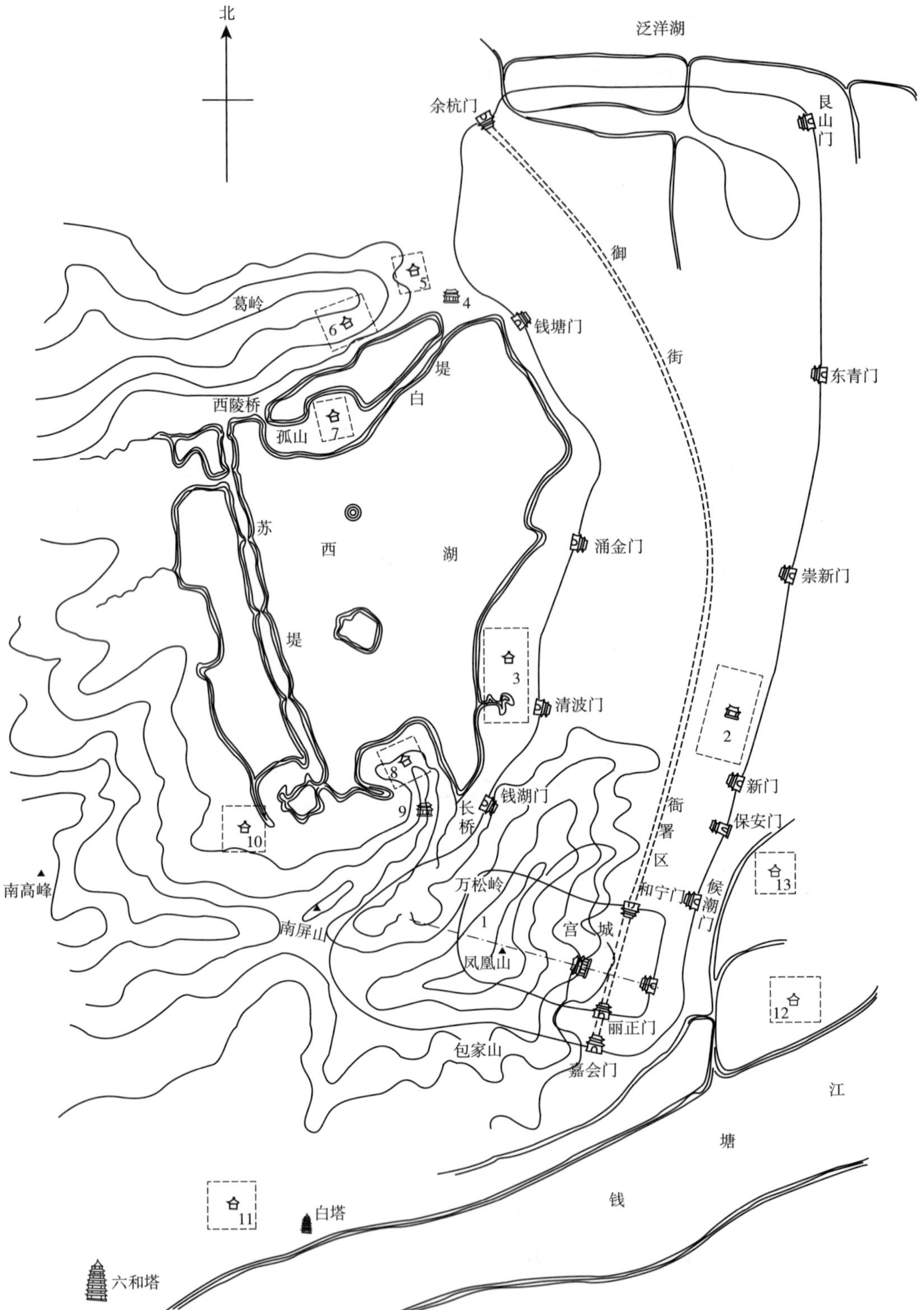

图 1.28　南宋临安平面示意及主要宫苑分布图

［图片引自：周维权．中国古典园林史（第二版）．北京：清华大学出版社．1999］

1267 年，元世祖新建都城“大都”，即北京城前身。在金代大宁宫基址上扩建大内御苑，其园林主体为太液池，如图 1.29 所示。

明成祖即位后，自南京迁都北京。明代皇家园林建设重点也在大内御苑。主要有御花园、慈宁宫花园（1420）、万岁山、西苑、兔园、东苑，如图 1.30 所示。

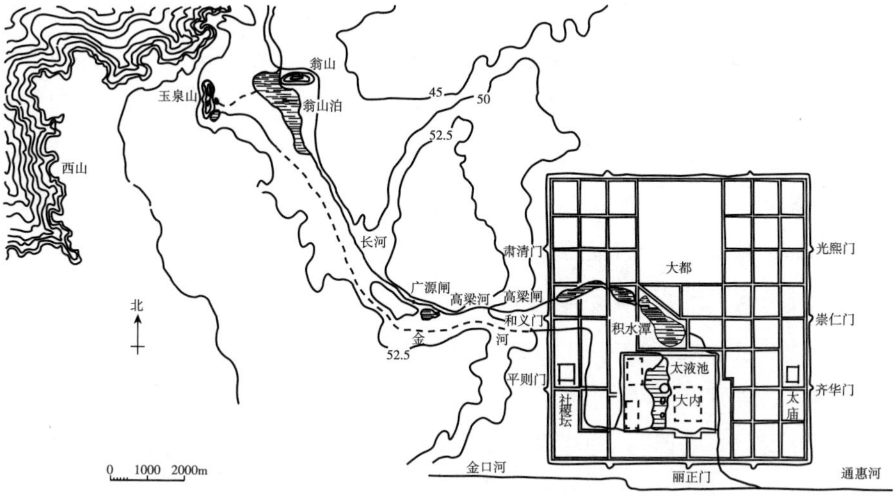

图 1.29 元大都及其西北郊平面图

［图片引自：周维权．中国古典园林史（第二版）．北京：清华大学出版社．1999］

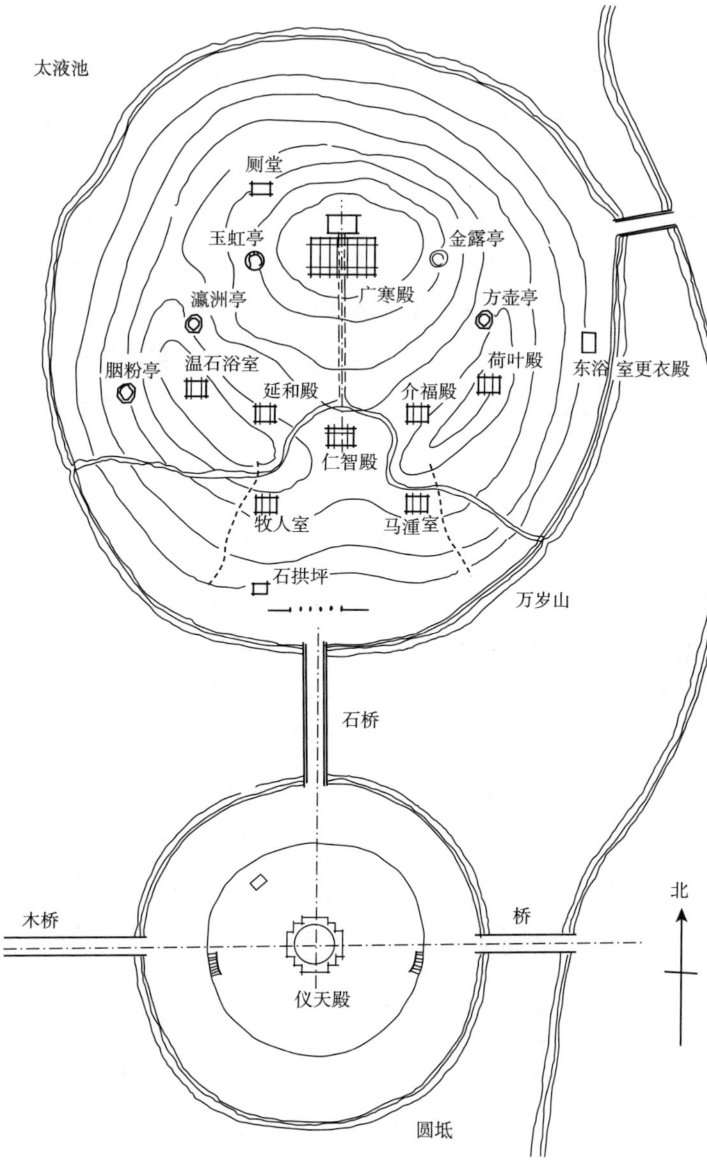

图 1.30 万岁山及圆坻平面图

［图片引自：周维权．中国古典园林史（第二版）．北京：清华大学出版社．1999］

明、清改朝换代时，北京城未遭破坏，全部沿用明代的宫殿、坛庙和苑林。皇家园林建设重点转向北京西北郊的行宫御苑和离宫御苑。1677 年，在原香山寺旧址上扩建香山行宫，1680 年，在玉泉山的南坡建“澄心园”，后改名为“静明园”。1684 年康熙在北京西北郊新建第一座离宫御苑畅春园。1703 年在承德新建第二座离宫御苑避暑山庄。1725 年建第三座离宫御苑圆明园。1751 年在圆明园东面建长春园，1751 年扩建承德避暑山庄，1772 年，在圆明园东南面建绮春园。到乾隆时期北京西北郊形成一个庞大的皇家园林集群，即圆明园、畅春园、香山静宜园、玉泉山精明园、万寿山清漪园，著称“三山五园”。

清道光年间，中国封建社会的最后繁荣阶段结束，皇室没有财力营建新园。西方殖民主义势力开始通过武力打开封建锁国的门户。1840 年第一次鸦片战争，1856 年爆发太平天国战争，1860 年第二次鸦片战争中，英法联军焚毁圆明园、清漪园、静名园，静宜园。1873 年，修复圆明园，由于财力不支，次年停工。1888 年，靠挪用兴办新式海军的经费重修清漪园改名为“颐和园”。1900 年 5 月爆发义和团运动，8 月八国联军进军北京，圆明园与颐和园再次被破坏。

明代废除宰相制，把相权和君权集中于皇帝一身，清代皇帝的集权更有过之。绝对集权的专制统治需要严格的封建制度和礼法制度。明代理学的新儒学更加强化上下等级之分、纲常伦纪德道德规范，因而皇家园林又转向表现皇家气派，规模又趋于宏大。

清代康、乾时期皇家园林建设的规模和艺术水平都达到了园林成熟期历史上的顶峰，大型园林的总体规划、设计有许多创新，全面地引进和学习江南民间的造园技艺，形成南北园林艺术的大融合，为宫廷造园注入了新鲜血液，出现一批具有里程碑性质的、优秀的大型园林作品。此外，中西园林文化交流得到一定发展，乾隆年间任命欧洲传教士主持修造圆明园的西洋楼，西方的造园艺术首次引进中国宫苑。同时，中国园林通过来华商人和传教士的介绍而远播欧洲。在当时欧洲宫廷贵族中掀起一股“中国园林热”，首先在英国，促进了英国风景式园林的发展，法国则形成独特的“英中式”风格，成为冲击当时流行于欧洲大陆规模式园林的一股强大潮流。清代中后期，过分追求形式和技巧的影响，园林里面的建筑密度较大，山石用量较多，大量运用建筑来围合、分隔园林空间或者在建筑围合的空间内经营山池花木。虽然充分发挥了建筑的造景作用，促进了叠山技法的多样化，有助于各式园林空间的创设，但削弱了园林的自然天成的气氛，助长了园林创作的形式主义倾向。随着封建社会的由盛而衰，经过外国侵略军的焚掠之后，皇家再没有那样的气魄和财政来营建园囿，宫廷造园艺术相应地一蹶不振，从高峰跌到低谷。

（2）私家园林。

宋代科举取士制度更为完善，文官执政，使得知识分子的数量骤增，地主阶级、城镇商人以及富裕农民中的一部分文化人跻身知识界，并促成了科技文化的繁荣。许多大官僚同时也是知名的文学家、画家、书法家，甚至最高统治者的皇帝如宋徽宗赵佶亦跻身于名画家、书法家之列，两宋人文之盛，远胜前代。这些特殊文化背景刺激了文人士大夫的造园活动，民间的士流园林更进一步文人化，儒家的现实生活情趣、道家的清心寡欲和神清气朗、新兴的佛家禅宗依靠自醒而寻求解脱，此三者得以合流融汇于知识分子的造园思想中，从而形成独特的文人园林观，促成了士流园林的全面“文人化”。此时，唐代园林创作的写实与写意相结合的传统，到南宋时大体上已完成其向写意的转化。中国园林由自然山水园发展到写意山水园，写意山水园也称为文人山水园。文人直接参与造园，文人画的画理介入造园艺术，景题、匾联的运用赋予园林“诗化”特征，从而把诗情画意带进园林，寓情于景，情以景出，深化园林意境的蕴涵，园林的艺术风格焕然一新，从而奠定了两宋文人园林繁荣的基础，并掀起“文人园林”的高潮。文人园林作为一种活动，也推动整个皇家、私家、寺观园林的全面写意化。

宋代城市商业和手工业空前繁荣，资本主义萌芽已在封建经济内部孕育。然而，经济发达与国势羸弱的矛盾状况促使沉湎享乐、苟且偷安心理的普遍滋长，终于形成了宫廷和社会生活的浮荡、奢靡和病态的繁华。在这种浮华、奢靡、讲究饮食服舆和游赏玩乐的社会风气的影响之下，上自帝王，下至富豪，无不大兴土木、广营园林。

宋代中原和江南是经济、文化发达的地区，又是北宋和南宋的政治中心，故这些地区私家园林非常兴盛。中原有洛阳、东京两地，江南有临安、吴兴、平江（苏州）等地。宋人李格非写了一篇《洛阳名园记》，记述他所亲历的比较名重于当时的园林19处，大多数是利用唐代废园基址，其中18处为私家园林。属于宅园性质的有6处：富郑公园、环溪、湖园、苗帅园、赵韩王园、大字寺园；属于单独建置的游憩园性质的有10处：董氏西园、董氏东园、独乐园、刘氏园、丛春园、松岛、水北胡氏园、东园、紫金台张氏园、吕文穆园；属于以培植花卉为主的花园性质的有两处：归仁园、李氏仁丰园。西湖一带的私家园林，《梦梁录》卷十九记述了比较著名的16处，《武林旧事》卷五记述了45处，其中分布在三堤路5处，北山路21处，葛岭路14处，分别是南园、水乐洞园、水竹院落、后乐园、廖药洲园、云洞园、水月园、环碧园、湖曲园等。南宋人周密写了一篇《吴兴园游记》，记述他亲自游历吴兴园林36处，其中最有代表性的是南、北沈尚书园，即南宋绍兴年间尚书沈德和的一座宅园和一座别墅园。平江（今苏州）的著名私园又有沧浪亭、乐圃、研山园、梦溪园。浙江绍兴的沈园，相传南宋诗人陆游与前妻唐婉在沈园邂逅相遇，写下了著名的《钗头凤》词。

宋代有许多与园林相关著作刊行，如建筑技术方面：李诚的《营造法式》和喻培的《木经》；园林观赏树木和花卉栽培方面：周师厚的《洛阳花木记》、范大成的《桂海花木志》、《梅谱》、《兰谱》、《菊谱》、王观的《扬州芍药谱》、《太平御览》等。园林叠石方面：《石谱》等，并出现了专以叠石为业的技工。这些宋代的科技成就都为园林的兴盛提供了技术保证。

宋代开始出现了资本主义的生产关系，工商地主和市民阶层崛起。以商人为主体的市民作为一个新兴的阶层，对社会的风俗习尚、价值观念等的转变，产生了明显影响。于是出现具有人本主义色彩的市民文化的兴盛。它深刻地影响民间的造园艺术。到明代中期以后，出现以生活享乐为主要目标的市民园林与重在陶冶性情的文人、世流园林分庭抗礼的局面。

市民文化的兴盛，知识界也出现一股人本主义的浪漫思潮，以快乐代替克己，以感性冲动突破理性的思想结构，在放荡形骸的厌世背后潜存着对尘世的眷恋和一种朦胧的自我实现的追求。因此，文人造园的意境就披上一层追求个性自由的色彩，这种情况促成了私家园林的文人风格的深化，把园林的发展推向了更高的艺术境界。

在全国范围内的一些发达地区，市民趣味渗入园林艺术。不同的市民文化、风俗习尚形成不同的人文条件制约着造园活动，加之各地区之间的自然条件的差异，逐渐出现明显不同的地方风格。最终形成江南、北方、岭南三大地方园林风格鼎立的局面，标志着中国古典园林完全成熟。其中著名的江南私家园林有：扬州郑元勋的影园、片石山房、寄啸山庄、小盘谷、个园、瘦西湖，苏州的拙政园、留园、网师园，无锡的寄畅园，吴江的退思园，杭州的郭庄、西泠印社，上海的豫园、秋霞圃，南京的煦园、瞻园等。北方私家园林有：北京的清华园、米万钟的勺园、半亩园、恭王府后花园——萃锦园、山东的十笏园等。岭南私家园林有：顺德的清晖园、东莞的可园、番禺的余荫山房、佛山的梁园，号称粤中四大名园，以及中国台湾的林家花园等。

明清时期文人画盛极一时，借笔墨以自视高雅，重意境和哲理的体现。文人、画家直接参与造园更为普遍，个别甚至成了专业的造园家。私家园林的创作相应地出现了两个明显的变化：其一是由以往的全景山水缩移模拟的写实与写意相结合的创作方法，转化为以写意为主的趋向；其二是景题、匾额、对联在园林中普遍使用犹如绘画的题款，意境信息的传达得以直接借助文学、语言而大大增加信息量，意境表现手法亦多种多样，状写、寄情、言志、比附、象征、寓意、点题等。园林意境的蕴涵更为深远，园林艺术比以往更密切地融化诗文、绘画趣味，从而赋予园林本身以更浓郁的诗情画意。园林的创作方法完全写意化，同时该时期士流园林的全面“文人化”，导致私家园林达到园林艺术成就的高峰，以江南园林最为代表。

在民间造园活动频繁的江南地区涌现出许多杰出的造园家，如著名叠山将师张南垣。许多造园理论著作也在这一时期刊行，其中计成的《园冶》(1631)、李渔的《一家言》、文震亨的《长物志》是比较全面而有代表性的三部著作，此外陈淏子的《花镜》是一部观赏花木类的巨著。同时，造园普遍使用叠石假山，精湛的叠石技艺，为写意山水园的发展创设了有利的技术条件。

（3）寺观园林。

佛教发展到宋代，禅宗和净土宗成为主要的宗派。禅宗势力尤盛，不仅成为流布甚广德宗教派别，而且还作为一种哲理渗透到社会思想意识的各个方面，甚至与传统儒学相结合而产生新儒学——理学，成为思想界的主导力量。早期的禅宗，提倡“教外别传”、“不立文字”，以“体认”、“参究”的方法来达到“直指人心、见性成佛”的目的，不需要发表议论，也不借助于文字著述。后来由于这种方法对宗教的传播不利，“禅”不仅只是“参”、“悟”，而且要靠讲说和宣传，于是，大量文字记载的“灯录”和语录便应运而出现了。它们标志着佛教进一步的汉化，也十分切合与文人士大夫的口味，他们之中的一些人还直接参与了与灯录的编写工作，这样，佛教就与文人士大夫在思想上沟通起来，反过来又促进了禅宗的盛行。随着禅宗与文人士大夫思想上的沟通，儒、佛的合流，一方面在文人士大夫之间盛行禅悦之风；另一方面禅宗僧侣也愈文人化。许多禅僧都擅长书画，诗酒风流，以文会友，经常与文人交往，文人园林的趣味也就更广泛地渗透到佛寺的造园活动中，从而使得佛寺园林由世俗化而更进一步地文人化。

道教从魏晋以后发展起来的那一套斋醮符禁咒以及炼丹之术，固然迎合了许多人的享受欲望和迷信心理，但也受到不少具有清醒头脑的士大夫的鄙夷，因而逐渐出现分化的趋势。其中一种趋势便是向老子、庄子靠拢，强调清净、恬适、无为的哲理，表现为高雅闲逸的文人士大夫情趣。同时一部分道士也像禅僧一样逐渐文人化，“羽士”、“女冠”经常出现在文人士大夫的社交圈里。相应的，道观园林也由世俗化进一步文人化。

随着宗教世俗化进而达到文人化，寺观园林与私家园林之间的差异，除了尚保留着一点烘托佛国、仙界的功能之外，其他已经基本上消失了。

宋代，随着僧道们的文人化的素养和对自然美的鉴赏能力，又一次掀起在山野风景地带建置寺观的高潮，是全国范围的山岳风景区的再度大开发。最为代表的是南宋临安的西湖一带，是当时国内佛寺最集中的地区之一，也是宗教建设与山水风景的开发相结合最有代表性的地区之一。

元、明、清时期，寺观建筑仍不断兴建，遍及全国各地。寺观园林继承宋以来的世俗化、文人化的传统，除了个别的特例与有明显宗教象征性或者某些景题含有宗教内容外，一般与私家园林没有区别，只是更朴实、简练。城市及近郊的寺观，无论是否建置独立的园林，都十分重视本身的庭院绿化。城市远郊和山野风江地带的寺观，更注重创造寺观周围的园林绿化环境。宗教建设和风景建设完全融为一体，每一处佛教名山、道教名山都聚集数十所甚至百所的寺观。如北京，据文献记载，元代时期共有寺观 187 所，明代时期共有寺观 300 所，其中多有园林建置，以北京西北郊的西山、香山、杭州西湖一带最多。著名的有香山寺、碧云寺、大觉寺、白云观、普宁寺等。南方有扬州的天宁寺、大明寺等，四川青城山的古常道观，杭州的黄龙洞等。

（4）公共园林。

该时期随着市民文化的繁荣，世俗文化逐渐发展壮大。城镇的公共园林此时除了提供文人墨客和居民交往、游憩场所的传统功能外，也与休闲、娱乐相结合，作为世俗文化的载体。该时期公共园林形成有三种类型。其一，依托城市的水系或者利用河流、湖沼等因水成景，如北京的什刹海、济南的大明湖、南京的玄武湖、扬州的瘦西湖等。其二，利用寺观、祠堂、纪念性建筑的旧址，或者与历史人物有关的名胜的基础上在一定范围稍加园林化处理开辟成公共园林，如成都的杜甫草堂、四川新都的桂湖等。其三，农村聚落的公共园林，辟出一定地段开凿水池、种植树木，建置少许亭榭，作为村民公共交往、游憩的场所，如安徽歙县唐模村、宏村等，浙江楠溪江苍坡村、岩头村等。

（5）书院园林。

书院是中国古代的一种特殊的教育组织和学术研究机构，始见于唐代。其教学体制多借鉴于佛教禅宗的丛林清规，建制地点也效仿禅宗佛寺多选择在远离城市的风景秀丽之地，以利生徒潜心学习。到清代，书院名称的使用已比较广泛。著名的中国古代四大书院是岳麓书院（湖南长沙）、白鹿洞书院（江西九江）、嵩阳书院（河南登封）、睢阳书院（河南商丘）。

4. 成熟期的园林实例

（1）两宋时期成熟的园林实例。

1）艮岳。

宋徽宗赵佶笃信道教，政和五年（1115）与宫城之东北建道观“上清宝箓宫”，与延福宫之东门相对。后又听信道士之言，谓在京城内筑山则皇帝必多子嗣，乃与政和七年（1117）“命户部侍郎孟揆与上清宝箓宫之东筑山象余杭之凤凰山，号曰万岁山，既成更名曰艮岳”。因其在宫城东北面，按八卦的方位，以“艮”明之。筑山同时凿池引水，又建造亭阁楼观，栽植奇花异树。用了五六年的时间不断经营，到宣和四年（1122）终于建成这座历史上最著名的皇家园林之一。园门的匾额题名“华阳”，故又称“华阳宫”。它的规模并不算太大，但在造园艺术方面的成就却远超前人，具有划时代的意义。

艮岳的建园工作由宋徽宗亲自参与。徽宗精于书画，是一位素养极高的艺术家。具体主持修建工程的宦官梁师成“博雅中荩，思勤志巧、多才可属”。此二人珠联璧合，则艮岳之具有浓郁的文人园林意趣，自是不言而喻。宋徽宗经营此园，不惜花费大量财力、人力和物力。为了广泛搜求江南的石料和花木，特设专门机构“应奉局”于平江（今苏州），委派朱勔主管应奉局及“花石纲”事务。

艮岳建成不到四年，金兵攻陷东京城。时值严冬，大雪盈尺，成千上万的老百姓涌入艮岳，把建筑物全部拆毁作为取暖的柴薪。一代名园，自此沦为衰败。

宋徽宗亲自撰写《艮岳记》，介绍了艮岳的全貌与布局的大致状况。蜀僧祖秀于金兵破城时到过艮岳，写了一篇《华阳宫记》记述所见的山石、花木、建筑的情形。李质、曹组的《艮岳百咏诗》，描述了园内的100个景点的观感。这些都是有关艮岳的重要文献，综合这些文献，我们大体上可以获得艮岳的概貌情况，如图1.31所示。

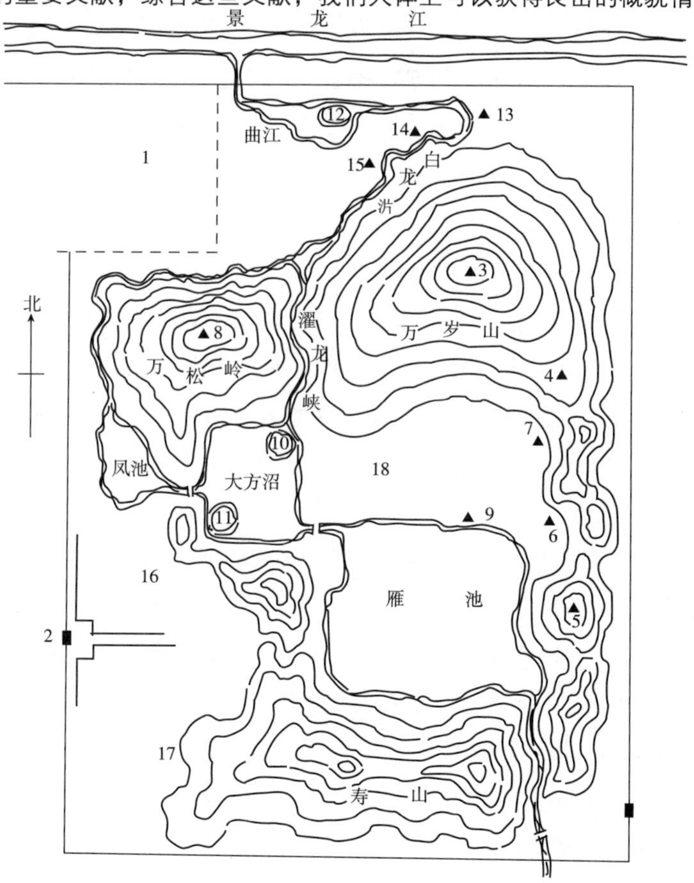

图1.31 艮岳平面设想图

[图片引自：周维权．中国古典园林史（第二版）．北京：清华大学出版社．1999]

1—上清宝箓宫；2—华阳门；3—介亭；4—萧森亭；5—极目亭；6—书馆；7—萼绿华堂；8—巢云亭；9—绛霄楼；10—芦渚；11—梅渚；12—蓬壶；13—消闲馆；14—漱玉轩；15—高阳酒肆；16—西庄；17—药寮；18—射圃

艮岳属于大内御苑的一个相对独立的部分，建园目的主要是以山水之景而“放怀适情，游心赏玩”。建筑物均为游赏性的，没有朝会、仪典或居住的建筑。园林的东半部以山为主，西半部以水为主，大体上成“左山右水”的格局，山体从北、东、西三面包围水体。北面为主山“万岁山”，是先筑土、后加石料堆叠而成的大型土石山，大体轮廓体型模仿杭州凤凰山，主峰高90步，是全园的最高点，上建“介亭”。万岁山的西南隔溪涧为侧岭“万松岭”，与主峰之介亭东西呼应成对景。万岁山的东南面，小山横亘二里名“芙蓉城”，反复前者的余脉。水体南面为稍低的次山“寿山”，又名南山，双峰并峙。从园的西北角引来景龙河之水，河道入园后扩为一个小型水池名“曲江”，可能是摹拟唐长安的曲江池。池中筑岛，岛上建蓬莱堂。河道至万岁山东北麓分为两股：一股绕过万松岭，注入凤池；另一股沿万岁山与万松岭之间的峡谷南流入山洞，名叫濯龙峡。洞水出峡谷南流入方形水池“大方沼”，池中筑两岛，东曰芦渚，西曰梅渚。雁池是园内最大的水池，雁池之水从东南角流出园外，构成一个完整的水系。艮岳的西部靠南另有两处园中之园：药寮、西庄。这座历史上著名的人工山水园的园林景观十分丰富，有以建筑点缀为主的，有以山、水、花木而成景的。

艮岳造园艺术的成就，从总体到局部是多方面的。主要体现在把大自然生态环境和各地的山水风景加以高度概括、提炼、典型化而缩移摹写。

筑山：摹拟凤凰山（象征性做法），更重要的在于其独特构思和精心经营。

置石：大量运用石的单块“特置”，尤其是太湖石的特置手法。

理水：形成完整的水系，几乎包罗了内陆天体的全部形态：河、湖、沼、溪、涧、瀑、潭等，水系参与山系配合形成山嵌水抱姿态。

建筑：园内就“亭堂楼馆，不可殚纪”，集中大约40处，几乎包罗了当时的全部建筑形式。布局绝大部分均从造景的需要出发，充分发挥其“点景”和“观景”的作用，就园林总体而言从属于自然景观。

植物配置：方式有孤植、丛植、混交，大量的则是成片栽培；园内按景分区，许多景区、景点都是以植物之景为主题。

总之，艮岳是一座叠山、理水、花木、建筑完美结合的、具有浓郁诗情画意而较少皇家气派的人工山水园，代表着宋代皇家园林的风格特征和宫廷造园艺术的最高水平。

2）郑富公园。

郑富公园为宋仁宗、宋神宗两朝宰相富弼的宅园，也是洛阳少数几处不利用旧址而新建的私园之一。如图1.32所示，园在邸宅的东侧，出邸宅东门的探春亭便可入园。园林的总体布局大致为：大水池局园之中部偏东，由东北方的小渠引来园外活水。两座土山分别位于水池的南、北面，“背压通流，凡坐此，则一园之胜可拥而有也”。根据《园记》的描述情况，全园大致分为北、南两个景区。北区包括具有四个山洞的土山及其北的竹林，南区包括大水池、池东的平地和池南的土山。北区比较幽静，南区则以开朗的景观取胜。

3）沧浪亭。

沧浪亭是五代时吴越国广陵王钱元璙近戚中吴军节度使孙承祐的池馆。宋代著名诗人苏舜钦以4万贯钱买下废园，进行修筑，傍水造亭，因感于“沧浪之水清兮，可以濯吾缨；沧浪之水浊兮，可以濯吾足”，题名“沧浪亭”，自号沧浪翁，并作《沧浪亭记》。欧阳修应邀作《沧浪亭》长诗，诗中以“清风明月本无价，可惜只卖四万钱”题咏此事。自此，“沧浪亭”名声大振。苏氏之后，沧浪亭几度荒废，南宋初年一度为抗金名将韩世忠的宅第，清康熙三十五年（1696）巡抚宋荦重建此园，把傍水亭子移建于山之巅，形成今天沧浪亭的布局基础，并以文征明隶书“沧浪亭”为匾额。清同治十二年（1873）再次重建，遂成今天之貌。沧浪亭虽因历代更迭有兴废，已非宋时初貌，但其古木苍老郁森，还一直保持旧时的风采，部分地反映出宋代园林的风格。

（2）辽、金、元、明、清时期成熟的园林实例如下所示。

1）西苑。

辽：西苑北海部分的水泊，原为永定河故道积水而成。辽时，这一带原来是一个湖泊沼泽、芦苇丛生的地方。

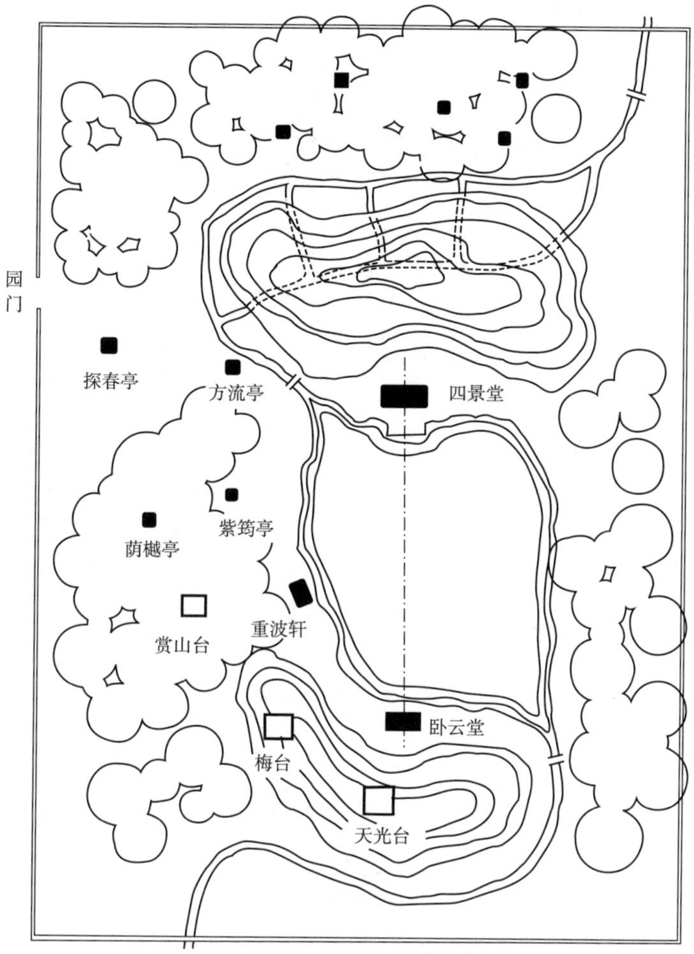

图 1.32　富郑公园平面设想图

［图片引自：周维权．中国古典园林史（第二版）．北京：清华大学出版社．1999］

辽太宗耶律德光建都燕京后，在永定河故道由积水和陆路形成的水域中一处成为瑶屿的小岛上，建造瑶屿行宫，修建广寒殿等建筑。

金：金灭辽后改燕京为中都，金世宗完颜雍于大定三年至十九年（1163—1179），在辽代初创的基础上，在这里开浚湖泊，挖湖叠山，湖名“西华谭”，岛称“琼华岛”，并在环湖地区修建了大宁离宫，后更名为万宁宫。大宁宫的范围包括今北海、中海及其附近地区，宫中修建许多殿宇楼台，宫苑附近有大片稻田。大宁宫的园林布局沿袭了我国皇家园林“一池三山”的规制，琼华岛上建有广寒殿，并用太湖石点缀，湖中除叠有琼岛，还筑“圆坻”（即后来的团城）和犀台山，以象征海上的三座仙岛。环岛山石峥嵘，树木葱郁，当时便有“琼岛春荫”之誉，为“燕京八景”之一。

元：1215 年，蒙古骑兵突破南口，直下中都，全城变成一片废墟，唯独这一宫苑奇迹般地得以保存下来。元朝元至四年（1267），忽必烈迁都，喜爱琼华岛，以此处为中心建设一座新的都城元大都，把琼华岛改名万寿山（后改万岁山）；万岁山所在的湖泊，称为太液池。以万岁山、太液池为中心，东为大内，西为隆福宫和兴圣宫，形成三宫鼎立，宫殿与园林紧密结合的格局。1261—1271 年，元世祖忽必烈曾 4 次扩建琼华岛，如图 1.33 所示。

明：明永乐十八年（1420），明朝正式迁都北京，又对北海宫苑再次修葺扩建，但基本上保持了元代格局。万岁山、太液池称为紫禁城西面的御苑，称为西苑。与团城西侧筑起了“金鳌玉蝽”桥，而将太液池一分为二。同时又在太液池的南端开挖了一个水域，形成了 3 个湖面，时称瀛台为南海，蕉园为中海，五龙亭为北海，从此西苑三海由此成型，如图 1.34 所示。

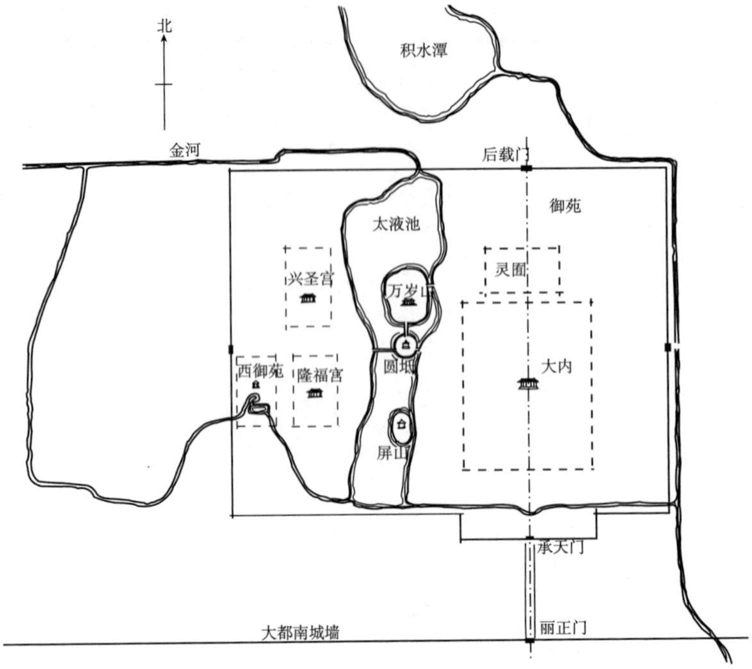

图 1.33　大都皇城平面示意图

［图片引自：周维权．中国古典园林史（第二版）．北京：清华大学出版社．1999］

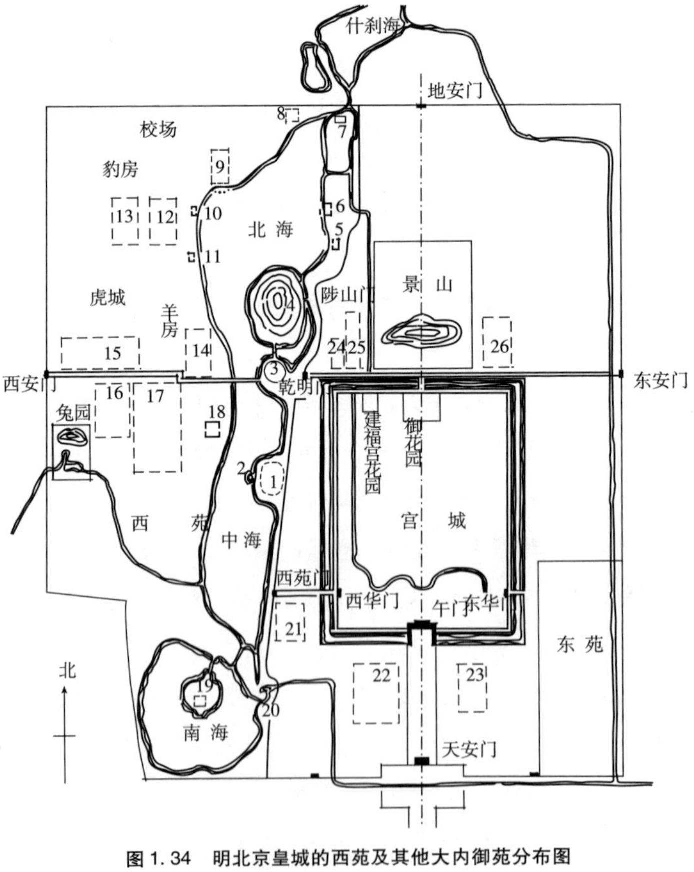

图 1.34　明北京皇城的西苑及其他大内御苑分布图

［图片引自：周维权．中国古典园林史（第二版）．北京：清华大学出版社．1999］

1—蕉园；2—水云榭；3—团城；4—万岁山；5—凝和殿；6—藏舟浦；7—西海神祠；8—北台；9—太素殿；10—天鹅房；11—凝翠殿；12—清馥殿；13—腾禧殿；14—玉熙宫；15—西土库；西酒房；西花房；果园厂；16—光明殿；17—万寿宫；18—紫光阁；19—南台；20—乐成殿；21—灰池；22—社稷坛；23—太庙；24—元明阁；25—大高玄殿；26—御马苑

明代的西苑，建筑疏朗，树木蓊郁，既有仙山琼阁之境界，又富有水乡田园之野趣，无异于城市中保留的一大片自然生态的环境。直到清初，仍然维持着这种状态，但在琼华岛和南海增加了一些建筑物，局部的景观有所改变。

清：到了清代，西苑作为皇帝的行宫御苑，其造园进入鼎盛时期，在原有的基础上进行了扩建，并成为清朝处理政事和从事娱乐活动的场所。清顺治十八年（1615）在广寒殿旧址上建藏式白塔，把万寿山改名为白塔山。乾隆年间，乾隆帝汇集我国各地园林建筑艺术之精华，把皇家园林、第宅园林、寺庙园林和风景名胜园林等多种艺术形式有机地结合一起。在此大兴土木长达30年之久，建成静心斋、画舫斋、濠濮斋等园中园，使之成为一座综合类型的、十分完美壮丽的帝王宫苑，如图1.35和图1.36所示。光绪十一年（1885），慈禧太后为“颐养”，挪用海军经费，重修西苑三海，慈禧太后驻跸中海“仪銮殿”。光绪二十六年（1900）七月，八国联军入侵北京，西苑三海遭受洗劫，破坏严重，仪銮殿被火焚，1902年，慈禧再度修复。

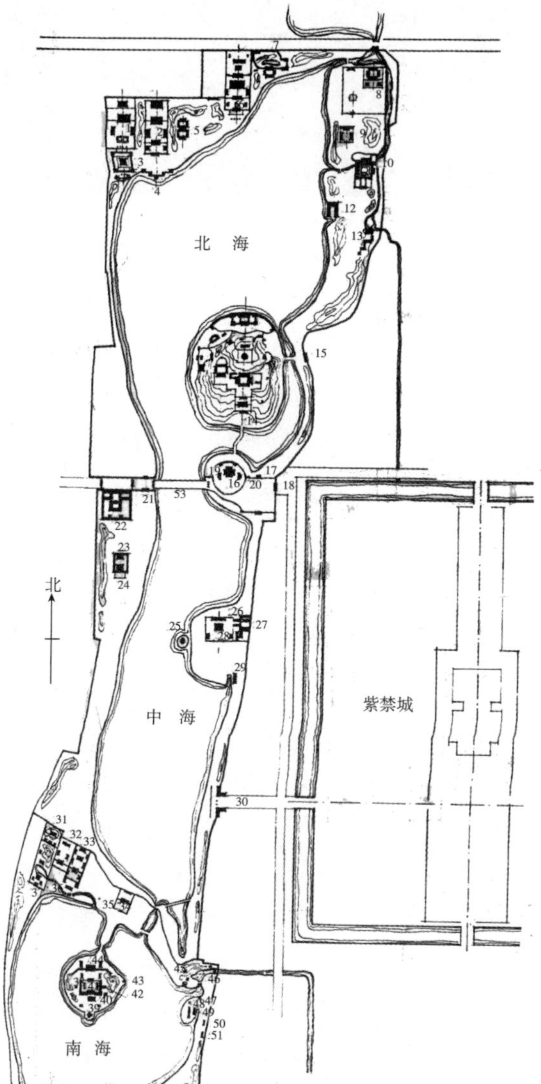

图1.35　乾隆时期西苑平面图

［图片引自：周维权．中国古典园林史（第二版）．北京：清华大学出版社．1999］

1—万佛楼；2—阐福寺；3—极乐世界；4—五龙堂；5—澄观堂；6—西天梵境；7—静清斋；8—先蚕堂；9—龙王庙；10—古柯亭；11—画舫斋；12—船坞；13—濠濮间；14—琼华岛；15—陟山门；16—团城；17—桑园门；18—乾阳门；19—承光左门；20—承光右门；21—福华门；22—时应宫；23—武成殿；24—紫光阁；25—水云榭；26—千圣殿；27—内监学堂；28—万善殿；29—船坞；30—西苑门；31—春藕斋；32—崇雅殿；33—丰泽园；34—勤政殿；35—结秀亭；36—荷风蕙露亭；37—大园镜中；38—长春书屋；39—迎重亭；40—瀛台；41—涵元殿；42—补桐书屋；43—牣鱼亭；44—翔鸾阁；45—淑清院；46—日知阁；47—云绘楼；48 清音阁；49—船坞；50—同豫轩；51—镒古堂；52—宝月楼；53—金鳌玉蝀桥

(a)北京北海和景山全景

(b)北京北海静心斋中部园景

(c)北京北海濠濮间

(d)北京北海琼华岛南面的团城

(e)北京北海静心斋西部园景

图 1.36　北京北海

［图片引自：章采烈．中国园林艺术通论．上海：上海科学技术出版社．2004］

近现代：辛亥革命后，西苑结束了皇家御苑的历史。中华民国时期，西苑北海部分成为爱新觉罗·溥仪的私家财产，1925 年北海辟为公园。西苑中南海部分先后为袁世凯、冯国璋、曹锟占有。1928 年北伐战争后，中南海改为公园，但由于缺少维护修理，整个中南海呈现荒凉景象。1934 年，公园关闭，作为北平行辕所在地。1948 年 12 月 26 日，傅作义进驻和平解放北平。中华人民共和国成立后，中南海成为了中央政府的驻地，北海作为公园开放。

2）宁寿宫花园。

宁寿宫是内廷外东路的一组大建筑群，建于乾隆三十六年到四十一年（1771—1776）之间。这座园林是乾隆预为其做满 60 年皇帝之后归政做太上皇时颐养休憩而建造的，故又称为乾隆花园。

这组建筑群的北半部划分为中、东、西三路，中路为养性门、养性殿、乐寿堂、颐和轩、景祺阁等建筑，东路为畅音阁、阅是楼、庆寿堂、景福宫等建筑，西路即宁寿宫花园。园林用地狭而长，东西宽 37 米、南北纵深达 160 米，面积大约 0.6 公顷，前后一共分为五进院落，每进院落的布局均不相同，如图 1.37 所示。

宁寿宫花园的总体规划采取横向分隔为院落的办法，弥补了地段过于狭长的缺陷。五进院落各有特色，形成一条引人入胜、步移景异的纵深观赏路线。园中的三处假山限于空间狭小，多用峭壁、悬崖、拔峰的手法使人们仰视而不能穷其颠末，颇具幽奥的气势。建筑密度较大，因而尽量求其体型、装饰、装修上的变化以适应园林的气氛，大量使用琉璃瓦件、彩绘等来强调宫廷的色彩。建筑与叠山紧密结合而增益活泼的意趣，在某些场合还构成立体交叉以便上下交通。主要建筑物的命名如遂初堂、符望阁、倦勤斋等都直接反映乾隆归政的愿望，也有助于意境的联想。总体的布局虽有明显的中轴线但并非一气贯穿南北纵深，而是根据院落的具体情况而约略错开少许，成为不拘一格的“错中”做法。所有这些，都是造园艺术上的匠心独运之处。不过，总的看来，毕竟内容过多，终不免失之壅塞；虽创设多处制高点以收摄园外借景，仍未能弥补幽闭有余而开朗不足之弊。这些，又都有悖于风景式园林造景主旨。

3）慈宁宫花园。

慈宁宫花园原是明代的旧苑，清代顺治十年（1653）、乾隆十六年（1751）年间曾对园内建筑做过一些添加和改动，但是基本的规划格局一直保持未变。慈宁宫一直作为历代太皇太后、皇太后、太妃、太嫔们居住的地方。她们平时过着孀居而缺少天伦之乐的生活，皇帝只在每年的元旦、万寿、冬至日到皇太后处行礼，届时母子才能相见。因此，她们在孤寂的生活中以宗教信仰作为精神寄托，因而这个园林颇有寺庙园林的色彩。

花园的平面为长方形，东西宽 55 米，南北深 125 米，面积约为 0.69 公顷。建筑布置完全按照主次相辅、左右对称的格局来安排，园路的布设也取纵横均齐的几何式，是一个规整式庭园。园内建筑密度较低，大小 11 幢占全园面积不到五分之一，如图 1.38 所示。

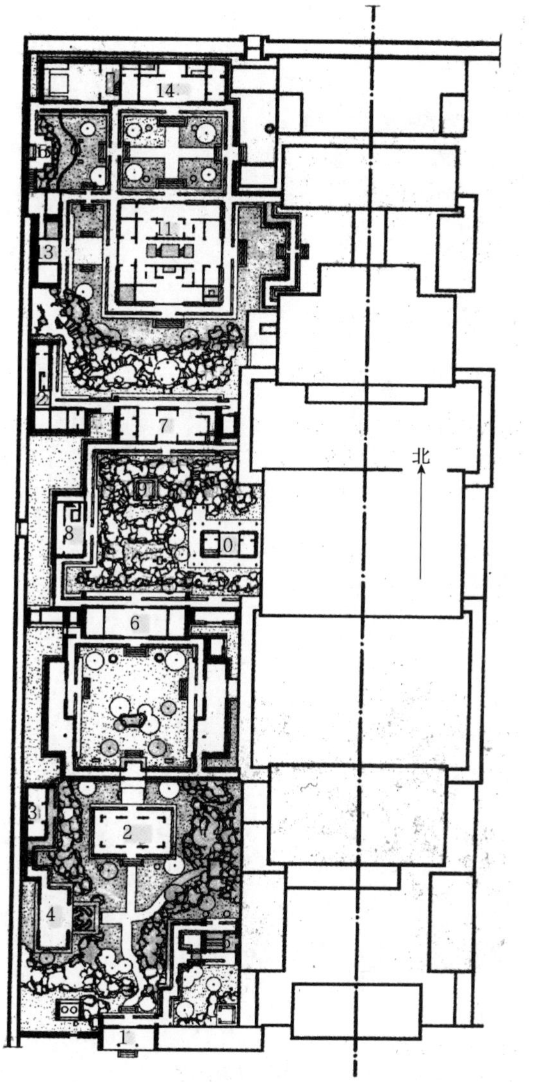

图 1.37 宁寿宫花园平面图

［图片引自：周维权．中国古典园林史（第二版）．北京：清华大学出版社．1999］

1—衍祺门；2—古华轩；3—旭晖亭；4—禊赏亭；5—抑斋；6—遂初堂；7—萃赏楼；8—延趣楼；9—耸秀亭；10—三友轩；11—符望阁；12—养和精舍；13—玉粹轩；14—倦勤斋；15— 竹香馆

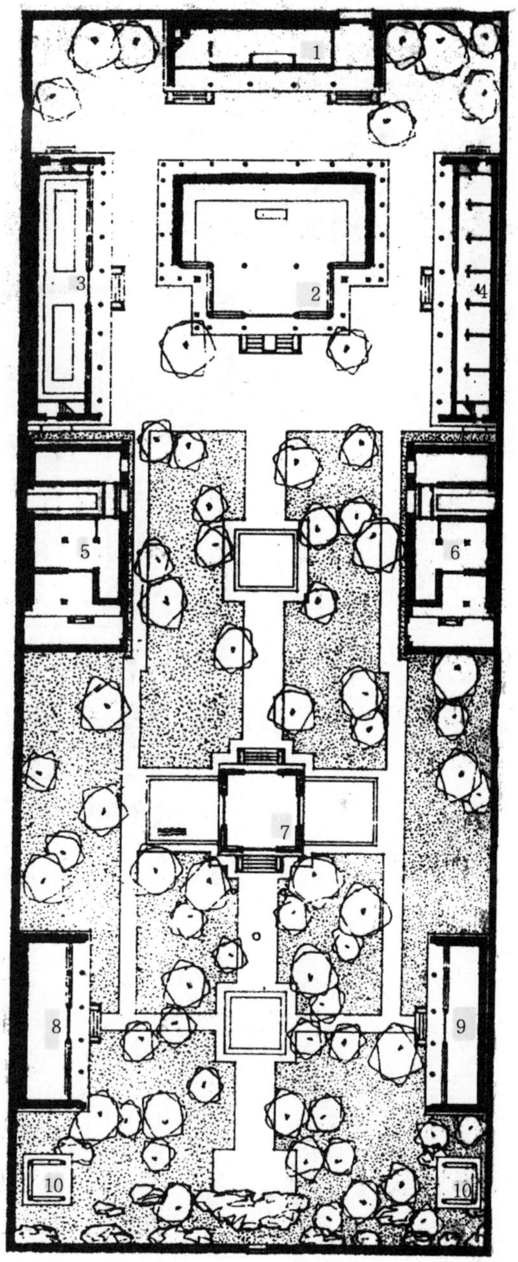

图 1.38 慈宁宫花园平面图

［图片引自：周维权．中国古典园林史（第二版）．北京：清华大学出版社．1999］

1—慈荫楼；2—咸若馆；3—吉云楼；4 宝相楼；5—延寿堂；6—含清斋；7—临溪亭；8—西配房；9—东配房；10—井亭

咸若馆位于园林中轴线的北端，是全园的主体建筑物，其后的慈荫楼、宝相楼、吉云楼都是供佛藏经之所，因此具有寺庙园林的色彩，建置情况相当于三合庭院的变体。花园南半部，建筑体量小，密度更低，园林的意味也比北半部更浓郁。中轴线上的临溪亭与池跨越长方形水池上，池的东边和西边原为翠芳和绿云二亭，现已不存。东西厢房各三开间，其南为井亭两座，以五亭子构成南半部园林建筑布局的母题，可谓别具一格。园内花繁叶茂，四季常青，荫翳蔽日，益增园林清寂幽邃的意境。

4）建福宫花园。

建福宫花园在建福宫之北、重华宫之西，建于清乾隆五年（1740）。乾隆即位后，按清代惯例把西二所升格，改建为重华宫，其西的西四所、西五所也随之升格，改建为建福宫的附园，又名西花园。这一座园林已全部毁于1922年的一次火灾。

花园面积大约0.4公顷，东部约三分之一的地段为三进院落位于建福宫的中轴线上，可视为宫廷的延伸。第一进中央惠风亭，第二进北面为静怡轩，第三进北面为后照楼“慧曜楼”三个院落的南面是园林的主要部分，居中偏北的延春阁为主体建筑物，其南面屏列一座叠石假山，山上的积翠亭与其后的延春阁、敬胜斋的东五间，三者正好形成一条纵贯南北的中轴线，如图1.39所示。

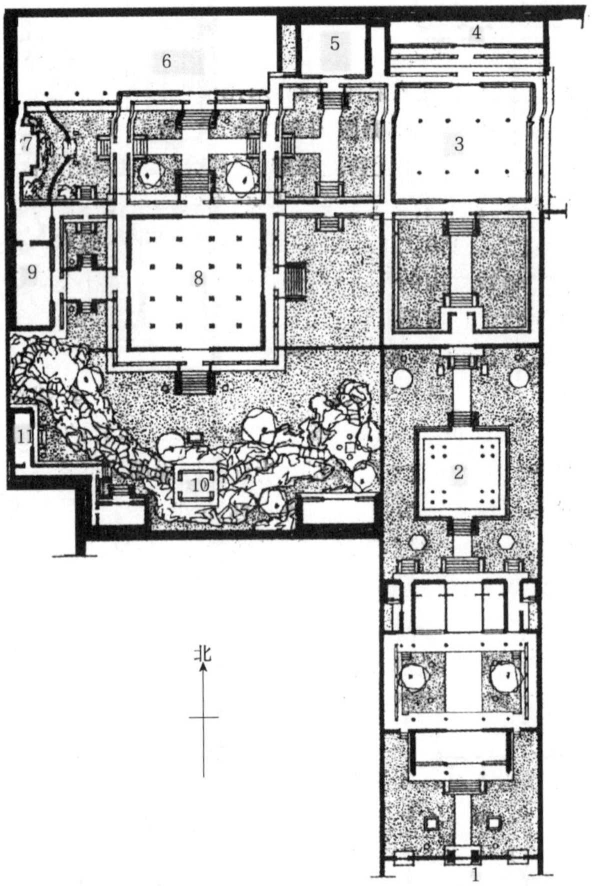

图1.39　建福宫花园平面图

［图片引自：周维权．中国古典园林史（第二版）．北京：清华大学出版社．1999］

1—建福门；2— 惠风亭；3—静怡轩；4—惠曜楼；5—吉云楼；6—敬胜楼；7—碧琳馆；8—延春阁；9—凝晖堂；10—积翠亭；11—玉壶冰

这座园林没有水景，是以山石取胜的旱园，建筑密度比较高。全部楼房均沿宫墙建置，为的是把高大的宫墙稍加掩障，减少园林的封闭感觉。大量使用空廊联系各殿宇，既便于交通，又能把园林划分为许多既隔又通透的大小院落空间，以增加层次和景深。总体布局比较灵活，虽非均齐对称，但也主辅分明，中轴线突出，以显示一定程度的宫廷严禁气氛。

5）静宜园。

金大定二十六年（1186）建香山寺，明代又有许多佛寺建成，但仍以香山寺最为宏丽。清康熙年间（1662—1722），就香山寺及其附近建成“香山行宫”。乾隆十一年（1746）加以扩建，翌成竣工，改名“静宜园”。

全园结构沿山坡而下，是一座完全的山地园，面积达 140 公顷，分为三部分，即内垣、外垣、别垣，共有大小景点 50 余处。内垣在东南部的半山坡的山麓地段，是主要景点和建筑荟萃之地，包括宫廷区和古刹香山寺、洪光寺两座大型寺庙，其间散布着璎珞岩等自然景观。外垣是香山的高山区，面积广阔，散布着 15 处景点，大多为欣赏自然风光之最佳处和因景而构的小园林建筑。别垣是在静宜园北部的一区，包括有昭庙和正凝堂两组建筑。内垣的西北区黄栌成片，每至深秋，层林尽染，观西山红叶成为静宜园的重要景观，如图 1. 40 所示。

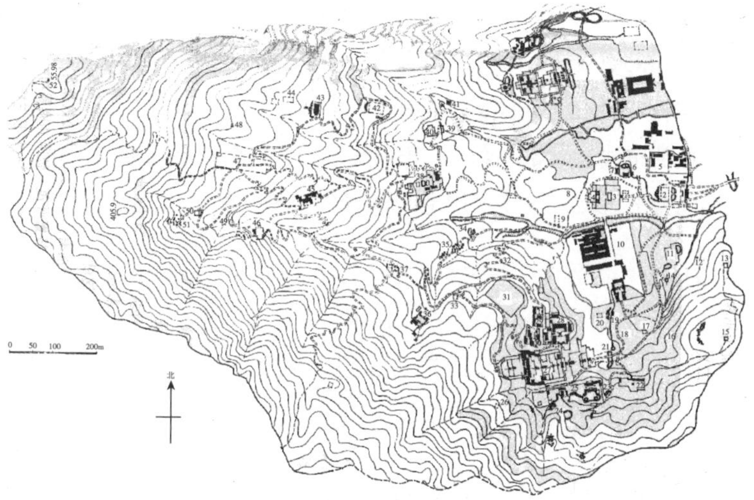

图 1. 40　静宜园平面图

［图片引自：周维权. 中国古典园林史（第二版）. 北京：清华大学出版社. 1999］

1—东宫门；2—勤政殿；3—横云馆；4—丽瞩楼；5—致远斋；6—韵琴斋；7—听雪轩；8—多云亭；9—绿云舫；10—中宫；11—屏水带山；12—翠微亭；13—青未了；14—云径苔菲；15—看云起时；16—驯鹿坡；17—清音亭；18—买卖街；19—璎珞岩；20—绿云深处；21—知乐濠；22—鹿园；23—欢喜园（双井）；24—蟾蜍峰；25—松坞云庄（双清）；26—唳霜皋；27—香山寺；28—来青轩；29—半山亭；30—万松深处；31—宏光寺；32—霞标磴（十八盘）；33—绚秋林；34—罗汉影；35—玉乳泉；36—雨香馆；37—阆风亭；38—玉华寺；39—静含太古；40—芙蓉坪；41—观音阁；42—重翠亭（颐静山庄）；43—梯云山馆；44—洁素履；45—栖月岩；46—森玉笏；47—静室；48—西山晴雪；49—晞阳阿；50—朝阳洞；51—研乐亭；52—重阳亭；53—昭庙；54—见心斋

静宜园是清代的一座以山地为基址而建成的行宫御苑。香山丘壑起伏，林木繁茂，为北京西山山系的一部分。主峰香炉峰，俗称"鬼见愁"，南、北侧岭的山势自西向东延伸递减成环抱之势，景界开阔，可以俯瞰东面的广大平原。内垣接近山麓，为园内主要建筑荟萃之地，各种类型的建筑物如宫殿、梵刹、厅堂、轩榭、园林庭院等，都能依山就势，成为天然风景的点缀。外垣占地最广，是静宜园的高山区，建筑物很少，以山林景观为主调；这里地势开阔而高峻，可对园内外的景色一览无遗。外垣的"西山晴雪"，为著名的燕京八景之一。别垣内有见心斋和昭庙两处较大的建筑群，自然景色一年四季各臻其妙，如图 1. 41 所示。

（a）北京香山静宜园见心斋东北面园景　　（b）北京香山静宜园见心斋南面园景

图 1. 41　北京静宜园

［图片引自：章采烈. 中国园林艺术通论. 上海：上海科学技术出版社. 2004］

6）静明园。

清康熙十九年（1680）将玉泉山辟为行宫，名“澄心园”，康熙三十一年（1692）改名为“静明园”。乾隆十五年（1750）对静明园进行了大规模扩建，把玉泉山及山麓的河湖地段全部圈入工钱之内。乾隆十八年（1753）再次大加修葺，增建了玉峰塔等景观并命名了“静明园十六景”。乾隆二十四年（1759）全部建成；乾隆五十七年（1792）全园进行一次大修，这是玉泉山风景的全盛时期。

静明园南北长1350米，东西宽590米，面积约65公顷。全园大致分为三个景区：南山景区、东山景区、西山景区。南山景区的山坡面南，山的主峰与其西南面的侧峰构成“客山拱伏，主山始尊”的呼应关系，玉泉湖是景区的中心，湖的南岸是宫廷区，与湖中的乐成阁形成一条南北中轴线，佛寺建筑群依山势层叠而成，从而形成了塔与山相结合。东山景区包括玉泉山的东坡及山麓，重点在于狭长形的影镜湖，山地建筑不多，大部分建筑集中在影镜湖北岸。西山景区即山脊以西的全部区域，开阔平坦地段建置园内最大的一组建筑群，包括道观、佛寺和小园林，如图1.42所示。

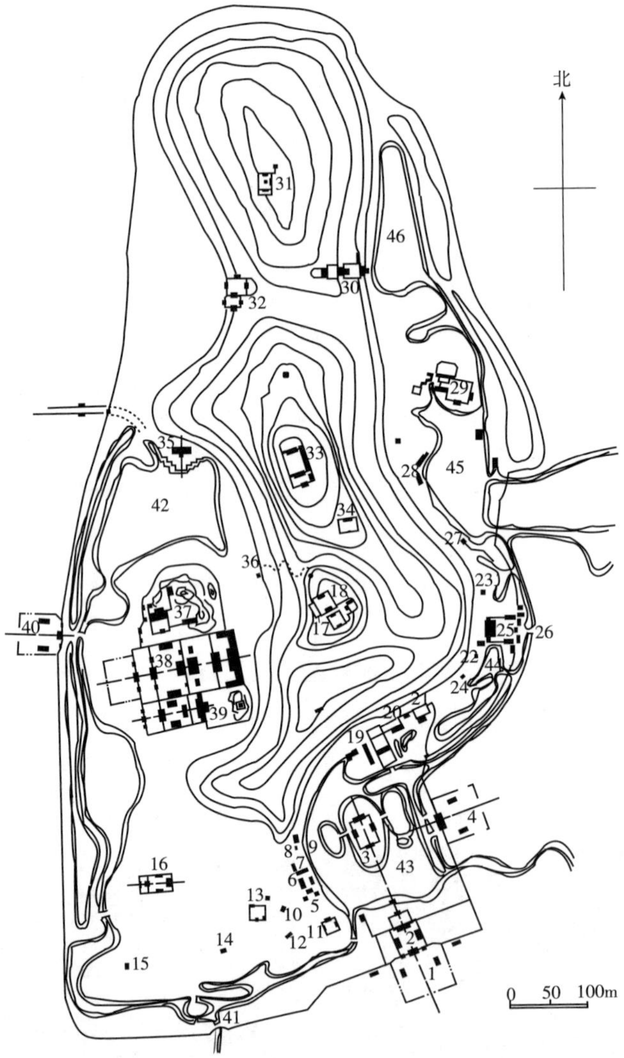

图1.42　静明园平面图

［图片引自：周维权. 中国古典园林史（第二版）. 北京：清华大学出版社. 1999］

1—南宫门；2—廓然大公；3—芙蓉晴照；4—东宫门；5—双关帝庙；6—真武祠；7—竹垆山房；8—龙王庙；9—玉泉趵突；10—绣碧诗态；11—圣因综绘；12—福地幽居；13—华藏海；14—漱琼斋；15—溪田课耕；16—水月庵；17—香岩寺；18—玉峰塔影；19—翠云嘉荫（华滋馆）；20—甄心斋；21—湛华堂；22—碧云深处；23—坚固林；24—裂帛湖光；25—含晖堂；26—小东门；27—写琴廊；28—镜影涵虚；29—风篁清听；30—书画舫；31—妙高寺；32—崇霭轩；33—峡雪琴音；34—从云室；35—含远斋；36—采香云径；37—清凉禅窟；38—东岳庙；39—圣缘寺；40—西宫门；41—水城关；42—含漪湖；43—玉泉湖；44—裂帛湖；45—镜影湖；46—宝珠湖

静明园以山景为主，水景为辅；前者突出天然风致，后者着重园林经营。玉泉山山形秀丽，主峰和侧峰前后呼应，含漪湖、玉泉湖、裂帛湖、镜影湖、宝珠湖，它们分别因借于山的坡势而成为不同形状的水体，总体上不仅山嵌水，而且创造了以五个小型水景园而环绕、烘托一处天然山景的别具一格的绘画格局。园中景随境异，很富于江南丘陵水网地貌的婉约情调。

7）南苑。

南苑在北京南郊辽阔的平原上，它的前身是元代的飞放泊，明代和清初曾经过多次扩建。乾隆年间，对南苑进行了一次大规模的扩建。除了局部地添建、修葺之外，重要的工程有两项：一是把土筑的苑墙全部改为砖墙，二是在苑内新建一座精致的园林——团河行宫。南苑的建设，遂达到了全盛时期。南苑作为皇家猎场的特殊行宫御苑。

南苑占地大约230公顷，设苑门9座。苑内有晾鹰台；有水泉72处；有海子3处，今实有5处。这里地势低洼，泉源密布，多年的河水、雨水和泉水汇集，形几个很大的水面。南苑主要是4座行宫，分别为旧衙门行宫（又称德寿寺，现地名旧宫）、南红门行宫（现地名南宫）、新衙门行宫（现地名新宫）、团河行宫。现仅存团河行宫，如图1.43所示。

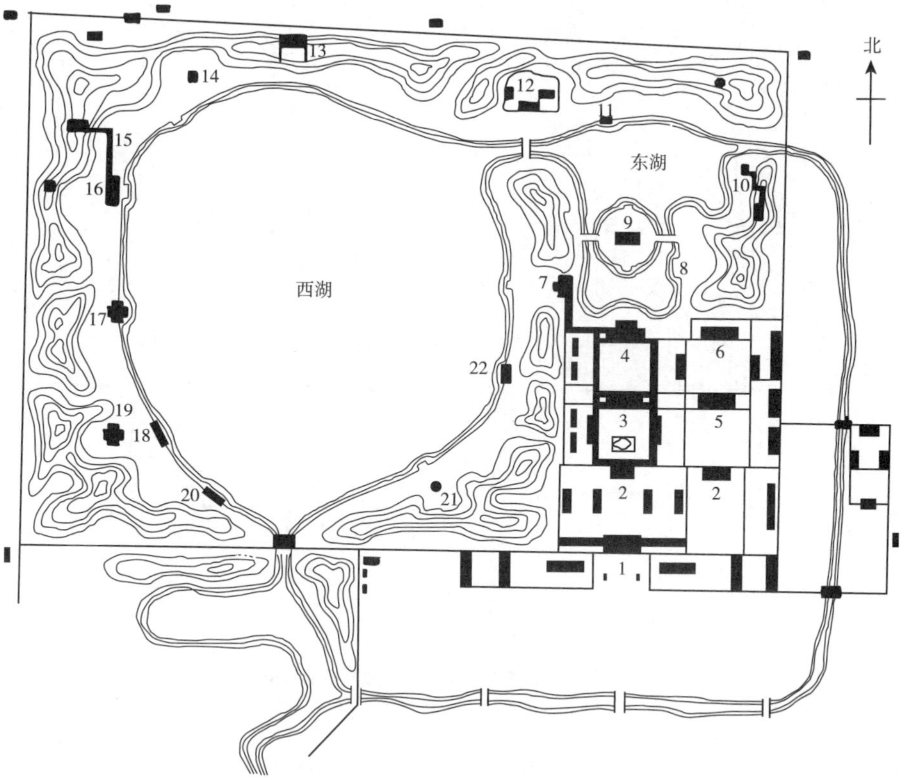

图1.43　团河行宫平面图

［图片引自：周维权. 中国古典园林史（第二版）. 北京：清华大学出版社. 1999］

1—大宫门；2—二宫门；3—旋源堂；4—涵道斋；5—清怀堂；6—风月清华；7—蒲鉴轩；8—钓鱼台；9—翠润轩；10—露香亭；11—群玉山房；12—鉴止书房；13—珠源寺；14—御碑亭；15—归云岫

南苑地域辽阔，除了3个海子外，都是平坦地带。苑内建筑极疏朗，到处松柏苍翠、绿草如茵，成群的麋鹿黄羊奔流在茂密的树林中，一派大自然原野的粗犷风光，而团河行宫却又表现为细致婉约的江南园林情调。此两者对比，益发显示出南苑之不同于其他皇家园林的独特风貌。

8）圆明园。

圆明园始建于康熙四十六年（1709）。乾隆二年（1737），乾隆移居圆明园，对该园进行第二次扩建，在雍正旧园的范围内增加新的建筑群。“四十景”中的十二处就是乾隆时新增的。圆明园扩建工程大概在乾隆九年（1744）告一段落。此后又在它的东邻和东南邻另建附园“长春园”和“绮春园”。乾隆十年（1745）长春园兴工，长春园内的西洋楼从乾隆（1747）筹划，到乾隆二十四年（1760）大部分建成。绮春园于乾隆三十四年（1769）由若干私家园林合并而成。乾隆以后，圆明三园的园工仍未停顿，增建和修缮工程一直不间断地进行着。嘉庆六年（1801），绮春园内添建敷春堂、展诗应律。嘉庆十四年（1807）建成大宫门，修葺敷春堂、清夏斋、澄心堂等处殿宇，绮春园的规模比乾隆时扩大将近一倍，共成“绮春园三十景”。嘉庆十七年（1812），圆明园的安澜园、舍卫园、同乐园、永日堂等处进行大修，另在北部添建省耕别墅。

圆明园总面积350余公顷，圆明三园的大园含小园，园中又有园，是独特“集锦式”总体规划。人工开凿的水面占总面积一半以上，人工堆叠的岗埠岛堤总计300余处，各式木、石桥梁共100多座，建筑物的面积总计约16万平方米。圆明园成组的建筑群以及能成景的个体建筑物总共有69处，长春园24处，绮春园30处。外围宫墙全长10公里，设园门19座；设水闸5座。圆明三园经咸丰十年（1860）英法联军劫掠焚毁后，时至今日几乎全部建筑、设施均已荡然无存，如图1.44所示。

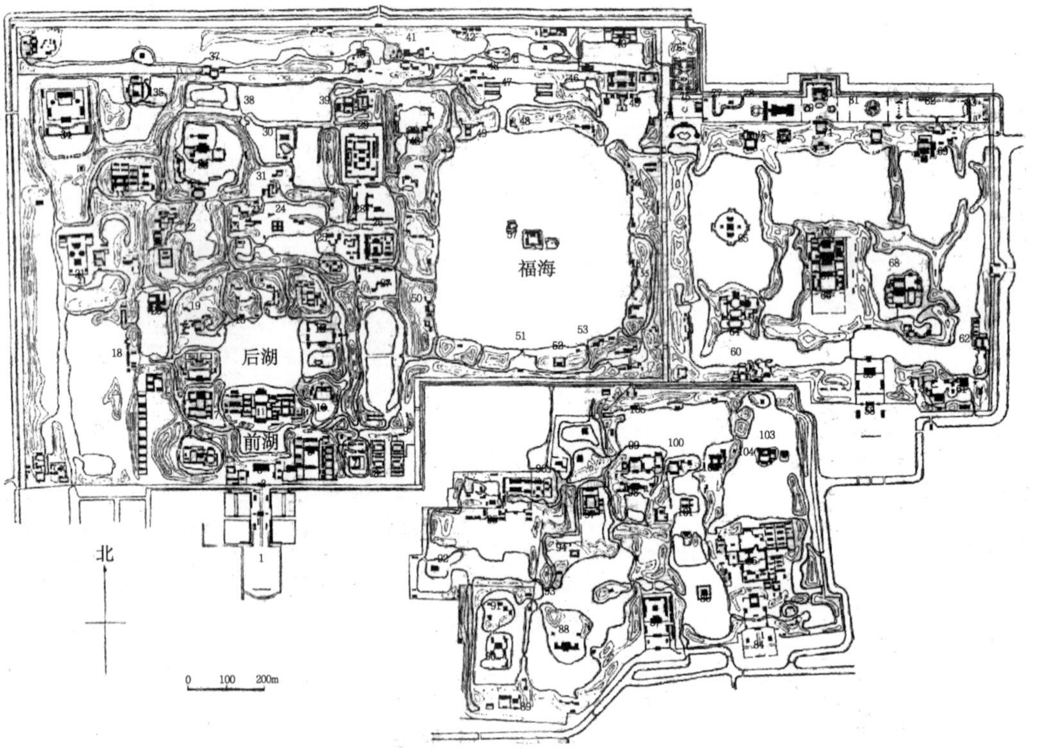

图1.44 乾嘉时期圆明三园分布示意图

［图片引自：周维权. 中国古典园林史（第二版）. 北京：清华大学出版社. 1999］

1—大宫门；2—出入贤良门；3—正大光明；4—长春仙馆；5—勤政亲贤；6—保和太和；7—前垂天贶；8—洞天深处；9—如意馆；10—镂月开云；11—九州青晏；12—天然图画；13—碧桐书院；14—慈云普护；15—上下天光；16—坦坦荡荡；17—茹古涵今；18—山高水长；19—杏花春馆；20—万方安和；21—月地云居；22—武陵春色；23—映水兰香；24—澹泊宁静；25—坐石临流；26—同乐园；27—曲院风荷；28—买卖街；29—舍卫城；30—文源阁；31—水木明瑟；32—濂溪乐处；33—日天琳宇；34—鸿慈永祜；35—彙芳书院；36—紫碧山房；37—多稼如云；38—柳浪闻莺；39—西峰秀色；40—鱼跃鸢飞；41—北远山村；42—廓然大公；43—天宇空明；44—雌珠官；45—方壶胜境；46—三潭印月；47—大船坞；48—双峰插云；49—平湖秋月；50—藻身浴德；51—夹镜鸣琴；52—广育宫；53—南屏晚钟；54—别有洞天；55—接秀山房；56—涵虚朗鉴；57—蓬岛瑶台；58—长春园大宫门；59—澹怀堂；60—茜园；61—茹园；62—鉴园；63—映清斋；64—思永斋；65—海岳开襟；66—含经堂；67—淳化轩；68—玉玲珑馆；69—狮子林；70—转香帆；71—泽兰堂；72—宝相寺；73—法慧寺；74—谐奇趣；75—养雀笼；76—万花阵；77—方外观；78—海晏堂；79—观水法；80—远瀛观；81—线法山；82—方河；83—线法墙；84—绮春园大宫门；85—敷春堂；86—鉴碧亭；87—正觉寺；88—澄心堂；89—河神庙；90—畅和堂；91—绿满轩；92—招凉榭；93—别有洞天；94—云绮馆；95—含晖楼；96—延寿寺；97—四宜书屋；98—生冬室；99—春泽斋；100—庄严法界；102—涵秋馆；103—凤麟洲；104—承露台；105—松风梦月

圆明三园都是水景园，园林造景大部分是以水面为主题，因水而成趣。三园都由人工创设的山水地貌作为园林的骨架，但山水的具体布置却又有所不同。圆明园的水面，大、中、小相结合。回环萦流的河道把这些水面串联成一个完整的河湖水系，构成全园的脉络和纽带。叠石而成的假山，聚土而成的岗、岛、堤；散布于园内，它们与水系相结合，把全园分划为山复水转、层层叠叠的约100处的自然空间。利用洲、岛、堤将大水面划分为若干个不同形状、有聚有散的水域。其水景效果，在开朗中又透露亲切幽邃的气氛。圆明三园是集中中国古典园林平地造园的筑山理水手法之大成。建筑群大部分都是具有相对独立性的体形环境，可视为独立的小型园林，即“园中之园”。圆明三园以景点还小园林作为基本单元的园林景观，它们的主题的取材五花八门，无所不包，儒、道、释作为封建统治的精神支柱在这座皇家园林集中表现。总体规划不仅在广阔的平坦地段上创设了丰富多变的园林景观，而且多样化之中又寓有足够的严谨性，以显示其有别于私家园林的皇家宫廷气派。但建筑密度比较高，某些地段的景点过于密集，某些名景的摹拟失之矫揉之作。

9）避暑山庄。

承德避暑山庄于康熙时已基本建成。乾隆时期在原来范围内修建新的宫廷区，把“宫”和“苑”区分开来。另在苑林区内增加新的建筑，增设新的景点，扩大湖泊东南的一部分水面。扩建工程从乾隆十六年（1751）一直持续到乾隆五十五年（1790），历时39年才完成。

乾隆对避暑山庄的第二期扩建是在尽量保持康熙原规划格局和风貌的基础上使之更为丰富。乾隆时期避暑山庄在清代皇家诸园中是规模最大的一座，占地564公顷。园墙采取有雉堞的城墙的形式，以显示“塞外宫城”的意思。全长约10余公里，其在山岳的一段则随山势而蜿蜒起伏宛若万里长城的缩影。5座园门成城门楼的形式。避暑山庄分宫殿区、湖泊区、平原区、山峦区四大部分，宫殿区位于湖泊南岸，地形平坦，是皇帝处理朝政、举行庆典和生活起居的地方，占地10万平方米；湖泊区殿区的北面，湖泊面积包括州岛约占43公顷，有8个小岛屿；山峦区在山庄的西北部，面积约占全园的五分之四；平原区西部绿草如茵，一派蒙古草原风光；东部古木参天，具有大兴安岭莽莽森林景象。山庄总体规划按“前宫后苑”的规制，宫廷区设在南面，其后即为广大的苑林区，如图1.45所示。

图1.45 避暑山庄平面图

［图片引自：周维权．中国古典园林史（第二版）．北京：清华大学出版社．1999］

1—丽正门；2—正宫；3—松鹤斋；4—德汇门；5—东宫；6—万壑松风；7—芝径云堤；8—如意洲；9—烟雨楼；10—临芳墅；11—水流云在；12—濠濮间想；13—莺啭乔木；14—蒲田丛樾；15—苹香片；16—香远益清；17—金山亭；18—花神庙；19—月色江声；20—清舒山馆；21—戒得堂；22—文园狮子林；23—殊源寺；24—远近泉声；25—千尺雪；26—文津阁；27—蒙古包；28—永佑寺；29—澄观斋；30—北枕双峰；31—青枫绿屿；32—南山积雪；33—云容水态；34—清溪远流；35—水月庵；36—斗老阁；37—山近轩；38—广元宫；39—敞晴斋；40—含青斋；41—碧静堂；42—玉岑精舍；43—宜照斋；44—创得斋；45—秀起堂；46—食蔗居；47—有真意轩；48—碧峰寺；49—锤峰落照；50—松鹤清越；51—梨花伴月；52—观瀑亭；53—四面云山

山庄整体布局巧用地形，因山就势，分区明确，景色丰富，与其他园林相比，有其独特的风格。山庄宫殿区布局严谨，建筑朴素；苑景区自然野趣，宫殿与天然景观和谐地融为一体，达到了回归自然的境界。山庄融南北建筑艺术精华，园内建筑规模不大，殿宇和围墙多采用青砖灰瓦、原木本色，淡雅庄重，简朴适度，与京城故宫的黄瓦红墙、描金彩绘、堂皇耀目呈明显对照。山庄的建筑既具有南方园林的风格、结构和工程做法，又多沿袭北方常用的手法，成为南北建筑艺术完美结合的典范。避暑山庄不同于其他的皇家园林，它继承和发展了中国古典园林“以人为之美入自然，符合自然而又超越自然”的传统造园思想，按照地形地貌特征进行选址和总体设计，完全借助于自然地势，因山就水，顺其自然，同时融南北造园艺术的精华于一身，如图 1.46 所示。

(a)水心榭　(b)水流云在
(c)观莲所　(d)双湖夹境
(e)采菱渡　(f)沧浪屿
(g)芝径云堤　(g)文津阁

图 1.46　避暑山庄景点图

［图片引自：章采烈．中国园林艺术通论．上海：上海科学技术出版社．2004］

10）清漪园（颐和园）。

颐和园原名清漪园，始建于清乾隆帝十五年（1750），历时 15 年竣工，是清代北京著名的“三山五园”（香山静宜园、玉泉山 静明园、万寿山 清漪园、圆明园、畅春园）中最后建成的一座。咸丰十年（1860）在第二次鸦片战争中英法联军火烧圆明园时同遭严重破坏，佛香阁、排云殿、石舫洋楼等建筑被焚毁，长廊被烧得只剩 11 间半，智慧海等耐火建筑内的珍宝佛像也被劫掠一空。光绪十二年（1886）开始重建，光绪十四年（1888）慈禧挪用海军军费（以海军军费的名义筹集经费）修复此园，改名为“颐和园”，其名有“颐养冲和”之意。关于挪用的海军军费，经专家考证，一共挪用了 7 年，每年 30 万两，占全部修复费用的 1/3 以上。光绪二十一年（1895）工程结束。

颐和园占地约290公顷。以佛香阁为中心，园中有景点建筑物100余座、大小院落20余处3555间古建筑，面积7万多平方米，共有亭、台、楼、阁、廊、榭等不同形式的建筑3000多间，园中大致分为三个区域：以庄重威严的仁寿殿为代表的政治活动区，是清朝末期慈禧与光绪从事内政、外交政治活动的主要场所。以乐寿堂、玉澜堂、宜芸馆等庭院为代表的生活区，是慈禧、光绪及后妃居住的地方。以万寿山和昆明湖等组成的风景游览区。颐和园利用昆明湖、万寿山为基址，以杭州西湖风景为蓝本，汲取江南园林的某些设计手法和意境而建成的一座大型天然山水园，水面约占全国的四分之三，也是保存得最完整的一座皇家行宫御苑，被誉为皇家园林博物馆园内建筑，如图1.47所示。

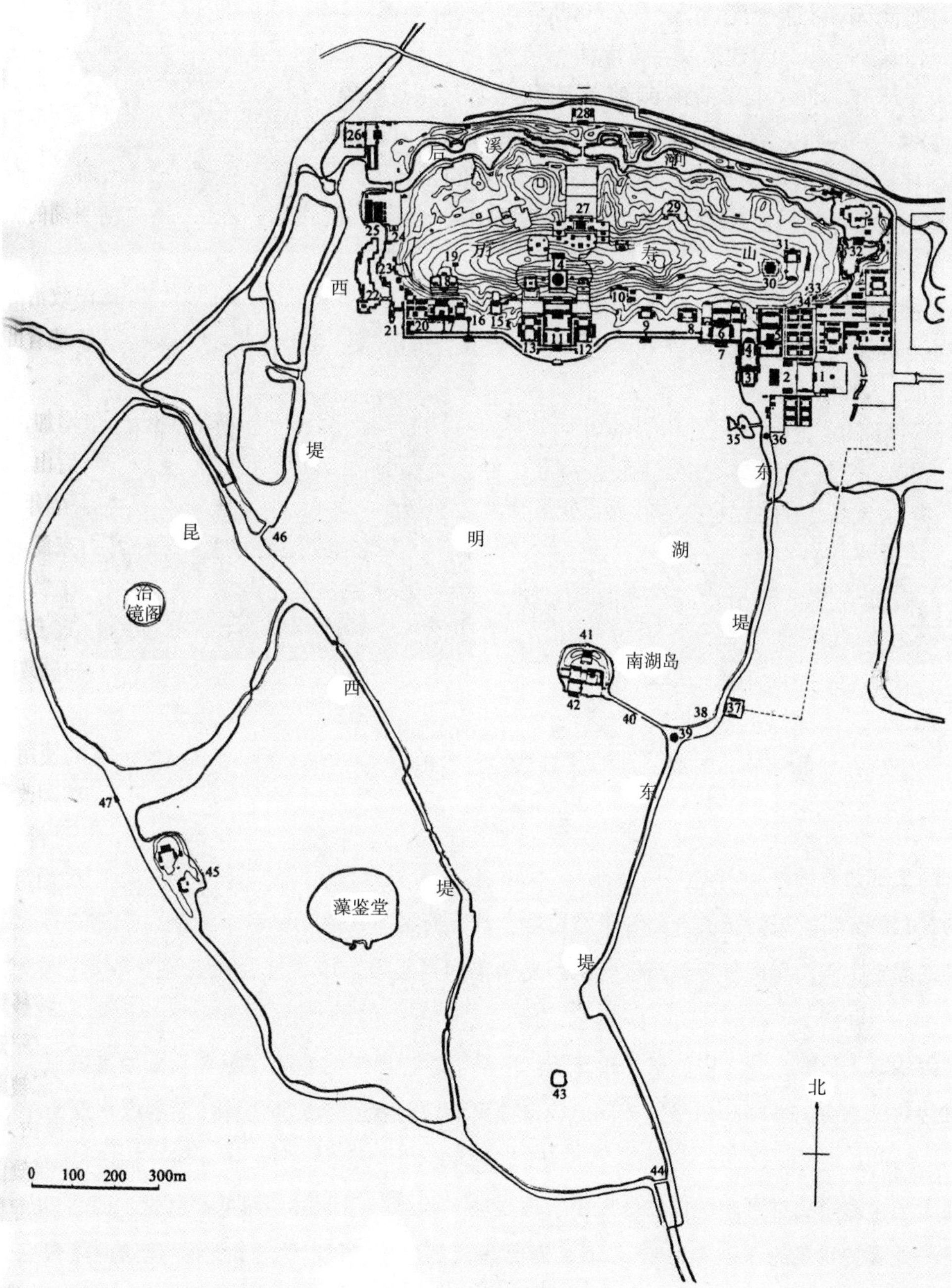

图1.47 颐和园平面图副本

［图片引自：周维权．中国古典园林史（第二版）．北京：清华大学出版社．1999］

1—东宫门；2—仁寿殿；3—玉澜堂；4—宜芸馆；5—德和园；6—乐寿堂；7—水木自亲；8—养云轩；9—无尽意轩；10—写秋轩；11—排云殿；12—介寿堂；13—清华轩；14—佛香阁；15—云松巢；16—山色湖光共一楼；17—听鹂馆；18—画中游；19—湖山真意；20—石丈亭；21—石舫；22—小西泠；23—延清赏；24—贝阙；25—大船坞；26—西北门；27—须弥灵境；28—北宫门；29—花承阁；30—景福阁；31—益寿堂；32—谐趣园；33—赤城霞起；34；东八所；35—知春亭；36—文昌阁；37—新宫门；38—铜牛；39—廓如亭；40—十七孔长桥；41—涵虚堂；42—鉴远堂；43—凤凰礅；44—绣绮桥；45—畅观堂；46—玉带桥；47—西宫门

颐和园集传统造园艺术之大成，它旷奥兼备的湖山之美，再加之建筑物恰如其分的点染，以“三山五园”为主体的大环境，万寿山、昆明湖构成其基本框架，借景周围的山水环境，饱含中国皇家园林的恢弘富丽气势，又充满自然之趣，高度体现了“虽由人作，宛自天开”的造园准则。颐和园亭台、长廊、殿堂、庙宇和小桥等人工景观与自然山峦和开阔的湖面相互和谐、艺术地融为一体，整个园林艺术构思巧妙，是集中国园林建筑 艺术之大成的杰作，在中外园林艺术史上地位显著，有声有色，如图 1. 48 所示。

(a)知春亭

(b)万青山和昆明湖

(c)须弥灵境

(d)画中游

图 1. 48　北京颐和园景点图

[图片引自：章采烈. 中国园林艺术通论. 上海：上海科学技术出版社. 2004]

11）萃景园。

恭王府后花园被称为萃锦园。

北京内城的什刹海一带，是内城的一处公告游览地。恭王府是清代道光皇帝第六恭忠亲王的府邸，前身为乾隆年间大学士和珅的邸宅。同治年间曾经重修过一次，光绪年间再重修，1929 年由辅仁大学收购，做校舍的一部分。今修整开放。

萃锦园占地大约 2. 7 公顷，分为中、东、西三路。中路呈对称严整的布局，颇有几分皇家气派，它的南北中轴线与府邸的中轴线对位重合。东路和西路的布局比较自由灵活，前者以建筑为主体，后者以水池为中心，如图 1. 49 所示。

入园即置身于一个富于山林野趣的自然环境中，适当地“软化”了园林中路的严整性。西路以长方形大水池为中心，则无异于一处观赏水景的“园中之园”。西、南部为自然山水景区，东、北部为建筑庭院景区，形成自然环境与建筑环境的对比。既突出风景式园林的主旨，又不失王府气派的严肃规整。

12）个园。

个园在扬州新城的东关街，清嘉庆二十三年（1818）大盐商黄应泰利用废园“寿芝圃”的旧址建成。另一说法，个园最早的前身是“藤花庵”，再后为马氏“街南书屋”、陈氏“小玲珑山馆”，最后归黄氏所有。黄应泰本人别号个园，园内多种竹子，故取竹字一半而命园之名为“个园”，如图 1. 50 所示。

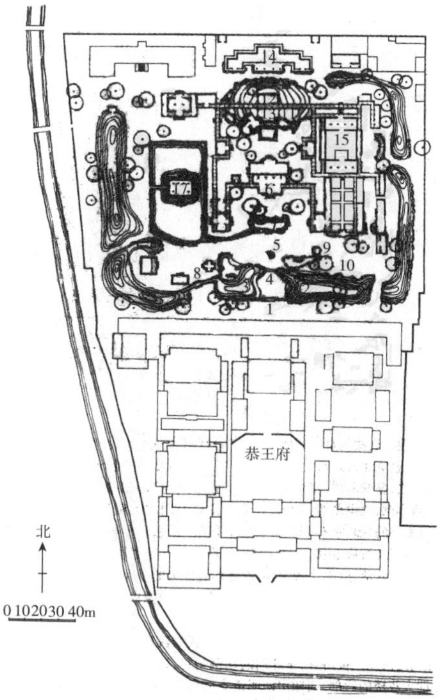

图 1.49 翠景园平面图

［图片引自：周维权．中国古典园林史（第二版）．北京：清华大学出版社．1999］

1—园门；2—垂青樾；3—翠云岭；4—曲径通幽；5—飞来石；6—安善堂；7—蝠河；8—榆关；9—沁秋亭；10—葻蔬圃；11—滴翠岩；12—绿天小隐；13—邀约台；14—蝠厅；15—大戏楼；16—吟香醉月；17—观鱼台

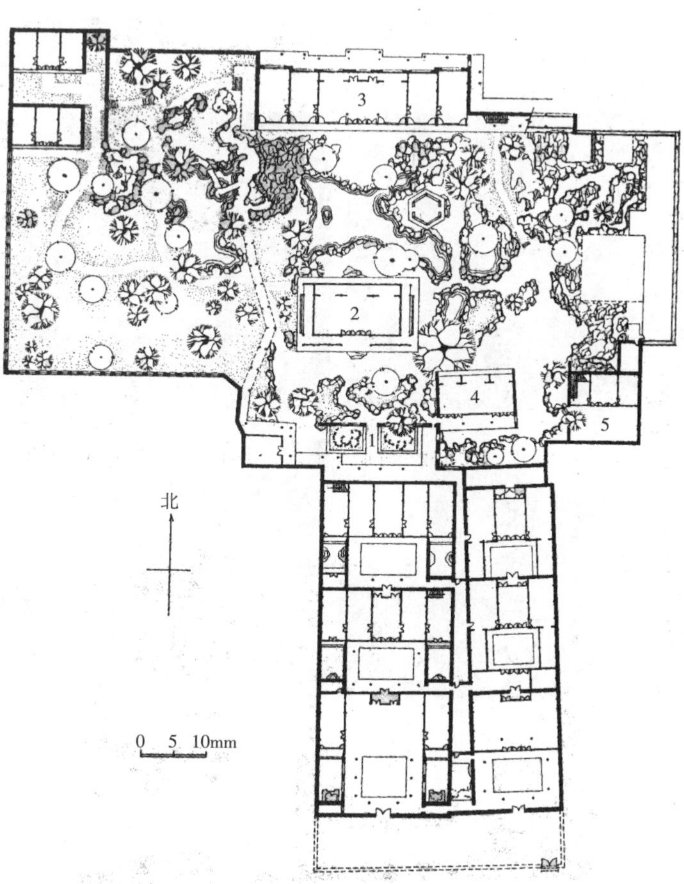

图 1.50 个园平面图

［图片引自：程里尧．中国古典园林．昆明：云南人民出版社．1999］

1—园门；2—桂花厅；3—抱山楼；4—透风漏月；5—丛书楼

这座宅园占地大约0.6公顷，紧接于邸宅的后面。从宅旁的“火巷”进入，往前向左转经两层复廊便是园门。门前左右两旁的花坛满种修竹，竹间散置参差的石笋，象征着“雨后春笋”的意思。进门绕过小型假山叠石的屏障，即达园的正厅“宜雨轩”，俗称“桂花厅”。厅之南丛植桂花，厅之北为水池，水池驳岸为湖石孔穴的做法。水池的北面，沿着园的北墙建楼房一幢，名“抱山楼”，两端以游览连接于楼两侧的大假山，登高可俯瞰全园之景。

抱山楼之西侧为太湖石大假山，它的支脉往楼前延伸少许，把楼房的庞大体量适当加以障隔。大假山全部用太湖石堆叠，高约6米。山上秀木繁荫，有松如盖，山下池水蜿蜒流入洞屋。渡过石板曲桥进入洞屋，宽敞而曲折幽邃。洞口上部的山石外挑，桥面石板之下为清澈的流水，夏日更觉凉爽。假山的正面向阳，皴皱繁密，呈灰白色的太湖石表层在日光照射下所起的阴影变化特多，有如夏天的流云，又仿佛人们常见的夏天的山岳多姿景象，这便是“夏山”的缩影。循假山的蹬道可登山顶，再经游廊转至抱山楼的上层。

楼东侧为黄石堆叠的大假山，高约7米，主峰居中，两侧峰拱列成朝揖之势。山的正面朝西，黄石纹理刚健，色泽微黄。每当夕阳西下，一抹霞光映照在发黄而峻峭的山体上，呈现醒目的金秋色彩。黄石大假山的顶部，有3条蹬道盘旋而下，全长约15米，所经过的山口、峭壁、山涧、深潭均气势逼真。山腹有洞穴盘曲，与蹬道构成立体交叉，山中还穿插着幽静的小院、石桥、石室等。石室在山腹之内，设窗洞、户穴、石凳、石桌，可容十数人立坐。石室之外为洞天一方，四周皆山，谷地中央又有小石兀立，其旁植桃树一株，赋予幽奥洞天一派生机。这座大假山为扬州叠山中的优秀作品，如此精心别致的设计在其他园林中是很少见的。

个园的东南隅建置三开间的“透风漏月”厅，厅侧有高大的广玉兰一株，东为芍药台。厅前为半封闭的小庭院，院内沿南墙堆叠雪石假山。透风漏月厅是冬天围炉赏雪的地方，为了象征雪景而把庭前假山叠筑在南墙背阴的地方，雪石上的白色晶粒看上去仿佛积雪未消，这便是“冬山”的立意。南墙上开一系列的小圆孔，每当微风掠过发出的声音，又让人联想到冬天北风呼啸，更渲染出隆冬的意境。另在庭院西墙上开大圆洞，隐约窥见院门外的修竹石笋的春景，如图1.51所示。

(a) (b) (c) (d)

图1.51 个园四季景石

[图片引自：章采烈．中国园林艺术通论．上海：上海科学技术出版社．2004]

“丛书楼”在透风漏月厅之东少许。楼前一小院，种一二株树，十分幽静，是园内藏书之所。

个园以假山堆叠之精巧而名重一时，象征四季景象的“四季假山”，这在中国古典园林中实为独一无二的例子。

就个园的总体来看，建筑物的体量有过之嫌，尤其是北面的七开间楼房“抱山楼”庞然大物，似乎压过了园林的山水环境。造成这种情况的原因，主要在于大商人的园主人需要在园林里面进行广泛的社交活动，同时也要利用大体量的建筑物来显示排场，满足其争奇斗富的心理。虽然园内颇有竹树山池之美，但附庸风雅的“书卷气”终于脱不开“市井气”。这是后期的扬州园林普遍存在的现象，个园便是一例。

13）留园。

留园位于苏州阊门外，原为明代的“东园”废址。清嘉庆年间改筑，更名“寒碧山庄”。光绪初年为大官僚盛康购得，又加以改建、扩大、更名“留园”。

留园的面积大约是 2 公顷，分西区、中区、东区 3 部分。西区以山景为主，中区山水兼长，东区是建筑区。中区的东南地带开凿水池，西北地带堆筑假山，建筑与水池东南，是典型的南厅北水、隔水相望的江南宅院的模式。东区的游廊与留园西侧的爬山廊成为贯穿全园的外围廊道，曲折、迂回而富于变化。留园以水池为中心，池北为假山小亭，林木交映。池西假山上的闻木樨香轩，则为俯视全园景色最佳处，并有长廊与各处相通。建筑物将园划分为几部分，各建筑物设有多种门窗，每扇窗户各不相同，可沟通各部景色，使人在室内观看室外景物时，能将以山水花木构成的各种画面一览无余，视野空间大为拓宽。留园整体讲究亭台轩榭的布局，讲究假山池沼的配合，讲究花草树木的映衬，讲究近景远景的层次。使游览者无论站在哪个点上，眼前总是一幅完美的图画。

留园全园分为三部分，在一个园林中能领略到山水、田园、山林、庭园四种不同景色：中部以水景见长，是全园的精华所在；东部以曲院回廊的建筑取胜；西区则是全园最高处，有野趣，以假山为奇，土石相间，堆砌自然。其景观有两个最突出的特点：一是丰富的石景，二是多样变化的空间之景。园内既有以山池花木为主的自然山水空间，也有各式各样可以说建筑为主或者建筑、山水相间的大小空间——庭园、庭院、天井等。园林空间之丰富，为江南诸园之冠，在同一时期全国范围内的私家园林中也是不多见的。它可以说是多样空间的复合体，集园林空间之大成者。留园的建筑布局也是采取类似拙政园的办法，把建筑物尽可能地相对集中，以“密”托“疏”，一方面保证自然生态的山水环境在园内所占的一定比重；另一方面则运用高超的技艺把密集的建筑群剔创为一系列的空间的复合——曲空间的交响乐。规划设计的水平不可谓不高，但就园林的总体而言，毕竟不能根本解决因建筑过多而造成的人工雕琢气氛太重，多少丧失风景式园林主旨的矛盾。足见个别园林的艺术创作固然有高下优劣之分，却毕竟不能脱开时代风尚的影响，如图 1.52 所示。

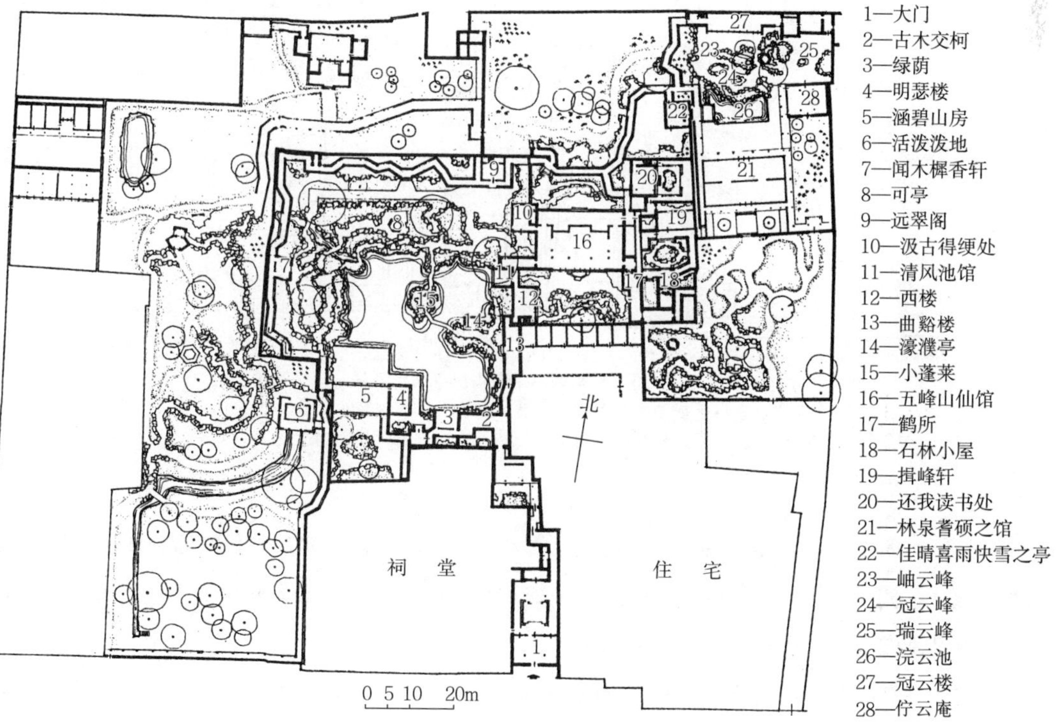

图 1.52 留园平面图

［图片引自：程里尧. 中国古典园林. 昆明：云南人民出版社. 1999］

14）余荫山房。

余荫山房位于广州市郊番禺县南村，园主人为邬姓大商人。此园始建于清同治年间，完整保留至今，是粤中的四大名园之一。门上有一对联：余地三弓红雨足；荫天一角绿云深。点出“余荫”之意。

余荫山房的总体布局很有特色，两个规整形状的水池并列组成水庭，水池的规整几何形状受到西方园林的影响。像栏杆、雕饰以及建筑装饰，运用西洋的做法也是明显的事实。园中经年常绿、花开似锦。园林建筑内外敞透，雕饰丰富，尤以木雕、砖雕、灰雕最为精致。总体看来，建筑体量稍嫌庞大，东半部“玲珑水榭”的大尺度与小巧的山水环境不甚协调，相形之下，后者不免失之拘板，如图 1.53 所示。

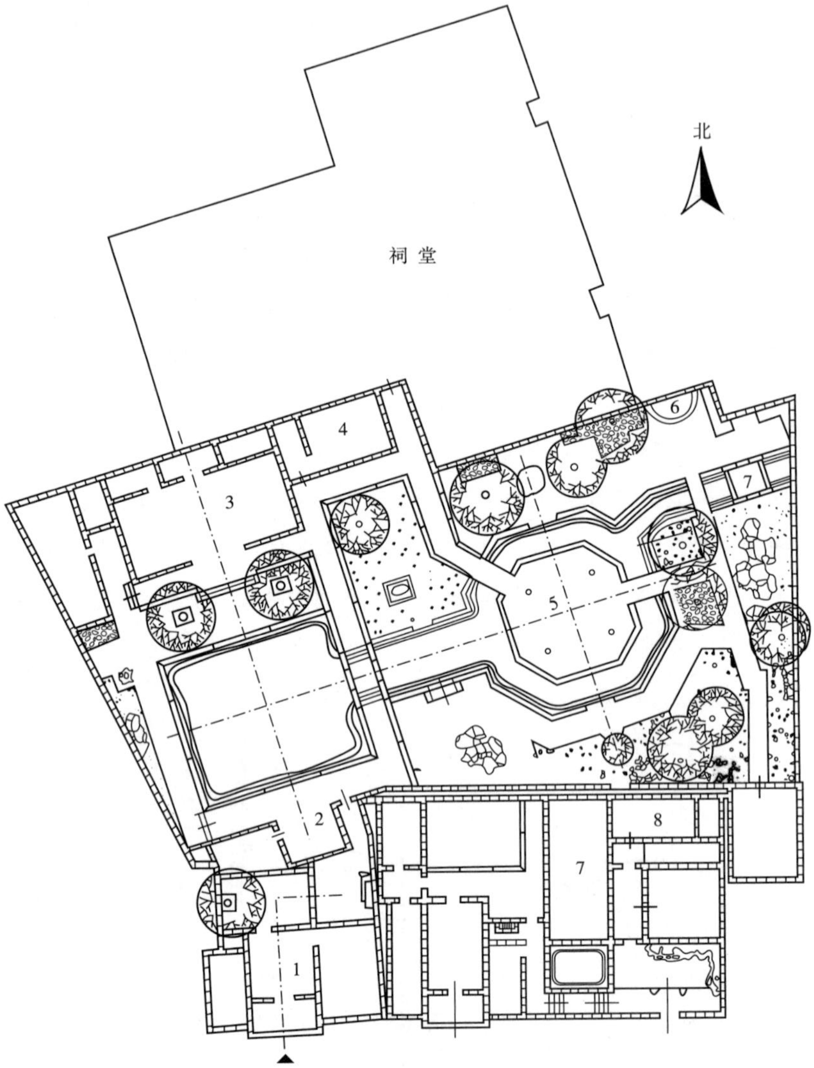

图 1.53　广东番禺余荫山房平面示意图

［图片引自：程里尧．中国古典园林．昆明：云南人民出版社．1999］

1—园门；2—临池别馆；3—深柳堂；4—榄核厅；5—玲珑水榭；6—南薰亭；7—船厅；8—书房

15）大觉寺。

位于北京西北郊小西山山系的旸台山。寺始建于辽代，名清水院，为金章宗时著名的“西山八院”之一。明宣德三年（1428）重修扩建，改今名。清康熙五十九年（1720）进行了一次大规模修建。乾隆十二年（1747）又进行重修。后又陆续有几度增改、修葺，逐成今日之规模。

寺后层峦叠嶂，林莽苍郁，前临沃野，景界开阔。寺观建筑群坐西朝东，包括中、北、南三路。中路山门之后依次为天王殿、大雄宝殿、无量寿佛殿、大悲坛等四进院落。北路为生活用房。南路为戒坛和清代皇帝行宫。水景和枯树名木也是整个园林的特色，早在辽代即因水景之胜而得名为“清水院”，由寺外引入两股泉水贯穿全寺，作饮水和各式水景。寺内尚有百龄以上的古树近百株，300 年以上的 10 余株。

5. 成熟期的造园特点

私家、皇家、寺观三大园林类型都已完全具备文人园林的主要特点，文人园林的极盛也成为园林成熟期的标志。私家园林形成江南、北方、岭南大地方风格。私家园林的乡土化意味着造园活动的普及化，标志着中国古典园林完全成熟。该时期民间涌现出许多杰出的造园家和许多造园理论著作刊行，是民间造园艺术成就达到高峰的一个标志。

（1）文人园林。

文人园林是士流园林的发展，它侧重于以赏心悦目而寄托理想，陶冶性情，表现隐逸情趣，是中国山水园林完全写意化。文人园林的风格特征在于：简远、疏朗、雅致、天然 4 个方面。

简远即景象简约而意境深远，是对大自然风景的提炼与概括，也是创作方法更多地趋向写意的表征。意境的创造除了以视觉景象的简约而留有余韵之外，还借助于景物题署的“诗化”来获得意外之旨。用文字题署景物的做法已见于唐代，如王维的辋川别业，以诗歌形式来表达园林的深邃意境。两宋时则用诗的意趣，即景题的“诗化”表现园林意境，景题能够寓情于景，抒发园主人的襟怀，诱导游赏者的联想。

疏朗指园内景物的数量不求其多，因而园林的整体性强、不流于琐碎。园林掇山往往主山连绵、客山拱伏而构成一体，且山势多平缓，不作故意的大起大伏。水体多半以大面积来营造园林空间的开朗气氛。植物配置也以大面积的丛植或群植成林为主，林间留出隙地虚实相衬，于幽奥中见旷朗。建筑的密度低，数量少，而且个体多于群体，不见有游廊连接的描写，更没有以建筑而围合或划分景域的情况。因此就园林总体而言，虚处大于实处。正由于造园诸要素特别是建筑布局着眼于疏朗，园林景观更见其开阔。

雅致指文人士流园林追求雅趣，并把这种志趣寄托于园林的山水花木，通过它们的拟人化而表现得淋漓尽致。竹是宋代文人画的主要题材，也是诗人吟咏的主要对象，它象征人的高尚节操，苏轼甚至说过“可使食无肉，不可居无竹；无肉令人瘦，无竹令人俗”。园中种竹也就成了文人追求雅致情趣的手段，作为园林的雅致格调的象征。再如种植菊花、梅花等都具有诗、画中的“拟人化”的用意。此外，建筑物多用草堂、草庐、草亭等，亦示其不同流俗。景题的命名，主要为了激发人们的联想而创造意境。这种由“诗化”的景题而引起的联想又多半引导为操守哲人、君子、清高等的寓意，抒发文人士大夫的脱俗的、孤芳自赏的情趣，也是园林雅致特点的一个方面。

天然表现在两个方面：其一力求园林本身与外部自然环境的契合，园林选址很重视因山就水，利用原始地貌，园内建筑更注意收纳、摄取园外之景，使得园内园外两相结合而浑然一体。其二园林内部的成景以植物为主要内容，多运用树木的成片栽植而构成不同的景域主题，如竹林、梅林、桃林等，也有混交林，往往借助于“林”的形式创造幽深而独特的景观。另外，在园林中放养飞禽走兽，听取虎啸猿啼，更使园林野趣横生。

（2）三大地方园林风格。

江南园林、北方园林、岭南园林这三大地方风格主要表现在各自造园要素的用材、形象和技法上，园林的总体规划也有体现。

1）江南园林。南方人口将较密集，所以园林地域范围小，又因河湖、园石、常绿树较多，所以园林景致细腻精美。因上述条件，其特点为明媚秀丽、淡雅朴素、曲折幽深，但究竟面积小，略感局促。江南园林的代表大多集中于南京、上海、无锡、苏州、杭州、扬州等地，其中尤以苏州为代表。

江南园林是以开池筑山为主的自然式风景山水园林。它一般与住宅相连，多呈内向形式，环境闭塞，很难获得开阔的视野和良好的借景条件，在园林中建筑的比重也往往较大，密度长达 30% 以上，江南园林所崇尚的自然是经过艺术再创造的，渗透了社会伦理、道德感情的人格化的自然，是“虽由人作，宛自天开”的“人为自然”。

江南园林叠山石料的品种很多，以太湖石和黄石两大类为主。石的用量很大，大型假山石多于土，小型假山石几乎全部叠石而成。能够仿真山之脉络气势，作出峰峦丘壑、洞府峭壁、曲岸石矶，或仿真山之一角创为平岗小坂，或作为空间之屏障，或峰石散置、特置，或倚墙而筑为壁山等，手法多样，技艺高超。江南气候温和湿润，花木生长良好，种类繁多。园林植物以落叶树为主，配合若干常绿树，再辅以藤萝、竹、芭蕉、花草等构成植物配置的基调，并能够充分利用花木生长的季节性构成四季不同的景色。花木也往往是某些景点的观赏主题，园林建筑常以周围花木命名。讲究树木孤植和丛植的画意经营及其色、香、形的象征寓意，尤其注重古树名木的保护应用。园林建筑则以高度成熟的江南民间乡土建筑作为创作源泉，从中汲取精华。苏州的园林建筑为苏南地区民间建筑的提炼；扬州则利用优越的水陆交通条件，兼收并蓄当地、皖南乃至北方的建筑风格加以融糅，因而建筑的形式极其多样丰富。江南园林建筑的个体形象玲珑轻盈，具有一种柔媚的气质。室内外空间通透，露明木构件一般髹饰为赭黑色，灰砖青瓦、白粉墙垣配以水石花木组成的园林景观，能显现出恬淡雅致有若水墨渲染画的艺术格调。木装修、家具、各种砖雕、木雕、漏窗、洞门、匾联、花街铺地，均表现出极精致的工艺水平。园内有各式各样的园林空间，包括山水空间、山石与建筑围合的空间、庭院空间、天井，甚至院角、廊侧、墙边亦作成极小的空间，散置花木，配以峰石，构成楚楚动人的小景。由于园林空间多样而又富于变化，为静观组景、动观组景以及对景、框景、透景创造了更多的条件。总的来说，江南园林深厚的文化积淀、高雅的艺术格调和精湛的造园技巧，均居三大地方风格之首，代表该时期民间造园艺术的最高水平。

2）北方园林。北方园林因地域宽广，所以范围较大，建筑富丽堂皇。因自然气象条件所局限，河川湖泊、园石和常绿树木都较少。由于风格粗犷，所以秀丽媚美则显得不足。北方园林的代表大多集中于北京、西安、洛阳、开封，其中北京是北方造园活动的中心。王府花园是北方私家园林的一个特殊类别，它们的规模一般比宅园大，规制也稍有不同。

北方冬季寒冷并夏季多风沙，建筑形式比较封闭、厚重，园林建筑具有一种刚健的美。北方相对于南方而言，水资源匮乏，园林供水困难，因而水池的面积都比较小。这不仅使得水景的建置受到限制，也由于缺少挖池的土方致使筑土为山不能太多、太高。北京园林叠山多为就地取材，运用当地出产的北太湖石和青石。青石纹理挺直，类似江南的黄石，北太湖石的洞孔小而密，不如太湖石之玲珑剔透。这两种石材的形象均偏于浑厚凝重，与北方建筑的风格十分协调。北方叠山技法深受江南的影响，既有完整大自然山形的摹拟，也有截取大山一角的平岗小坂，或者作为屏障、驳岸、石矶，或作为峰石的特置处理。但总的看来，其风格却又迥不同于江南，颇能表现幽燕沉雄气度。植物配置方面，观赏树种比江南少，尤缺阔叶常绿树和冬季花木，但松、柏、杨、柳、槐、榆和春夏秋三季更迭不断的花灌木如丁香、海棠、牡丹、芍药、荷花等，却也构成北方私园植物造景的主题。冬天，树叶零落，水面结冰，很有萧索寒林的画意。北京是帝王之都，私家园林较多为贵戚官僚所有，布局难免注重仪典性的表现，因而园林规划布局的中轴线、对景线运用较多，使园林赋有凝重、严谨的格调。园内的空间划分比较少，因而整体性强，但不如江南园林空间的曲折多变。

3）岭南园林。岭南园林地区地处亚热带，终年常绿，又多河川，造园条件比北方、南方都好。其明显的特点是具有热带风光，建筑都较高而宽敞。清初岭南地区经济比较发达，文化水准提高，私家园林造园活动开始兴旺，逐渐影响福建等地。到清代中期以后而日趋兴旺，在园林的布局、空间组织、水石运用和花木配置方面逐渐形成自己的特色，终于异军突起而成为与江南、北方鼎峙的三大地方风格之一。同时，地近澳门、广州，又是澳门海关所在，接触西方文化早，因此园林受西方影响也较多。

岭南园林以宅园为主，一般为庭院和庭园的组合，建筑的比重较大。庭园和庭院的形式多样，它们的组合比江南园林更密集、紧凑，往往连宇成片。这是为了适应炎热气候而取得遮阴的效果，外墙减少了，室外暴晒的热辐射会相应有所消减，同时也便于雨季的内部联系和防御台风袭击。建筑物的平屋顶多作成“天台花园”，既能降低室内温度，又可美化园林环境。为了室内降温而需要良好的通风，故建筑物的通透开敞更胜于江南，其外观形象更富于轻快活泼的意趣。建筑的局部、细部很精致，尤以装修、壁塑、细木雕工见长，而且多有运用西方样式的栏杆、柱式、套色玻璃等细部；甚至整座的西洋古典建筑配以传统的叠山理水，亦别有风趣。叠山常用姿态嶙峋、皴折繁密的英石包镶，即所谓“塑石”的技法，因而山体可塑性强、姿态丰富，具有水云流畅的形象。在沿海一带也有用石蛋和珊瑚礁石叠山的，则又别具一格。叠山而成的石景分为“壁型”与“峰型”两大类：前者的主要特征是逶迤平阔，由几组峰石连绵相接组成，没有显著突出的主峰；后者的主要特征是顶峰突出，山径盘旋，造型险峻而富有动势。此外，还有由若干形象各异的单块石头的特置而构成石庭，著名的如佛山梁园的群星草堂石庭。小型叠山或石峰特置与小型水体相结合而成的水石庭、水局，尺度情切而婀娜多姿，乃是岭南园林之一绝。理水的手法丰富多样，不拘一格，少数水池为方整几何形式，则是受到西方园林的影响。岭南地处亚热带，观赏植物品种繁多，园内一年四季都是花团锦簇、绿荫葱翠。除了亚热带的花木之外，还大量引进外来植物，老榕树大面积覆盖遮蔽的阴凉效果尤为宜人。就园林的总体而言，岭南园林建筑体量偏大、楼房较多而略显壅塞，深邃有余而开朗不足。

地方风格的普遍化、园林风格的乡土化，在某种程度上也意味着造园技巧上长足发展的结果。

1.1.5 著名造园家及造园理论

明代和清初，文人园林作为两宋的承传而继续发展，在江南、北京这样的一些经济、文化发达的地区甚至达到了极盛之局面。文人园林风格一时成为社会上品评园林艺术创作的最高标准。

文人画进入明代已经完全成熟，并且占据着画坛的主要地位。画坛的这种主流格调必然在一定程度上影响民间造园活动的趋向。士流园林便更多地以追求雅逸和书卷气来满足园主人企图摆脱礼教束缚、获致返璞归真的愿望，也在一定程度上寄托他们不满现状、不合流俗的情思——隐逸思想。士流园林更进一步地文人化促成了文人园林的大发展，同时也与新兴市民园林的“市井气”和贵戚园林的“富贵气”相抗衡。文人园林的发展，便在雅与俗相抗衡的局面下进入了一个新阶段。雅俗抗衡的情况不仅表现于园林的创作实践，在当时的造园理论著作中也有所反映。著名的文人造园家李渔在《一家园》一书中大声疾呼：“宁雅勿俗”，“主人雅而取工，则工且雅者至矣；主人俗而容拙，则拙而俗者来矣。”文震亭的《长物志》，更是把文人的雅逸作为园林从总体规划直到细部处理的最高指导原则。

文人园林的大发展，无疑是促成江南园林艺术达到高峰境地的重要因素，它还影响皇家园林和寺观园林，并且普及到全国各地，随着时间的推移而逐渐成为一种造园模式。与两宋时期比较，文人园林接受意识形态方面的影响、浸润已处于停滞状态，更多地转向于造园技巧的琢磨，园林的思想性逐渐为技巧性所取代。造园技巧获得长足的发展，造园思想却日益萎缩。也就是这个时候，在文人园林臻于高峰境地的江南，一大批掌握造园技巧、有文化素养的造园工匠便应运而生。过去的造园工匠在长期实践中积累了丰富的经验，世代薪火相传，共同创造了优秀的园林艺术。宋代文献中已有园艺工人和叠山工人（即“山匠”）的记载。明代江南地区的造园工匠技艺更为精湛，杭州工匠陆氏“堆垛峰峦，拗折涧壑，绝有天巧，号陆叠山”；苏州的叠山工匠则称为“花园子”。一园设计之成败往往取决于叠山之佳否，故他们也是造园的主要匠师。这些匠师身怀绝技，文人的造园立意一般要通过他们的实际操作才得以具体实现，诚如李渔《闲情偶寄》所说：“尽有丘壑填胸、烟云绕笔之韵士，命之画水题山，顷刻千岩万壑，及倩磊斋头片石，其技立穷，似向盲人问道者。从来叠山名手俱无能诗善绘之人，见其随举一石，颠倒置之，无不苍古成文，迂回入画。”李渔的意思并非完全否定“韵士”的作用，而是客观地指出工匠在造园这项艺术创作和工程运作中应有的地位。

造园匠师的社会地位在过去一直很低下，除了极个别的经文人偶一提及之外，大都是名不见经传。但到明末清初，情况有所变化。经济、文化最发达的江南地区，造园活动十分频繁，工匠的需求量很大。由于封建社会内部资本主义因素的成长，市民文化的勃兴，而引起社会价值观念的改变，造园工匠中之技艺精湛者逐渐受到社会上的重视而著名于世。他们在园主人或文人与一般匠人之间起着承上启下的桥梁作用，大大提高了造园的效率。其中的一部分人努力提高自己的文化素养，甚至有擅长于诗文绘事的则往往代替文人而成为全面主持规划设计的造园家。文人士大夫很尊重他们并乐于与之交往，甚至为之撰写传记，如上文提到的陈所蕴为张南阳作传。这些匠师的社会地位就非一般工匠可比，张南垣父子便是此辈中的杰出者。

1.1.5.1 著名造园家

张南垣，名涟，原籍江苏华亭，生于明万历十五年（1587），晚岁徒居嘉兴，毕生从事叠山造园。据戴名世《张翁家传》："张翁讳某，字某，江南华亭人，迁嘉兴。君性好佳山水，每遇名胜，辄徘徊不忍去。少时学画，为倪云林、黄子久笔法，四方争以金币来购。君治园林有巧思，一石一树，一亭一沼，经君指画，即成奇趣，虽在尘嚣中，如入岩谷。诸公贵人皆延翁为上客，东南名园大抵多翁所构也。常熟钱尚书，太仓吴司业，与翁为布衣交。翁好诙谐，常嘲诮两人，两人弗为怪。益都冯相国构万柳堂于京师，遣使迎翁至，为之经画，遂擅燕山之胜。自是诸王公园林，皆成翁手。会有修葺瀛台之役，召翁治之，屡加宠赉。……畅春苑之役，复召翁至，以年老，赐肩舆出入，人皆荣之。事竣，复告归，卒于家。"

钱谦益、吴伟业皆江南名士，与南垣为布衣之交甚至颇不拘形迹，足见他已因叠山巧艺而名满江南公卿间了。南垣的文化素养较高，因而他的叠山作品亦最为时人所推崇，俱阮葵生《茶余客话》卷八载："华亭张涟，字南垣，少写人物，兼通山水。能以意垒石为假山，悉仿营邱、北苑、大痴画法为之，峦屿涧濑，曲洞远峰，巧夺化工。……昔人诗云：'终年累石如愚叟，忽移山是化人。'又云：'荷杖有儿扶薄醉。'谓南垣父子也。"

南垣的 4 个儿子均能继承父业，其中尤以次子张然造诣最高，成就最大。张然，字陶庵，早年在苏州洞庭东山一带为人营造私园之叠山已颇有名气。顺治十二年（1655）重修西苑，朝廷征召张南垣，南垣以年迈固辞，乃遣张然前往。张然在京工作一段时间之后回到苏州，又重操旧业，张燕喆《张陶庵传》在列举他所主持营造的四座名园之后这样说："陶庵所假不止此，虽一弓之庐，一拳之龛，人人欲得陶庵为之。居山者几忘东山之为山，而吾山之非山也。"评价是很高的。康熙十六年（1677），张然再次北上，在北京城内为大学士冯溥营建万柳堂，为兵部尚书王熙改建怡园，此后，诸王公士大夫的私园亦多出其手。康熙十九年（1680）供奉内廷，先后参与了重修西苑瀛台、新建玉泉山行宫以及畅春园的叠山、规划事宜。康熙二十七年（1688）赏赐还乡，其后人的一支定居北京，世代承传其业，成为北京著名的叠山世家——"山子张"。

明末清初，像张氏父子这样的造园工匠，出现在江南地区的为数不少，而苏州、扬州两地尤为集中，可谓群星灿烂、各领风骚。文人与造园工匠之间的关系，也比以往更为密切。

1.1.5.2 著名造园理论

江南的私家造园在广泛实践的基础上累积大量创作和实践的经验，文人、造园家与工匠三者的结合又促成这些宝贵经验向系统化和理论性方面升华。于是，这个时期便出现了许多有关园林的理论著作刊行于世。其中有专门成书的，《园冶》、《一家言》、《长物志》是比较全面而有代表性的三部著作。此外，颇有见地的关于园林的议论、评论散见于文人的各种著述中的也比过去为多。

1.《园冶》

《园冶》的作者为计成，成书于明崇祯四年（1631），刊行于崇祯七年（1634）。这是一部全面论述江南地区私家园林的规划、设计、施工，以及各种布局、细部处理的综合性的著作，由明末著名的文人阮大铖、郑元勋作序。全书共分三卷，用四六骈体文写成。第一卷包括"兴造论"一篇、"园说"四篇，第二卷专论栏杆，第三卷分论门窗、墙垣、铺地、掇山、选石、借景。

"兴造论"泛论营园要旨，是全书的总纲。计成开宗明义提出营园必须具备的一个先决条件："世之兴造，专主鸠匠，独不闻三分匠、七分主人之谚乎？非主人也，能主之人也。"意思是说，营园之成败不取决于一本工匠和园主人，而取决于能够主持其事的、内行的造园家。不过，造园家未必都能营构出好的园林，那么，好的园林的评价标准是什么呢？计成把它概括为两句话："巧于因借，精在体宜。"因、借是手段，体、宜是目的。

"园说"共四篇，论述园林规划设计的具体内容及细节。在篇首计成提出两个规划设计原则：①"景到随机"；②"虽由人作，宛自天开"。前者意即园林造景要适应于园址的地貌和地形特点，并尽量发挥它的长处、避开它的短处；后者包含着两层意思，一是人工创造的山水环境，必须予人以一种仿佛天造地设的感觉，而是建筑的配置必须从属、协调于山水环境，不可喧宾夺主。

第一篇“相地”。造园首先要选择一处合适的地段，再详细研究该地段的地貌形式，然后决定何处可以眺望，何处可以凿池，何处可以建筑。尽量利用原始地形，节约土方工程，对原有植被加以保护，尤其是古树名木更应珍视，不可随便砍伐。“多年树木，碍筑檐垣；让一步可以立根，斫数桠不妨封顶，斯谓雕栋飞楹构易，荫槐挺玉成难。”计成把可供造园的地段分为六类：山林地、城市地、郊野地、村庄地、宅旁地、江湖地，并分别论述其特点。然后认为山林地最好，因为它“有高有凹，有曲有深，有峻有悬，有平而坦；自成天然之趣，不烦人事之工”。城市地本不利于造园，但若选址、布局合宜，也可以成为“闹处寻幽”的好园林。

第二篇“立基”，即园林的总体布局。“凡园圃立基，定厅堂为主。先乎取景，妙在朝南。”提出六类建筑物在选择位置时应注意的事项：厅堂基、楼阁基、门楼基、书房基、亭榭基、廊房基、假山基。

第三篇“屋宇”，即园林建筑。园林建筑不同于一般住宅建筑之有规制可循，哪怕一室半室都要“按时景为精”。他考释了15种常见的园林建筑的名称含义：门楼、堂、斋、室、房、馆、楼、台、阁、亭、榭、轩卷、广、廊。列举个体建筑的几种常用的平面形式、梁架构造及施工放样方法，并有附图。

第四篇“装拆”，即装修。之处园林建筑的装修之所以不同于一般住宅，在于“曲折有条，端方非额；如端方中须寻找曲折，到曲折处还定端方；相间得宜，错综为妙”。书中介绍了四种主要装修的做法：屏门、仰尘、风窗。篇后附有各种扇、风窗的图样。

以上为第一卷。

第二卷“栏杆”。计成认为古代所用的回文和万字文栏杆不可用于园林建筑，但未解释其原因。他主张园林的栏杆应是信手画成，以简便为雅。他自己曾设计过百种栏杆文样图案，选择了一部分附于篇后。

第三卷中的第一、二、三篇分别讲述门窗、墙垣、铺地的常见形式和做法，并附图样。第四篇“掇山”讲述叠山的施工程序、构图经营的手法和禁忌。计成认为叠山应做到“有真为假，做假成真；稍动天机，全叨人力”，则需要较高的文化素养和功力，因而“园中掇山，非士大夫好事着不为也”。第五篇“选石”，指出选石不一定都要太湖石，应考虑开采和运输的成本，“石无山价，费只人工”。第六篇“借景”，计成非常重视园外之借景，认为它是“林园之最要者”。提出“俗则摒之，嘉则收之”的原则。

通观《园冶》全书，理论与实践相结合，技术与艺术相结合，言简意赅，颇有许多独到的见解。

2.《一家言》

《一家言》又名《闲情偶寄》，作者李渔，字笠翁，钱塘人，生于明万历三十九年（1611）。李渔是一位兼擅绘画、词曲、小说、戏剧、造园等多才多艺的文人，平生漫游四方、遍览各地名园胜景。他颇以自己能作为造园家而自豪，“往往在烟霞竹石间，泉石经纶，绰有余裕”。

李渔认为“幽斋垒石，原非得已；不能致身岩下与木石居，故以一卷代山，一勺代水，所谓无聊之极思也”。意思是说，人们不能经常置身于大自然环境之中，乃退而求其次，摹拟大自然而创为园林。园林既然是摹拟大自然的人为的创作，势必会在一定程度上熔铸、反映园主人或造园家的审美情趣和生活感受。雅是文人士大夫生活情趣的核心，审美的最高境界，当然也是造园艺术的标准之一。框景可收到以小观大的效果，“见其物小而蕴大，有须弥芥子之义，尽日坐观，不忍合牖”，又可游观而移步换景，这在江南园林中乃是最常见的。

“山石”一节尤多精辟的理论。李渔非常重视园林筑山，认为它“另是一种学问，另有一番智巧”。筑山不仅是艺术，还需要解决许多工程技术问题，因此必须依靠工匠才能完成，“故从来叠山名手，俱非能诗善绘之人。见其随举一石，颠倒置之，无不苍古成文，迂回如画，此正造物之巧于示奇也”。他主张叠山要“贵自然”，不可矫揉造作。明末清初私家园林的叠山出现两种倾向：一方面是沿袭宋以来土石相间或土多于石的石山的做法；另一方面则由于园林的富贵气或市井气促成园主人争奇斗富的心理，而流行“高架叠缀为工，不喜见土”的石多于土或全部用石的石山做法。李渔反对后者而提倡前者，认为用石过多往往会违背天然山脉构成的规律而流行做作。他还就山的整体造型效果来比较石山与土石山两者的优劣，“土多则土山带石，石多则石山带土。土石二物，原不相离，石山离土则草木不生，是童山矣”。此外，在“山石”一节中李渔还谈到石壁、石洞、单块特置等的特殊手法，并从“贵自然”和“重经济”的观点出发，颇不以专门罗列奇峰异石为然。他推崇以质胜文，以少胜多，这都是宋以来文人园林的叠山传统，与计成的看法也是一致的。

3.《长物志》

《长物志》的作者是文震亨，字启美，常州人，生于明万历十三年（1585），卒于清顺治二年（1645）。文震亨出身书香世家，是明代著名文人文征明的曾孙，曾做过中书舍人的官，晚年定居北京。他能诗善画，多才多艺，对环境有比较系统的见解，可视为当时文人园林观的代表。平时著作甚丰，《长物志》共十二卷，其中与造园有直接关系的为室庐、花木、石水、禽鱼四卷。

“室庐”卷中，把不同功能、性质的建筑及门、阶、窗、栏杆、照壁等分为 17 节论述。对于园林的选址，文震亨认为“居山水间者为上，村居次之，郊居又次之”。如果选择在城市里面，则“要须门庭雅洁，室庐清靓，亭台俱旷士之怀，斋阁有幽人之致。又当种佳木怪箨，陈金石图书。另居之者忘老，愈之者忘归，游之者忘倦”。在介绍了各种建筑类型及装修之后，提出两个设计和评价的标准——雅、古，并列举了具体的例子。譬如，台阶要“自三级以至十级，愈高愈古 ，须与文石剥成，种绣墩草或草花树劲于内，枝叶芬披，映阶傍切。以太湖石叠成者，曰‘涩浪’，其制更奇，然不易就。复室须内高于外，取顽石具苔斑者嵌之，方有岩阿之致”若修建桥梁，则“广池巨净，须用文石为桥，雕镂云物，极其精工，不可入俗。小溪曲涧，用石子砌着为佳，四旁可种绣墩草 ”，等等。总之，建筑设计均需要“随方制象，各有所依；宁古无时，宁朴无巧，宁俭无俗”。

“花木”卷分门别类地列举了园林中常用的 42 种观赏树木和花卉，详细描写它们的姿态、色彩、习性以及栽培方法。他认为栽培花木是十分不易的事，所谓“弄花一岁，看花十日”。他提出园林植物配置的若干原则：“庭除栏畔，必以虬枝枯干，异种齐名”，“草木不可繁杂”随处植之取其四时不断，皆如图画。“桃李不可植庭除，似宜远望”，“红梅绛桃，俱借以点缀林中，不宜多植”，“杏花差不耐久，开时多值风雨，仅可做片时玩”，豆棚、菜圃，山石风味，固自不恶，若于庭除种植，便非韵事等。

“山石”卷分别讲述园林中常见的水体和石料共 18 节，水石是园林的骨架，提出叠山里水的原则，对于园中的水池，则认为“凿池自亩以及顷，愈广愈胜。最广者，中可止台榭之属，或长堤合隔，一望无际，乃称巨景”；池岸旁应：“植垂柳，忌桃杏间中。最广处可置水阁，比如图画中者佳”。

“禽鱼”卷仅列举鸟类六种、鱼类一种，但对每一种的形态、颜色、习性、训练、饲养方法均有详细描述。如养鹤，要选择“表格奇骏，唳声清亮，颈欲细而长，足欲细而节，身欲人立”的方为上品。饲养时要“筑广台，居以茅庵，邻以池藻”。特别指出造园应该突出大自然应有的特点，使得禽鸟能够身活在宛若大自然的环境里，悠然自得无不适之感。

其余各卷也涉及园林的片段议论，例如，园林中的建筑、家具、陈设三者视为一个完整的有机体，家具陈设的款式、位置、朝向等都与园林造境有关系。园居生活的某些细节往往也能体现高雅之趣味，亦不可忽视。譬如，为品尝香茗而建置“别开乾坤”的茶室：“构一斗室，相傍山斋，内设茶具，教一童子专注茶役，以供长日清淡，寒宵兀坐。幽人首务，不可少废者。”诸如此类，不一而足。

《园冶》、《一家言》、《长物志》的内容以论述私家园林的规划设计艺术，叠山、理水、建筑、植物配置的技艺为主，也涉及一些园林美学的范畴。它们是私家造园专著中的代表作，也是文人园林自两宋发展到明末清初时期的理论总结。除此之外，陈继儒的《岩栖幽事》、《太平清话》，林有麟的《素园石谱》，屠隆的《山斋清闲供笺》、《考槃余事》等著作中，或全部或大部分是有关造园理论的。康熙年间杭州人陈淏子的《花镜》是作者在继承前人研究成果并总结当代劳动工匠经验的基础上写成的一部观赏花木类的巨著，书后的附录还论及园林动物，计有鸟类

25 种、兽类 6 种、鳞介类 4 种、昆虫类 7 种。这些专著均在同时期先后刊行于江南地区，他们的作者都是知名的文人，或文人而兼造园家，足见文人与园林关系之密切，也意味着诗、画艺术浸润于园林艺术之深刻程度，从而最终形成中国的“文人造园”的传统。一般的文人即便不参与造园事宜，也普遍地关心园林、享用园林、品评园林。园林与文人的生活结下不解之缘，他们谈论园林好像谈论书、画、诗文一样，园林艺术完全确立了与书、画、诗文艺术的同等地位。

思 考 题

1. 中国古典园林的发展历程共分为哪几个时期，各时期有什么造园特点？
2. 中国古典园林的起源是什么？
3. 影响中国古典园林向着风景式发展的因素是什么？
4. 影响中国古典园林发生转折的因素是什么？
5. 中国古典园林发展成熟的标志是什么？
6. 中国古典园林主要呈现出哪些特点？

1.2 中国近代园林

1.2.1 中国近代园林及其历史背景

中国近现代史始自 1840 年中英鸦片战争爆发，止于 1949 年南京国民党政权覆亡，中华人民共和国成立，历经清王朝晚期、中华民国临时政府时期、北洋军阀时期和国民政府时期，是中国半殖民地半封建社会逐渐形成到瓦解的历史。

众所周知，中国的近代史是在半封建半殖民地的畸形演变中走过来的。在这 109 年（1840—1949）中，有帝国主义的杀戮，有洋务运动的兴起，有新民主主义运动和新文化运动的推动。这一时期，不但结束了中国最后的封建王朝，而且走向共和、走向民主，最终迎来了中华人民共和国的诞生。这一时期，一方面中国人蒙受着封建主义、殖民主义的巨大灾难：八国联军、英法联军、日本帝国主义的烧杀抢掠，园林特别是皇家园林，如圆明园遭到史上惨绝人寰的破坏；另一方面马列主义思潮和以自由、平等、博爱以及民主、民权、民生为旗帜的资产阶级民主思想在乱世中萌动、发育并推动着社会的进步。沿海一些港口城市在这一时期有了较快的发展，上海、广州、天津、青岛、大连、厦门都出现了不少洋街、洋房、洋花园，而北京、上海、南京等几大都市又不断孕育着各种新思想、新思潮和新文化。上海从一个默默无闻的小县城一跃发展成为远东第一大城市。这里出现了近代中国史上的第一个公园——“公共花园”(今上海外滩公园，始建于 1868 年)。上海公园、私园的发展，在中国近代史上有一定典型性。

1.2.2 近代园林在全国各地的发展

鉴于近代这一历史阶段的特殊性和复杂性，我们不妨把它分为辛亥革命前的后清阶段和辛亥革命后的民国阶段。这期间，中国园林也被深深地打上了各种时代的烙印，在崎岖中追求着美好，在战乱中不断收拾着残局。用历史的放大镜对准近代园林发展史，我们会发现这一阶段的城市园林有 3 个重要、鲜明的标志特征：一是北京皇家园林 1860 年和 1900 年经历了两次罹难，以及慈禧用海军经费重建颐和园；二是租界和洋务运动带来的西方城市规划、建筑、园林的理论与实践同中国的嫁接、融合，出现了一大批西式的，特别是中西合璧的建筑和庭院园林，其平面布局、建筑风格和艺术特征都带有鲜明的所谓民国味；三是城市公园开始批量显现。本章的内容将突出中国近代园林史的特征及代表性的城市：上海、北京及广州近代园林的发展情况。

1.2.2.1 北京：皇家园林的没落与公园的兴起

1. 大起大落的皇家园林

清朝早期，无论其建设的规模或者艺术的造诣都达到了历史上的高峰境地。北京大型皇家园林的总体规划、设计上有许多创新，全面地吸取江南园林的造园技艺，形成南北方园林艺术的大融合，为宫廷造园注入了新鲜血液，因而出现如乾隆花园、畅春园等一些具有里程碑性质的、优秀的大型园林，特别是圆明园规模宏大，充分显示皇家气派，它在总体规划上是继承上代传统和康熙新风的基础上又有发展和创新，采用大园含小园，园中园的“集锦式”的规划方式方法，使北京皇家园林达到鼎盛时期。

圆明园周围连绵10公里，由圆明园、万春园、长春园（绮春园）组成，而以圆明园最大，故统称为圆明园（亦称圆明三园）。此外，还有许多属园，分布在圆明园的东、西、南三面，其中有香山的静宜园，玉泉山的静明园、清漪园（后来的颐和园就是在此基础上建造起来的）等，全园面积合计5000多亩。

第二次鸦片战争期间，英、法组成联军发动侵华战争。咸丰十年（1860）8月，英法联军攻入北京。10月6日，占领圆明园。从第二天开始，军官和士兵就疯狂地进行抢劫和破坏。英法侵略军把圆明园抢劫一空之后，为了销赃灭迹，掩盖罪行，英国全权大臣额尔金在英国首相帕麦斯顿的支持下，下令烧毁圆明园。大火连烧3昼夜，使这座世界名园化为一片废墟。

火烧圆明园，这是人们说惯了的一个说法。其实，火烧圆明园的真正概念，不仅是火烧圆明园，而是火烧京西皇家三山五园。焚毁的范围远远比圆明园大得多。这三山五园是：万寿山、玉泉山、香山三山，清漪园、圆明园、畅春园、静明园、静宜园五园。

光绪十四年（1888），慈禧太后以筹措海军经费的名义动用银两（据专家考证，应为500万~600万两白银），由“样式雷”的第七代传人雷廷昌主持重建清漪园，改称颐和园，作为消夏游乐地。到光绪二十六年（1900），颐和园又遭“八国联军”的破坏，许多珍宝被劫掠一空。光绪二十九年（1903）修复。后来在军阀混战、国民党统治时期，又遭破坏，1949年新中国建立之后政府不断拨款修缮。

自鸦片战争以后，随着封建社会由盛而衰，经过外国侵略军的焚掠之后，除了修复颐和园外，皇室再没有这样气魄来营建苑园。宫廷造园艺术相应一蹶不振，从高峰跌落到低潮。

1911年辛亥革命结束了清朝政府的封建统治，打破了封建等级制度。但新成立的中华民国却因为军阀政客争逐权势而搞得民不聊生。以后30余年的北京，在反复几次作为首都或陪都的不同时期中，一直灾难未已。尽管仍保持了文化古都城之名义，但园林方面也只有继承了前人所有，随着岁月流逝，不少园林胜地反而渐趋凋敝。圆明园残存的石雕和砖瓦不是被盗卖，就是被移做他用，余下的就只有一些山山水水了。紫禁城内御花园、三海、太庙、天坛、社稷坛以及万寿山、玉泉山等处，虽先后辟为公共游览场所，也都失之维修，任视其凋零。至于一些旧园古刹，不是被占作别用，就是残破倾圮，所不同的只是在一些游览区里，增添了不少洋人买办或某些新贵的山庄别墅，同时不少过去王公贵人的私邸也被新的部门改造利用，如豫王府改建为协和医院，定王府、恭王府改为辅仁大学（现北京师范大学一部分），勺园、蔚秀园、朗润园用于燕京大学（现北京大学）、清华大学等。由于军阀连年混战以及帝国主义列强的侵略，市政当局无暇顾及公共园林的振兴。真正的现代园林和城市绿化只有在新中国成立以后才开始快速发展。清末至新中国建立之前，有半个多世纪的期间，作为一个历史阶段的北京园林状况，虽然构成不成系统发展的环节，但对北京传统园林的转折上则是一个关键性的时期。北京的古典皇家园林因趋衰落，继之而起的是近代公共园林逐步萌起，公共园林成为主流。

2. 皇宫禁苑的陆续开放

北京是中国最后3个封建王朝的帝都，历元、明、清三代精心经营，造就了一座典型的、完备的、封建时代的历史文化名城。从城市规划、建筑布局到皇家园林的建设，无不体现着皇家权高至上的原则和思想。1911年的辛亥革命，推翻了清朝政府的封建统治，打破了北京城千百年来以帝王为中心的建设格局，结束了封建等级制度，过去专供皇帝、官员、贵族行走的禁区，变成了市民大众自由通行的大道；过去只有皇帝、贵族享用的园林风景，变成了市民大众憩息的公园，这是民国时期北京园林史上的显著变化。这种直接将皇家园林变为公园的事情，在世界园林史上非常罕见。

紫禁城是明清两代的宫城，占地 72 公顷，城垣周长约 3 公里许。城设四门：午门、东华门、西华门、玄武门（神武门）。城垣四角筑角楼，结构奇特，风格绮丽，宫城外环护城河（筒子河），形成防卫森严并富于神秘色彩的城堡。辛亥革命前，近 500 年来，分先后有明清两代的 24 个皇帝在这里对全国实行封建专制的统治。京城内，由主次分明、整齐对称、层叠起伏、错落有致的宫殿建筑群组成，其整体建筑格局，气势雄伟、豪华壮丽，充分地显示了封建帝王唯我独尊的权威，为世界各国古代都城所罕见。

辛亥革命后，清朝末代皇帝溥仪于 1912 年 2 月退位。在袁世凯的庇护下，宫城后半部的所谓内廷仍由逊位清帝占用。但至 1914 年，宫城前半部的武英殿已先行开放。翌年，又开放文华殿，以及太和、中和、保和三大殿，并辟为古场陈列所。1924 年“北京政变”后，废帝溥仪被逐出宫。同年 12 月成立国立图书馆、博物馆筹备会，后经反复研究定名为故宫博物院，并在 1925 年 10 月 10 日正式对外开放。

紫禁城外环护着的皇城，周长 9 公里，开四门：即天安门、地安门、东华门、西安门。正门天安门外，有千步廊直通皇城南门大清门（民国改中华门）。皇城内的紫禁城周围，前左为太庙，前右为社稷坛，北为景山，西为风景秀丽的西苑三海，以及为宫廷直接服务的监、司、库、局等部门。明代皇城各门出入限时，至清代虽有居民陆续迁住，但一般人仍不得穿行。清代皇城严重阻碍内城交通。1913 年，首先开辟了天安门前东西大道，神武门与景山之间也允许市民通过，从而打通了紫禁城南北和东西两条干线。其后，又拆除了中华门内的东西千米廊及天安门前东西三座门两侧宫墙，并先后开辟南池子、南河沿、南长街、灰厂、翠花胡同、宽街、厂桥、五龙亭等处的皇城便门。1923 年陆续拆除皇城城墙，至 1926 年仅存太庙以西天安门至北新华街的一段。在此期间，还拆除了一些牌楼。至 20 世纪 30 年代初，北京城内东、西、南、北地区之间的交通，均已贯通。同时，北京的一些皇家禁苑也先后开放，辟为市民的文化、游艺和体育活动场所。如社稷坛、太庙、天坛、地坛、先农坛、北海、中南海，以及城外颐和园等。尽管有的皇家园林一度曾为军政机关占用，但最终的开放，仍为广大市民的生活和工作创造了方便条件，也是北京近代园林的萌起。

民国以后城内皇宫禁苑先后开放为公园，供市民休憩游览。开放的公园有中央公园（原为社稷坛，后改称中央公园，1914）、三贝子花园（先后更名万牲园、农事试验场、天然博物院、乐善公园、园艺试验场等，1908）、天坛（1915）、先农坛（亦名城南公园，1915）、海王邨公园（原名厂甸，1918）、北海公园（1925）、京兆公园（原名地坛，改名市民公园，1925）、景山公园（1925）、中海公园（1929）、太庙（1929）等共 13 处。

3. 中央公园

中央公园原为明清社稷坛故址。1913 年 5 月，国民政府交通总长朱启钤巡视社稷坛，社稷坛古柏参天，殿宇崔巍，且前临街衢，后濒滨河，地处内外城中央，位置适中。唯因废弃经年，荒草遍地，又有坛户所饲养豕，污秽不堪，殊觉可惜。遂生兴办公园之念。1914 年 5 月，朱启钤转任内务总长，随即拟呈文《请开京畿名胜》请示。以后，朱启钤使内务部会同外交部发行了“介绍券”，外宾可持之参观各坛庙。1914 年 10 月，朱启钤主持将社稷坛辟为公园。因社稷坛地处北京城区中心，故命名中央公园。10 月 10 日开放为公园。

《北京市志稿》载：“中央公园在天安门迤西数十武，居全市适中之地，为社稷坛故址。古柏荫森，几蔽天日。中华民国 3 年，开放为公园。入门左为售票所，右为兑换所，中界铁栏为查票处。进即过厅五，厅内左壁嵌镌石中央公园记，右壁嵌董事题名。过厅东西衔接长廊。东行北折建来今雨轩，西行至绘影楼，西南行衔接水榭。厅北有雕石方栏，中建白石灯塔。路中为公理战胜石牌坊。道左陈青云片湖石。西行道右为园中最大古柏，道左为牡丹池、蔷薇架、习礼亭。亭南为花圃，芳草如茵，道途四达。西南为儿童体育场，北为公园事务所，再北为社稷坛南门，内有丁香海棠之林、芍药圃与国华台。东为网球场，西为卫生陈列室，正中为社稷坛，北有前后两殿。……北临御河，夏时荷花港中游艇荡漾，路两旁多古柏，游人多于此散步，或夏日品茗于树下，坐赏景物。……自北而南，宛如长街，北端陈列湖石，名青莲朵，两旁皆苍松古柏，春夏日乃游人纳凉品茗之最盛处。东为宰牲亭，亭前陈湖石、名搴芝。南为碧纱舫及球社，再南为绘影楼，衔接长廊，循廊曲折东行为兰亭碑厅。东为唐花坞，坞北为坛南西段，道路旁古柏下栽植牡丹多池。北为孔雀笼及柿林，有旧古柏四株所构之藤萝架。南有一部山石之点缀，假泉滴滴，俨有清泉石上之诗意。曲折廊侧，就有古槐养禽笼，内养仙鹤、沙鸥之属，西临池沼，多植荷莲。池中为小岛，岛周缀以山石，上为四宜轩，轩前置湖石名绘月，轩周植牡丹，夏时夕阳西下，游人品茗，凭眺园景，为园中佳胜之地。轩后石桥西，土山巍峻，奥处有亭，名迎晖，就山植松林及丁香桃杏等，花木。……穿廊北行，东为社稷街门，北有老槐一株，牡丹一池，花时最茂。再北有屋五楹，为来今雨轩，中设西餐馆。轩后山石罗列，北端有亭形如十字，为投壶亭。北行路东为社左门。路中有假山，松柏环列，周缀湖石，上建六角亭，名松柏交翠亭。北一片松墙篱障，内为海棠林及冬季养花之温室。北行而东有门，对阙右，可通历史博物馆。西行门内路中，筑有太湖石，为园中之北部，柏林繁密，宜散步品茗。北临御河，冬季设滑冰场于此，亦前叙旧筒子河夏时荷花港中游艇荡漾之地也”。

1928 年，为纪念孙中山，改中央公园为中山公园，并命名拜殿“中山堂”。1937 年 10 月因卢沟桥事变仍恢复中央公园原名。中央公园开办时为董事制，1928 年 9 月改为委员制，属当时市政府直辖，由政府派员及董事推举委员三人共同组织，承委员会办理园中一切事务。

4. 天坛公园

天坛是北京最具园林之胜的一座坛庙，中华民国以后，天坛停止祭祀，但游人不禁，而各界在坛中集会亦多，尤以每年春季，学界运动会最为热闹。1912 年 12 月 26 日《爱国报》报道中，有“兹定于民国 2 年 1 月 1 日，共和大纪念之日起至 10 日止为本所开幕之期。各处一律开放，不售入场券，凡我国男女，吾界外邦人士届时均可随意入内观览。”尔后爱国报 1913 年 1 月 13 日号又刊文章——游坛纪盛。其文曰：“中华民国 2 年 1 月 1 日为始，前门外天坛、先农坛各开放 10 日任人入内游览。”爱国报所刊纪盛确切记录了天坛开放历时时间为 1913 年 1 月 1 日。虽然开放仅 10 日，但它第一次明令开放昔日皇家禁地，将皇家禁苑辟为公众游览场所的先河。

1913 年 5 月，朱启钤在《请开京畿名胜》中，列天坛为首选。但袁世凯“御用”政治会议通过决议，拟恢复祭天，朱启钤开放天坛之议遂不能行。1917 年 6 月，内务部就天坛辟为公园一案提出调查报告，是年清明节，总统黎元洪还率各部长官，在天坛斋宫河畔植树，倡导绿化。尔后，天坛开放之议重提，内务部成立天坛办事处，负责筹办公园事宜。1918 年 1 月 1 日，天坛二度开放。

天坛的开放，清朝的遗少却对天坛开放深感悲哀，但受到了最广泛的欢迎，多数人认为天坛开放，象征着共和制度的巩固。

5. 北海公园

《燕都丛考》载：“北海自民国六年以来，即有改为公园之议，荏苒数载，至民国 13 年始实行开放，定名为北海公园。以团城东首之承光左门为其正门，并于西不压桥之南，辟一新门，为其北门。其南面之桑园门暨东西之陟山、阳泽二门，迄未开启。园中除画舫斋为公园董事办事之所，静心斋为政府留待宾客之地，快雪堂为松坡图书馆外，余若漪澜堂、五龙亭、濠濮间各处，俱辟为品茗设肆之区，每当春秋佳日，夕阳西下，新月微开，和风送凉，金波曜景，游人士女，三五群集，或打桨中流，或吹箫隔岸，或赌棋于别墅，或放饮于池头，西湖秦淮，殊不是过。其天王殿、阐福寺、小西天等处，则荒凉零落，游踪较少。民国 16 年，直鲁军曾于天王殿设阵亡将士追荐道场，虽一时铙钹喧天，莲灯耀水，然为时亦暂，不足动后人过去之思。若夫时届严冬，万籁箫瑟，游人既多敛足，而近年漪澜堂、五龙举左右，各设冰场，以为滑冰之戏，事实沿旧，不知者乃以为欧美高风，青年之人，趋之若鹜。化装竞走，尔足以倾动一时，较之他处人造之冰场，复乎胜矣。”

6. 中南海公园

《北京市志稿》记载："中南海系前代故宫之一部，建筑宏丽，风景清幽，在京都夙称名胜。民国成立后，为总统府办公处所。民国17年，首都南迁，国民政府派周震麟率同职员组织接收，北京府院特派员办公处旋将中南海接收，曾设有筹备开放中南海管理处，而筹备迄无端绪。民国18年五月，乃由前北平特别市市政府正式开放为三海公园，仿中央、北海两公园之例，组织董事会及委员会管理之。民国19年十二月，更名为中南海公园。"又据《北平旅行指南》记载：中南海自民国18年始辟为公园。入门券售二十枚。新中国成立以后，中南海辟为中央人民政府的办公场所。

北京孔庙、太庙、历代帝王庙也都先后开放。1917年，北京孔庙大修竣工后，实行售票开放，每月参观皆达千余人。1924年太庙辟为公园，遂以和平公园命名，对外开放。20世纪20年代历代帝王庙、钓鱼台行宫、紫竹院行宫、万寿寺行宫也先后出租并对外开放。

另有先农坛市民公园（城南公园）、海王村公园、京兆公园、故宫北面的景山公园等。

7. 私家园林和山庄别墅

北京这一时期私家园林和私人山庄别墅不断增加，像乃兹府大草厂柯鸿年的澹园、米粮库陈宗藩之淑园，南池子关颖人之梯园及马鸿烈园，溥增湘之藏园，东四十一条之王怀庆园与海淀达园，徐世昌之弢园，什锦花园之吴佩孚园，海淀之吴鼎昌园，汪家胡同王恒永寸园，锡拉胡同袁世凯园，王府大街黎元洪园，无量大人胡同梅兰芳园，山老胡同涛贝勒新园，僧格林沁之子博迪华的丰泽园，吉兆胡同的西溪别墅，东四南炒面胡同的溥仪宅园，佟府夹道的曹琨园，中老胡同志奇园，什刹海的鲍丹亭园、乐家花园、宋小濂止园，王小帆水东草堂，大觉寺的杨家、贝家花园，八大处的27别墅，赵堂子胡同的吴莱西英国式月季园，内务部街岳乾斋园，史家胡同凌淑华园，南河泡子之洪涛生园，魏家胡同马辉堂园，东四十四条梁启超园，樱桃沟周家花园，东交民巷诸使馆之花园，日本军方开设的扶桑馆与春明馆的日本式茶庭园，洵贝勒的印度式花园，圆恩寺的美洲式花园等。这一时期北京新建的宅园和私人山庄别墅有100多处。

8. 平民游赏地

城内平民除到酒肆戏园之外，游览地很少，不少市民就向往郊外的自然风光及游玩之地，使之成为士大夫们休闲游乐之地。

（1）满井 。

在安定门外五里处，井径五尺，清泉突涌，冬夏不竭，为当时游览胜地。明代著名诗人袁宏道曾写过一篇《满井游记》，把满井仲春景色描写得生动逼真，远看"山峦为晴雪所洗，娟然如拭"，"近观波色乍明，鳞浪层层，清澈见底"。兴致所至，游者泉而茗罍而歌，萧然于山石草木之间。刘同人到满井游后云："出安定门外，循古壕而东，五里，见古吉，井面五尺，无收有斡，斡石三尺，井高于地；泉高于井，四时不落，百亩一润，所谓滥泉也。……而满井旁，藤老鲜，草深烟，中藏小亭，昼不见日，春初柳黄时，麦田以井故，鬣毵毵且秀，游人泉而茗者，罍而歌者，村装而蹇者，道相属，其初春首游也"。袁中郎明神宗万历二十七年（1599）二月，游满井，所记虽多描写题外景色，也讲到其游满井的过程，"偕数友出东直，至满井，高柳夹堤，土膏微润，一望空阔，若脱笼之鹄，于时冰皮始解，波色乍明，鳞浪层层，清澈见底，晶晶然如镜之，新开而冷光之乍出于匣也，……柳条将舒未舒，柔梢披风，麦田浅鬣寸许，游人虽未盛，泉而茗者，暴而歌者，红装而蹇者，亦时时有。"从语中可见满井途中风景之优美，及游满井者之盛。此景至清末已不见有游人所至，今已找不到其地址。

（2）葡萄园。

葡萄园在朝阳门外，傍河而立，北距东直门二里许，南距朝阳门不足一里，主人为清世职云骑尉，入民国后，辟园于此，以种葡萄，园大数十亩，有葡萄百余架，园北有精舍三间，为主人读书和休息处，精舍前植杂花，周围植葡萄，有鹅卵石小径，以达园南过厅，园西为护城河，南及东为菱角坑之菱塘荷塘，柳荫来风，四面掩映，短垣竹篱，柴门临水，每当盛夏，麦实藕花，清香四溢，中华民国时期，园主人辟园南为茶肆，设石质土质之桌及座位，以供品茗，主人称石桌之石为圆明园故物，城里文人喜静处，到此处来游赏，由东直门乘船来此地，有文人在此组织棋社、诗社、谜语社，诗人记葡萄园诗有句，“一水夏添瓜蔓雨，几棚秋熟蓼花风，烹茶拈额随缘得，瘦石幽花清兴同。”

（3）太平宫。

太平宫称得上是寺庙园林。据《北平旅行指南》记载：“在东便门内大桥進南，清初康熙元年，工部尚书吴达礼建，俗呼蟠桃宫。殿宇两层，前祀王母，后殿则祀斗母。庙虽不大，香火极盛，每值旧历三月初一即开庙会。庙市甚盛，凡北平市民喜游者十居七八；外省人旅平者，耳其名，亦多联袂前往。盖内供之神即为西王母，游客祝祷，即似为赴宴蟠桃会上之人矣。届期各项游艺，占满街道。儿童玩物、各种食品小摊纷杂其间。红男绿女，散步于二三里之柳荫中。东有赛马场，再东即达通惠河，是亦北平热闹场中一清幽之境界也。”

（4）积水潭。

在德胜门内水关。该处有湖沼，占地100余亩，与什刹海本系一脉。金受申《平民游赏地纪略》中说，元代积水潭，“潭大逾千亩，水颇澄洁，潭周古寺林立，文人别业甚多，沿岸高柳密，风景绝佳，积水潭元史河渠志名海子，燕都游览志名莲花池，因有庙曰净业寺，故亦名净业湖，明代诗人称北湖，明代士人称水关，今则通称积水潭焉，元代既辟通惠河以利漕运，城内则开河直至积水潭，画舫歌船，舳舻十里，明代改筑京城，宫禁转移，城内水道遂废，三里河东河漕遂成历史上名词矣，积水潭既以刹名，又以莲名，五六月荷花盛开，喜喧者则趋之什刹海，喜幽者则来积水潭，元明清三代文人，恒喜于此诗酒联欢，如明代之定国公别业，刘百世镜园别业，米万钟漫园，苗君颖堤园，以外莲花社蜎菜亭，均有名一时，潭南有普济寺，面曲巷，背潭水，即所谓高庙也，寺建于明代，有正德间重修碑，近人邓瑢诗注称寺有白海棠高数丈者五六株，亦佳地也，道光咸丰间麟见等先生著《鸿雪因缘图记》称，当时寺僧辟后阁，置茶酒以欵游人，轩窗洞敞，莲香入户，荡人胸襟，今则红墙一带不见当时旧窗槛也，汇通祠建于潭之西北小山上，浅水绕山，遍植杂树，最为凉爽，近为黄君租去以为别业焉，祠在元史称龙王堂，后为镇水观音庵，清高宗更为今名，祠不大只一进，予于民十前后，例于寒风尚冽之上元及荷浅菱老之中元，与素心数人坐祠前石上待月，月映洁冰，别有仙境，祠后有星陨石，尤佳妙，史志及诸家记载积水潭四周刹宇甚多，今除汇通祠外，循北岸东行有太平庵已残毁，不知建于何代，明崇祯时掘地得碑，知此地为太平庵旧址，遂重建太平庵焉，再东为三官庙，小庙已残旧，再东为净业寺，旧为智光寺旧址，寺建于元明间，地最宏敞，门临外岸不数武，为溻人息足之地，再东有破刹，殿已无椽瓦，只有佛像三尊，已不辨寺名，最后为德胜桥之镇海真武庙，水过桥即为什刹海，最有名之太极拳嫡传王矫宇先生即寓此庙内，庙无他佳，备格而已，积水潭除古刹莲花外，足令湖山生色者，即东岸文字声额学家王小航先生之爽襟楼，西岸积学愤世之梁巨川先生读书处，令人悲凉慷慨者乃中华民国5年，梁巨川先生殉道于此也。”

9. 近代北京园林小结

辛亥革命以后，中华民国初期军阀混战，皇家御苑和坛庙反复被军阀进驻，园内不少建筑被占据，树木也有损坏。继1914年社稷坛改为中央公园后，天坛、地坛、北海、景山、中南海、颐和园、静明园、静宜园等相继开放为公园。千百年的禁苑对社会开放，任人游览。这是很大变化，也是历史性转变。随着禁苑开放，静宜园内建起香山慈幼院和私人别墅，圆明园废墟也是归颐和园事务所管理，此时基围墙和内部建筑的基座仍然比较完整，太湖石没有少，山音水态依然如故，后来圆明园的围墙砖石被迫拍卖和拆用，畅春园残迹被抢劫一空，夷为平地。

辛亥革命以后的西郊，小园得到复苏，新的破坏规模不是太大，新的山庄别墅建了几十处之多，几处大的皇家园林残迹有的维持原状，有的新建了一些建筑，西郊的许多庙宇仍然保持着它们的独立宗派，寺庙大体上仍能保持原状。

西郊的南区更出现了一些洋人的园林区，在公主坟以南，有五处洋行商人的别墅，规模都很大。走在这里如同到了中世纪欧洲田园间的贵族别墅，他们把住宅、花园与果园、菜园结合在一起。这片花园的东南便是莲花池跑马场，是一个赌博场，公主坟西去的老山上，是张学良将军的高尔夫球场。

城内一些私人宅园竞相开放。如东西英中堂之余园1904年开设饭庄及茶馆，以供游览，创北京宅园开放之先例。望园1913年凭票开放，成为颇具盛名的民众消夏胜地，此外有李铁拐斜街之穆家花园，王府大街之漪园等等，这些小园林除了游览之外还可以看戏宴会和摄影。500多处会馆中以园林知名者如绸缎行业会、全浙会馆、粤东新馆等几十处，至此也更多的向外开放，招待各种喜庆寿事及风雅性的聚会。

民国时期，私人园林宅园不断增加，从辛亥革命到“七七”事变前的20年中，城内就有澹园、稊园、淑园、适园、礼塔园、刘园等；郊区则有大觉寺附近的杨家花园、贝家花园、圆明园附近的达园、吴园等；在八大处出现了益寿园、幻住园、静园、方园等别墅。城内外新建宅园、山庄、别墅达几十处。新园主有贵族王孙、遗老遗少、军阀政客、巨商买办，也有文人学者和知名人士。他们大多是享用者而不是创造者，这也说明我国传统文化仍以它的旺盛的生命力向前发展着。

以上是辛亥革命到新中国建国前的情况，北京园林建设没有任何发展，同时也没有太大的破坏。北京园林在这时期没有发展，有的只是保留原有基础，城市中出现的宅园多样化，这些宅园有的造园艺术水平很高，它是积淀的自由形式，没有千篇一律的造型，这是北京的一项重要文化遗产。为新中国成立后的北京园林建设打下较好的基础。

1.2.2.2　上海：近代兴起的海派园林

1. 开埠后的上海

道光二十二年（1842），清政府在鸦片战争中战败，被迫同英国政府签订《南京条约》，向英国开放广州、福州、厦门、宁波、上海五个沿海城市作为通商口岸。次年10月签订了《虎门条约》。后英国首任驻上海领事巴富尔又根据该条约向上海道台宫慕久征得了一块土地作为“居留地”，专供英国侨民使用，并据此在11月14日宣布上海于道光二十三年（1843）11月17日正式开埠并达成辟设英租界协议。至19世纪60年代，上海形成了英美联合的公共租界、法租界与华界并存的局面。此后，租界当局借口越界修筑军路变相行使管辖权，造成事实上的租界扩张。在短短几十年中，便越出最初划定的蕞尔之地，控制了上海除闸北、南市以外的大部分市区，法租界的版图扩展至徐家汇一带，而公共租界的触角则伸入上海西郊以外的上海县境内。租界地区逐渐取代了上海县城，成为了上海的中心城区。近代上海渐渐演变为一个半殖民地型的商业城市。

随着租界制度的日趋完整，租界内建立的工部局和公董局作为租界管理机构，逐渐发展并拥有庞大的警务力量和武装，对租界内中外居民甚至界外居民行使行政管理权，使上海租界成为中国领土范围内的“国中之国”（图1.54为上海市租界扩占范围图）。以外侨为体的租界管理机构及其施行的管理，体现了租界内完全按照西方政治体制和管理模式进行城市管理的特点，典型地反映了在不平等条约体制下，西方统治者在中国实行的殖民统治方式。在这方资本主义自由发展的“飞地”上，殖民者带着战胜者的威势、倚恃不平等条约的保护，按照自己母国的习惯生活着：从着装到饮食，从起居到出行。19世纪末，华界一改保守姿态，也仿效租界对旧城区逐步加以改造。三方各自掀起的建设热潮使得上海从19世纪末开始—1937年抗日战争前夕止，都维持着繁荣的发展趋势。近代中国，西方文化携带下的物质文明在上海的昌盛，使得这座东方之城在近代迅速崛起成为一座名噪一时的摩登都会。

2. 西方公园的引入

随着租界内市政工程的开展实施，租界作为在沪外侨的生活区，变得日趋完善、有序。其楼房建筑的面貌也逐渐丰富多样起来，从最初“峨峨公解压江滩，绝少威仪似汉宫”的英驻沪领事馆到日后“洋楼金碧耀生光，铁作栏杆石作墙”的外侨宅院，上海华人竹枝词以其细腻的笔触描述出了前后的鲜明反差。相对外侨宅院外观的表露彰显，那些早期被沪人俗称为“夷园”的宅园，则以其独善其道的园景布置引来过往沪人的侧目。

上海开埠后，租界内的外侨因娱乐休闲的需求，陆续将西式的跑马、看戏、溜冰、赛艇等娱乐活动引入进来，

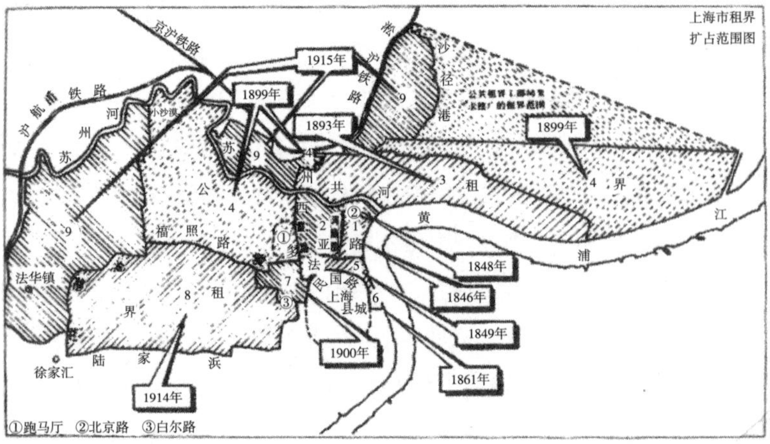

扩占时间	占地面积（m^2）
1846年	830
1848年	2820
1849年	986
1861年	1124
1893年	10676
1899年	32110
1900年	2125
1914年	15174
1915年	52570

图 1.54　上海市租界扩占范围图

连带着一些公共娱乐场所也应运而生，如剧院、舞厅、酒吧等。此外，西方殖民者还分别于咸丰元年（1851）和咸丰四年（1854）先后在南京东路河南路口和南京东路浙江路口建起了老公园（old park）及新公园（new park）。虽说这两处带有休闲娱乐性质的场所都以 park 命名，但实际上是被用作赛马和其他运动的专用绿地设施。直到同治七年（1868），在工部局监督管理下建成的公共花园（public park），方以其西式的造园要素、开敞的布局和面向民众的公共性成为了上海乃至中国第一座公园。该基址为原先英国驻沪领事馆前两面临江的江滩。出于安全航行和稳定岸线的考虑，工部局工程师克拉克（J·clark）建议构筑外滩永久性堤岸，并将该块滩地填平。部局同意了该项计划，并打算利用河口南端的滩地辟建一座公园。同治七年（1868），英国领事温切斯特（C. A. Winchester）与上海道台以“作公游玩之用”为条件就此事达成一致。同年 8 月 8 日，公园正式建成对外开放，定名为“公共花园”（public park），外国报刊亦有称之为 Bund Garden（外滩花园）。初建时，公园南北两片草坪用林带分开，树丛、花坛、长椅散布在草坪四周，围合以高大乔木和树篱把公园与街道隔开。沿江大路则以悬铃木为行道树，树下设有长椅。除此之外，公园内只有一间小温室和一间门房，再无其他园林建筑。同治九年（1870），工部局在园中的草坪上见造了木结构音乐亭，并安装 6 盏煤气灯。此后的几年，工部局又陆续在公园内堆砌假山、安装电灯、设置铜铸孩童喷水池，并于光绪十六年（1890）春，拆除旧有音乐亭，重新建造了一座六角形钢结构的音乐亭。俯瞰全景，公共花园的布局呈现典型的西欧传统式风格，园中以草坪林木为主，围以绿篱，建筑仅零星点缀。作为一座真正意义上的公园，它的落成为中国近代园林史划上了转折性的一笔。

但我们也不得不遗憾指出，作为公园，在其公园章程（Public and reserve garden regulations）上清楚标明以下两点：①The gardens are reserved for foreign community；②Dogs and bicycles are not admitted. 这两条是日后令国人激愤的“华人与狗不得入内”的来历。

3. 租界公园的兴建

自外国人在沪初次尝试建造公园后，随着租界的扩大和近代上海市政建设的完善，租界地区在二三十年内又相继出现了多座公园。至民国 32 年（1943）汪伪政府“接管”两处租界时止，租界当局先后辟建过的公园共计 22 座。这些出自西方人设计建造的公园均有较强的个性，成为了代表西方各国造园特色的公共娱乐场所。其中最具代表性的有顾家宅公园、兆丰公园和虹口娱乐场。

顾家宅公园原址系一片农田，有一名为顾家宅的小花园坐落于此。光绪二十六年（1900），由公董局出资买下了这里的土地 152 亩（约 10 万平方米），并将其中的 112 亩（约 7.47 万平方米）用作法军屯兵。光绪三十四年（1908），公董局会议决定把顾家宅兵营辟建为公园，并于宣统元年（1909）五月二十七日（7 月 14 日，法国国庆日）开放，取名“顾家宅公园”，俗称“法国公园”。早期的公园在今复兴公园中部，园景按欧洲风格作规则式布局，园内以几何形花坛、大草坪和音乐演奏亭为主要构景元素。此后，顾家宅公园又历经陆续的扩建和整改，至民国十五年（1926）基本完成时，全园面积已扩至9公顷，除了整体呈法国几何式外，局部也呈现中国式自然园林的风貌。

兆丰公园原是旧上海英国大房地产商霍格（Hogg）的私家花园。民国3年（1914），公共租界工部局买下了该花园并稍加整理，在保留原有名贵树木和绿化面貌的基础上，将其修建成公园。公园由麦克利（McCeary）主持设计，同年7月1日建成并正式对外侨开放，定名为极司菲尔公园（Jessfield Park）。因公园地近梵皇渡，故又称梵皇渡公园。该园园景以大片草地、林木为主，极具牧场田园的自然情调。

虹口娱乐场原是英国殖民者圈地筹建起的万国商团打靶场。光绪二十七年（1901），工部局拟定在此附近建造公园一座，采用英国风景园林专家斯德克（W. Lnnes Stuckey）的公园规划设计方案，由麦格雷戈主持建设。至民国9年（1920）完工对外开放。建成初期的公园采用了英国式乡村自然园林的布局，景色宜人。

除了以上几处闻名上海的租界公园外，当时租界区中还建有不少极富特色的小型公园绿地，如昆山公园、汇山公园、司德兰园、胶州公园等。

4. 上海近代造园艺术的典型

这些当时由租界当局建造的公园渗透着同时代西方造园艺术的影响，连带开阔明朗的公园空间建构与西式造园要素的应用，明显表现出有别于中国古典园林“犹抱琵琶半遮面”的内向含蓄特点。

（1）外向型空间布局的西式风格。

传统的西方园林以意大利台地园、法国古典主义园林和英国风景式园林为代表，它们同时也代表着规则式和不规则式这两大造园样式。近代上海租界公园在景观特色和艺术风格上均由租界归属国决定，如早期公共租界内的公共花园，其基本特点就是以草坪为主，园内景观呈现出典型的英国维多利亚式风格。而以大片草地、林木为主的兆丰公园，则明显具有牧场田园情调，还有极富英国式乡村自然园林特征的虹口娱乐场。其他风格的造园手法，如荷兰式、意大利式等也略有可见，其中因法租界的设立，使得法国式造园风格见多。在这些受法国规整式园林影响的公园内，一般都有着沿轴线对称布置的道路和树木，相交处往往被辟成圆形或方形的小广场，花坛中各色花草也相间拼成规则的几何形，典型的便是顾家宅公园。

租界公园这种西方直露的布局手法与其母国的公共娱乐观是相互呼应的，反映在公园特征上，便是公共参与性与互动性的充分表现。这不同于娱乐对象仅限于园主及少数亲朋好友的中国私家园林，“障景”、“漏景”、“夹景”这些用来营造曲折通幽的空间效果的园林手法不再被运用到租界公园中去，代之以草坪、湖面等西式元素，它们构成一览无余的景致和开敞通透的外向型空间体验，更好地迎合了外侨游历公园、欣赏景色时偏好自然风情的倾向。

尽管部分租界公园在日后不同程度的改扩建工程中出现了局部异质区块的拼贴式叠加效果，如顾家宅公园西南部的中国园区，兆丰公园内东西两个日式风格的假山区，以及虹口娱乐场北部传统中国式的山水游赏区。但总体而言，租界公园在整体风格和布局上仍带有显著的西方烙印。

（2）综合多样的主题功能。

18世纪西方工业革命后，公园设计的发展与社会综合服务及教育功能的关系密切。为满足不同市民阶层游园的喜好，城市公园在类别上分设有儿童公园、娱乐运动场（园）等多种专类公园；在单一公园的内部功能划分上则辟有供散步、球类活动、划船、儿童游戏之用的场地。这些分类明确各有特色的主题园和鲜明的功能分区是西方公园设计的主要特征之一，与中国古典园林中借由主题意境来串联各景致的手法和以抒情为主的造园理念截然不同，这在近代租界公园中也得到了一定体现。兆丰公园内自然区、标本区和游赏区的大体划分，以及虹口娱乐场中专供人们锻炼之用的各类运动场地，都使园内的游人能自得其所地进行相应的娱乐活动。而昆山儿童公园、司得兰园这两所专为儿童活动建设的小公园，满足了当时部分儿童的娱乐活动要求。更为普遍的方法则是在租界公园内安设相关的游艺项目，如虹口公园中的电动游艇、游艺机等游乐设施。此外，诸如顾家宅公园、兆丰公园内还分别辟设有为大众喜闻乐见的动物展览区和集聚了中外多种名贵植被种类的植物标本园，虹口娱乐场的假山区内也安置了各式鸟舍。这些景区的设置某种意义上秉承西方社会借由公园这一公共娱乐场所向市民传播自然知识的科学理念，通过寓教于乐的方式，增添了普通百姓对自然的喜爱与认知。

（3）西方特色的造园要素。

早期的租界公园皆出自西方设计师的手笔，西式要素尤其是喷泉、瀑布、湖泊这类水景要素的应用比比皆是。最初设立的公共花园南部便有一座铜铸撑伞孩童雕像的喷水池。而后，园北水池中的假山也被拆除改装为12道喷泉。同样，顾家宅公园内的沉床花坛中也设有喷泉和孩童戏水的雕像。而虹口娱乐场内的一处水池中，除了喷泉外还有一组台阶式瀑布。较之这类西式水法的点缀式运用，具有典型英国自然风景式造园特色的湖泊被更加普遍地运用在顾家宅公园、兆丰公园和虹口娱乐场这三座重要的租界公园中。

此外，作为西方植物造景元素的缓坡大草坪、整型绿篱以及栽培美丽植物的规则式花坛、花圃，也都成为了各个租界公园中的主要构景要素。兆丰公园内的大道两边各有面积约为8000平方米和6000平方米的大草坪，其西草坪的南面更有一处105平方米的大花坛。而顾家宅公园内，除了东南部一处8000多平方米的草坪外，还有颇为壮观的长方形沉床花坛一处。此外，18—19世纪，欧洲在造园中开始重视对植物材料的收集、驯化和应用，而这在兆丰公园中也得到了充分体现。该园内拥有观赏植物达70余科，260余种；乔木与灌木2500多株，园内还建有水生植物园及高山植物园，收集了大量中国植物。这也契合了建园初麦克利拟将兆丰公园布置成一个“公众的风景园地和植物园地的核心”的提议。不同于上海古典私家宅园“前宅后园”，“居”、“游”合一的模式和强调建筑构筑的作法，纯粹从娱乐游赏角度出发建造的租界公园削弱了构筑物在整个公园中所占的比重，花架、廊柱、塔楼、凉亭，这类西式小品建筑被设计师零星散布在公园各处，即便园中仍有中国传统样式的亭、台、廊，也都布置在不显要的位置，而且均采用新式的钢筋混凝土构造。

19世纪末20世纪初，随着出国游历人员特别是留日学生所反馈而来的大量信息和创造的新名词，“公园”一词逐步取代“公家花园”成为固定名词气租界公园也日益为广大市民所熟悉。尽管当初在沪建造租界公园，其初衷仅仅是为了满足日常散步运动、休息交往的要求，然而这些西式公园的相继落成，却向国人展示了一种与中国古典园林完全不同的营建手法，并在多个方面给予不知现代公园为何物的沪人以前所未有的启迪，也促使了中西两种不同文化间的碰撞。由此，代表西方园林文化在租界这方“飞地”上凝聚而成的租界公园，作为近代上海城市公共空间的重要组成部分，开始于潜移默化中感染并影响着近代中国园林的发展趋向。

5. 经营性私园的出现

自19世纪80年代起，沪上陆续出现了一批以盈利为本、对公众开放的园林。这些源出于中国古典园林体系中的私家园林，在晚清上海这个特殊的环境下，在租界公园未面向华人开放前，从华洋分园（1890）到华人自建公园出现为止的几十年时光里，纷纷改变往昔户门紧闭的大院形象，向公众展示其开放性及中西杂糅的新面貌，成为了瞩目一时的近代上海都市公共娱乐空间。

随着近代上海经济高速发展，租界内人口激增、商贾云集，灵活度、自由度日增的谋生方式和“七日一休”的作息安排以及手头现钱的宽余，都使沪人对消闲娱乐的社会需求大大增加，往日间或一次的娱乐活动逐渐变得频繁起来，消闲之风开始蔓延盛行。继跑马场和跑狗场这些早期带有赌博性的娱乐场所冲击了沪上百姓旧有的休闲方式及传统娱乐观念后，租界公园的产生，向以往只知有私家园林而甚少公共娱乐意识的沪人提供了公共娱乐形象而具体的示范，使得沪人愈加领略公共娱乐空间的魅力。只是这些名义上为公园的公共娱乐场所，在建成之初并不对沪上华人开放。入园园规中常附有诸如“华人无西人同行，不得入内”、“不许中国人入内，但是照顾外国小孩的阿妈，加套口罩为条件”等带有歧视性的游园条例。此举一度引来愤慨无数，部分爱国义士就此上书工部局提出交涉。1890年“华洋分园”计划得以实施，才使华人终于有了属于自己的公园（新公园）。然而面积仅公共花园五分之一的新公园好比杯水车薪，根本无法一圆当时沪上众多百姓的游园梦。

光绪八年（1882），在静安寺西侧旧有花园别墅基础上创建的申园对外开放，它由私人按股份集资耗银1.6万两建立。它的出现为游客提供了流连之地，使得原先静安寺一带“到此者无著足处，不过树木林翳中略停片刻，便即返辕”的情况得到了极大改善，人流量随即骤增。出于商业盈利的初衷，申园在园林营造上更多适应当时中产以上阶层的崇洋心理，以原别墅洋楼为基础造就，再在周边增建些池、榭、台、阁等。此后，相继又有西园（1887，此系开放年代，下同）、愚园（1890）、张园（1885）陆续对外营业，诸园在各尽其能、花样百出的良性竞争中，令沪人初尝了近代都市型生活形态的恬适和作为消费主体的平等尊严。其中又以张园最著名，在经营性私园发展的鼎盛时期，它雄踞榜首，并始终能够以更胜一筹的洋派景观和新颖刺激的游乐设施为其他诸园所不及。

6. 海派园林：异化的园林形式

传统文化与舶来文化在近代上海私园中的交汇融合，促使现代娱乐场所的公共性代替了传统私园的私密性和封闭性，所异化出的园林形式无论是在总体布局、园林要素的应用，还是意境的营造上均受租界公园的影响而有别于中国传统私家园林。

（1）拼贴杂糅的布局风格。

中国古典园林长期以来深受儒家“尚义轻利”思想的熏陶，故园林中追求精神功能的非功利倾向显著，而缺乏在整体上对“愉悦感”和“利益”之间联系的充分认识。私园建设中带有的休息娱乐意味更多的是作为文人自省和精神自我满足的场所。可以说，物质功能在中国古典园林中并未真正起过主导作用。随着近代租界公园的兴起，其带来的全新城市公共娱乐空间模式影响了传统私园的造园理念和活动样式。场所的开放性和活动的公共性，这些思想及具体处理手法被引入经营性私园中。与此同时，近代上海在商人阶层影响下，争奢逞富的炫耀式消费将沪人导入猎奇好异的心态中。为满足这种心态及都市生活的多种需求，动态性、参与性的娱乐活动功能开始在经营性私园内出现并逐步得到强化。开敞的活动场地和大型建筑物的建设打破了玲珑幽闭、小家碧玉的内向型园林空间布局，使之呈现出中西杂糅的拼贴式格局。早期经营性私园——申园、西园的整体布局均以园内的西式洋楼为中心展开，率直平坦而甚少变化；愚园内则既有小路蜿蜒、曲折幽静的传统景致，也不乏可容五六百人的高大洋房为主景的西式风情；而张园的园景呈现出草木扶疏、开朗外向的英国自然式风景园林与婉转曲折富有古意的传统中国式风格共存的特征。

（2）开放复合的功能形式。

从纯粹休闲娱乐的角度而言，受租界公园综合多样的主题功能影响，近代上海私园已日渐脱离了古典园林“娱己娱亲”的内向而单一的功能。而西方商业机制的输入及沪上公共娱乐观念的逐步形成，令经营性私园在建成初始就以开放的姿态和娱乐公众身心为宗旨。故这些陆续开放的私家园林实际上已成为集游戏、观赏、看戏、进餐、宴客等多种功能于一体的综合性公共娱乐场所。就餐饮方面来看，申园内备有茶楼，可供品茗，又兼备西国酒菜，雅善烹调静安寺西园内设有圣乔治西餐厅，而张园安垲第洋楼内供应的中西佳肴、中外名酒，更能随到随吃，还可电话预约。此外，园主还别出心裁在曲池内设无锡灯船（水上酒家），售卖中式船菜，游人登船把盏，风味别具。园内还四散设置有点心铺、茶座及酒吧多处。亭台曲折的徐园则以玉壶春、又一村等处的中式茶点、香茗著称。

娱乐项目中，如戏剧、杂技、马戏，这类中西娱乐表演纷纷成为沪上各级营性私园吸引游客的特色项目。张园沪沪上文明的戏剧舞台“海天胜处”，在游园旺季时每晚都有昆剧、髦儿戏、沪剧、杂技、魔术等精彩演出，其安垲第前的草坪更是西方马戏团在沪首选的演出场地。而愚园内的戏班子也极其出名，最早的髦儿戏、琵琶会常在此园中举行，曾有戏客称愚园戏厅“地方宽敞，四面绿茵……看戏入迷如此，竟全忘了门外的酷热熏风了”。弹子房、照相馆、灯舫、舞池等娱乐场所更是为当时经营性私园所普遍拥有。

近代经营性私园的出现还为反映沪上民众声音提供一处公共场所，由此延伸出的集会、演说便成了其又一项特殊功能。愚园雅集、张园演说——已故老报人曹聚仁曾撰文评说：张园的安垲第“虽是姣童轶女的谈情之所，却也是革命的摇篮”。

（3）求新求异的造园要素。

在赠木建筑营造上，从明清开始，中国园林内的建筑比重便曰益加大。清末民初，这种趋势因西洋楼在经营性私园内的建造，更得到了极至体现。有别于传统私园建筑有法而无式、迂回曲折、参差错落的灵动机变，经营性私园因集会功能与游艺功能的需要，一反传统亭台楼阁唱主角的建筑布局，将高大体量的西式建筑物引入园内，且绝大部分占据全园的中心位置，成为了“点睛之笔”。典型的便是张园中的“安恺第”，全楼可容游客达千人之多，恢弘气势可见一斑。园内还有既供演出“髦儿戏”又可作展厅之用的剧场——“海天胜处”；而最早营业的申园中部也建有洋楼；西园中央的原二层洋楼在建园后得到了重新修葺，成为了园内的瞩目之处。而叶家花园大岛上二层西式建筑的底层东、南、西三面环廊取西式的圆形水泥廊柱等构造，则可作为近代上海园林建筑选材与技术西化倾向的佐证。

在“海派文化”浸染下，经营性私园内的叠山理水手法也呈现出导于传统私家园林的特点。园内水景既有对自然池沼的模拟，也有从西方舶来的自然式人工大水面。愚园和半淞园内都有大湖或河流，而喷泉等西式水法的应用更是为园林增添了些许时尚娱乐的气氛。这种重娱乐游赏功能的倾向，使得原来在古典中国园林里体现对真山象征性模拟的假山堆叠技法，转而表现出西式园林，求奇异、变化的表象效果，假山的堆掇除了在一定程度上成为弥补平坦地势缺憾的一种手段，更多的是体现造型的奇特变化。

在植物造景方面，经营性私园重现花卉草木的色彩运用更甚于追求深远的寓意，那些备受文人墨客喜爱的梅兰竹菊等具有传统寓意的园林植物不再成为植物配置的主角，更引人注目的是园主从西方引种来的各类奇花异草。而西式大草坪也几乎每园必有，其运用在为园林增添一分开敞感的同时，疏密有致的绿化还兼具游览、集聚的实用功能。红极一时的张园内便一年四季花草不绝。在园中定期举办的花展上，园主还邀外侨共同参与切磋交流，使花木种植的技术大有精进。园林花木的造型也不再限于传统的盆景形式，受西方造型树木的影响，常可见到由缤纷花卉扎就的各种人物走兽造型。中西文化交流在此为奇异多彩的花卉植物，极大地促进了当时花木种植技术水平的提高。同时期邑庙内园的萃秀堂也常设菊花会展出名贵花种。

（4）世俗化的审美趋向。

中西传统园林的美学思想有不同的追求，“西方造园虽不乏诗意，但刻意追求的是形式美；中国造园虽然也注重形式，但倾心追求的却是意境美。西放造园意在悦目，而中国造园意在赏心”。由主观情绪外化于审美客体而成的中国古典园林具有独特的含蓄性、可塑性和对情感的宽容度。而倾注于对“象外之象，弦外之音”的领略，又使得欣赏中国古典园林既是一种观赏、体味园林美景的艺术活动，又是一种审美认识活动。到了近代，士阶层的陨落令私园的营建不再作为避世绝俗的手段，开明的心态替代了传统士流园林隐逸的一面。在上海这座商贾之气氤氲的都市里，高效的生活节奏令情感的流露趋向表观、直接。在“海派”求新意识及实利意识的影响下，经营性私园内求新求异的园景添置更多地折射出园主多样的鉴赏趣味和猎奇心态。弹子房、抛球场、溜冰场等各类娱乐场所充斥园内，愚园内一度辟出一角圈养动物供游人观赏。这些以盈利为目的的做法使得传统的意境营造让位于图一时之快的感观刺激。当然，在“欧风美雨”下，这些世俗化倾香明显的审美趋向并未完全取代园主对传统园林意境的追求，只是大多沾染了西方和世俗的气息。大部分开放私园仍借助题额、楹联来营造意境，但手法多了新的补充。张园内的洋楼“安恺第”（Aarcadia Hall）的名称便是取自古希腊的一处世外桃源之地，所含意味倒与园之本名“味莼”二字相映成趣，颇有异曲同工之妙。

7. 娱乐多元化下的游乐园变迁

从19世纪末到1940年，沪上繁荣的公共娱乐场所中出现了一批更为纯粹的游乐场所。继19世纪晚期经营性私园的对外营业开启了沪人向公共娱乐场所谋求愉悦身心的热潮后，那些交融中西特色、汇集南北风格、展示各种奇到新一代代更大规模的专业游乐园“新世界”建成之后，曾经辉煌的“楼外楼”就逐渐衰落了。

1915年，上海第一座独立式的大型游乐园“新世界”落成，上海游乐园的发展迎来了高潮。从20世纪20年代到1949年前夕，上海的游乐园大致可以分为三大类：第一类是“新世界”、“大世界”等大型游乐园；第二类是四大百货公司附属的游乐园和“屋顶花园”；第三类是其他中小型的游乐园以及露天简易游乐园。此时的游乐园基本达到了一个较为成熟的阶段，从规模和档次上逐渐能够适应社会各个层次人群。

从1915年到1930年代，上海大型游乐场的主角是“新世界”和“大世界”。“新世界”位于跑马厅东北角静安寺路，为阶梯形的三层建筑，设剧场、书场，弹子房、溜冰场各一所。走廊置哈哈镜和儿童游乐设备。另有小院，筑喷水池、置秋千架。还设有商场、餐厅和茶室。夏日屋顶平台有武术、杂技表演，规模较“楼外楼”扩大了数倍。筑有地道，沟通南北两面，便于游客往来，1918年，“新世界”又在原址对面仿照苏州火车站式样建成北部游乐园〈原址称新世界南部〉，设大剧场、说书场、布篷献艺场、自由厅和跑驴场。建筑内有院落，筑有土山水池和亭台小桥，四周栽种细竹。

新建成的“新世界”的活动项目内容更丰富、更时尚、更刺激、更具有现代感。它将晚清以来盛行的露天“夜花园”娱乐场所样式移入室内，将各种习于进行临时搭台演出的流动性江湖草台班子，改造成为在固定场地进行定点、定时演出的艺术团体。更重要的是在经营方式上，它根据游客的需求对游乐园的活动空间进行合理分割，对活动项目进行有机配置，开创了现代上海城市游乐园的新型经营样式。“新世界”的成功极大地刺激了上海游乐业的发展。

不久，规模更大的“大世界”游乐园于1917年7月建成开幕，初建时为两层木结构（局部三层），占地14700多平方米。其内设有剧场、书场5所。屋顶平台夏日放映电影，演奏丝竹。中部是广场，周围有假山花木，置秋千架，升高轮、飞船等游戏器械，另有一片溜冰场。室内还设有商场、酒楼、茶室，其规模和设施都大大超过了其前的“新世界”。游乐园内还附有一间“大世界报社”，设置书摊并兼售当日《大世界报》，供游客了解当日各剧场的剧目和场次时间。从演出场馆的设计到演出内容的编排，“大世界”无不体现出工业时代大众化、标准化和批量化娱乐的时代特征。

1927年，原“新世界”拆除，重建的整个建筑平面呈“乙”型，由3幢4层楼房连成扇形。底层内部为娱乐室、茶室及休息室等，内庭被四周建筑环绕，形成一露天剧场，以演出大型杂技为主，游客沿各楼面外廊皆可观看演出。二至四层为各种娱乐厅、演出场所。当时的大世界在演出场馆、活动类型和演出活动时间三方面具有明显的优势，再加上一系列出奇制胜的市场推广手段，“新世界”很快成为沪上最著名的游乐场所，也一跃成为当时全国最大的综合游乐园。

在此后的短短几年间，以“新世界”为中心，周围陆续出现了赌窟、妓院、鸦片烟馆、银行、钱庄、旅馆、餐厅、各类商店，地段愈显繁华。以致当时的人说“白相（上海话，玩的意思）了大世界就等于白相了大上海”。

至1930年，上海各种冠以“世界”的游乐园，除了著名的“新世界”、“大世界”之外，还有“小世界”、“神仙世界”、“花花世界”、“大千世界”、“江北大世界”、“沪西大世界”等数家。其中，“小世界”游乐园创建于1918年，初名“劝业场”，不久毁于大火，后重建。其底楼唱京戏，二楼唱越剧，三楼为夜花园，品茶兼听戏。其在内容和形式上都模仿“大世界”，因规模略小而得名；“江北大世界”建于1935年，占地十来亩，由四方形的一座竹篱笆围成，里面搭盖敞棚有30多所。另外，在法租界的安纳金路也有一个“江北大世界”；“沪西大世界”又叫“地舞台”，据当时记载，那里就像庙会一样，有30多个演出棚子，只要花上几个铜板就可以入座。其他规模较小的游乐园，还有“天外天”和“绣云天”游乐园、新乐游乐园、福安游乐园等。

8. 设计上的地域风格

近代上海游乐园从雏形、产生，直到发展、成熟的变迁过程中，曾经出现过各种形态、各种功能和不同风格。但是总体而言，这些形态各异的游乐园在模仿西方游乐园的基础上，已经形成了若干鲜明的上海地域风格，成为了继经营性私园后的又一类园林形式。

（1）中西合璧的设计风格。

上海各大游乐园建筑主要是以20世纪初的租界建筑风格为主导，再杂合一些中式的建筑局部，其中比较典型的代表性综合性游乐园是“大世界”。初建时的“大世界”带有西洋的券、柱和中式的亭阁，楼顶上建有三个观景的四方亭子。重建后，由3幢4层楼房连成扇形，整座建筑外观趋向现代式，入口处的一座8层塔楼成为建筑外观的显著标志。建筑的细部和装饰皆体现出与中国传统形式的密切联系。从形式和内容两方面看，大世界都是中西合璧的产物，大新百货公司的建筑及装饰风格也体现了这种结合。主立面以西式风格处理，顶部的栏杆、挂落等多处部位则带有明显的中国式装饰，表现出艺术装饰派（Art－Deco）风格和中国传统风格的结合。

这些近代上海的游乐园，由于大多没有宽阔的室外场地，较之传统园林一般都缺乏整体的园林化设计。但为了美化游乐环境，并体现某些所谓的“景点”意境，在局部也采用了若干西式园林小品以及中国古典园林的处理手法。如“新世界”游乐园内部设有院落、土山水池及亭台小桥等传统的园林元素，还栽种细竹等植物。它既在某种程度上沿用了中国传统园林的风格，也有不少西式园林的元素。而“大世界”中的中国园林意味似乎更为浓厚一点，据记载，其中部广场中有假山花木，还设有大观楼、共和厅、小蓬山、小芦山、雀屏、鹤顶、风廊、花畦、寿石山房、四望台、旋螺阁、登云亭等厅室及构筑物。从这些命名来看，都是中国传统式的。至于四大百货公司建筑中附设的“屋顶花园”，虽然其实质和后来屋顶花园有很大不同，但多少也含有一些园林化的内容。比如根据季节时令会摆设一些盆栽和园艺小品，美化局部环境，营造出一种浪漫轻松的氛围。

（2）自由灵活的空间处理。

与经营性私园的游乐空间处理不同，前者主要通过在园中就势辟出若干场地作为娱乐空间来实现，同时将园林建筑的功能也顺应园林经营化做了一些改变。而游乐园是围绕完整又丰富的大型场地来布局的，游乐空间丰富多彩。

“楼外楼”利用在顶上临时搭建起来的一座大的玻璃棚作为主要游览空间，另外附带一座在当时还很新奇的直升式观光电梯。“大世界”、“新世界”游乐园的空间处理则复杂了很多，其内部不同的功能区有方便的路径来连接，以“大世界”为例，其建筑内部被辟为各种功能的厅室，内庭被四周建筑环围，形成一个大型的露天剧场，游客沿各建筑内侧楼面宽阔的外廊观看内庭节目，并以楼梯联系内庭场地。

9. 自建公园的兴起

租界公园和经营性私园作为近代海派园林的两大主流，从一定程度上满足了外国侨民及沪人对公共娱乐场所的需求，但前者的异域性和后者的经济性又令其始终未能成为真正的开放性群众公园。

随着资产阶级民主思想在中国的传播，清朝末年出现了首批中国自建的公园，上海地方政府开始在其直接管辖区内辟建公园。此后崇明、上海、金山、嘉定等县都先后改建或新建了几个小公园。1927年上海建市后，又相继辟建了市立园林场风景园、市立动物园、市立植物园、市立第一公园。虽然上海近代自建公园日后大多在淞沪抗战爆发后被毁，幸存者亦面目皆非，但是这些最初的公园建设活动无疑为以后上海公园的进一步演进奠定了基础。

20世纪初，中国社会的政治、经济和文化的各个层面都处在动荡、分化、重建之中，变化之大、程度之深前所未有。

在西方文化冲击下，中国传统的政治观、道德观、世界观甚至风俗习惯都受到重新审视，封建政治思想文化开始全面瓦解，资产阶级文化初步确立。

从19世纪40年代和50年代学习西方资本主义的技术文明起，到20世纪最初10余年学习西方资产阶级的君主立宪和民主共和的理想与制度，中国资产阶级已经形成并登上历史舞台，先进的资产阶级知识分子已经透过表层文明，觉察到了西方国家的富强不仅仅在于机器生产和科学技术，而且在于它们拥有先进的社会政治理论和先进的政治经济制度。1915年，陈独秀主办的《新青年》创刊，并连同李大钊等激进民主派，以西方的“民主”和“科学”作为思想武器，批判几千年来以儒学为中心的封建传统文化，令中国根深蒂固的传统封建主义文化遭受到了极大动摇，使民众的思想开始从封建伦理道德观念的束缚下解放出来，新文化运动的开展导致了整个中国近代思想、文化的深刻变革。

自租界公园在20世纪20年代逐渐对华人开放，中国人无园可游的时代已经过去。到民国时期，一方面，经营性私园的建设虽仍在继续，但已日薄西山；另一方面，随着民主思想的深入人心，不少进步人士和富商豪贾开始募资修建公园，免费对公众开放，并借由这些公园表达民主思想、推进民主建设。

1911年，民国政府成立后，尽管全国仍处于军阀割据状态，但是“民主”的潮流仍在继续，各地当权者在兴建私园的同时也竞相建造公园。根据孙中山先生的《建国大纲》，1929年7月，上海特别市政府第123次会议通过《大上海计划》，划定今江湾五角场东北地带作为新上海市中心区域，以绕开租界求发展。尽管该计划最终因淞沪抗战的爆发而夭折，但包括公园建设在内的城市规划已走上了正轨，上海市第一公园就是按照规划所建设。期间，民国政府在上海也建设了几座公园，其中较早的一座是位于闸北的宋公园（1929），又名教仁公园（今闸北公园）。这个公园是为了纪念近代中国资产阶级的革命先驱宋教仁而建立的纪念性园林，是一座以西式造园风格为主，辅以传统造园手法的庭院式墓园。另一座则是建于1935年的胶州公园，也是一座带有纪念性意义的公园。园景布置主要以传统手法处理，在长方形的基地内叠山理水，并点以竹、石、花木，草坪、休息椅和林木区的设置为附近居民提供了休息场所。

10. 中山公园遍布全国

同一时期，在中国公园发展进程中还有一个极为突出的现象，即中山公园遍布全国各地，具有民族主义象征意义的“中山”符号渗透于公园空间。辛亥革命后，孙中山（1866—1925）几经沉浮，于1924年1月在广州召开国民党一大，发表了新三民主义理论，是年3月病逝于北京，其生前倡导建立了广州第一个公园，即日后的广州中央公园，他还把清明节定为植树节，将对公园的建设顺理成章地纳入了政府的职责范围。此后，许多建成的公园相应地成为公共集会场所，承载着许多重大事件的发生。民国时期的公园发展，孙中山可谓起了积极作用。待其逝世后，各地公园相继更名为“中山公园”。上海人陈滨伯在沪建中山公园的意见书上提出，既是为纪念孙中山，但更重要的是“外人园游睹迹，亦知萎靡之中国，尚有独立之精神在也”；可见，上海民众对于建立中山公园既有纪念孙中山的考虑，同时也是为与西式公园，相抗衡、激发民众的民族主义精神。由此，中山公园成为了表达民族主义的空间而深入人心，民国公园建设运动俨然是中山公园建设运动。自此，公园的建设发展，取代封建王朝长久以来的皇家园林，成为园林的主角。

1.2.2.3 广州：岭南园林的代表

广东文化源自中原，广东园林之立意及营造原本亦应脉从中国传统园林，然因其自然地理、民系文化及其社会历史发展进程之异，却又具有自身独特风格。而就广府、客家、潮汕三地私家园林而言，亦不尽相同。

广东近代园林之类型，就地缘、民系而言，可分为广府、客家、潮汕三大类；而究其功能性质，则又可分为私家园林、公共园林、租界及租用地园林、宗教祭祀园林、专用园林及市政道路绿化六大类。

广东之私园，就其功能而论，重视起居、享乐、游憩三者紧密结合，讲究“适用”。广府、客家、潮汕三地私家园林之总体布局，又因其建筑格局不同而相异。广府者，私园建筑为西关大屋造型，取“连房博厦式”组合，借廊贯通，以冷巷分隔。园林实为建筑围合之庭园，与宅屋居室或分或合。其构思精巧，立意鲜明；山池树石园林要素齐全，造景多由文人墨客指画；工艺精致，材料讲究；人力所施，穷极奢丽。风物多取自天然，嘉木、奇葩、怪石、珍禽则搜尽世间，旨在经世致用，享乐至上。客家者，私园呈前塘、后园、内天井、右花园格局，建筑为围屋造型。前塘曰“龙池”，饲鱼、植藕；后园布局风水林，皆植岭南果木；右花园掇石山，筑莲池；天井内庭修石几、石台，摆设盆栽、盆景，尽显客家人之朴素、勤劳及务实。潮汕者，私园建筑为传统民居“下山虎”、“四点金”、“百凤朝阳”、“驷马拖车”等造型，封闭而密集度大。一般大户，建筑雕梁画栋，金碧辉煌；天井内靠墙边砌筑花斗，栽翠竹数竿，植石榴一本；搭忍冬一棚，置莲花一缸；摆设剪春萝、一丈红、菊花数盆，清晰简洁，一目了然。天井内庭空间逼窄，然环境和谐恬静。富贵豪户，用地宽敞，天井之园林布局如上所述，然于宅屋之前、后或侧旁，则另辟书斋庭园。园内植玉兰、龙眼、芒果、番石榴二三，树下垒叠玲珑峰石数块，开凿莲池一泓；绿荫团团，山石蒙茸，风荷一举，自然清幽。如潮安（今潮州市）辜厝巷王宅杏花村，系抗日战争时期利用秀才旧园翻建，筑园门、书斋、花窗、六角半亭，巧置景石二三，栽置讲究意境，既有梅、兰、竹、菊、松之中国传统文化高雅立意，又不乏求吉、求子、求富、求福之地方性世俗心态。开平立园则为西方民主平等、博爱思想，与中国“六国封相”、“五子登科”的封建等级观念共存。又如，广府市立第一公园初立时，西方规则式纵横主轴节点之大型喷水池，布局以观音为主体雕塑像。再如，香山栖霞仙馆之虔诚磬声钟鸣，曾“伴奏”美国卓别林哑剧。诸如此类实例，在近代造园中比比皆是。

1. 气候地理适应性

近代园林的布局、设计、构建、资材，均有强烈的地区性气候地理特征。为避酷日与防台风、暴雨、泥泞，适应高温多雨特殊气候需要，广东造园既不遵循中原皇家祖制，亦不恪守中国园林传统章法，而注重“唯适者为用”，随机应变。园林的建筑布局，一改散置形式，而取“连房博厦”格局，以建筑围合庭园（院），因借游廊、冷巷、景墙贯通或分隔空间，从中营造园林空间，院中有园，园中有景，方便适用，贴近生活。建筑与山、池、树、石诸园林要素有机组合，建筑美与自然美高度融糅；建筑室内与室外，以及建筑空间与园林空间两者既分又合，互相渗透，互相延伸；景中有景，层次丰富；彼此谐调，富有生机。园林之理水，几乎逢园必水，以调节气温，且多因用地有限而取规则几何形式；水必引自就近涌溪，经济实惠。园林之掇山，因人多地少，用地逼仄，几乎无一以土堆山，多以石代土，或壁山型、或峰石型，甚至以一二景石散置替代，均因意构筑，重神韵、轻体量。叠石置石皆取当地盛产者，或英石、或腊石、或钟乳石、或海石（珊瑚石）、或玄武石（火山石）。园林之建筑，形式多样，轻盈通透，精巧玲珑，富有韵味。其中，珠江三角洲地区以“紫洞艇”造型之船厅及廊、桥、亭三者合一之桥亭游廊最具代表性。尤其船厅，几乎逢园必筑。园林建筑与水池之结合，大园取“船厅”形式，小园则取“壁潭”模式。建筑与山、池、树、石彼此谐调，园林景观丰富而精巧。珠江三角洲之梁园、可园、清晖园、余荫山房等史称“岭南四大名园”，皆为此典型范例。

2. 植物应用及景观之特殊性

广东全境高温、多湿、日照强烈，光、热、水资源丰富。植物种类繁多，常绿性植物比例大，板根、茎生、附生、寄生及藤本等生态特征明显。同时，繁花类、香花类、佳果类、斑叶类、彩叶类、春色叶类、新叶有色类之乔木物种极为丰富，植物景观多姿多彩。私园实力雄厚，热衷搜罗中西或南北之物种，为园增色。如清晖园引种苏杭金钱松、雪松、羽毛枫、玉兰等江南植物，寻觅银杏、龙顺枣、龙爪槐等北方树种，园内树木多达百余种。又如儒家思想厚重之余荫山房，至今尚遗存一株树龄百年的南洋杉古木。于近代“西学东渐”进程之中，西方生物学、植物学及其种源，以传教、留学、经商、遣使、归侨、旅游及翻译等途径，源源流入广东口岸，丰富了广东物种。如香山梅溪牌坊园陈芳、立园谢维立、共乐园唐绍仪等，前后从东南亚、欧洲及美洲，带回槟榔、法国桃花心木及皇后玫瑰，菲律宾番石榴、洋蒲桃，泰国番荔枝及马来西亚人参果等植物。美国基督教长老会私立岭南大学（前身为格致书院）之校园绿化，结合农林学院园艺系之科研生产，从澳洲、南美、泰国、越南、马来西亚、菲律宾引种大批树种。其中桉树达 32 种，另有白千层、红千层、细花白千层、南洋杉、猴子杉、凤凰木、假槟榔等物种。据广州植物志记载，当时有植物 1800 种，就岭南大学康乐园而计，竟占有 80% 以致成为昔时植物种源基地。此外，经中国科学院华南植物园邢福武、陈红锋等研究员查证，近代从广东口岸引进的园林植物，尚有湿地松、黑松、落羽松、曰本扁柏、荷花玉兰、南洋楹、木麻黄、银合欢等 100 余种，流出国外者有华南十大功劳、尖连蕊茶、糯米条、博白油茶、朴树、宁波溲疏、长柄双花木等 15 种。广东近代园林配置了中西方及南北各地的植物种类，来源广泛，物种多样，景观丰富，季相特殊。广东近代园林植物景观呈四季常绿，浓荫覆地；繁花色艳，花感强烈；馨香馥郁，沁人心脾；次第挂果，此起彼落，以我国热带、亚热带风貌特征为主，兼有异国之情调。植物配置意匠性强，特别是利用单一物种，营构植物景观，渲染气氛，烘托主题，技法娴熟。如松坡、梅岭、竹堤、蕉林、柳岸、荔林、荷塘、水翁坞等，景色宏观，意味浓重，园林艺术感染力强。

3. 建筑民间装饰技艺之历史顶峰

广东园林建筑以素构取法，然纹饰装修华丽。其民间装饰装修之“三雕”、“二塑”地方风格显著，乡情异常浓郁，艺技精湛。近代，凭借西方技术财资，使民间装饰水平达到历史顶峰。

建筑木雕、砖雕、石雕、灰塑、陶塑、嵌瓷、彩绘等纹饰题材皆取自吉祥文化，历史民间故事及儒释道教化之经典；图案繁缛，工艺精巧，纤细入微，玲珑剔透。其既有粗犷豪放的大件，又有精致纤秀的小件。如广州陈家祠被誉为“岭南艺术建筑一颗明珠”，以“三雕”、“二塑”和铜铁铸、彩绘装饰艺术著称。其正门之彩绘门神，栩栩如生，色彩艳丽，气宇轩昂；正面外墙6幅大型挂线砖雕，造型生动，刀法细腻，光影清晰，层次分明，犹如6幅大型水墨字画镶嵌于青砖之上；聚贤堂前月台装饰系陈家祠石雕之精华；石栏杆采用镂雕缠枝技法，以花鸟果品为题材，轻巧玲珑，秀丽典雅；铁铸双面镂通栏板镶嵌于月台石雕栏杆之中，黑铁、白石对比强烈，构图精美，典雅庄重；三进建筑之12扇双面镂雕木屏门，以商周至宋代历史故事为题材，雕琢精细，被誉为“木刻钢刀雕就的中国历史故事长廊”；灰塑造型灵活，随形就势，大红大绿，色彩鲜艳，其规模之大，塑艺之精，题材之广，居岭南建筑之首；陶塑嵌瓷脊饰系广东现存最大型最华丽之清代建筑传统装饰，全祠陶塑嵌瓷脊饰条，其中聚贤堂脊饰塑造人物多达244个。又如余荫山房深柳堂中厅之“松鹤延年”、“松鼠菩提”大型通花门罩，清晖园碧溪草堂翠竹落地圆光罩、隔扇“百寿图”、船厅“岭南百果”屏罩和归寄庐前厅正面木质镂空雕“百寿桃”等，均为岭南木雕精品。尤其是潮州已略黄公祠梁头桁下和从熙公祠木构架下，层层叠叠的金漆木雕，屋脊的嵌瓷彩画等装饰，均极尽奢华，尤为反映出传统潮人审美意识、炫耀心理及潮汕民间雕饰艺术之精粹。

4. 造园结合生产，务实重商

广东历来为中国内外经济交流的重要生命线，民众重利务实性强。庭园普遍栽种果树，遮阴、观赏、品尝三者结合，经济实用，又富有生活情趣。如客家私园“龙池”必植荷饲鱼，后园必杨桃、橄榄、柚子、龙眼、荔枝等佳果满“坡”。广府荔枝湾畔私园，池中莳栽莲藕、荸荠、菱角、茨菇、荠笋“五秀”，堤岸种植荔枝成行。粤中之开平立园，大花园供游憩玩赏，小花园结合生产专辟果园；砌筑运河，为满足农田灌溉，以解乡亲旱季燃眉之急。“修身之本大牌坊”一副对联之下联曰：“园林乃救国之基振兴种植增加生产利便乡邻共乐仰望灵山秀岭多馀美景可骋怀”充分展示了广东民系之经济实用理念。此外，造园小品布局及命名，也因“财”而起。如立园大花园区两根打虎鞭，纯属园主信奉风水，为挽救美国生意而设。潮阳西园开门见“水”，以及“蒸榻”、“钓矶”、“水晶宫”均反映园主求财，趋逸之人生取向。清末，广府八大名园之纫香园、留香园、群芳园、新长春园、翠林园及余香园，皆系由纯观赏性之私园，演变为以盈利为目的之经营性园林。

5. 规划设计、营造“中西合璧”

广东近代园林之造园理念，规划布局、建筑形式、资材应用及景观营造，颇具善拓创新精神。如广州中山纪念堂之营造，其“堂碑一体化”之规划，借鉴西方城市景观轴线之理念；“前堂后碑”之布局，突破了中国祭祀园林“前碑后堂”之传统形制；纪念堂主体建筑以中国传统宫殿式造型为主。中国园林建筑传统工艺与西方先进结构和资材之结合，铸就我国近代建筑之瑰宝。广州中山纪念堂、七十二烈士墓园、十九路军淞沪抗日阵亡将士墓园等园林规划，均运用中西造园艺术手法，探索开创华美壮丽、弘伟肃穆之近代纪念性园林风格。综观近代之园林建筑，立面上，应用拜占庭穹窿顶、巴洛克柱、罗马式拱形门窗等西方建筑元素；材料上，采用进口套色玻璃、大理石、金箔、釉面砖、颜料、铁铸构件及钢架；结构上，运用西方钢结构、钢骨混凝土结构、钢筋混凝土结构及剪力墙结构等先进技术，开创别具一格之建筑形式。如岭南大学、中山大学的建筑，创造了以中国传统建筑造型与西方建筑结构技术结合的“中国固有形式”。又如粤中开平2000余座碉楼融于绿野，与周边田园和谐共生：总体造型、建筑构件和表现手法均融中国传统建筑艺术与西方建筑风格于一体，以古希腊之柱廊、古罗马之券拱及柱式、伊斯兰之叶形券拱和铁铸、哥特时期之券拱、巴洛克建筑之山花等外国建筑构件凸显碉楼建筑中西合璧之风格。其室内陈设及家具，一应选取西方设备，向国人充分展示西方科技、物质文明及其生活方式。其中，开平立园为最典型之范例。近代开平碉楼大范围运用钢筋混凝土结构技术，在当时亚洲之乡村建筑史上，尚属前所未有。此外，潮阳西园之“螺径”、“穹窿光棚”、悬板拱桥及梯板不设梯梁而自墙体悬出等构作，均可谓大胆创新。其“水晶帘”取钢筋混凝土地下室与水潭结合，以大玻璃隔之，实谓现代“海底世界”之雏形。如此园林理念之更新，构作之创新，造型之奇特，资材之先进，均为近代园林营造之重要特色，同时近代一批留洋学成归国的建筑师，如吕彦直、杨锡宗等在城市及公园规划、建筑设计上所作的折衷主义、新古典主义乃至现代主义风格的大胆探索及其卓越成效，尤为体现出“西学东渐”里程中，广东近代造园理念及技术之长足发展。

6. 使用功能之开放性、民主性、社会性

广东系接受外来文化之前沿，经济发达，民众意识开放，近代民主意识强烈，大凡私园一定程度上具有半开放性、半公共性，半社会性及共乐性。如佛山梁园、东莞可园均为昔时文人雅士结集之地。尤其梁园十二石斋，系公开供慕名者鉴赏，正如文人墨客所云：“任看主人何必问，还要姓氏不须提。”广府杏林庄深幽雅洁，不设藩垣，四时任人游观。香山共乐园、栖霞仙馆、开平立园均定期为族人共用，而或向乡民开放。如共乐园唐绍仪自撰楹联云：“开门任便来宾客，看竹何须问主人。”栖霞仙馆园主常邀香港电影队放映美国卓别林哑剧，供族人观看。开平立园“修身之本大牌坊”一副对联之上联曰：“立身为齐家之本注重庄修提倡憩游欢迎梓里同游遍观智水文澜无限怡情适意。”民国时期，受西方民主思想影响，所建之私园或公园，筑亭名曰“共乐亭”、“亦乐亭”，置石题刻“与民同乐”、“与众乐乐”者，为数不少。所建公园除供健身娱乐、陶冶性情以外，均为昔日民主革命和新民主主义革命活动和政治集会，以及社会各界聚会之场地。

广东近代园林之建设，前后持续百余年。此为我国园林发展史上一个关键性的承上启下的历史阶段。广东近代园林文化是当时社会发展过程中所创造的物质财富和精神财富之总和，为不可多得的历史文化遗产，发掘、保护、研究及传播它们，对于推进现代城市规划及园林建设的发展，必将具有积极的意义。园林历来是文化传承与发展的载体，从广东近代园林所反映的开放性、多元性、兼容性、创新性及重商性等广东乃至岭南近代文化的精神特质，曾经是中国近代政治革命、思想革命和艺术革命的先导。

1.2.3 近代园林发展小结

1. 北京皇家园林的罹难与颐和园的重建

1860 年和 1900 年，帝国主义列强对北京皇家园林的抢夺和焚烧是中国近代园林史上抹杀不了的最重要的历史事件。它不仅使中国人民蒙辱，也被钉在世界文明史的耻辱架上，甚至可以说是世界近代园林的头号大事。100 多年过去了，留给中国人的阴影至今难以驱散，但在西方人主宰的园林史著作中，这些事大都被忽略不提或轻轻带过。在此之后，圆明园等皇家园林中的留存文物又在不同时期被不法分子不断盗拿，使这些园林面目全非。“七七”事变后，颐和园再次被日军侵占，惨遭蹂躏，上述事件在中国人心中都留有挥之不去的痛。

慈禧动用海军经费重修清漪园并改名颐和园的细节过程虽然尚未理清，但事实是客观存在的，本质上是专制王朝腐败的见证。1900 年颐和园再遭掠抢后于 1902 年再次重修，但是从历史的角度来看，却又为中国古典园林的修复提供了一个典范，作为一部完整的中国传统园林的“大百科”，颐和园确实是现存规模最大，修复最为完整的一座，今后几乎也不可能再重建这样的大型传统园林（圆明园的重建复建尽管还在讨论），有人甚至讲，重修颐和园很可能是中国皇家古典园林的“挽歌”（终结）。无论如何，现在颐和园为中国皇家园林展示了鸿篇巨制的蓝本，这也是发生在近代的重大园林事件。

2. 中西合璧的建筑与庭院园林

中西合璧的建筑与庭院园林，是近代史在西方文明的影响下由一批接受西方影响的留学归来的中国青年建筑师，也包括部分国外建筑师在中国完成的作品。建筑、园林以及城市规划的空间形态在任何时代都受到当时社会思潮的影响，中西合璧就是中外思想融合的产物。北京的协和医院、大华电影院、动物园大门、中山公园唐花坞、香山的不少庭院建筑都是那个时代的产物，这其中最为突出的莫过于南京中山陵。

由吕彦直先生设计的中山陵是民国时期中国园林的杰作，是陵园规划、建筑、园林的世界级精品，同时又是中国传统文脉与西方规划思想融合的典范。整个陵园不仅与命题相符，与山体山势呼应，且整体尺度、比例、色彩、形象都十分得体。应该讲，在中国近代史上十分优秀的园林作品并不多，这不仅与当时国力单薄、兵荒马乱有关，同时，这段百年沧桑史也是极其短暂的。尽管缺少经典作品，但恰恰一批有作为的规划师、建筑家、园林家却在这段时期走向成熟，并酝酿了不少停留在图纸上的建筑。实际上新中国成立10周年时北京的十大建筑，有不少都是在这个时期已经“酿就”了，只不过当时没有机会建造而已。只有吕彦直先生是这一时期的幸运者，为后人留下这一不朽之作。

中西合璧的建筑和园林是中国园林开始转型的重要信号。

3. 城市公园的显现是近代园林史上最重要的标志特征

中国的公园，大约出现在20世纪之初。在近代园林史上它经历了一个缓慢而渐进的过程。在这之前，由外国人设计建设的上海黄浦公园在1868年诞生（仅比美国纽约曼哈顿的中央公园晚10年左右），由国人自己设计建设或改建开放的公园，则在此后几十年才出现。

民国初期前后，中国在民主思想的影响下，一批公园在各地应运而生。公园的出现结束了园林私有的历史，园林开始进入百姓大众的生活。在这一历史时期，中国公园中又出现了一个独特却又有普遍意义的“中山公园”现象。近代史诸多的城市公园中，有40多个中山公园前赴后继地被建成或改建，成为公园运动中的一朵奇葩。当中山公园步入今天，这些公园，乃至在国外的中山公园，已经有了自己的协会组织，在交流中共商发展、进步。

但是，综观近代百年历史，公园虽然陆续登场，但其总体发展又是缓慢的。有人认为公园的出现是近代园林史的里程碑，也有人认为，虽然算不上里程碑，也是近代园林史中最重要的标志特征。毕竟，公园的出现使中国园林产生了重大转型，给予怎样的历史评价，还需要有更权威的论证，叫标志、特征肯定没人反对。无论如何，这一转型又是同整个近代史社会文化的转型密切关联，与整个社会的发展与进步是同步的，而不是孤立的。这样的评价应该说是实事求是的。

思 考 题

1. 中国近代史上，园林发展的重要标志是什么？
2. 作为近代造园艺术的典型，海派园林有什么特点？

第2章 日本园林

日本是一个善于学习和模仿的国家，在漫长的历史进程里，日本不断从中国引入优秀的文化，并在非简单照搬和移植的模仿过程中，将自身文化的独特之处与外来文化进行交融，从而发展出新的特色。日本园林对自然的体验和感悟是特殊和丰富的，以抽象表达具体，以简约的形式和浓郁的意象表达情感，在不对称布局中将精神气质，以柔和、内敛的方式表达。景观中以一方庭院山水，而容千山万水景象，是一种提炼的自然，提炼的美。

日本园林从总体上看源于中国，从汉末开始，日本不断向中国派出汉使，全方位的学习中国文化，在持续学习的过程中，逐步把中国文化进行日本化（也称和化），最终形成了自身完整的园林体系。日本园林的发展历程是一个持续演进的过程，由于受到地理条件、岛国文化和中国园林的影响，因此，它的发展历史大致可以分为6个时期：萌芽期、模仿期、形成期、发展期、综合期、新兴期。

2.1 萌芽期——上古时代（1世纪—592）

2.1.1 时代背景

按中国《史记》记载，日本与中国的关系始于汉代，日本上古时代（约公元1世纪）曾有一百多个小国家，公元239年，日本古代女皇卑弥呼派遣使者于汉景初三年向东汉王朝称臣，东汉光武帝赐之以“汉倭奴国王”金印，中日关系史话从此开始。至公元3世纪，大和民族在广袤的大和平原上兴起，经过多年征战，在公元5世纪，终于统一了日本，建立大和国。大和国建立后不断派出汉使，向中国学习科学技术与文化，园林艺术就是学习内容之一。

2.1.2 萌芽期的发展概况与特点

表2.1 日本园林萌芽期的造园史简表

日本园林阶段划分	时代		特色	庭园概括			实例
				思想背景	形式	种类	
萌芽期	上古时代	弥生、古坟时代（—300）	·庭园尚未形成，但神池与岩座形成。 ·神池式样表现				
		大和时代（300—592）	·穿池起苑，以盛禽兽	常世思想	池泉庭园，自然庭园	自然山水型池和岛（中岛式）	矶城瑞篱宫 掖上池心宫 泊濑列城宫

日本园林发展的萌芽期也可以称为日本文化艺术的觉醒期。“庭”从最初以服务思想、祭祀，体现“神人一致”的神池式样，逐渐演变为兼具思想、观赏、游乐为一体，体现“神人分离”的神池式样。发展至大和时期，形成了以中岛式为主的池泉山水庭园。大和时期从时间上来看正值中国的魏晋南北朝时期（220—581），园林具有中国殷商时代苑囿的特点和同时期中国自然山水园的风格，属于池泉山水庭园系列。这一时期皇家园林的特点是宫馆环池、环墙或环篱，苑内设有池、泉、矶、岛及养殖各种动植物。穿池起苑，池内放养鲤鱼，苑内奔走禽兽，天皇在园内走狗试马，远足田猎。另一方面，由于园中有游船，因此，日本园林游赏方式从一开始就出现舟游的游赏方式。公元5世纪末，曲水宴出现，日本曲水宴是模仿中国每年春天三月三日举行文人集会的游园活动。

2.2 模仿期——古代（592—794）

2.2.1 时代背景

飞鸟时代（592—710）国都定于飞鸟地区，是以推古朝为中心的时代，钦明大王之女推古天皇即位后，圣德太子摄政，总揽一切事务，开始大化革新，定冠位十二阶，制《宪法十七条》，律令制、宪法的制定，建立起以天皇为绝对君主的中央集权国家体制。外交上对隋、唐实行平等，派遣隋使、唐使和留学生，6世纪中叶传入佛教。政治上，虽然物部、大伴和苏我三氏矛盾加剧，但氏姓制、国造制、部民制，以及以皇室为中心的统治体制逐渐得到确立和巩固。710年（和铜3年），国都迁至平城京，飞鸟时代结束。

奈良时代（711—794）国都先定都于奈良的平城京，后十年迁都长冈京，相当于中国唐睿宗李旦景云二年到唐德宗李适贞元十年，历元明（女）、元正（女）、圣武、孝谦（女）、淳仁、称德（女）、光仁和桓武八帝。虽然贵族内部不断发生政治斗争，班田收授法收效甚微，但大化改新和班田制的实行标志着日本进入封建社会。在外交上加强对唐关系，不断派出遣唐使，在唐文化影响下，《古事记》、《日本书记》、《怀风藻》和《万叶集》等最古老的一批史籍出现。

2.2.2 模仿期的发展概况与特点

表2.2　日本园林模仿期的造园史简表

日本园林阶段划分	时代		特色	庭园概括			实例
				思想背景	形式	种类	
模仿期	古代	飞鸟时代（592—710）	·自然山水型池和岛（中岛式）以摹写海景为主题，为日本池泉庭院之滥觞	常世思想，佛教思想，蓬莱思想	池泉庭园，自然庭园	蓬莱庭园，须弥山庭园	
		奈良时代（711—794）		佛教思想（须弥山思想），蓬莱思想	池泉庭园，自然庭园，舟游庭园		

（1）飞鸟时代的发展概况与特点。

飞鸟时代的园林属于池泉山水庭园系列，池边采用洲浜缓坡入水。从文化上看，受到中国神仙思想影响的园林景观已在园林中有所表现，如蓬莱神山。而水边开始建造佛寺及须弥山也表明佛教文化开始渗透园林。园林发展到公元626年，私家园林出现。

612年（推古20年），百济国（现南朝鲜）的归化人（指到日本谋生的人）路子工（也称芝耆麻吕），在日本皇宫之南构筑须弥山和吴桥（指中国江苏一带的桥），从而出现了象征佛教宇宙观的庭园。626年（推古34年），飞鸟川边苏我氏家宅之南庭（池泉庭园）成为日本园林史上的第一个私家园林。虽然所有古园今已不存，但园林史料还是清楚地记载了这一时代的园林，如藤原宫内庭、飞鸟岛宫庭园、小垦宫庭园、苏我氏宅园等。

（2）奈良时代的发展概况与特点。

奈良时代日本全面吸取中国文化，造园热衷于“唐风意匠”，同时接受了中国的神仙思想，许多园林在池中造蓬莱、方丈、瀛洲仙岛。整个平城京就是仿照当时中国的首都长安而建，据史料记载，园林有平城宫南苑、西池宫、松林苑、鸟池塘和城北苑等。从造园数量上看，奈良时代建园超过前朝。从喜好上看，还是热衷于曲水建制。从做法上看，神山之岛和出水洲浜并未改变。从私园上看，朝廷贵族是建园的主力军。但遗憾的是，奈良时代的庭园无一遗存。

2.3 形成期——古代（794—1185）

2.3.1 时代背景

平安时代是日本伟大的时代，是以平安京（即京都）为都城的时代，历桓武、嵯峨、仁明、文德、清和、阳成、光孝、宇多、醍醐、村上、一条、后三条、白河、鸟羽、崇德、皇白河、高仓、安德十八位天皇398年，相当于中国唐朝中期、五代、两宋、辽、金等十个朝代。平安时代按政治形态可分三个时期，前期（794—967）十世纪天皇恢复亲政，两次派遣唐使，输入大唐天台和真言两宗，辑成《文华秀丽集》（汉诗）、及《续日本书记》等五部国史，创假名文字。894年，唐朝接近灭亡，唐文化衰弱，根据菅原道真建议停派遣唐使，但此期依旧在吸取唐朝文化。中期（968—1068），摄关政治终致百姓武装反抗，武士阶层兴起。朝廷利用源、平两家迅速崛起的武士集团平定内乱。此期正值北宋时期，私人贸易发展显著，日本依靠自己力量把前几朝吸收的汉文化转化为自己的民族文化，佛教与日本神道教融合，文学巨著《源氏物语》问世。后期（1069—1185）为院政（皇权政体）与平氏政权时期，皇权回归的同时，武士集团争权，导致幕府产生和皇权的最终旁落。

2.3.2 形成期的发展概况与特点

表2.3 日本园林形成期的造园史简表

日本园林阶段划分	时代		特色	庭园概括			实例
				思想背景	形式	种类	
形成期	古代	平安时代（794—1185）	·仿中国宫殿式建筑，建造寝殿造建筑。 ·净土庭院创造一种理想的极乐净土世界的庄严气氛	蓬莱思想，净土思想	舟游式池泉庭园	蓬莱庭园，净土庭园，寝殿造系庭园	神泉苑 宇治平等院 天龙寺庭园（池泉部分）

平安时代是日本逐渐摆脱直接摹仿中国而转入融解、复合、变异，发展民族文化的阶段。此阶段形成了具有日本民族特色的文化特征，文化特征可分为前后两个时期，前期指弘仁贞观时期，又称为唐风文化期，后期指废除遣唐使以后近三百年的时期，又称为国风文化期。日本民族特色的文化特征主要表现为：假名的产生，“国文学”的繁荣，出现《古今集》、《伊势物语》、《竹取物语》、《宇津保物语》、《落窪物语》、《源氏物语》、《土佐日记》、《紫式部日记》、《枕草子》等著作；净土教发达；美术、建筑、园林、雕刻和绘画的民族化。但这些文化特征都是以唐朝文化为基础，如果说奈良时代是吸取盛唐文化的话，弘仁贞观时期就是吸取晚唐文化，藤原时期就是自身民族文化形成的和化期。

平安时代是日本化园林的形成时期，是三大类型园林（皇家、私家和寺院园林）个性化分道扬镳的时期，平安时代的园林，在奈良池泉庭园的基础上有所发展，同时又受到中国道家神仙思想的影响和中国汉地佛教净土宗的启迪，形成了平安风格。此时期是日本历史上皇室封建集权的极盛时期，皇家园林规模更大，内容更多。建置在平安京宫城的神泉苑、冷然苑、淳和院、朱雀院以及城外的嵯峨院、云林院等都是当时最著名的御苑。私家园林在模仿皇家园林的过程中，于国风时代创造了私家园林的寝殿造园林，如图2-1所示。如东三条殿、堀河殿、土御门殿及高阳院等。而寺院园林也按寝殿造园林格局演化为净土园林，园林格局依旧是中轴式、中池式和中岛式，建筑对称。轴线上从南至北依次是大门、桥、水池、桥、岛、桥、金堂和三尊石（指仿三尊佛教菩萨的石组）。为与宗教仪式相结合，园林与戒坛结合，用植栽、木牌、垣墙、地形、地物、道路或帷幕把道佛界和俗界分开，石组布局用三尊石作为象征物。现存净土园林的作品较多，如藤原道长的法成寺庭园、藤原赖通的平等院庭园，(见图2-2)、一乘院惠信的净琉璃寺庭园等。

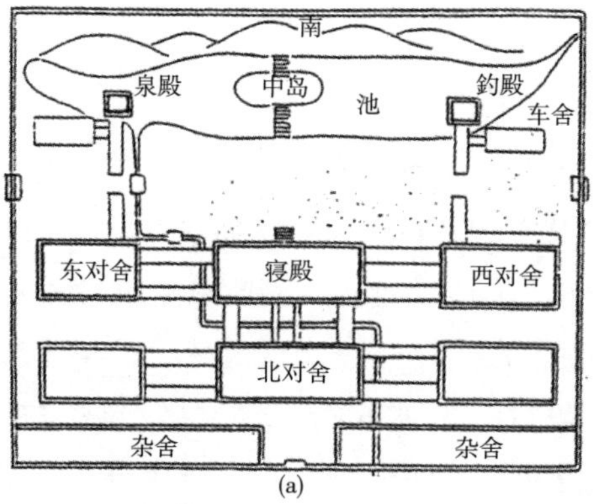

(a)

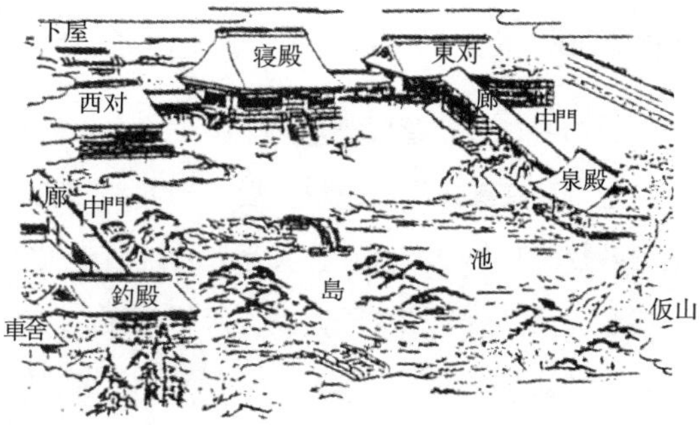

(b)

图 2.1 寝殿式庭园
(图片引自：章俊华．内心的庭园．昆明：云南大学出版社，1999)

总之，平安时代的园林总体上是受唐文化影响十分深刻，中轴、对称、中池、中岛等概念都是唐代皇家园林的特征，在前期的唐风文化期表现最为明显，到后期的国风文化期表现变弱，主要变化就是轴线的渐弱，不对称地布局建筑，自由地伸展水池平面。所以说，由唐风庭园发展为寝殿造庭园和净土庭园是平安时代的最大特征。寝殿造庭园的造园法典，即世界上第一部造园书籍《作庭记》(又名《前栽秘抄》作者橘俊纲)，就诞生于平安时代，是日本最早系统论述造园技术的专著。

图 2.2 宇治平等院凤凰堂

2.3.3 形成期的园林实例

平安京宫城神泉苑是平安时期第一代天皇桓武天皇建造的宫苑，虽然园林已毁，但从“田中家藏古指图写”和现存考古资料上可清楚地见到园林的格局。神泉苑面积很大，东西2町（1町为40丈见方），南北4町。以池泉园的规制建造，泉水从东北高处流向西南低处的园池，池中设岛，方广133米和183米，中轴明显，池北正中面南为乾临阁，两侧有曲廊接两阁，廊南折在端部终于临水的钓殿或泉殿。九世纪的神泉苑是以祈祷降雨为主要功能的灵场，现仅有池泉的部分区域残存下来（如图2.3所示）。

图 2.3 神泉苑残存部分
(图片由李东徽提供)

2.4 发展期——中世（1185—1573）

2.4.1 时代背景

镰仓时代（1185—1333）是以镰仓为全国政治中心的武家政权时代，虽然镰仓为政治中心，但文化中心和皇权中心还是在京都。源赖朝在镇压平氏政权之后，于1185年成立镰仓幕府，1192年任征夷大将军，幕府历三代大将军148年。此时期镰仓政权与京都政权并存，实行二元统治，起初势均力敌，承久之乱后，院政有名无实，处处受到幕府的监视和挟制。镰仓时代正处中国金元时期，元朝入侵，北条幕府抗元胜利，但因无力恩赏抗元士兵导致反幕活动，后醍醐天皇乘机发动“正中之变”（1324）和“元弘之变”（1331），1333年，新田义贞攻陷京都，镰仓幕府宣告灭亡。

日本的南北朝时代（1333—1392）时处中国元惠宗元统元年到明太祖洪武25年，共计59年，是镰仓与室町两个皇统对峙的时代。曾为镰仓幕府战将的足利尊氏，1331年元弘之变时参与幕府军西征，在筱村八幡举旗叛幕，但心怀兴幕之志，1335年他镇压北条时行之乱，出兵镰仓，反叛建武政权，次年占领京都，幽禁大觉寺统的后醍醐天皇，拥立持明院统的光明天皇，后醍醐天皇携神器仓皇南逃至吉野，另立南朝政权，史称吉野朝，与在京都的光明天皇北朝相对抗。南朝历后村上、长庆、后龟山三代天皇，始终力图复活古代天皇政治。北朝历光明、崇光、后光岩、后圆融和后小松五代天皇。1392年，以皇统两朝迭立为条件，南朝与北朝议和成功，后龟山天皇返回京都，让位于北朝后小松天皇，终于结束南北两朝对峙状态。因为在1336年，足利尊氏占领京都后就在京都建立了足利幕府，成为室町时代第一任大将军，故有些历史学家们也把南北朝归入室町时代。室町时代是以将军足利氏把幕府迁于京都的室町而开始，室町时代政体与镰仓时代一样，为武家政治，实际上是足利一族与各地守护大名的联合政权。

2.4.2 发展期的发展概况与特点

表2.4 日本园林发展期的造园史简表

日本园林阶段划分	时代		特色	庭园概括：思想背景	庭园概括：形式	庭园概括：种类	实例
发展期	中世	镰仓时代（1185—1333）	·受禅宗思想影响，多以闲静为主题，对大自然的描写以黑白色墨表现，简洁有力。亦表现回归自然的憧憬。追求的是自然意义和佛教意义的写意，即主观象征意义的抽象表现的写意式山水园	蓬莱思想，净土思想，佛教禅宗思想	舟游式池泉，舟游回游式池泉，回游式池泉，蓬莱庭园，净土庭园，心字池庭，禅院畔池，枯山水式	蓬莱庭园，净土庭园，禅庭，寝殿造系庭园	水无濑殿庭园永久寺庭园惠林寺庭园永福寺庭园称名寺庭园龙泉寺庭园
		南北朝时代（1333—1392）	·寺院园林快速发展，枯山水的实践期	禅宗思想，蓬莱思想，净土思想	池泉庭园，回游庭园，枯山水式	蓬莱庭园，净土庭园，禅庭	西芳寺庭园临川寺庭园天龙寺庭园（石组部分）
		室町时代（1393—1573）	·园林出现武家和僧家两种特点。僧家的特点是园林中石组和植物的表达以枯寂和佛义为主，武家特点的表达是石组和建筑的粗犷与宏伟。 ·枯山水广泛应用。 ·茶庭初现	禅宗思想，蓬莱思想，净土思想，须弥山思想	池泉庭园，回游庭园，枯山水（池泉式，平庭式），泮池，坐视观赏式庭院	蓬莱庭园，须弥山庭园，净土庭园，禅庭，枯山水庭园（石庭，七五三庭）茶庭	龙安寺方丈南庭大德寺大仙院方丈北东庭鹿苑寺（金阁寺）庭园慈照寺（银阁寺）庭园

（1）镰仓时代的发展概况与特点。

镰仓时代的日本园林，在武家政治的影响下，没有引进太多中国园林的文化和内容，而是自我完善式的沿着自己的宗教道路发展。在镰仓时代的前期，园林的设计思想是寝殿造园林的延续。但到了镰仓时代的后期，由于国内战乱频发，政权的不稳定使人们更多地用佛教禅宗的教义来指导现实生活，因此，与禅宗相应地产生了以组石为中心追求主观象征意义的抽象表现的写意式山水园，这种写意式山水园的方向与中国当时园林的写意式山水园是不同的。它追求的是自然意义和佛教意义的写意，而中国的写意园林是追求社会意义和儒教意义（在文学艺术方面为主）的写意，最后发展固定为枯山水形式。

在这个时代，武家政治和动荡社会使人们试图远离尘世的不安，遁入佛家世界，寺院园林大盛，布局依然维持前朝的净土园林格局，具体做法上还是池中心水池、卵石铺底、立石群、石组、瀑布等，景点布局也从舟游式向回游式发展，舍舟登陆，依路而行，大大增加了游览乐趣。后期流行的禅宗思想，使一大部分寺院改换门庭，归入禅林。当时的禅僧追求一种高尚的教养境界，庭园中出现仿中国当时北宗山水写意画的方丈庭，体现“一木一石写天下之大景”的意境。在寺园改造和新建的过程中，用心字形水池也表示以心定专一，力求顿悟有关，同时产生了禅宗及其影响之下的枯山水。园林中的造园家大多是知识阶层的兼职僧侣，他们被称为立石僧。其中最有成就的就是枯山水创始人国师梦窗疎石（**むそぅそせき**），他通过枯山水来表达禅的真谛。这些园林形式常用象征的手法来构筑“残山剩水”，也就是提取景观的局部。枯山水的出现，因符合当时人们的社会心理和审美需求，迅速在全国传播开来。枯山水首先在寺院园林中崭露头角，然后对皇家园林和私家园林进行渗透。枯山水的出现虽然说不是占据镰仓时代的全部历程，而只是经历镰仓时代的很短的一段时间。但是，它的出现使园林的“自然原生”升华为“自然观照”，再升华为“佛教（禅宗）观照”。由于园林的表现是以原生自然而局部和片面为基础的自然观照和枯寂表达，与当时南宋、元初病弱的文人园林的社会观照和情意表达相似，有厌世和弃世心态。

纵观镰仓时代，园林作品层出不穷，遗存下来的园林也有很多。其中皇家园林有：大阪府三岛郡的水无濑殿庭园、后嵯峨上皇的龟山殿等。寺院园林有：奈良天理市的永久寺庭园、神奈川县镰仓市的永福寺庭园、横滨市金泽区的称名寺庭园、大阪府富田林市的龙泉寺庭园、梦窗国师设计的山梨县盐山市的惠林寺庭园、岐阜县多治见市的永保寺庭园、神奈川县镰仓市的瑞泉寺庭园等。

（2）南北朝时代的发展概况与特点。

南北朝时代寺院园林作为战乱时期世人的避难所而相对稳定，与前朝相比有过而无不及地受到社会各阶层的欢迎。这一时期园林最重要的是枯山水的实践，枯山水与真山水（指池泉部分）同时并存于一个园林中，真山水是主体，枯山水是点缀。池泉部的景点命名常带有禅宗意味，喜用禅语，枯山水部用石组表达，主要用坐禅石表明与禅宗的关系。作为时代造园巨匠的梦窗国师，他大量的枯山水实践也是在这一时期完成的，如天龙寺庭园（石组部分）、西芳寺庭园、临川寺庭园、吸江庵庭园等。

（3）室町时代的发展概况与特点。

室町时代的园林相较于过去，在很多方面都发生了本质的变化，从造园主人上看，武家和僧家造园远远超过皇家。从类型上看，寺院中仍在大量建造池泉式园林，前朝产生的枯山水在此朝得到广泛的应用，并出现不再依附于池泉园的独立枯山水，石庭就是其中最有代表性的一种；室町末期，随着茶道的发展，其礼仪所需的茶室款款走入园林，成为茶庭的肇始；书院造在武家园林中崭露头角，为即将来临的书院造庭园揭开序幕。从手法上看，园林日本化成熟，主要表现在几个方面：轴线式消失，以水池为中心的中心式成为时尚；枯山水独立成园；枯山水立石组群的岩岛式、主胁石成为定局。从传承上看，枯山水与池泉并存式，或池泉为主，只设一组枯瀑布石组的园林多种形式都存在，表明枯山水风格形成，而且独立出来，特别是枯山水本身式样由前期的受两宋山水画影响到本国岛屿摹仿和富士山摹仿都是日本化的表现。从景点形态上看，池泉园的临水楼阁和巨大立石显出武者风范。从游览方式上看，舟游渐渐被回游取代，园路、铺石成为此朝景区划分与景点联系的主要手段。从人物上看，这一朝代涌出的造园家如相阿弥祖孙三人、狩野元信、子健、雪舟等杨、古岳宗亘等都是禅学很深、画技很高的人物，有些人还到中国留过学。从理论上看，增圆僧正写了《山水并野形式图》，该书与《作庭记》一起初称为日本最古的庭园书，另外，中院康平和藤原为明合著了《嵯峨流庭古法秘传之书》。

室町时代遗存下的园林有很多，武家园林根据武家前后两期文化，出现了各自具有代表性的庭园：前期有以体现足利义满北山文化为代表的鹿苑寺（金阁寺）庭园，后期又以反映足利义政东山文化为代表的慈照寺（银阁寺）庭园，寺院园林中独立枯山水的出现，使寺院园林开始对皇家园林和武家园林产生渗透和影响，具有代表性的庭园有：义天禅师和相阿弥合作设计的京都龙安寺方丈南庭和古岳宗亘和尚设计的大德寺大仙院方丈北东庭。

2.4.3 发展期的园林实例

（1）西芳寺庭园。

位于京都市右京区的西芳寺庭园（见图2.4），总面积1.7公顷，始建于奈良时代圣武天皇的天平年间（729—748），平安时代为净土宗，在南北朝时代（1339），梦窗国师在西方净土寺和厌离秽土寺的基础上完成寺园的改建。园林有枯山水部分（上部）和池泉部分（下部），枯瀑石组在山腰坡地上，是日本现存最早的“枯山水”实物，包括东庵及其前的石景。堆积了一组坐禅石、须弥山、龙渊水组石、龟石、鹤石、蓬莱石。真山水部分有黄金池（心字形）、洲浜、邀月桥（廊桥）、湘南亭、潭北亭、会同船等，水池纯属观赏性的，不泛舟。水池及建筑的命名及布局均是摹拟《碧岩录》一书的场景，是北宋山水法的意匠，表现优雅舒展的美。在岛上和山上，地面遍布青苔，品种30余种，故西芳寺又被称为苔寺。梦窗国师第一次在此试验了他的禅宗理想，以枯山水的坐禅石及地面的青苔直指世态，劝世礼佛。虽然造园具体时间未详，但在1339年已经形成的庭园有史可查，是日本最早的枯山水范例。

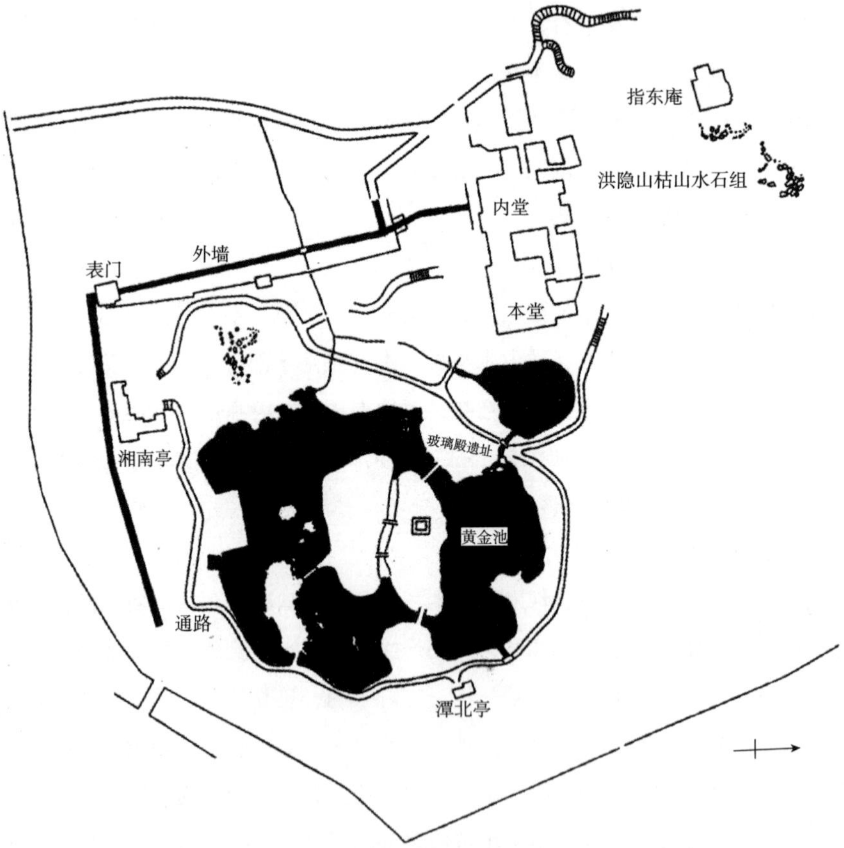

图2.4 西芳寺庭园平面
（图片引自：章俊华．内心的庭园．昆明：云南大学出版社，1999）

（2）天龙寺庭园。

位于京都市右京区的天龙寺庭园（见图2.5），曾是平安时代嵯峨天皇的离宫，1345年，梦窗国师为了纪念与醍醐天皇一起战死的将士，劝说将军足利尊氏将其改建为禅寺，最初被称为历应寺，后改名为天龙寺。天龙寺的庭园，池泉部分为平安时代作品，石组部分是南北朝时代作品。庭园背倚龟山，水池名“曹源池”，池中既没有中岛，也没有拱桥，园林水景“借景”于樱花岚山。龟山天皇在池边题有“曹源一滴”四字，梦窗国师在入山后，于

1345 年在池边筑石组，以一组瀑布石景（泷石组）、一组平桥石景（桥石组）和一组荒矶风石组作为重点的点缀，庭园整体显示恬淡、洗练的自然美，石景的设计表现了梦窗高超的艺术水平，堪称前期枯山水的杰作。

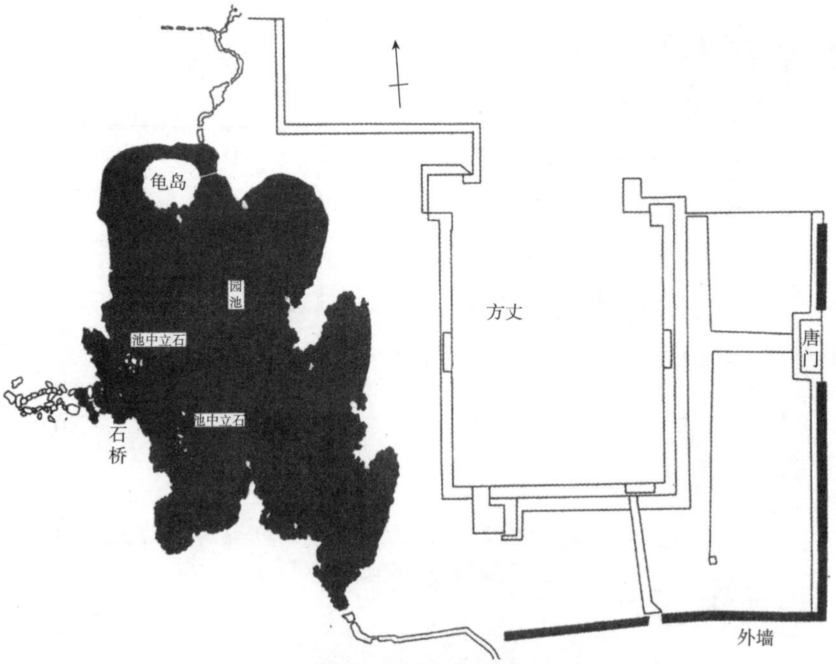

图 2.5 天龙寺庭园平面

（图片引自：章俊华．内心的庭园．昆明：云南大学出版社，1999）

（3）龙安寺庭园。

京都市的龙安寺建于 1488 年（见图 2.6 所示），它的方丈庭园（见图 2.7）相传为义天禅师和相阿弥合作设计的作品。庭园东西长 28 米，南北宽 12 米，面积 336 平方米，北面紧接书院的檐廊，其余三面围以粉垣，形成矩形封密空间。长方形的平庭内全部铺以白沙象征浩瀚的万顷大海，上面点缀五组 15（5，2，3，2，3）个景石，象征 5 群岛，如图 2.8 所示。作庭手法上不仅仅是传统的山水表现，而且运用了一种新的手法来表现设计意图，故此庭也被称为“渡虎子之庭”。相阿弥利用这极其简单的形象，映射对宇宙秩序的想象，白色反光强调浩瀚的宇宙空间，启发无限的永恒与有限生命的对比，石为短暂生命及无限时空的中介物。

图 2.6 龙安寺庭园鸟瞰图

（图片由李东徽提供）

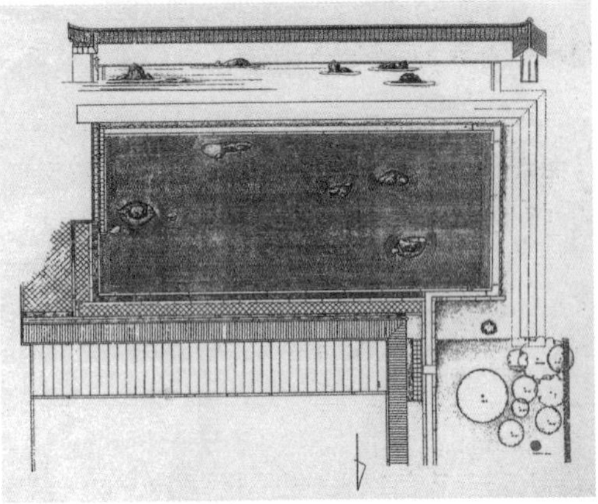

图 2.7　龙安寺方丈庭园
（图片引自：章俊华．内心的庭园．
昆明：云南大学出版社，1999）

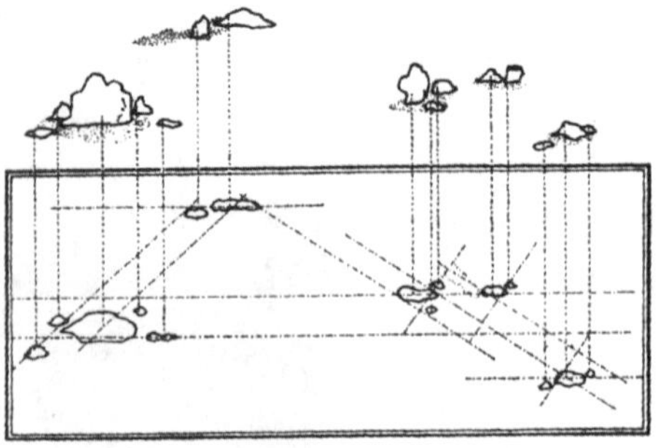

图 2.8　方丈庭组石解构图
（图片引自：王海山．景观设计 I 规划与实例．
大连：理工大学出版社，2004）

（4）鹿苑寺（金阁寺）庭园。

图 2.9　鹿苑寺庭园鸟瞰图
（图片由李东徽提供）
1—钟楼；2—唐门；3—库里；4—方丈；5—镜湖池；6—苇原岛；7—金阁；8—漱清；9—榊云；10—银河泉；
11—严下水；12—龙门瀑；13—安民泽；14—夕佳亭；15—不动堂；16—左大文字山；17—衣笠山；18—茶所

位于京都市北区的鹿苑寺（见图 2.9），是临济宗相国寺派的禅寺，因其舍利殿“金阁”（见图 2.10）特别有名，故又被称为金阁寺。镰仓时代曾是西园寺公经的别墅，叫北山第。室町幕府第三代将军足利义满在得到西园寺家的转让后，于 1397 年建造了山庄北山殿，形成以金阁为中心的庭园。义满死后，梦窗国师作为开山元祖（第一代方丈），取义满的法号鹿苑院殿中二字，命名为鹿苑寺。鹿苑寺庭园是舟游式与回游式相结合的园林，做法上与前朝一样，园林中心仍是水池，名叫镜湖池，湖内分布了九山八海石组，是前朝水中离石（离岸出水之石组）的延续，池边还有龙门瀑石组以及当时各地诸侯竞相奉献的各种名石。庭园以湖岸旁的金阁作为主景，一方面是借景需要，登阁不仅可俯瞰园内，而且可以借西面的衣笠山作远景，另一方面，在天然漆上再镶贴纯金的金箔于阁表面，体现武将的

图 2.10　鹿苑寺金阁
（图片由李东徽提供）

财力和奢侈，进一步强调了金阁在全园布局上的核心地位。金阁第一层是寝殿建筑样式的法水院，第二层是武士建筑样式的潮音洞，第三层是中国风味的禅宗佛教建筑样式的究竟顶。顶上耸立着中国古代表示吉祥的凤凰。平安、镰仓至室町三朝的三种不同样式的建筑风格巧妙地融合为一体，成为室町时代具有代表性的建筑。鹿苑寺庭园路线变化流畅，视线在空间与时间上改变，增加风景点并相互调和，在池岸重要的位置出现美丽的阁殿，作为统一风景的要素，充分发挥了池泉园可游的长处。

（5）慈照寺（银阁寺）庭园。

位于京都市左京区的慈照寺，和鹿苑寺一样，是临济宗相国寺派的禅寺，因其观音殿“银阁”之名，又被称为银阁寺。室町幕府第八代将军足利义政于 1482 年建造山庄东山殿，东山殿是模仿西芳寺而建立的，因此，梦窗疎石成为其开山祖师。1490 年为供奉逝世的义政的化身菩提，东山殿名称随义政的法号被命名为慈照寺。慈照寺庭园是以锦镜池为中心的池泉回游式庭园。庭院建造的初期模仿了西芳寺庭园，但在江户时代被大规模修改，银沙滩、向月台等的沙砾造型是在江户时代完成的，如图 2. 11 所示。庭园中的银沙滩、向月台、锦镜池等主要景观被有机的结合到一起，成为枯山水与池泉园相结合的经典案例，一方面，在银阁前平地上，用白沙耙出海波式沙滩，在白色沙滩上堆起富士山型的向月台，与银阁的银灰色相呼应，同时以沙喻海，体现了禅宗的观照自然与人心的思想。另一方面，利用隐藏手法巧妙创造较大的空间，锦镜池池岸型复杂，环池布置很多精美的石，表现悬崖峭壁状的高超理石艺术，为“楷”体庭园奠基，表现幽玄、枯淡、寂静之趣。更为值得一提的是，东求堂（义政的佛堂和茶室）中的副书院和违棚是现在最古老的座敷装饰风格的房间，是日本书院造和草庵风茶室的发源，被视为日本建筑史上宝贵的遗产。

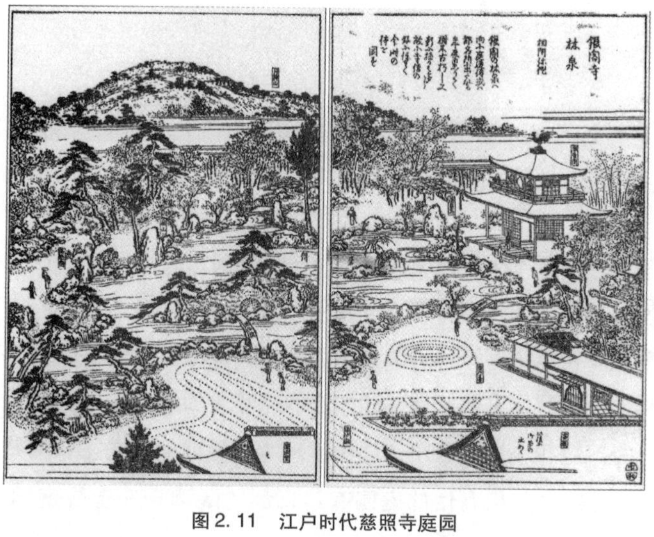

图 2. 11　江户时代慈照寺庭园
（图片由李东徽提供）

2. 5　综合期——近世（1573—1867）

2. 5. 1　时代背景

丰臣秀吉开创桃山时代（1573—1603，又称安土桃山时代或织丰时代），虽历时不长，但在社会改革中措施得当有力，废除庄园制，确立一地一作人原则，推进兵农分离，收缴武器，废除商业座，实行东市乐座，促进商品经济发展，鼓励对外贸易，实行朱印制，统一货币和度量衡，发动侵朝战争等。

1603 年德川家康在江户（今东京）建立新幕府，标志着江户时代的开始。江户时代相当于明神宗朱翊钧万历 31 年至清穆宗同治 6 年，历 15 代将军共持续了 265 年。江户时期，政治上实行幕藩体制，各藩大名分割统治辖区，对外闭关锁国，因财政危机而于1854年被迫开国之后，民族危机造成农民运动和讨幕运动，最后大政奉还于天皇，结束了近682年的武家政治。

2.5.2 综合期的发展概况与特点

表2.5 日本园林综合期的造园史简表

日本园林阶段划分	时代		特色	庭园概括			实例
				思想背景	形式	种类	
综合期	近世	桃山时代（1573—1603）	·草庵风茶室和朴素简洁的茶庭，以园林意境的简约朴素、和寂清静，反映出对俭朴生活的热爱，没有过多的装饰并保持材料原始形态和质色	蓬莱思想，净土思想，茶道精神	茶庭，蓬莱庭园，池泉式，枯山水式，回游式，大名式，筑山式	蓬莱庭园，枯山水庭茶庭，书院造系庭园	醍醐寺三宝院　西本愿寺滴翠园　表千家（不审庵）露地
		江户时代（1603—1867）	·佛法、茶道、儒意综合期，造园分为两个时期，前期为“回游式庭园”，后期为“缩景庭园”即所谓之“文人庭”	神道教思想，儒家思想，佛教思想，自然主义思想	池泉庭园，茶庭，回游式，综合式庭，枯山水式，坐视观赏式，书院式池泉回游庭园	池泉观赏，大池庭，综合庭，枯山水，茶庭，寺院庭园，池泉回游式庭园，书苑造系庭园	兼六园 后乐园 偕乐园 桂离宫 修学院离宫 京都御所庭园 二条城庭园 仙洞御所庭园 妙心寺庭园 慈光院庭园 武者小路（官休庵）露地

（1）桃山时代的发展概况与特点。

这一时期的园林有传统的池泉庭、豪华的平庭、枯寂的石庭和朴素的茶庭。武家园林中人工力量的表现有所加强，书院造建筑与园林结合使得园林的文人味渐浓，这一倾向也影响了后来江户时代皇家和私家的园林。在文化方面，茶道的发展，从精神落实到实践，草庵风茶室和朴素简洁的茶庭，以园林意境的简约朴素、和寂清静及宾主真诚与大将军的壮观辉煌、绚丽多彩和飞扬跋扈相抗衡。园林中反映出对俭朴生活的热爱，朴素简洁的外在形象与明朝的以建筑为主的诗画园林相比，显而易见地是自然和枯寂的意味更加浓重。茶庭的发展，造就了茶道六宗匠：村田珠光、武野绍鸥、千利休、古田织部、小堀远州、片桐石州。此时期的理论著作有矶部甫元的《钓雪堂庭图卷》和菱河吉兵卫的《诸国茶庭名迹图会》。代表性的庭园有：京都的醍醐寺三宝院庭园、西本愿寺滴翠园和表千家（不审庵）露地等。

（2）江户时代的发展概况与特点。

江户时代封建文化发展在近三百年的历程中达到顶点，儒家取代佛家在思想上居于统治地位，神道教也被以天皇为中心的政体抬到国教地位。人文精神的显现、个性思想的抬头、文学艺术的发展使园林的儒家味道渐渐地显露出来。儒家的中庸思想，和《易经》中的天人合一把池泉园、枯山水、茶庭等园林形式进一步地综合到一起，互相交汇融合。值得一提的是，茶庭在桃山时代未得到充分展示，此朝茶庭渗透入池泉园和枯山水，使其得以淋漓尽致地表现。从游览方式上看，随着枯山水和茶庭的大量建造，坐观式庭园出现，虽有池泉但观者不动，但因茶庭在后期游览性的加强，以及武家池泉园规模的扩大和内容丰富等诸多原因，回游园林得到进一步发展。从技法上看，枯山水的几种样式定型，如纯砂石的砂石庭、石庭；砂石与青苔结合的苔庭；型木（篱）式枯山水。造园要素也更加的多样化，土山、石山、型木、型篱、青苔、七五三式、蓬莱岛、龟岛、鹤岛、植栽、飞石、汀步等都在此朝大为流行。从造园家上看，小堀远州、贤庭、东睦和尚、片桐石州等取得了令人瞩目的成就，尤以小堀远州为最。从园林理论上看，有北村援琴的《筑山庭造传》前篇，东睦和尚的《筑山染指录》、离岛轩秋里的《筑山庭造传》后篇、《都林泉名胜图》、《石组园生八重垣传》，石垣氏的《庭作不审书》，以及未具名的《露地听书》、《秘本作庭书》、《庭石书》、《山水平庭图解》、《山水图解书》和《筑山山水传》等，数量之多，涉及之广远远超过前代。

江户时代综合性的皇家园林有：修学院离宫、仙洞御所庭园、京都御所庭园、桂离宫、旧浜离宫园、旧芝离宫园。综合性的武家园林有：小石川后乐园、六义园、金泽的兼六园、冈山的后乐园、水户的偕乐园、高松的栗林园、广岛的缩景园、彦根的玄宫乐乐园、熊本的成趣园、鹿儿岛的仙岩园、白河的南湖园等。寺社园林有：南禅寺方丈寺庭园、金地院庭园、大德寺方丈庭园、大德寺取光院、真珠庵、孤篷庵、慈光院及妙心寺四庭园、高台寺庭园、桂春院庭园、当麻寺庭园、圆德院庭园、善法院庭园等。代表性的茶庭有：里千家（今日庵）露地、武者小路（官休庵）露地、堀内家（长生庵）露地、薮内家（燕庵）露地、如庵、止观亭、天然图画亭等，其中以前四者最著名。

2.5.3 发展期的园林实例

（1）醍醐寺三宝院。

位于京都市伏见区的醍醐寺（见图 2.12），是日本佛教真言宗醍醐派的总寺。醍醐寺的三宝院作为醍醐寺主持的居住地始建于 1115 年。但平安时代营建的旧三宝院到了室町时代已不存在，而与西侧的金刚轮院合并营建的庭园就是桃山时代的三宝院。醍醐寺三宝院庭园花费 25 年的时间修建完善，整个建造过程可以分为前后两个阶段，前段为酷爱庭园的丰臣秀吉与庭园主人义演准后合作建造的时期，1596 年，丰臣秀吉开始在醍醐寺一带山地种植樱花，使醍醐寺成为赏花的名胜地，1597 年、1598 年丰臣秀吉鼎盛時期还在此举办了盛大的“醍醐赏花”会，并资助改建三宝院，丰臣秀吉死后庭园建造进入后段，义演邀请了几名作庭名家如贤庭，继续对庭园进行完善，直至义演过世为止。三宝院也于江户时代的 1623 年完工。园中丰富的庭石和巧妙的配置是本庭园的特色，置石达 700 余个，室町时代的名石藤户石就散置于园中。园中有一池三岛，有石桥、土桥和板桥，池边有泷口石组、枕流亭等景观，池北为书院，书院前有观景平台，曲折进退，面对池边景石和桥梁。醍醐寺三宝院庭园属于书院造系庭园，是桃山时代最著名的庭园。

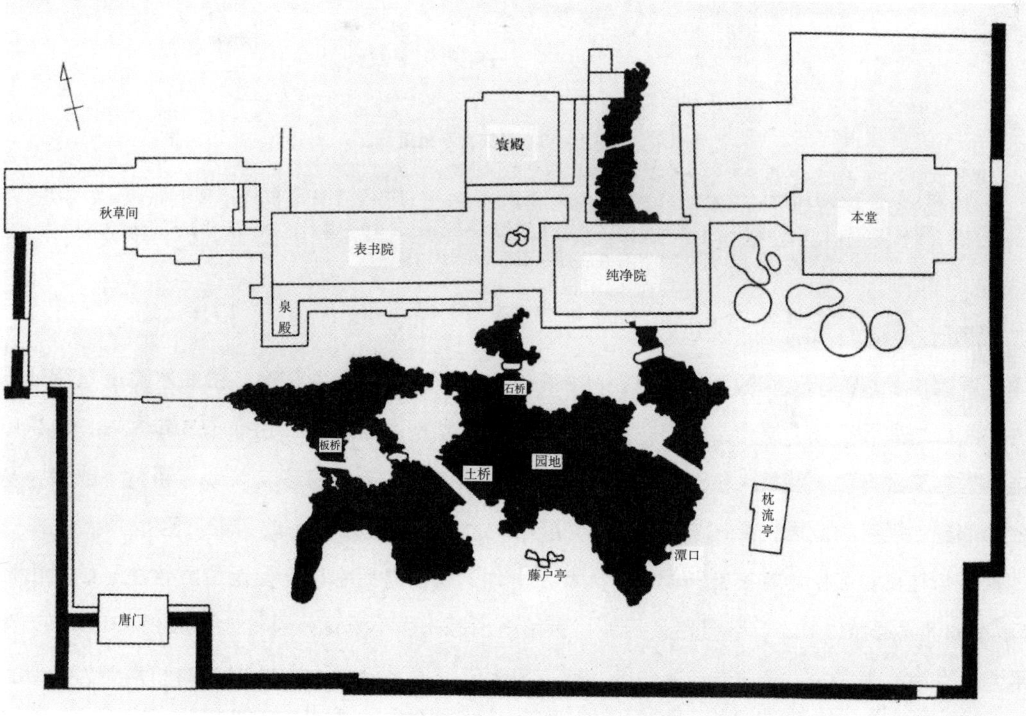

图 2.12 三宝院

（图片引自：章俊华. 内心的庭园. 昆明：云南大学出版社，1999）

(2) 桂离宫。

位于京都市右京区的桂离宫（见图 2.13），是日本皇家园林的代表作之一，是智仁亲王和智忠亲王父子创立，在小堀远州之弟小堀正春的协助之下，于 1625 年完成的日本“文人园”。桂离宫原名桂山庄，公元 1883 年，因其成为皇室的行宫而改称离宫，园林是舟游与回游结合的池泉园林，其中还有书院和茶室，显出当时造园的综合性。桂离宫东西宽 266 米，南北长 324 米，面积约 66990 平方米。庭园的西部主要以书院、茶庭为主，东部为池泉。水面面积 8853.9 平方米，设有溪流和叠水。桂离宫以泉源为中心，构筑水池，池中设有五岛，岛屿之间用桥相连，构筑有洲浜、半岛、土山、缓坡等地形景观，象征日本国土。庭园总体布局依据白居易的《池上篇及序》设计，所有建筑的正立面都面向水池，所有景点都环水而建，景点依据白居易和苏东坡的诗意来命名，园林堂、笑意堂、月波楼、赏花亭都来自中国诗文，如月波楼引自白居易的“月点波心一颗珠”。桂离宫是多风格的综合体，既是池泉园，又是书院造系庭园，其中的洲浜、雁行式布局的书院建筑群和草庵风茶庭成为江户时代的经典。

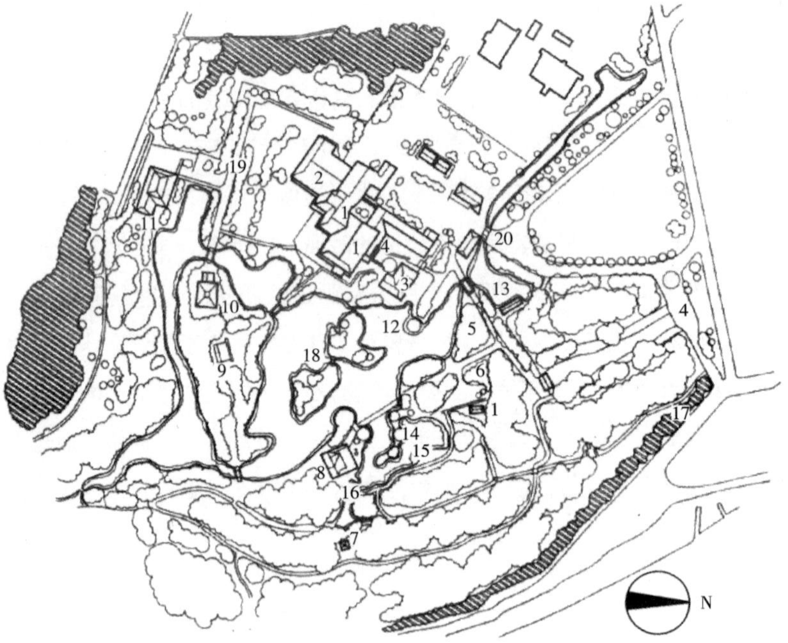

图 2－13　桂离宫平面图

（图片引自：易军．中外园林简史．北京：机械工业出版社，2008）

1—书院；2—新御殿；3—月波楼；4—表门；5—红叶山；6—苏铁山；7—田字亭；8—松琴亭；9—赏花亭；10—园林堂；11—笑意轩；12—冲力松；13—御舟屋；14—天桥立；15—滨州；16—石桥；17—桂垣；18—神仙岛；19—梅马场；20—通用门

(3) 仙洞御所庭园。

仙洞御所庭园位于京都市上京区京都御苑内（如图 2.14），京都御所的东南，由后水尾上皇帝仙洞御所庭园和东福门院的女院御所庭园组成。原为土御门殿京极殿的旧址，初期的建造是在永禄十二年左右，由织田信长进行规划，其后丰臣秀吉又进行了一些扩大修改，增加了一部分庭园。历史上它被多次烧毁、重建、改造，从园中可以看到各个时代的痕迹，现在的庭园主要建造于江户初期至末期近一个时代才完成，最后形成今天这样一个优雅的庭园，丰富的景观与桂离宫和修学院离宫一同被世人称赞。仙洞御所是后水尾上皇退位后依庄子姑射山仙人岛之典而于 1828 年建造的池泉回游园林，又名仙院、绿洞、藐姑射山等，由小堀远州设计。总面积 49137 平方米，其中北池为 21780 平方米，南池为 27357 平方米，是一个水面占很大部分的大池庭。庭园以北池和南池为中心，南池被八之桥藤架等分为两部分，包括北池在内，庭园由三个部分组成。从造园细腻度上可分为真、行、草三部分，即北面为真，做得很细致；南部做得简化，为草；中部介于两者之间，称行。北池部分东西稍稍长一些，东面、南面和北面是筑山，北西侧是被称为“阿古濑”的小池，其北岸上部是“纪氏遗址碑”和芝御茶屋遗址，东北山丘上是镇守社。园景有御田社、御田、镇守社、山神社、人丸社、寿山御茶屋、芝御茶屋、阿古濑洲、六枚桥、八字桥、又新亭、醒花亭、悠然台、红叶山、苏铁山、螺山、洲浜、葭岛、仙洞御所、大宫御所、桥殿、钓殿、泷殿等。值得一提的是，悠然台，典出陶渊明的“悠然见南山”之句。而东西两山之间的醒花亭，则是内额有文徵明题的李白“夜来月下卧醒花”的诗句。这些都显出仙洞御所与中国道家文化的关系。纵观全园，山水园格局明显，无论是北池还是南池，园路都设置在山前，沿着园路可以从不同角度观赏庭园，堆山和理水成为造景的主要手段，景域差别较明显。明晦广奥、高低远近，各得其所。古迹较多，古坟、古碑、古泉、古社为园林增添了不少古意，而神社的不断出现又显现出浓厚的宗教气氛。

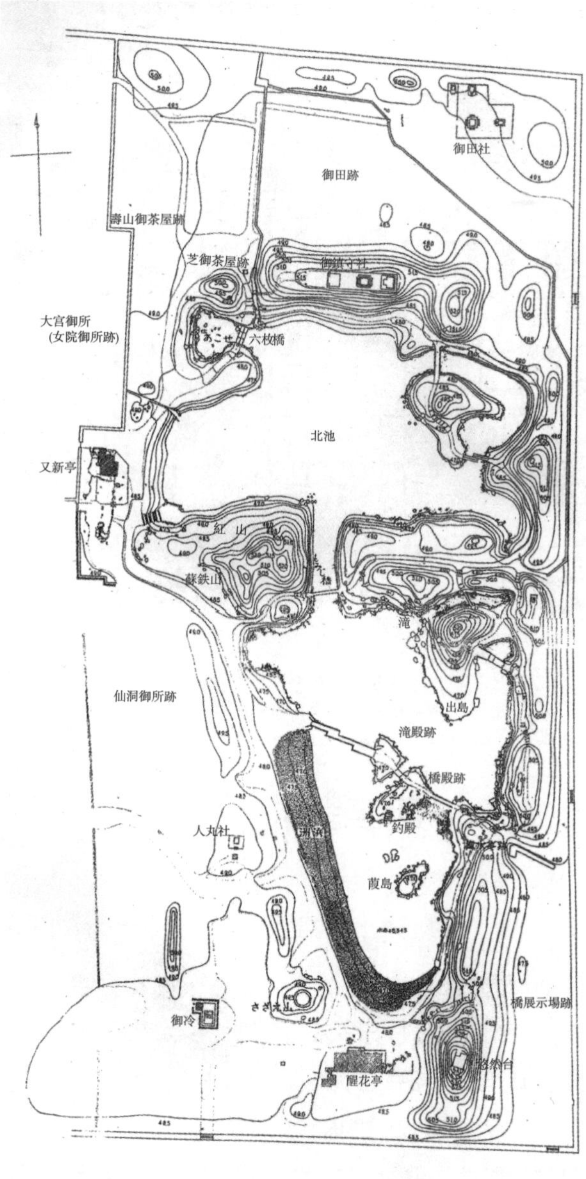

图 2.14 仙洞御所平面图

（图片引自：章俊华．内心的庭园．昆明：云南大学出版社，1999）

（4）武者小路（官休庵）露地。

位于京都市上京区的武者小路（官休庵）露地（见图 2.15）是非常有代表性的茶庭，由宗旦的次子一翁宗守在 1667 年辞去高松潘茶头退隐后营建的茶庭，它是以宗守的住地武者小路命名的，又因内有茶室官休庵，也被人称为官休庵露地。宗守是茶道薮内流派的传承者，薮内流派的座右铭是“正直清静”、“礼和质朴”，擅长书院茶和小茶室茶，故庭园中的飞石和植物都巧妙的配置在一起表现追求自然野趣的效果。庭园中的景物如中门、石灯笼也很好的表现了茶庭的意境，即尊重自然轻视华丽，呈现朴素、自然和宁静的气氛。官休庵露地的格局与表、里千家露地相似，为两重露地，有官休庵和弘道庵两个茶室及半宝庵、环翠园、行舟亭、雪隐、广庭等景点，其中以官休庵、编笠门、外腰挂、卵石铺地最有特色。

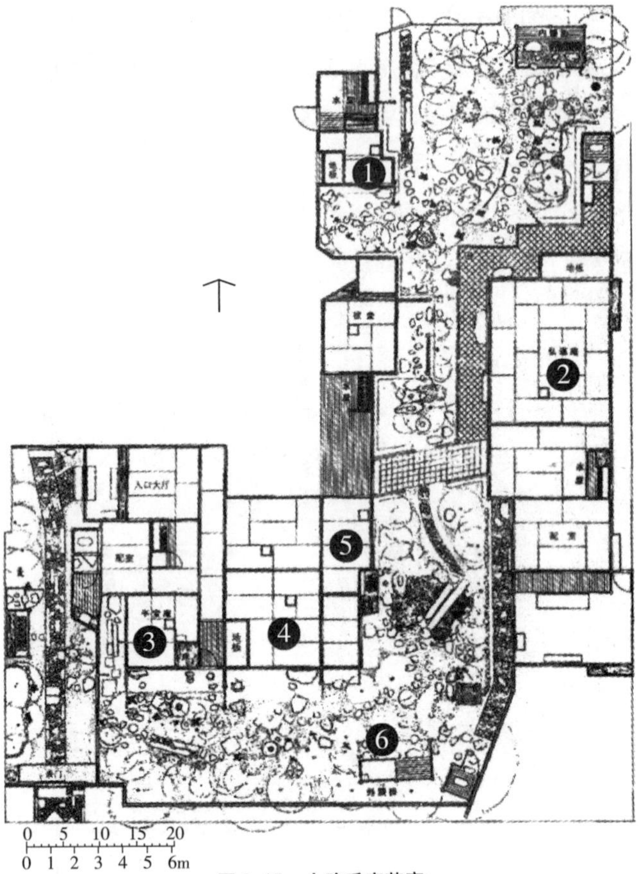

图 2. 15　小路千家茶庭

（图片引自：章俊华. 内心的庭园. 昆明：云南大学出版社，1999）

1—官休庵；2—弘道庵；3—半宝庵；4—环翠园；5—行舟亭；6—外腰挂

2. 6　新兴期——现代（1868 年至今）

2. 6. 1　时代背景

明治天皇在王政复古后，于 1896 年开始维新改革，在“奉还版籍”、“废藩置县”和“壬申户籍改革”过程中，明治政府逐步改革封建身份制度。而后经过推行一系列经济措施如地税改革，实行“金禄制”，实施殖产兴业政策等，日本经济迅速发展，在短短 15 年内，便初步实现了资本主义工业化，并对外开放和扩张。

大正天皇于 1912 年即位，日本开始大正时代。此时代民主主义风潮席卷文化的各个领域。大正前期为日本自明治维新以后前所未有的盛世，并且当时欧洲第一次世界大战结束，民族自决浪潮十分兴盛，民主自由的气息浓厚，后来称之为“大正民主”。

1926 年，裕仁亲王登基，开始昭和时代，裕仁天皇在位期间，“九一八事变”爆发，日军侵占中国东北；挑起“卢沟桥事变”，发动全面侵华战争。1941 年（昭和 16 年），日军偷袭珍珠港，太平洋战争爆发。这一时期是日本历史以及中国关系史上最黑暗的时期。1945 年（昭和 20 年）8 月 15 日，日军投降。美军占领日本，改日本专制天皇制为君主立宪制，天皇作为日本的象征被保留下来。1989 年（昭和 64 年，平成元年），昭和天皇病逝。皇太子明仁即位，改年号为“平成”。

2.6.2 新兴期的发展概况与特点

表 2.6 日本园林新兴期的造园史简表

日本园林阶段划分	时代		特色	庭园概括			实例
				思想背景	形式	种类	
新兴期	现代	明治时代（1868—1911）	·寺院园林只是修复，没有新建，神社园林飞速发展。 ·园林样式为池泉园与枯山水、茶庭结合，技法为洋式建筑和西式草坪的传入与传统要素和样式的组合。 ·提倡洋为和用，公园诞生	神道教思想，西方自然风景园思想	池泉回游式（借景式，蓬莱式），综合式庭，和洋结合枯山水式，洋风庭园	池泉回游式庭园，枯山水，综合庭，公园	平安神宫庭园 御用邸庭园 无邻庵庭园 浮月楼庭园 日比谷公园
		大正时代（1911—1925）	·公园成为主流，国立公园和国定公园的概念被提出。 ·私家园林盛行。 ·园林研究和教育发展迅速	神道教思想，西方自然风景园思想，现代主义设计思想	混合式庭园，自然风景公园，西洋式公园	国立公园，国定公园，综合庭	
		昭和时代（1926—1988）	·园林既有传统精神，又具现代精神。 ·以传统回归为口号，园林打上大和民族烙印	现代主义设计思想	现代公园	国立公园，国定公园，都道府县立自然公园，特别保护区，主题公园	栃木县中央公园 东京迪尼斯乐园
		平成时代（1989 年至今）	·传统精髓融入现代园林，形成日本式现代园林	现代主义设计思想，后现代主义设计思想	现代公园，后现代公园，主题公园	各类公园	

（1）明治时代的发展概况与特点。

明治时代是革新的时代，在政治上提倡与民同乐，与武家专制思想相反。明治天皇提倡洋为和用，开放国门，把西方资本主义的实用主义引入日本，同时也带进了西洋建筑和园林理论。园林上最大的革命是公园的诞生。在公园的建造上，美国的中央公园及英国的自然风景园对日本影响极大，新建的公园因西洋造园法的引入，大量使用缓坡草地、花坛喷泉及西洋建筑，如东京日比谷公园就是日本近代洋风公园的先驱。同时，许多古典园林也在改造时加入了缓坡草地，体现自然风时尚，并开放为公园，举行各种游园会。在宗教园林方面，寺院园林受贬而停滞不前，出现只修复，无新建的局面。神社园林由于神道教受到天皇的推崇而得以快速的发展和建设，如平安神宫庭园就是典型的一例。在私家园林方面，伴随古园开放和公园诞生，此时代的私家园林不再是武家时代的表现，而是以庄园的形式存在和发展起来的别庄园林，其中有受西方自然风景园思想影响而形成的自然风式庭园，如无邻庵庭园；还有严格按照古典法则而建造的回游式庭园，如静冈的浮月楼庭园、青森的小野氏秀芳园、青藤氏庭园等。在理论和研究方面，明治初年以古典园林的研究为主，1907 年（明治 40 年）后渐次有洋风园林的研究。园林院校或综合院校中的造园学专业随着明治维新创办起来，国家把园林专业归入农学部。在这些学校中，教授课目有：造园设计、造园工学、造园材料、造园意匠、造园材物、造园语学、儿童游园、运动公园、造园建筑、造园史、庭园管理、园艺学、观赏植物、应用美学、设计心理、公共造园、都市计划、公园计划等，可谓相当齐全。除此之外，还有设计实习、造园实习和课外指导等，使造园学从理论到教育系统化起来。从造园家上看，植冶最为著名，而青森一带武学流造园流派以高桥亭山和小幡亭树为代表。园林理论方面，1894 年，志贺重昂的《日本风景论》出版；1905 年，小岛乌水的《日本山水论》出版。

（2）大正时代的发展概况与特点。

大正时代由于只有 14 年，故园林没有太多的作为。一方面，田园生活与实用庭园结合，公共活动与自然山水结合，传统的茶室、枯山水与池泉园任意地组合，明治时代的借景风、草地风和西洋风也都在此时代得以发扬光大。另一方面，公园作为主流还在不断地设计和指定，国立公园和国定公园的概念也在这一时期提出，形成了以东京为中心的公园辐射圈。园林研究和教育发展迅速。

（3）昭和时代的发展概况与特点。

昭和期间的园林发展分为战前、战时、战后三个时期。战前，日本园林的发展飞速；1937 年，全面侵华战争开始，所有造园活动停止，全民投入战争；1946 年战争结束后，日本开始了全面建设公园的热潮。在园林研究上，1941 年成立日本山岳会，1951 年成立日本都市计划学会，1960 年成立日本自然保护协会，1968 年成立日本山岳协会，1967 年成立日本造园协会，1972 年成立日本芝草学会，1974 年成立日本造园组合连合会，1976 年成立日本造园修景协会，出版《造园修景》杂志，1982 年成立公园保存协会。在园林教育上，战前的 1929 年（昭和 4 年），千叶高等园艺学校成立，战后，更多的造园院校和院校内造园学专业成立。1952 年，关于公园计划和保护问题制定了《国立公园计划标准》。1956 年颁布了《都市公园法》和《都市公园条例》把都市公园设置和管理作了界定，对公园技术标准、设施种类、建筑面积等都作了规定。1957 年 6 月制定的《自然公园法》确定了国立公园、国定公园、都道府县立自然公园及自然公园等概念及管理方法。

（4）平成时代的发展概况与特点。

平成时代是日本后现代建筑和造园的时代，日本造园家把传统精髓进一步整合到园林之中，形成在日本式现代园林，渗透入各个领域的各类建筑形式之中，得到全世界的称赞。

2.6.3 新兴期的园林实例

平安神宫（见图 2.16）。

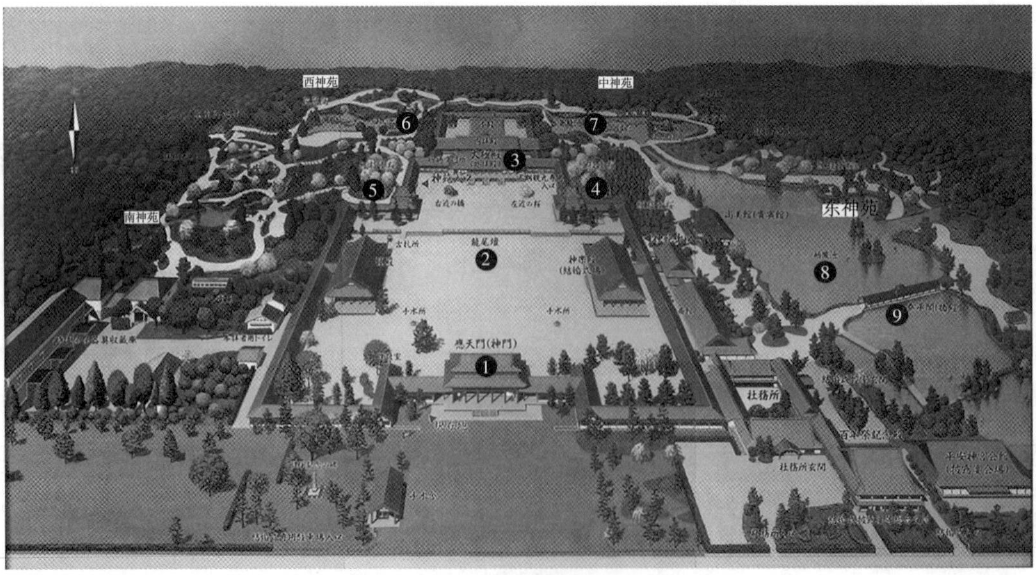

图 2.16 平安神宫鸟瞰图

（图片由李东徽提供）

1—应天门；2—龙尾坛；3—大极殿；4—苍龙楼；5—白虎楼；6—白虎池；7—苍龙池；8—栖凤池；9—泰平阁

平安神宫位于京都市左京区冈崎西天王町，是1895年（明治28年）为纪念桓武天皇迁都平安京（京都）1100周年，而在尊胜寺遗址上按中国唐朝皇宫式样，仿平安时代平安京的官厅中心朝堂院的建筑样式缩小约三分之二后复原建成的新社殿。整个神宫建筑群1万平方米，园林3万平方米，中轴对称，轴线从南到北依次为河流、大桥、鸟居（牌坊）、神道、应天门、前院、龙尾坛、大极殿、后院、内拜殿、本殿、后廊，左右为回廊围合，配殿有：神乐殿和额殿，配楼有：苍龙楼和白虎楼，大极殿左植樱右植橘。其中的鸟居是全日本最大的，高24.4米，宽33米，如图2.17所示。全域透着中国文化的气息，有青龙、白虎、凤池。建筑全部红木构、绿瓦，配以白色沙坪，显得十分神圣。内祀第50代天皇桓武天皇和第121代天皇孝照天皇神位。日本人每年元旦到此参拜，称初诣。

图2.17　平安神宫鸟居
（图片由李东徽提供）

神宫东、北、西三面为神苑，神苑的设计者是明治时代最著名的造园家植冶（1860—1933），1895年（明治28年）西神苑和中神苑建成，1897年（明治30年）东西神苑的溪流完成，1911年（明治44年）至1916年（大正5年）东神苑建成。神苑为池泉回游式庭园，南神苑是日本花卉区，中间溪流环抱平安苑西岸种春七草，东岸种秋七草，东北植红枝樱。植物有八重红枝垂樱、枫树、杜鹃、萩、菖蒲、芭蕉、松树、桔梗、百合、蕗等。西神苑以白虎池为中心，池西出半岛，池北筑瀑布，西南堆土山，山顶构澄心亭。池中开辟菖蒲田，种植各种水生植物，周围种高大自然林木，与岸上的修剪成圆形的灌木形成对比。全园种植植物200种2000余株植物。曲岸用木桩木栏护坡，水陆点缀黑色景石，水角局部砌石岸，铺底石，点汀步。北神苑又称中神苑，西部以细流与西苑相接，两岸高林密布，阴郁清凉，形成夹景。戏剧中心在东部，以苍龙池为中心，池中植睡莲，池畔辟菖蒲田，几个巨石横卧水中，东部筑小岛，岛南北点汀步为涉径。汀步名泽渡或卧龙桥为全日本最有震撼力的汀步，选材自桃山时代大将军丰臣秀吉建造三条大桥和五条大桥的桥墩石。东神苑以栖凤池为中心，东岸出半岛，上立雪见石灯笼。东面为水口河浜式，河底铺玉石，浅水涓流，细缓可人，水口正对两个松岛。西岸建尚美馆，临水构月台，西南接长廊。两岸成片种植红枝垂樱，为春来赏景佳处。栖凤池被壮观的桥殿泰平阁分为南北两域，阁南、西南筑两个小岛，架石桥以构成赏水涉水路径。水南端建平安神宫会馆，素木绿项，仿佛水榭。每年10月22日，京都三大祭祀之一的“时代祭”都要在此举行。届时，由身着古代服装的队列和车马组成的仪仗队再现古都风貌，成为京都观光的重要内容之一。

思 考 题

1. 了解日本园林的历史沿革。
2. 掌握日本园林各时期出现的园林类型、风格特点和代表人物、著作与园林。
3. 重点掌握日本园林各时期的造园特色以及代表园林的总体布局和风格特征。

中篇 | 伊斯兰园林

受地域、气候条件及本土文化影响，伊斯兰园林大多呈现出独特的建筑中庭形式，也因如此，在世界园林史上，伊斯兰传统园林可谓最为沉静而内敛的庭园。在这里，你可以想象它就是尘世中的天堂，而当人们设计、建筑和养护这样一座园林的同时，便在地球上打造出了一处小小的天国。

第3章 印 度 园 林

3.1 印度园林

3.1.1 历史史略

印度是世界四大文明古国之一，公元前2000年前后创造了灿烂的恒河文明。约在公元前14世纪，利安人中的一支进入南亚次大陆，并征服了当地土著。约公元前1000年，开始实施以人种和社会分工不同为基础的种姓制度。公元前4世纪崛起的孔雀王朝开始统一印度大陆，公园前3世纪阿育王统治时期疆域广阔，政权强大，佛教兴盛并开始向外传播。中世纪小国林立，印度教兴起。自11世纪起，来自西北方向的穆斯林民族不断入侵并长期统治印度。1526年建立莫卧儿帝国，成为当时世界强国之一。1600年英国侵入，建立东印度公司。1757年，印度因战败而逐步沦为英国的殖民地。1849年英国侵占印度全境。1857年爆发反英大起义，次年英国政府直接统治印度。1947年6月，英将印度分为印度和巴基斯坦两个自治领域。同年8月15日，印度在与巴基斯坦分治后实现独立。1950年1月26日，印度宣布成立印度共和国，但仍为英联邦成员国。

3.1.2 造园背景

随着伊斯兰教徒东征，17世纪，印度成为莫卧儿（Mughal）帝国所在地。阿克巴（Akbar，1556—1605在位）完成了莫卧儿帝国的建设伟业，并通过印度教徒与回教徒在宗教上的融合，巩固了政治上的统一。印度原有文化在伊斯兰文化的冲击下逐渐改变了其原有形态。造园艺术也不例外，随着伊斯兰文化的入侵，特别是在这之后的莫卧儿人统治时期，印度原有的正统园林艺术与伊斯兰文化发生了很大的碰撞，并逐渐改变其旧有形式而与伊斯兰文化融为一体，形成了印度伊斯兰式园林，兼具波斯伊斯兰园林和印度次大陆的艺术风情，即著名的莫卧儿园林，在世界园林史上写下了灿烂的一页。

3.1.3 气候条件

莫卧儿皇帝在入侵印度后特别钟爱造园，其造园选址主要集中在两个地区：一个是在北纬28°的阿格拉/德里（Agra/Delhi），另一个是在北纬35°的克什米尔溪谷。阿格拉，位于朱木纳河畔德里南部约177km处，是莫卧儿王朝的都城之一，巴布尔等多位莫卧儿皇帝在此造园。此地属热带气候，3～6月酷热，6～9月有季风。其自然景观平淡，缺乏特色，除朱木纳河之外，到处是布满树木的丛林。莫卧儿时代最古老的庭院拉姆巴格（Rambagh）就建于此。克什米尔溪谷，位于喜玛拉雅山脉之中，整体占地范围约129km×48km，距德里城805km。与德里的多变气温相比，克什米尔溪谷气温恒定，土壤肥沃，四周的雪山不仅为之提供了充足的水源，还抵御了季风的影响。迷人的风景、宜人的气候使克什米尔成为帝王们极好的避暑胜地。阿克巴是第一位远征克什米尔的莫卧儿皇帝。之后，其子贾汉吉尔及后继者们在那里建立了永久性的夏宫。

从第一时代的巴布尔时代到第三时代的阿克巴大帝国时代，印度的建筑与园林仍然保持着本国的特征，从第四时代开始，进入名副其实的印度伊斯兰作品时期。

3.2 莫卧儿园林（The mughal Garden）

莫卧儿自称是印度规则式园林设计的导入者。莫卧儿帝王从祖先那继承下来了对旷野和天然景观的本能热爱。他们在理智上注重寻求宁静，而这种宁静则是以建立的各种秩序为基础的。他们全神关注的是现世及来世的永存，并坚持不懈地探索如何才能完美地达到这一目的。莫卧儿帝国的领导人巴布尔又带来了波斯风格的园林，建于1528年阿格拉、朱木拿河东岸的拉姆巴格园即是一例。莫卧儿园林和其它伊斯兰园林的一个重要区别在于不同植物的选择上。由于气候条件不同，伊斯兰园林通常如沙漠中的绿洲，因而具有多花的低矮植株；莫卧儿园林中则有多种较高大的植物，且较少开花植物。

莫卧儿时期最早的临水花园建于17世纪初期，约为1620年，对比同时期下两个强盛的穆斯林帝国的园林形式，伊斯坦布尔的皇家苑囿和普通花园都沿博斯普鲁斯沿岸分布，而萨非王朝的园林则延Zayanda河分布。但是从系统性和整体布局来看，临水的阿格拉具有典型的莫卧儿风格。它们的设计预言了一种典型的陆地包围城市格局。花园布置于主干道的两边，延伸了的水渠穿插于宫殿和城市之间。

莫卧儿园林多建于河流流域或是溪谷之中，依山靠湖，地势相对较陡。于是，这里的莫卧儿园林地面变得不再平坦，取而代之的是一连串的下降阶地。这样的场址规划方式不仅可使观赏者以更佳角度观赏周边群山、湖泊之景，又能使园林设计在地形上与园外景致完美融合，理想地解决了原有场址的高差问题。此外，园中的水景相对陵园多了许多，且通常不采用反射水池般的静态水景，而是更加青睐形式活泼多样的动态水，如跌水、喷泉等，局部由于地形因素甚至设置较为大型的瀑布景观。莫卧儿园林中保存至今的有尼沙特园、沙拉马尔园、阿尔巴尔园和维那格园等，其中最著名的还属建造于克什米尔的沙拉马尔园和尼沙特园。

3.3 沙拉马尔园

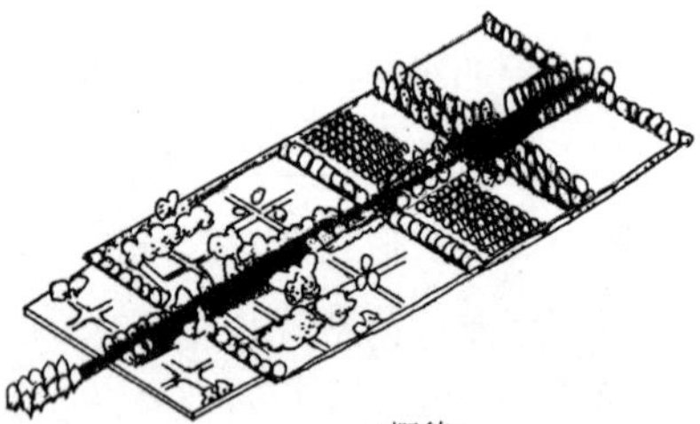
(a)概貌

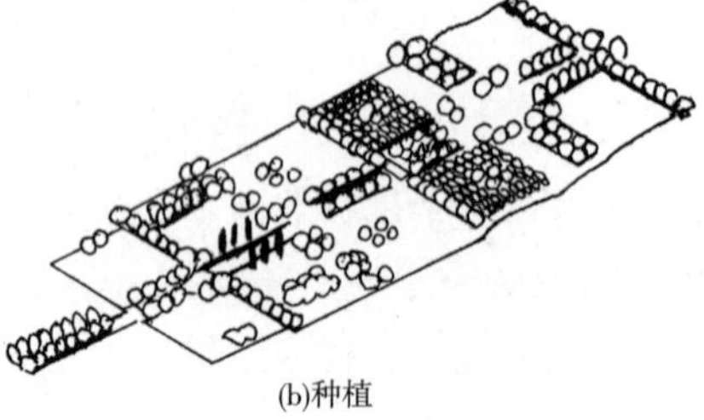
(b)种植

图3.1 沙拉马尔园

沙拉马尔在梵语中意为“欢乐的家园”，它是最著名的一座克什米尔园林。这座园林是1619年由贾汉吉尔开始建造的，并于1630年由他的继承人沙·佳罕延伸到了北边。沙拉马尔跨过一条浅浅的沟壑，四周以群山环抱，以马哈迪奥的雪山为背景，整个园林处于一个闭合的范围之内。庭园共分为三个部分：最外侧的庭园部分、位于中部的帝王庭园和供王妃及女眷使用的庭院。其中，以第三部分最为优雅。外侧庭园是经常向外开放的公共庭园，这里除了公共大厅迪万尼安姆，还有皇帝当众演讲时经常坐的御座巴拉达里。第二个庭园比第一个稍宽，由两个低矮的露台组成。中间建有私人厅，朝廷的成员可以进来这里。虽然作为私人厅的建筑现已不存在，但石台基和喷泉之中的平台还残留着。在这个区域的西北面设有国王的浴室。第三部分是后宫庭园，里面最精彩的是沙·佳罕建造的极漂亮的黑色大理石凉亭，这座凉亭迄今还屹立在喷泉的水花之中。晶莹的碧水在光亮的大理石上闪闪发光，其浓烈的色彩反复闪现在罗汉松古树之中（见图3.1）。

3.4 尼沙特园

尼沙特园是由女皇纳尔加罕（贾汉吉尔的王后）的兄弟阿斯拉夫可罕建造的。它在类型和规模上都跟沙拉马尔园相似，它们起源于同样的建造蓝图，并且是在同一个皇帝统治的时代，在附近的地方用同样的材料建造而成。所不同的是，尼沙特园的园址地形比沙拉马尔更陡，且与湖的关系也更为密切。整个庭园由 12 个露台组成，象征着 12 座宫殿，它们沿着达尔湖的东岸依山逐渐升高，也就是说整个院子包含了 12 层台地。台地高度的转换是通过很宽的低层瀑布来实现的，流经水渠的水变成台阶形瀑布落下。每一个水池，每一条水渠中都有喷泉，当喷泉喷射时，整个庭园充满生机。据说，尼沙特园一年四季的景色都很迷人，在那些明丽露台上的花坛中，蔷薇、百合等各种鲜花争奇斗艳；而在最美的秋季，白杨、洋梧桐的金黄色树叶在黛色山峦的映衬下更是景致万千（见图 3.2）。

莫卧儿人的陵园多建于平原上，它在莫卧儿花园中占有十分重要的地位；莫卧儿游乐园则在克什米尔等依山靠湖地区留下了若干实例。

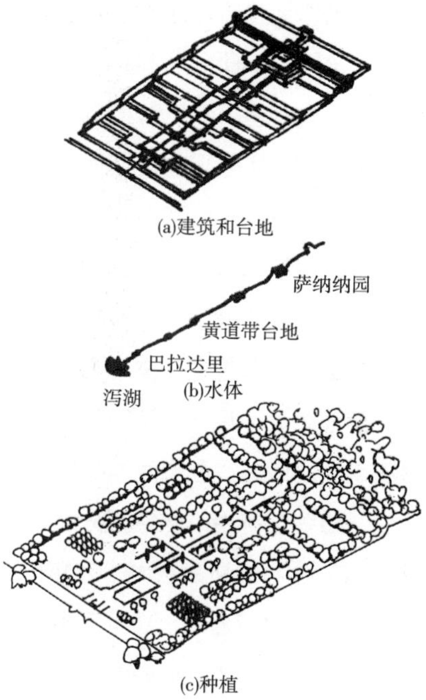

图 3.2　尼沙特园

3.5　莫卧儿陵园

在莫卧儿花园中，陵园占有十分重要的地位。陵园建于印度的平原上，通常按照莫卧儿人在《古兰经》中得以许诺的“天园”的样式建造于国王生前。当国王死后，这里便成为天堂的入口，即天国和人间彼此连接起来，这也是阿拉伯造园艺术的基本思想。

巴布尔（Babur，1483—1530）之后的几个国王的陵墓，全都是伊斯兰式的花园，且规模宏大。胡马雍（Humayun，1530—1556 在位）的陵墓在德里，阿克巴的陵墓在席坎德拉（Sikandra，阿格拉堡附近），贾汉吉尔（Jahangir，1605—1627 在位）的陵园在拉合尔（Lahore）附近。这些陵园都是方形的，陵墓本身位于方形的正中央，其前后左右沿轴线的十字形路将陵园分成四大块，然后，每块再分成小方块。其中，胡马雍和贾汉吉尔的陵墓都是由各自才华横溢的王后督造的，而沙・杰罕（shah Jahan，1627—1650 在位）却督造了他的王后的陵墓，这就是著名的泰姬・马哈尔陵（以下简称泰姬陵），它可以称得上是世界上最美丽的陵墓。这里将重点介绍胡马雍陵和泰姬陵。

图 3.3　胡马雍陵

胡马雍陵（Mausoleum of Humayun）建于 1556 年，是莫卧儿王朝第二代皇帝胡马雍（Humayun）的陵墓，也是伊斯兰教与印度教建筑风格的典型结合，是莫卧儿王朝陵墓之最，也是印度最早的莫卧儿式建筑。胡马雍陵是一座伊斯兰式的陵墓，也是莫卧儿时代最早的一座大型纪念物，据说它的设计在 80 年后还为泰姬陵所沿袭。陵墓主体建筑由红色砂岩构筑，陵体呈方形，四面为门，陵顶呈半圆形。整个建筑庄严宏伟，为印度乃至世界建筑史上的精品。胡马雍和皇后的石棺安放在寝宫正中，两侧宫室放着莫卧儿王朝 5 个帝王的石棺。胡马雍的陵墓是阿克巴时代莫卧儿建筑风格发展中一个突出的里程碑。它巧妙地融合了伊斯兰建筑和印度教建筑的风格，开创了伊斯兰建筑史上的一代新风。这组建筑群规模宏大，布局完整。整个陵园坐北朝南，平面呈长方形，四周环绕着长约 2km 的红砂石围墙。陵园内景色优美，棕榈、丝柏纵横成行，芳草如茵，喷泉四溅，实际上是一个布局讲究的大花园（见图 3.3）。

3.6　泰姬陵

泰姬陵是世界上最优雅、最富浪漫风格的建筑之一，坐落在印度阿格拉堡附近亚穆纳河畔的一组建筑群，也是印度人民伟大创造才能的不朽丰碑。公元17世纪时，莫卧儿王朝的皇帝沙·杰汗（sha–Jehan）的宠后姆达吉–伊–玛哈尔（Mumtaj–i–Mahal）于公元1629年去世。沙·杰汗悲痛欲绝，决定建造一座陵墓来纪念她。为了设计和建造这座陵墓，除了调集全印度最好的建筑师和工匠外，还聘请了土耳其、伊朗、中亚（撒马尔罕和布哈拉）、阿富汗和巴格达等国的建筑师和工匠来参与设计和施工，其中主要的建筑师是乌斯达德·穆哈默德·伊萨·埃赛迪（Ustad Muhammed Isa Ethendi）。所以，这座陵墓可以说是伊斯兰世界整个建筑经验的结晶。

泰姬陵于1632年开工，每年动用2万名工匠，到1643年左右才完成，累计用工高达20多万人。而陵园中附属建筑、清真寺和围墙等全部竣工则在1650年，前后长达18年之久。沙·杰汗皇帝原计划在亚穆纳河的另一侧用黑色大理石为自己建造一座与泰姬陵同样的陵墓，后因王子篡夺皇权并囚禁了他，这项计划未能实现。

泰姬陵总体设计采用对称的布局，全园占地17公顷，陵园呈长方形，宽约304米，长约580米，周围环绕着红砂石砌成的院墙，整个陵园布置极为工整对称，前后分成两重院落。陵园的中心部分是大十字型水渠，将陵园分为四块，每块又有由小十字划分的小四分园，每个小分园仍有十字划出4小块绿地，前后左右均衡对称，布局简洁严整。“4”字在伊斯兰教中，有着神圣与圆满的意思。中心筑造一高出地面的大水池喷泉，十分醒目。陵墓建筑全部采用白色大理石建造，建筑形象为高70多米的圆形弯顶，四角配以高约42米的尖塔。建筑屹立在花园后面10米高的台地上，强调了纵向轴线，这种建筑退后的新手法，更加突出了陵墓建筑和保持陵园部分的完整性。建筑与园林结合，弯顶倒映水池中，画面格外动人。陵墓寝宫高大的拱门镶嵌着可兰经文，宫内门扉窗框雕刻精美，墙上有珠宝镶成的花卉，光彩闪烁。寝宫四壁均有尖拱状的凹壁和透雕的花窗装饰。屋顶为双重穹隆，外层鼓状石座承托着一个硕大的球形圆顶。大圆顶底部四角环峙四座小圆顶凉亭，造型简洁精确，节奏明快和谐。陵寝的水池与环境的设计颇具匠心，天光水影，交相辉映，又不乏端庄肃穆之感，给这座陵墓增添了梦幻般的色彩，因此有“大理石之梦”的说法。泰姬陵继承了波斯，中亚伊斯兰建筑传统，但又融合了印度古建筑的独特风采。它体形明确，比例匀称，色彩柔和，施工精巧，具有较浓的世俗气息。较完好地表现了上层穆斯林对来世生活的乐观态度和对伊斯兰天国乐园的向往之情。建筑和园林艺术的高度融合，大理石陵墓的洁白纯净，常绿树的端庄凝重，纤纤草坪的绿茵如毡，各式喷泉的迷蒙飘渺，粼粼倒影的虚实涵映，真可谓是相辅相成，交相辉映，使得陵墓倍增艺术魅力。

陵墓有高达一层的台墓，其主体为正方而抹去四角，四向的立面完全一样。分为三段，中央段高高耸起，设尖拱形凹廊，拱门高33m，穆斯林经典——《古兰经》的经文镶嵌在门廊的框上；陵墓的正中覆盖着一台巨大的蒜头形外壳穹顶。中央穹顶的直径达17.7米。中央段的两侧，因抹角而呈八角形，各设两层比较小的拱形凹廊，其顶部设一座小亭子，也以穹顶覆盖与中央大穹顶相呼应。台基四角耸立着四座祈祷塔，塔高40.6米，约为中央穹顶端高度的三分之二，整体主次分明，起伏有致，构图端庄和谐（见图3.4）。

泰姬陵的建筑包含着复杂的隐喻。它是世界上极为珍贵的象征主义杰作。当封闭的几何形花园成为了传统到处重复时，难免产生单调感，而扩大了景观概念则更新颖，更有意义。

在印度伊斯兰园林中，也有与印度模式相混合的伊斯兰几何形。例如，叶片图案在埃及象征着生命的起源，而在印度则是宇宙的符号。拉合尔的夏利玛尔庭园位于达尔湖的东北部，竣工于1619年。该园呈阶地状，并分为三部分，一为妇女使用，一为国王使用，还有一处供公众使用。妇女的活动通常是隐蔽的，她们的庭园处于最上层，以提供最大私密性和最好的视野。

1630年，沙·杰汉在妇女庭园的中心增加了一个凉亭，成为建筑趣味中心。距夏利马庭园不远处是尼夏特巴格园，该园亦为阶地状，最初12个层次，并有一条狭长的水渠联系着不同层面。尼夏特巴格园以其场地规划著称。在台地后方，可饱览壮观的群山风景。在轴线另一端则是一个湖泊。花园的场址非常理想，既便于观景，又与园外景致完美融合。临水花园的配置成为沙杰汗地区沿河园林的基本组成部分。这种临水园林的体制最初是从莫卧儿式园林借鉴而来并加以发展的。沙杰汗的宫苑对之后的园林发展并没有起到促进作用，相反它成为当时园林发展的一个终点。其中的很多元素对印度当地文化艺术造成了长久的影响，但临水花园却并不在这个花园之中。相比之下，

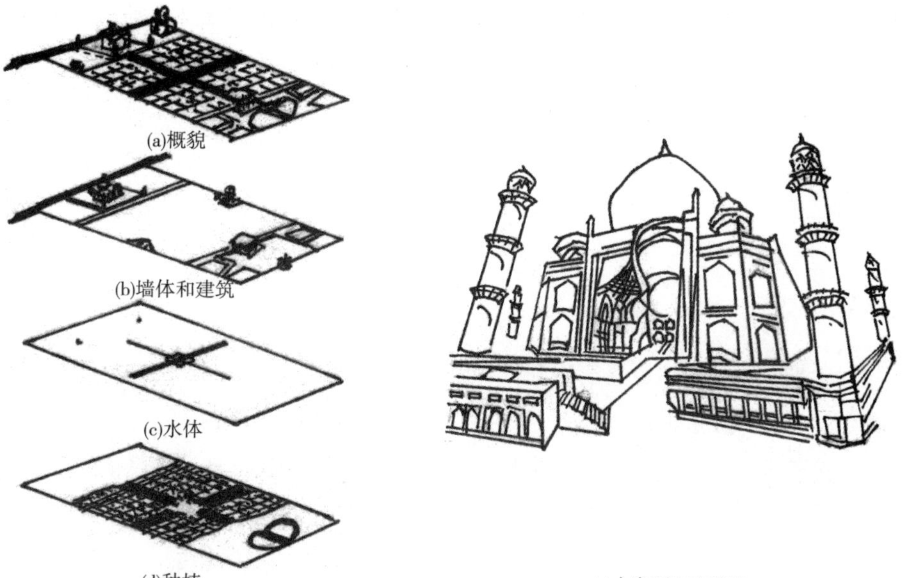

(a)概貌 (b)墙体和建筑 (c)水体 (d)种植 (e)大穹顶和宣礼塔

图 3.4 泰姬陵

起决定性作用的还是莫卧儿时期的园林。

通过沙·杰汉地区的园林和建筑形式，我们可以看出当时园林发展的两大趋势：一是沿河按照完美对称形式布局；二是在克什米尔之外，莫卧儿园林发展了自己的台地式格局，其花园形式成为该时期的显著代表，而整个花园的格局可以被调整而不影响整体的结构。

3.7 17 世纪初期莫卧儿园林的类型

拉合尔市发现的第一种园林形式是居住区绿地，而在 16 世纪初期，这种绿地本是作为城市扩张中用于修建花园的空留地。由于居住区的发展，这些花园成为距离居民区最近的园林。而后来在 17 世纪中期兴起的居住区建设中，花园已成为居住所建设的必要部分。居住区园林还包含城堡式园林和宫殿式园林，它们分为私人花园和半开放花园，其开放程度根据不同的需求来划分。而园林中水系统不仅为景致增色，还承担了实际的功能。第二种园林形式是墓地园林，这一类园林由于其纪念性和严肃性，对于氛围的营造十分讲究，强调一种与先贤对话的庄严的精神场所。第三种，也是最为重要的，即娱乐休闲型园林。这种类型受到自然和早期的莫卧儿山谷建筑的启发，应用了水车来提供足够的水循环，而这些园林基本上只在傍晚和春季才投入使用。

朝臣和王公贵族们从 17 世纪中期开始效仿帝王大举兴建园林，由于所体现的社会功效以及地区的象征，拉合尔市在当时被誉为“花园之都”。

3.8 莫卧儿园林及相应的地理学发展

16 世纪的历史进程中，对中亚园林有着巨大影响的莫卧儿园林开始由小型的花园建设进化发展为大规模的区域和城市设计规划。研究调查显示，莫卧儿早期（1500—1550）园林的主要功能是用于服务社会生活。

“Garden”这个词最早是场所按其体量和面积的大小进行归类，从小的菜畦扩展到大体量的花园系统。而穆斯林园林中关于天堂的描述始终贯穿于各个花园中。有时候这类象征会根据时代、领土的变迁而被赋予政治、经济等含义。莫卧儿园林涵盖了广泛的历史范畴，具有丰富的内在和代表性。

16 世纪早期的园林主要用于：①领土控制的象征；②具有纪念意义的场所精神；③主权和身份的象征；④作为整个地域系统的节点；⑤空间的隐喻和有秩序的规划。在 16 世纪下半叶，园林的领土标识作用逐渐削弱，之后得到发展的则是墓地园林，莫卧儿园林在殖民时期逐渐没落。各类娱乐或休闲型园林逐渐为铁路运输的建设而让步，墓地园林变成了教堂、居住区、废弃军火的垃圾场和管理办公室，而郊区的园林也被改造为工作室、运河和兵营。造园受制于市政和权威，不得不面临着从历史潮流中没落的境地。

3.9 造园特征

3.9.1 园林布局

莫卧儿园林沿袭了波斯伊斯兰园林的造园法则，平面布局是几何图案式，分割或进一步分成许多小的几何图形。典型的莫卧儿园林，构图一般是正方形或长方形，分成4块，四周围以高墙，入口宏伟壮丽，大门由珍贵木材制成。高墙是为了挡住外界的热风。一般来说，莫卧儿园林中的花园和建筑部分没有严格的区分，两者非常协调地融合在一起。但是宫廷花园内，因为功能的需要，举行宫廷仪式的区域就渐渐地与闺房区域严格分开了。

3.9.2 园址地形

莫卧儿园林的一个重要特征是把地形改造成几层台地，这种做法始于巴布尔。因为莫卧儿人来自多山地区，把花园做成台地是山地园林的当然做法。巴布尔把这种形式带到了平原地区，并被后来的莫卧儿园林所继承。上层台地和下层台地之间用美丽的水坡（称为Chadars，意为“水披巾”）过渡，水坡由大理石或玉石制成，上面雕有精美的图案，水流经过时，水花飞溅，波光粼粼，在白色石材的映衬下美丽非凡。陵园通常建于地势相对平坦的平原之上，在场址的选择上延续了以往伊斯兰园林的造园观念，空间相对开阔；而莫卧儿人的游乐园则常常建于依山靠湖之处，地形相对较陡，因而大多数庭园在竖向处理上采用了层层阶地的方式，这样既便于观赏群山、湖泊之景，又能在地形上与园外景致完美过渡，场地规划较为理想。

3.9.3 水的运用

在炎热、缺水的气候条件下，水成为伊斯兰园林构成的重要因素，蓄水池、水渠、喷泉等各种理水方式得到了广泛的采用。在印度伊斯兰造园中，水的运用除了沿袭伊斯兰传统园林中必不可少的水渠、水池之外，还在许多游乐园中加入了台阶瀑布，跌水、喷泉等动水景观，使整个庭院充满活力，生机勃勃，例如泰姬陵的水渠有18英尺宽。与波斯人一样，莫卧儿人也用蓝色瓷砖装饰水池。

3.9.4 植物选择

莫卧儿园林和其他伊斯兰园林的一个重要区别在于不同植物的选择上。由于气候条件不同，伊斯兰园林通常如沙漠中的绿洲，因而具有许多多花的低矮植株；而莫卧儿园林中则有多种较高大的植物，柏属植物和开花植物，例如白花羊蹄甲和橘树以及柠檬树等果树。

综上所述，从历史材料和文献我们可以得知：曾属于统治阶级精英的财富的莫卧儿园没林仍就在选址、亲近自然和城市建设中扮演着重要的角色。

思　考　题

举例说明印度莫卧儿园林的特点。

第4章 土耳其园林

传统伊斯兰园林由四部分组成，即直线构成的水渠，成为传统伊斯兰园林的原形，充满了宗教神学的神秘和感性。伊斯坦布尔郊区的园林格局并不同于沙漠地区国家包含有对绿洲的描绘和模仿，同时又形成相对的闭合空间用以隔离沙土和酷热。相反，伊斯坦布尔郊区园林格局继承了既定的造园手法，由同时期的传统阶级主持修建，融合残余的受拜占庭时期伊斯兰造园影响的格厄列克——罗马式别墅风格。由此可见，伊斯坦布尔的园林形式和早期的园林形式有密切的联系，而这种形式是同时期意大利造园师们近相效仿的。

4.1 历史背景

Schweigger 观察到在伊斯坦布尔，每半英里之内就有许多这样的园林。16 世纪的旅行家证实了博斯普鲁斯（Bousphoros）海岸都是皇室成员所设置的郊区花园，而且大部分集中在西亚一侧的沿岸。法国人 Philippe du Frenen－canaye 曾在塞利姆三世时期游历了伊斯坦布尔。他于 1573 年写道：西亚海岸都是这种规模的园林。同时它们也出现在了欧洲的海岸线境内，之后这三种园林中开始出现各种各样的房屋建筑，逐渐发展成为一条连续的城市带，延伸了大约 20 英里。尽管 15 世纪的郊区花园形式代替了拜占庭时期的皇家地产，但拜占庭帝国的航海别墅仍然占据着马尔马拉沿海一带。

苏丹的统治精英们将博斯普鲁斯的郊区花园发展到了前所未有的水平，为传统的郊游和远足提供了别具一格的建筑特色和风光，而这种手法也在 16 世纪逐步成熟起来。将娱乐和生产融合为一体的造园形式原本源自罗马式庭院，而后被拜占庭王朝继承和发扬，并应用于著名的托普卡帕宫，由苏丹．穆罕默德二世建造（1460—1470）；它展现了稀有植物、动物以及矿物资源。而在 16 世纪后期，托普卡帕宫的台地花园则是手拜占庭园林的启发，将柏树依墙种植，而花池则集中围绕着亭阁，周围有水池、喷泉、葡萄园、草地牧场、树林、菜园、野草和本地的动物。同时还有大型鸟舍。为了创造一个展现帝国的微观世界，这些元素与代表胜利的纪念物相结合。而在园中，观景台呈现着多种来自不同地区象征着胜利的形式，修建于人工水池的边缘。

16 世纪土耳其郊区花园说明了波斯园林（同时期）并不是一个广泛分布在伊斯坦布尔各地区的，相对而言，拥有简单的对称格局的花园则更为普遍。这些花园没有规则边缘，而且内部呈自由随意的布置。他们并不严格按照山地和台地惯用的依附于灌溉水渠而呈现对称布局，而无轴线式的设计则弱化了全局的角度控制，反之强调了自然肌理所呈现出的复杂性和不可预见性。

16 世纪博斯普鲁斯的皇家花园很少用于外交和公事，直至 17 世纪才开始用于接待各国使节和用于纪念活动，亭台楼阁是根据隐居的建筑形式和条件所建造的，他们相对隐蔽、低调，不受外界干扰，而且难以被发现。而这些皇室的亭馆又作为展览皇室文化的重要媒介。它们记录了苏丹的私生活和在园中进行的各项活动。

当时的土耳其园林多属于城市中产阶级，它们是一些私有的、非正式的绿地，用于个人的休闲娱乐。而这些花园是基于放松压力、培养个人兴趣爱好而建造的。而那些没有私家花园的居民，则可以充分利用公共绿地，或经过特别修饰的咖啡馆花园类型的广泛流行显示了园林文化在当时的伊斯坦布尔的重要地位。这些文化不仅仅反映在园林中，同时也表现在音乐 、诗歌和各种视觉艺术中。并对当时的欧洲园林造成了一定的影响。而园林的盛行也造成了鲜花市场在伊斯坦布尔的兴起。

拥有金字塔的外形，内部是空顶的木质亭子，在 17 世纪的土耳其非常流行并最终超越了石头堆砌的空顶观景亭，并在博斯普鲁斯海岸大量出现。

17 世纪的波斯皇家园林并不像同时期的欧洲园林那样用于游憩和观赏，反之，他们注重园中的视线控制，比如坐在某一个亭中，不用走动，就能够饱览全园的景色，呼吸新鲜的空气，感受自然的气息。

18 世纪苏丹国的崛起，改变了一贯的隐居式园林风格，逐渐向公共开放式园林转化，皇家园林开始作为接待外国使节的重要场所逐步得到开放，皇家园林私密性的降低以及结合着社会不同阶层的园林出现，暗示了土耳其传统社会制度的瓦解。

土耳其园林在 18—19 世纪经历了巨大的转变，随着文化的发展，园林形式也在频繁地更新，因此，最早的园林形式已经无迹可寻。

4.2 造园风格

土耳其园林构成了一种独特的综合体，而这种形式同属于地中海时期的意大利园林，16 世纪土耳其园林没有被保留下来，关于这方面的研究仅限于史书、文献和画册，例如，karabali garden in kabatas（郊区园林）被 Schweigger 描述为皇家的“娱园”，该园布局为：中央十字形布局的路径，而该路径能容纳 3 匹马并排骑行，有围墙环绕，并种植了 2 列行道树以保证园内的私密程度。四块被划分开的区域则以矩形呈形，分别种植了花草和果树。区域中央则是木制的亭阁，其中一个是开放式设有窗户的观景台，前面则是设置了一个 20 英尺的大理石游泳池和喷泉，在它们的不远处是一个格子状的亭子，装饰着瓷砖。还有体量很大的建筑，建筑左侧面向大海的门屋顶被掀开，由此可推断：这是造园师的住处，任何想要游览花园的人都必须贿赂造园师。园中控制视线的观景亭周围是小型的矩阵花池，以柏木作为行道树的小径和铺鹅卵石的步行道、台阶、水池和喷泉都构成了相对纯粹的自然中的景观节点。整个园中只有一小部分区域是呈规则式布局，用于缓解从建筑向自然的过渡，而剩下的区域，如果园、菜园、葡萄园等则被树林围合着，可用于狩猎。在这些园林中，除了一些特别大的大理石板材的亭阁，大部分构筑屋都是木质的并漆以赭石色充满富贵气质的涂料，而花园的设计体现出了一种微妙的平衡关系，属于纯自然的特性被完整地给予保留，而将人工和纯自然间建筑的比例降到最低，最大程度地还原了自然景观，未经碰触过的自然。

思　考　题

举例说明土耳其园林的特点。

第5章 西班牙园林

697年，阿拉伯人向北非沿岸西进攻陷了卡塔戈城，越过直布罗陀海峡，进入西班牙领土。从那以后，他们统治该半岛直至八世纪。阿拉伯人移植西亚，尤其是波斯、叙利亚的地方文化，使西班牙文化受到很大的冲击。这种现象从波斯建筑师设计的宏伟宫殿和别墅可以见证。虽然也引入国外的一些植物进行栽种，但仍以西班牙的阿拉伯式造园为标准，创造出富有东方神韵的西班牙阿拉伯式园林。伊斯兰对西班牙的征服始于711年，716年攻占塞维利亚之后，西班牙算是被完全征服。在长达700年的穆斯林统治下，阿拉伯人大力移植西亚，尤其是波斯、叙利亚的地方文化，使西班牙留下了一些永存在西班牙人心中的思想方式（这是东方文化给欧洲的最大印记），从而创造了富有东方情趣的西班牙阿拉伯式造园。西班牙摩尔人在这片分离的土地上创造了一种新文化以及与之相应的新环境，并将其反映于当时的园林设计理念之中：由厚实坚固的城堡式建筑围合而成的内庭院。这些庭园被白墙环绕，被水道和喷泉切分，并种植了大量的常绿树篱和柑橘树，利用水体和大量的植被来调节园庭和建筑的温度。14世纪的阿尔罕布拉宫庭院（Alhambra）是其典型代表。

阿卜德·拉赫曼一世是西班牙阿拉伯造园文化的屈指可数的早期领袖之一。他衷于园艺，模仿祖辈，将各种珍稀的国外的，尤其是叙利亚的花卉草木移植到西班牙，并在科尔多瓦建造宫殿，采用东方建筑的风格来装饰宫殿。相传他为了建造别墅和庭园，专门派遣官员们前往遥远的叙利亚、印度、土耳其等地，收集各种奇花异草，进行适当的栽培，从此，传播到西班牙各地。

5.1 阿尔罕布拉宫

阿尔罕布拉宫（Alhambra Palace）建于1238—1358年，位于格拉那拉（Granada）城北面的高地上。后来由于被破坏和改造，它的大部分已失去了昔日的壮观。这座宫殿是13世纪中由伊本·拉·马尔创建的，直到14世纪中叶，才由约瑟夫·阿布尔·哈吉完成。目前还留着4个中庭。此宫建筑与庭园结合的形式是典型的西班牙伊斯兰园，它是把阿拉伯伊斯兰式的“天堂”花园和希腊，罗马式中庭结合在一起，创造出西班牙式的伊斯兰园，西班牙称其为“帕提奥”（Patio）式（意思是院子，天井）。这组建筑是由四个“帕提奥”和一个大庭园组成的。此宫庭园的四个Patio的特征是：第一，建筑位于四周，围成一个方形的庭园，建筑形式多为阿拉伯式的拱廊，其装修雕饰十分精细。第二，位于中庭的中轴线上，有一方形水池或条形水渠或水池喷泉。在夏季炎热干燥地区，水极为宝贵，可取得凉爽湿润的感觉。第三，在水池、水渠与周围建筑之间，种以灌木、乔木，其搭配数量各不相同。第四，周围建筑多为居住之所，还有些地方将几个这类庭园组织在一起，形成“院套院”，这一点同苏州园林相仿，靠近入口处有该园的主庭——“池庭”，因中心建有浴池而得名。后来由于几易其主，沐浴仪式也就废除了。现在池的两边种着桃金娘科植物树篱，又被称为“桃金娘宫中庭”（Patio de los Arrayane）。四条小水渠将全园分成四区，种植花草和柑橘树，与这个庭相连的是著名“狮庭”（Patio delos Leones）。该庭园由穆罕默德五世建于1377年，具备了典型的阿拉伯式庭园的特征。而该园中还具有着极度特色风格的庭园——附属于Harem后宫的“达哈拉中庭”。园中的建筑结合了伊斯兰风格和基督式特征。

最具代表性的桃金娘宫中庭建于1350年，是一个极其简洁的，近似黄金分割比的矩形庭院，东西宽33米，南北长47米。正殿是皇帝朝见大使举行仪式之处，庭园南北向，两端柱廊是由白色大理石细柱托着精美阿拉伯纹样的石膏块贴面的拱券，轻快活泼，建筑倒映水池之中，形成恬静的庭园气氛。南面的柱廊为双层，其后是高耸的科玛雷斯塔。

此庭院中央有7米宽，45米长的用白色大理石砌成的大水池，水面几乎占据了庭院面积的1/4。池水紧贴地面，显得开阔而又亲切；平静的水面，使四周的建筑及柱廊的倒影十分清晰。水池南北两端各有一小喷泉，与池水形成静与动，竖向与平面，精致与简洁的对比。在水池两侧各有3米宽的整形桃金娘种植带，故此处名为“桃金娘”庭园。植篱为建筑气氛很浓的院子增添了一些自然气息，其规整的造型与庭院空间又很协调。桃金娘宫庭院是属于中庭为大水池的“Patio”类型。庭院的东西两面是较低的住房，与南北两端的柱廊连接，构图简洁明快。桃金娘宫庭院虽由建筑环绕，却不感到封闭，在总体上显得简洁、幽雅、端庄而宁静，充满空灵之感。

5.2 狮子宫庭院

狮子宫庭院是阿尔罕布拉宫中的第二大庭院，也是最精致的一个，建于1377年，是后妃的住所。庭院东西长29米，南北宽16米，四周是124根大理石柱细长柱拱券的回廊，其柱有三种类型，即单柱、双柱和三柱组合式，显得十分精美。东西两端柱廊的中央向院内凸出，构成纵轴上的两个方亭。这些林立的柱子，给身入其境的游人以进入椰林之感，复杂精美的拱券上的透雕则恰似椰树的叶子一般。十字形的水渠将庭院四等分，交点上立有一近似圆形的十二边形水池喷泉，中心是圆形承水盘及向上的喷水，四周围绕着12座精细石狮雕像，由狮口向外喷水，水从喷泉流下连通十字形水渠，此石狮喷泉成为庭院的视线焦点，故此院名为狮子院，象征沙漠中的绿洲。此庭院是属于十字形水渠的Patio类型，水渠伸入到四面建筑之内，在水渠端头设有阿拉伯式圆盘水池喷泉，可使室内降温清凉。

柏木庭院建造于16世纪中期，是边长只有十多米的近方形庭院，空间小巧玲珑。北面有轻巧而上层空透的过廊，由此可以观赏到周围的美景，另外三面则是简洁的墙面。庭中植物种植十分精简，在黑白卵石镶嵌成图案的铺装地上，只有四角耸立着4株高大的意大利柏木，中央是八角形的盘式涌泉。

5.3 格纳拉里弗园

格纳拉里弗园（Generalife）是另一个宫廷庭园，此园位于阿尔罕布拉宫东面。园的名称是从“Gennat – Alarif”而来，其意是“Garden of the architect”，即建筑师的花园，为建筑师所有。这里原有格拉那达最早的伊斯兰国王建造的宫廷花园，1319年由阿布尔·瓦利德扩建，作为他的夏宫。

格纳拉里弗花园被称为是西班牙最美的花园，也是欧洲，乃至世界上最美的花园之一。它的规模并不大，采用典型的伊斯兰园林的布局手法，而且在一定程度上具有文艺复兴时期意大利园林的特征。庄园的建造充分利用了原有地形，将山坡劈成7个台层，依山势而下，在台层上又划分了若干个主题不同的空间。这个庭园比阿尔罕布拉宫高50米，可纵览阿宫和周围景色，它与阿宫形成互为对景的关系，彼此呼应，整体和谐，这是此园的一大特点。在水体处理上，将斯拉·德尔·摩洛河水引入园中，形成大量的水景，从而使花园充满欢快的水声。

沿着一条两边有墙，长300多米的一条形的多姿多彩的柏木林荫道，即可进入园中。在建筑门厅和拱廊之后，便是园中的主庭园—水渠中庭，此庭由三面建筑和一面拱廊围合而成。中央有一条长40米，宽不足2米的狭长水渠纵贯全庭，水渠两边各有一排细长的不同形状的水池喷泉，水喷成拱门形状，在空中形成拱架，然后落入水渠中；水渠两端又各有一座莲花状喷泉。水池两侧布满花卉和玫瑰，在花卉两旁有绿篱树相衬，层次丰富，色彩鲜艳。在条形花园的纵向轴线上设有条形水池，此园具有明显的导向性，使游人轻松地漫步到北面尽头的庭院内。

从水渠中庭西面的拱廊中，可以看到西南方150米开外的阿尔罕布拉宫的高塔。拱廊下方的底层台地，是以黄杨矮篱组成图案的绿丛植坛，中间有礼拜堂将其分为两块。水渠中庭的北面也有精巧的拱廊，后面是十分简朴的府邸建筑，从窗户中也可以欣赏到西面的阿尔罕布拉宫。府邸的地势较高，其下方低几米处有方形的小花园，四周围合着开有拱窗的高墙。这是一块面积仅一百多平方米的蔷薇园，米字形的甬道，中心是一圆形大喷泉。

府邸前庭东侧的秘园是一个围以高墙的庭院，这里布局非常奇特，一条两米多宽的水渠呈U形布置，中央围合出矩形“半岛”，“半岛”中间还有一方形水池。与水渠中庭一样，U形水渠的两岸也有排列整齐的喷泉，细水柱呈拱状射入水渠中。两个庭院的水渠是互相连接的。方形水池两边是灌木及黄杨植坛，靠墙种有高大的柏木，使庭园既有高贵的气质，又有一种略带忧伤的肃穆感。

南面的花园是层层叠叠的窄长条花坛台地，许多欢快的泉池，形成阴凉湿润的小环境。小空间的布局方式及色彩绚丽的马赛克碎砾铺地，都是典型的伊斯兰风格。顶层台地上方，有一座白色望楼，居高临下，可眺望远处景色。台地花园的南北两端，各有一条蹬道联系上下，并与望楼相接。

思 考 题

举例说明西班牙园林的特点。

第6章 波 斯 园 林

据艺术起源的研究，人们对于逝去的生活方式总有一种怀恋之情，常常会用一种游戏的心情模仿以前的生活场面，这一也是东西方古代统治者都喜好游猎的原因。随古希腊历史文化之后，撒克逊人在公元4—7世纪占领了波斯。关于这一时期造园模式的描述，可从当时的另一种艺术形式—地毯上找到。

波斯和伊斯兰园林在欧洲学术界有着众多的定义，这种园林确实是人们为了娱乐、放松、探索等需求而建造的。但在众多意义中，文化、经济、政治方面都和园林的奢华有关，这些园林不仅仅是园林本身，还象征了无上的财富和权利。不过那些精美的花园只是冰山一角，园林开始向大众化发展，已不再是某些权钱之士的专利，也不是为了文明于世而倾注大量财力来建造。园林被不断的再建造，不是被皇室和贵族，而是由拥有土地的人来实施和完善，它们之中的大部分都兴盛于16世纪的中亚地区，但是这些园林很难在普通的编年史和传记中出现。

随着伊斯兰教进入波斯地域，波斯文化也被伊斯兰所吸收。杰弗里·杰利科（Geoffrey Jellico）在《人类的景观》一书中写到，波斯伊斯兰园林吸取了两个相反的构想：一个是《古兰经》中的天堂，其中写到，伊甸园中，树荫底下，河水流淌；另一个是沉思和交谈的场所，在那里，人的身体和心灵都得以休息，思维从成见中解放。在建筑是天堂和尘世的统一物的构想影响下，便产生了一种新象征主义，在波斯伊斯兰园林中，常常可以看到弯顶建筑，通过它将方与圆相联。波斯人有一种美学观，认为客体世界“有它自己的规律”，客体世界“是形和色的世界”。这种美学观表现在建筑艺术上，波斯人追求单纯的几何性：方墙、弯顶、圆塔。装饰图案都用精确的几何形。他们也追求鲜艳的彩色，直至把建筑物整个地用琉璃砖贴面。所以波斯的园林也是可能是这种美学观渗入到伊斯兰教的观念中去，早期的伊斯兰艺术，都不摹写动物和自然形态的植物形象。所以在花园里也就没有意大利和法国花园里那么大量布置的雕刻品。这样就更加显示出图案的重要，力求构图精美，比例和谐。在波斯庭院中，水池几乎都是设在建筑物之前，偶尔也有设在建筑物内部的情况。不可思议的是，水池的形状不是伊斯兰庭院中的那种圆形，而大部分采用方形或八角形，这或许是因为该国的造园一直循着与模仿自然形成鲜明对照的道路前进之缘故，庭院形式本身是按几何构成展开的，所以，水池的形状也采用方形或八角形，视曲线形为不合理的形状而弃之。

波斯园林是密集型灌溉农业的产物，它们被广泛应用于伊朗和中亚，用来表达都市绿洲的理想化环境，而中世纪波斯园林却显有关于将园林描述为独立的农业生产用地的信息。

中世纪波斯园林在当时的历史环境下，呈现了伊斯兰社会在当时已经开始注重“天堂式的花园”这一概念，并认为所谓的天堂就是一座美好的园林。尽管存在着考证等不足因素，但从所参考的关于苏丹时期的园林发展的文献来看，在莫卧儿时期的印度地区，农业生产对促进园林发展有着重要作用。同时将这一时期的园林形式与经济发展相连系，而且，园林不仅仅为经济发展提供原材料和作物生产，同时还扮演了重要的社会及政治角色。园林中亭、馆的形式，均反映了不同的地位身份象征，以及社会功能。

波斯园林的一类是王室猎苑，其中留有大面积的林地，王公贵族狩猎和骑马。另一类是天堂乐园，受波斯艺术（特别是诗歌、地毯和绘画）广泛影响，它代表了波斯人对天堂的向往和理想化描述。波斯庭园主要采用两种自然元素，即水和树，水是生命的源泉，而树则因其顶部而更加接近天堂。猎苑的建造在同时期的皇家园林建设活动中占有重要的地位。由于狩猎活动是16世纪皇家消遣娱乐的基本项目之一，因此狩猎活动和造园在空间需求及文化上都极为相似。17世纪初期，造园和园艺同猎苑的设计建造融合到一起，直至16世纪下半叶，关于园林的文献及描述强调了不同园林类型的生产价值和经济效益。不同于惯性思维中所常用的描述方式，对这些园林的描述，则更多地强调了它们的设计原则是基于不同的社会功能来实现的。例如集会、社交，用于外交接待、军队需求等，它们被更多地应用于农业生产或试验用地。而对于"园"在那个时期则被赋予了许多定义。根据园的体量、位置、所有者，用途以及构成要素来进行划分，从而反映出"园"的设计者、改造者和使用者的不同目的。此中心区的园林具有波斯和伊斯兰造园的融合特点，有水和规则整齐花坛组成的庭园以及林荫道，建筑装饰为拱券，植物花纹，几何图案，水伸入建筑中等。这些融合特点反映在中心大道，四庭园和四十柱宫及其花园中。具体特点有以下几种。

（1）整体布局是规则式。东面设一长方形广场，为 386 × 140 米，周围环绕两层柱廊。其西面设一笔直的四庭园大道。在广场与大道之间，布置规划式的宫殿建筑等。

（2）四庭园大道。此大道联系着四个庭园，总长超过 3 千米，为一林荫大道，中间布置一运河和不同形状的水池，河旁池旁铺石，形成一个宽台。庭园有伊斯兰教托钵僧园、葡萄园、桑树园和夜莺园等。庭园布局各有不同，但都为规则的花坛组成，中轴线突出，对称布局，没有人和动物形体的雕像与装饰。

（3）四十柱宫庭园。此宫位于中心位置，水从建筑流出贯流全园，周围是对称的规则式花坛，共间还穿插一条林荫路。20 根纤细的雪松柱子矗立在石头平台，大约 115 英尺宽，65 英尺长，处于一块比庭园高 2 英尺的宽阔的石头地平上。亭阁三面开敞，可以从观赏庭园的景色，不过更重要的是为了有效的空气对流。在炎热干燥的沙漠气候中，这种设计可以捕捉穿过亭阁高阔的屋顶下方的夏季风。门廊俯瞰着向庭园西南方向延伸的矩形水池。水池边缘栽植着高树，以保持水池清爽阴凉。主导风将水池冷却下来的空气直接吹送到亭阁中。

16 世纪，波斯进入最后兴盛时代萨非王朝，其国王阿拔斯一世（1587—1629）移居伊斯法罕城，重点改建了这个城市，建设了园林中心区，它代表了波斯伊斯兰造园的特征。

阿拉伯人继承了巴比伦、埃及、古波斯的方直的规划、齐正的栽植和规则的水渠，较为严整的园林风貌，发展成为了伊斯兰园林的主要传统。阿拉伯人是来自南方阿拉伯沙漠的游牧民族。637 年，他们征服了波斯帝国。开始哈里发帝国建都于大马士革，750 年改朝换代后迁都巴格达。1258 年蒙古人攻克巴格达，在阿拉伯人和蒙古人统治期间波斯帝国逐渐衰落，直到 1501 年，波斯的萨非亚丁王朝时期，一个独立的伊斯兰国家出现了（即现在的伊朗）。阿拔斯一世（1571—1629）统治时期，迁都伊斯法罕，波斯帝国达到了它的全盛时期。阿拉伯文化吸收了水平较高的波斯文化中的许多精华，而波斯文化也带上了伊斯兰教的色彩。产生了一种可称为"波斯阿拉伯式"的新样式。波斯古典园林的个体特征，与其地域环境、历史沿革和宗教习俗等都有着密切联系。水、凉亭、绿树荫是庭院最主要的构成要素。

17 世纪萨非王朝皇家园林布局和城市布局是通过两大公共空间而产生联系的（mayan 和 Khiyaban—i chaharbagh），作为城市和皇宫的门面，这两种空间表现了城市的建筑特征以及象征性元素，这个时期的园林布局受城市结构和延伸性空间的影响，尽管它们的布局基于几何网状格状形式，但是各元素的应用及表达却相对自由不受约束，而且并不是按照严格的对称的形式来建造的。这一时期的亭阁类构筑物能够体现出园林建筑大都为半开放式结构，同时在造型、体量、材料上又富于变化。而在构图上，并不是所惯有的认为园林布局都遵循几何对称式。实际上在总体的构图上已经能够看出局部对称和轴线变化等花样，借此说明波斯园林在构图和局部的品位逐渐变化，同时通过史书和文献记录，我们可以假设：同时期的花园和建筑，都是为了表达某个具体的意向，与所有的抽象艺术表达相去甚远。

思 考 题

举例说明波斯园林的特点。

在广阔的伊斯兰世界里，从比利牛斯到印度，这辽阔的土地上，曾经有过多种高度发达的文化，如希腊、罗马的古典文化和融合了两者的拜占庭文化；有埃及文化和古两河文化；有波斯文化和印度文化。阿拉伯人走出阿拉伯半岛后，他们每征服一地便大量吸取当地文化。它以统一的宗教信仰为纽带，使伊斯兰园林作为一种文化形态与各地区原生文化和主流文化不断交融，表现出各具特色的形式特征。伊斯兰园林分散在不同国家和地区，有着不同的背景，既渗透了历史各时期的特征，也汇入了国家和地区范围内其他地区的特征。但它们共有的一些设计形式和精神理念是永恒的，都为创造一处理想的天堂家园。

伊斯兰教对于伊斯兰世界的社会生活起着重大的作用，伊斯兰文化是一种既有强烈的共同点而又闪耀着杂色异彩的文化，伊斯兰世界的建筑、庭园也是这样，它们都有很容易识别的伊斯兰文化特征的一般性格。在伊斯兰世界里，建筑、庭园的功能和艺术表现形式的方方面面都反映出伊斯兰教教义的要求，折射出伊斯兰特有的美学思想。例如：因为阿拉伯人是沙漠民族，《古兰经》规定的第一善功便是礼拜，每天五次准时礼拜，每周五中午全体信徒要到清真寺做“聚礼”，且教民需用水进行洗礼以表示对宗教的崇敬和对天堂的向往。所以在伊斯兰宗教建筑和非宗教建筑中均可看到水空间。在伊斯兰地区的炎热气候下，院池和喷泉中的水既可降温消暑又可作为装饰元素，水面不仅可以倒映建筑，增强装饰主题，也是强调视觉轴线的重要方法。水中映射出的影像既是固定不变的，又是不断变化的；既是流动、动态的，又是静态、永恒的。建筑普遍采用有独特轮廓形式的券棋作为结构手段，建筑表面常用马赛克、琉璃、石膏等材料装饰复杂奇特的阿拉伯图案，图案多为阿拉伯文字做题材，内容多为《古兰经》的教条，因为在伊斯兰教里是禁止描绘神像和动植物形象的。在《古兰经》里描绘的天国情形是：“诸河流于其中，果实常时不断”，又说，幸福的天国有四条河，便是水河、酒河、乳河、蜜河……因此，庭园也大多有方形或十字形的水渠及繁茂的花草。这种相似性背后都有着严格的宗教要求与象征意义。

所许给众敬慎者的天园情形是：“诸河流于其中，果实常时不断；它的阴影也是这样。”阴影，鲜果和流水或“汹涌的泉”，这样是所有关于“天园”的描写都要提到的。在不详细描写的地方，说的总是“诸河流于其下的天园”。这样的“天园”以及“敬慎之人”在天园里的生活，不是别的，正是游牧的阿拉伯人在严酷的赤日炎炎的无边沙漠的艰辛环境中，连梦寐中都不曾想到过。它们的精致美丽，正是阿拉伯人心中至善至美的境地。

此外，伊斯兰园林多为日常起居、乘凉之用，故布局较简洁，绿化为主，求花木繁茂多荫。伊斯兰教律严格，穆斯林妇女大都深居简出，不抛头露面。园林建设就以实用为本，崇尚天然、朴素，因此，源于宗教，归于世俗，便成为伊斯兰园林的又一特征。由这些条件造成伊斯兰园林的风格是亲切、精致、静谧的。

下篇 | 欧洲园林

第7章 欧洲古典园林

欧洲园林是世界三大园林体系之一。从古埃及的宅园和古巴比伦的空中花园到中世纪的庭园，其间经过古希腊、古罗马园林，逐渐发展为规则式园林。文艺复兴运动将欧洲的园林艺术带入了新的发展时期，意大利的别墅庄园形成了独具特色的台地式园林。17 世纪法国的古典主义园林使欧洲的规则式园林艺术达到了一个不可逾越的高峰。18 世纪英国自然风景园林的出现，改变了欧洲由规则式园林统治的长达千年的历史，成为西方园林艺术领域一场深刻的革命。

7.1 古埃及造园

7.1.1 历史背景

埃及位于非洲东北部，沙漠占全国总面积的96%，尼罗河从南到北纵贯埃及全境。两岸自南到北形成宽 3 ~ 16 公里的狭长河谷，在开罗以北则形成巨大的尼罗河三角洲，是埃及最富饶的区域。在公元前 3200 年，埃及就出现了世界上第一个奴隶制社会的统一国家。大约在公元前 3100 年，古埃及人就开始在君主统治下，分为上埃及和下埃及两部分。此后经历了旧王朝、中王朝和新王朝三个主要的阶段。旧王朝大约从公元前 2700 ~ 前 2200 年，中王朝大约从公元前 2000 ~ 前 1800 年。新王朝大约开始于公元前 1600 ~ 前 1100 年。

7.1.2 发展概况

埃及是世界文明古国之一，位于尼罗河流经的峡谷地带，气候炎热干旱、雨量稀少。连年泛滥的尼罗河水虽然为农业提供了肥沃的土壤，但多年生的树木却无法在河谷地带生长。因为树木可以遮挡烈日的照射，形成凉爽的绿荫，于是稀少的林木成为人们尊崇的对象，而对于树木改善小气候的作用，很早就受到埃及人的重视。他们对培植树木十分精心，往往修筑灌溉渠，用堤堰、水门等装置引上尼罗河水，用以浇灌花草树木。也可以说，埃及人是从培育树木开始，发展了早期的园艺事业。

最早关于古埃及园林的史料可以上溯到约公元前 2700 年的斯内夫卢（Snefrou，古王国时期第四王朝的第一位国王）统治时期，在地方官梅腾（Metjen）的墓穴中，已描绘有园林的形象。由此可以推论，从古王国时代开始，埃及就有了种植果木和葡萄的实用性园林。这些面积狭小、空间封闭的实用性园林，出于引水的便利，广泛分布在尼罗河谷之中，成为古埃及园林的雏形。古埃及游乐性园林出现得稍晚一些，是为新王国时代的法老们营造的奢侈品，供法老们在池畔树下娱乐享受。起初，园内只种有一些乡土树种，如埃及榕、棕榈等，后来又引进了黄槐、石榴、无花果等树木。虽然古埃及园林的实物已荡然无存，但从流传下来的文字、壁画、雕刻中，人们仍可以大致了解其风貌。

7.1.3 园林类型

根据史料所载，古埃及园林大致有宅园、圣苑、墓园三种类型。

1. 宅园

宅园周围为高墙，内部再以墙体分隔空间，形成若干小院落，呈中轴对称格局。各院落中有格栅、棚架和水池等，装饰有花木、草地，畜养水禽，还有凉亭的设置。古埃及宅园的建造，在第 18 王朝时期出现高潮。古埃及法

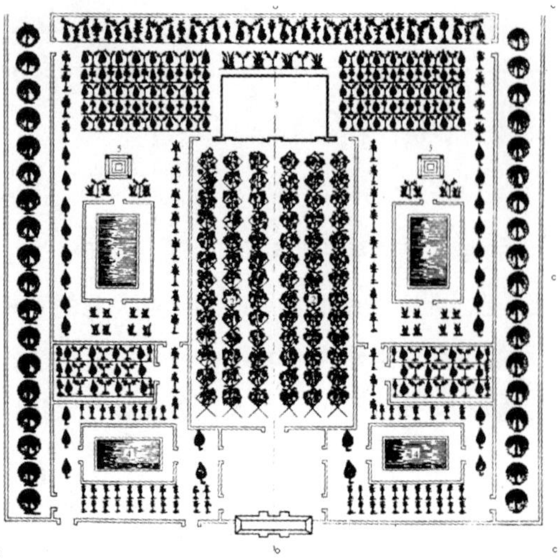

图 7.1 某大臣墓室中的宅园壁画

老及王公贵族的宅邸旁，都建有游乐性的水池，四周有各种树木花草，掩映着休息凉亭。树木和水给封闭的庭院带来了阴凉和湿润，营造出宜人的小气候。在特鲁埃尔·阿尔马那遗址中发掘出的一些园林，都采用几何式构图，以水渠划分空间。矩形水池在园子的中央，有的水面甚至宽阔如湖泊，可在池中荡舟、垂钓或狩猎水鸟。水池边规则地列植棕榈、柏树或果木，用葡萄架在园中围成几个方块。植坛中混植虞美人、牵牛花、黄雏菊、月季和茉莉等花卉，边缘以夹竹桃、桃金娘等灌木为篱。

宅园多建在住宅附近，面积不断延伸。例如，底比斯阿米诺菲斯三世的某大臣墓中发现的壁画（见图 7.1），据说这幅壁画描绘的正是他自己的住宅及花园。由图可以看到该庭园呈方形，四周围着高墙，入口处埃及特有的塔门与远处的住宅建筑构成了全园的中轴线。庭园的其他部分均采用严格的中轴对称形式。园内成排地种植着埃及榕、枣椰子、棕榈等庭园树木。矩形水池围在它们之中，池中种着莲之类的水生植物。正对庭园中心的塔门和住宅中部的区域由四排拱形葡萄架组成。这些都明显地反映出埃及特殊的气候条件对于造园的影响。

2. 圣苑

在埃及，宗教是生活的中心，最高统治者法老是神的化身。在这种背景下，埃及出现了大量神庙及与宗教相关的建筑，并在其周围设置了圣苑，即一种依附于神庙的树林，旨在使神庙具有神圣和神秘之感。例如，著名的埃及女王哈特谢普苏特（Hatshepsut，约公元前 1503 ~ 前 1482 在位），为了祭奉阿蒙神（Amon），在山坡上建造了宏伟壮丽的巴哈利神庙（见图 7.2）。神庙的选址为狭长的坡地，躲避了尼罗河的定期泛滥。在山坡削出平地，形成三层台地，中、上两层环以柱廊，中央甬道两侧是巨大的狮身人面塑像。据说遵循阿蒙神的旨意，还专门引种了大量香木，种植在台地上。由此可见，埃及人以大片珍贵的林木来表达对神灵的尊崇，树木被视为奉献给神灵的祭祀品。大片林地围合着雄伟而神秘的庙宇建筑，形成附属于神庙的圣苑。

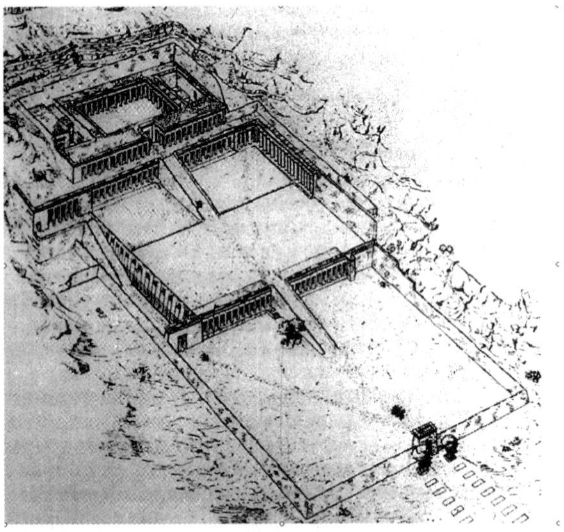

图 7.2 德力·埃尔·巴哈利神庙

许多圣苑在埃及榕树、棕榈等树木围合的林地中，还有花岗岩或斑岩砌筑的大型水池，池中种有荷花、纸莎草等水生植物，放养着被视为圣物的鳄鱼。据记载，在拉穆塞斯三世（Ramses Ⅲ，公元前 1198—前 1166 在位）统治时期，共设置了 514 处圣苑。当时的寺庙领地约占全埃及耕地面积的 1/6，可见其盛况。这些寺庙大多在领地内植树造林，称为圣林。可见当时古埃及圣苑、圣林的规模非常可观。

3. 墓园

古埃及人相信人死后灵魂不灭，并开始在另一世界中生存，等待复活。为此，历代的法老和贵族都为自己建造了巨大而显赫的陵墓。他们认为现世成就之物在来世也能为灵魂带来慰藉，陵墓周围还要有可供死者享受的、宛如其生前所需的活动空间，以作为灵魂的安息之所。在来世观的影响下，产生了墓园这一园林类型。公元前 28 ~ 前 23 世纪，古埃及已形成了以法老为政体的中央集权制，法老死后都要兴建金字塔作为王陵，在尼罗河下游西岸的吉萨高原上建有80余座金字塔，成为墓园。金字塔墓园中轴有笔直的圣道，控制两侧的均衡，塔前设有广场，与正厅对应，周围成行对称地种植椰枣、棕榈、无花果等树木，林间设有小型水池。

古埃及的墓园也称为灵园。通常规模较小，设有水池、行列树等，形成凉爽、湿润而又静谧的空间气氛，如死者生前的宅园。埃及的墓园传统对以后欧洲墓地的布局产生一些影响，墓园也是西方园林中的重要类型之一。此外，随着陵墓保存下来的雕刻和壁画，为后人了解数千年前的古埃及园林文化提供了宝贵的资料。

7.1.4 园林风格与特征

古埃及园林风格和特征，是其自然条件、社会状况、宗教思想和生活习俗的综合反映。

(1) 古埃及人在早期的造园活动中，不但强调种植果树、蔬菜所产生经济效益的实用目的，而且十分重视园林改善小气候环境的功能。在干燥炎热的气候下，具有庇荫作用，能产生阴凉湿润环境的园林至关重要。树木和水体就成了古埃及园林中最基本的造园要素。水体既可增加空气湿度，又能为灌溉提供水源，池中放养鱼和水禽，种植芦苇、睡莲等，为园林增添了自然的情趣和生气。具有庇荫功能的棚架、凉亭等园林建筑也应运而生。

(2) 古埃及园林在总体上有统一的构图，采用严整对称的布局形式。园地多呈方形或矩形，显得十分紧凑。不仅四周有厚重的高墙，起到隔热作用；而且园内也以墙体、树木分隔空间，形成若干个独立并各具特色的小园，互有渗透和联系。入口为门楼形式，称为塔门。大门与住宅建筑之间是笔直的甬道，构成明显的中轴线，甬道两侧及围墙边列植树木，两边对称布置凉亭和矩形水池。各个小园中有格栅、棚架和水池等，装点着花台和草地。

(3) 植物种类及栽种方式丰富多样，如庭荫树、行道树，以及桶栽藤本和水生植物等，以实用及庇荫效果为主。甬道上覆盖着葡萄棚架，形成绿廊，为户外活动提供了舒适的场所。早期的埃及园林中，花卉种植较少，园林色彩比较淡雅。当埃及与希腊文化接触之后，花卉装饰在园中大量出现。

(4) 浓厚的迷信思想导致圣苑的出现，而对永恒生命的追求，促使了墓园的产生。农业生产促进了引水及灌溉技术的提高，土地规划促进了数学和测量学的发展。天然森林的匮乏，使得植树造林又必须开渠引水进行灌溉。这些都使得埃及园林从一开始就具有强烈的人工气息，科技的进步在一定程度上影响到埃及园林的布局和形式。布局因而采用整形对称的形式，给人以均衡稳定的感受。行列式栽植的树木，几何形的水池，都强调了园林的人工气息，反映出埃及人在恶劣的自然环境下力求以人为改造自然的思想。

由此可见，东、西方园林在不同的环境下，从一开始就以截然不同的思维方式，朝着不同方向发展的，从而形成世界园林两大体系的先导。这种发展倾向到古希腊、古罗马时代更加明朗化。

7.2 古巴比伦造园

7.2.1 历史背景

古巴比伦王国位于底格里斯河与幼发拉底河之间的美索不达米亚平原，这里也是人类最古老的文明发源地之一。美索不达米亚，希腊语意思就是“两河之间”，即在今伊拉克境内。公元前4000年，最早生活在这里的东南部的苏美尔人和西北部的阿卡德人，建立了奴隶制国家，大约公元前1900年，来自西部的阿摩利人征服了整个美索不达米亚地区，建立了强盛的巴比伦王国，都城巴比伦是当时两河流域的文化与商业中心，著名的汉穆拉比国王（约公元前1792～前1750在位）统一了分散的城邦。汉穆拉比死后，国力日衰，公元前16世纪被赫梯人所灭。北部的亚述人乘机摆脱巴比伦王国的控制，宣布独立，并在公元前8世纪征服了巴比伦，重新统一了两河流域。公元前612年，迦勒底人打败亚述人，建立了迦勒底王国，国王尼布甲尼撒二世（公元前604—前562在位）统治时为其鼎盛时期，巴比伦城再度兴盛，成为西亚的贸易及文化中心，城市人口高达10万人。公元前539年，波斯人占领两河流域，建立了波斯帝国。公元前331年，亚力山大大帝最终使巴比伦王国解体。

7.2.2 发展概况

古巴比伦文明与古埃及文明几乎同时放射出灿烂的光辉，其造园文化虽较埃及晚，但其所处的有益环境却促成了园林文化竞相媲美的形式。美索不达米亚平原气候温暖而湿润，在河流冲积而成的平原上林木茂盛，物产丰富，使这块土地富饶而美丽。汉穆拉比国王时期曾大兴土木，建造了华丽的宫殿、神庙及高大的城墙。尼布甲尼撒二世时期同样大兴土木，修建了被誉为是古代世界七大奇观之一的“空中花园”。由于两河流域基本上是平原地带，故人们十分热衷于堆叠土山。宫殿、神庙建在高地上，既突出主景又开阔视野，同时避免洪水泛滥的威胁。考古发掘出的浮雕显示，在亚述人的房屋前通常有宽敞的走廊，厚重的屋顶既可起到遮阴作用，避免居室受到强烈阳光的直射；又可在屋顶上覆以泥土种花植树。当时的亚述有许多这样的屋顶花园，只不过帝王的花园更大一些而已。

7.2.3 园林类型

古巴比伦园林，也包括亚述及迦勒底王国时期在美索不达米亚地区建造的园林，大致有猎苑、圣苑和宫苑三种园林类型。

1. 猎苑

猎苑是以天然森林为基础、以狩猎为主要目的，经过人工改造形成自然风格的园林。两河流域雨量充沛，气候温和，有着茂密的天然森林。进入农业社会以后，人们仍然眷恋过去的游牧生活，因而出现了供狩猎娱乐的猎苑。

约公元前2000年，古巴比伦帝国时期的叙事诗《吉尔迦麦什史诗》中已有对猎苑的描述。公元前800年之后，不仅有关于国王猎苑的文字记载，而且宫殿中的壁画和浮雕上也描绘了狩猎、战争、宴会等活动场景，以及以树木作为背景的宫殿建筑图样。这些史料显示，猎苑中除了原有森林之外，还有大量人工种植的树木，品种主要有香柏、意大利柏木、石榴、葡萄等，同时放养着各种供帝王、贵族狩猎用的动物。此外，猎苑中还堆叠土山以供登高瞭望，土山上植树，建神殿、祭坛等（见图7.3）。这种猎苑和中国古典园林萌芽阶段的囿颇为相似，而且两者产生的年代也比较接近。

图7.3 古巴比伦宫殿建筑上的浮雕中绘制的猎苑图

2. 圣苑

如果埃及是由于缺少森林而将树木神化了，那么巴比伦虽然有着富饶的森林，可是树木仍是他们崇拜的对象。他们也向往绿荫蔽日的林地，同时，从远古时代以来，森林一直是躲避自然灾害的保护地，尤其当洪水来临之际，在平原地带的森林更成为理想的避难场所。可能这也正是人们神化森林的原因之一。

巴比伦及亚述人都往往在神殿周围整齐成行地种植树木，称为圣苑。有时甚至在岩石上凿出 1.5 米深的园穴，以保证所种树木的成活，使神殿耸立在郁郁葱葱的林地之中，更增加了幽邃神秘的气氛。

3. 宫苑——“空中花园”

“空中花园”又被译为“悬园”或“架空园”，被誉为古代世界七大奇迹之一。前 604—前 562 年在位的迦勒底国王尼布甲尼撒二世为讨其王妃的欢心而建造的。相传王妃出生于伊朗西北部山区的米底王国，为安慰王妃思乡之苦，建造了这种类似于在高山上的屋顶花园。19 世纪，英国的西亚考古专家罗林松爵士解读当地砖刻的楔形文字也证实了这一说法。矗立在巴比伦平原上的空中花园的方形底座边长约 140 米，台层高约 22.5 米，与巴比伦城的城墙等高。蔓生、攀缘等植物类型结合各种树木花草覆在台层上，远远望去仿佛悬在空中一般，空中花园因而得名（见图 7.4）。

图 7.4 古巴比伦空中花园复原图

古巴比伦空中花园已毁灭殆尽，留下一片废墟。后人对其规模、结构、布局等方面的了解全部来自古希腊、古罗马史学家的著作。经学者研究证实，所谓的“空中花园”是由金字塔形的数层平台堆叠而成的花园。每一台层的边缘都有石砌拱形外廊，其内有卧室、洞府、浴室等；台层上覆土以种植花草树木，各台层之间有阶梯联系上下。由于拱券结构厚重，足以承载深厚的土层，所以这些平台上不仅有各种柑橘类植物，还有种类多样、层次丰富的植物群落。为了解决屋顶花园的防渗、灌溉和排水等技术难题，古巴比伦人将芦苇、砖、铅皮和种植土层叠在台层上，并在角隅安置提水辘轳，将河水提升到顶层上，再往下逐层浇灌，同时形成活泼的跌水景观。

7.2.4 园林风格与特征

古巴比伦园林的风格与特征是自然条件、社会发展状况、宗教思想和生活习俗的综合反映。

（1）两河流域平原有着丰富的天然森林资源，十分适合营造以游乐为主要目的的猎苑。在猎苑中引水汇成蓄水池，既可解决动物饮水问题，又能营造景观、改善小气候等环境条件。神庙多建在不易被洪水淹没的高地上，周围列植各种树木形成圣苑。而屋顶花园的形成，则是气候条件和工程技术发展的产物。

（2）平原地貌的两河流域，宫殿、神庙常建在土台上，人们也十分热衷在猎苑中堆叠土山，既可用于登高瞭望，又可在洪水来临时作为避难场所。猎苑的布局多利用自然条件稍加改造而成，以自然森林为主。而圣苑和宫苑的布局则像古埃及园林那样，以规则的形式体现人工的特性。

（3）进入农业社会以后，人们出于对过去游牧生活的眷恋，将一些天然森林改造成了供狩猎娱乐的猎苑。苑中种植大量的树木和果树，并放养各种动物。古巴比伦的神庙周围也常建有圣林，在神殿周围营造出幽邃、肃穆的环境气氛。就宫苑和宅园而言，最显著的特点就是采取类似现在屋顶花园的形式。反映出当时的建筑承重结构、防水技术、引水灌溉设施和园艺水平等，都发展到了相当高的程度。

7.3 古希腊造园

7.3.1 历史背景

古希腊（公元前8世纪—前146年）与古埃及隔海相望（地中海），位于欧洲东南部的希腊半岛。独具特色的古希腊文化源于爱琴文化，是欧洲文化的发祥地之一，最辉煌的时代是公元前8世纪—前4世纪，对古罗马及后世的欧洲文化都产生过巨大影响。此后，希腊被马其顿的亚历山大大帝征服，成为马其顿帝国的一部分。亚历山大大帝死后，希腊借机恢复了独立。公元前168年，罗马帝国以武力征服了希腊，但希腊文明继续主宰着地中海东部，直到4世纪罗马帝国被分裂成两部分。以君士坦丁堡为中心的拜占庭帝国本质上就是希腊化的。直到1453年君士坦丁堡最终沦陷，奥斯曼帝国此后逐渐征服了整个希腊。

古希腊便利的海上交通，使其较早接触到来自古代东方的文明。在广泛吸收东方文明的基础上，古希腊人以其独特的智慧，在哲学、科学、技术、艺术等方面都取得了杰出的成就。公元前5世纪前后，希腊陆续出现了一批杰出的哲学家，其中以苏格拉底、柏拉图和亚里士多德最为著名。他们共同为西方哲学奠定了基础，对后世影响深远。

7.3.2 发展概况

公元前10世纪，盲人诗人荷马（Homer）的史诗《奥德赛》中有大量的有关树木、花卉、圣林及各种各样所谓公园或花园的描述。古希腊于公元前5世纪兴盛起来，哲学思想家、文人和市民的民主精神兴起，各地大兴土木，包括园林建设，著名的雅典卫城就是在这个世纪建成的。希腊人开始追求生活上的享受，兴建庭园的数量增多，并且由昔日的实用性庭园向装饰性和游乐性的花园过渡。

从史籍记载和考古发现来看，希腊园林布局采用规则的几何形式。花园里设有神龛用于供奉祭拜神灵，常见的有象征丰产和植物死而复生之神阿多尼斯（Adonis），并且祭祀阿多尼斯的仪式活动逐渐演变出建造在屋顶上的庭园形式。当时，一些著名的学者开辟供户外讲学的园地，哲学家柏拉图、亚里士多德和泰奥弗拉斯托斯办的学校就在园林中，称为“学园”。伊壁鸠鲁（Epicurus，公元前341—前270）还把他的规整形花园遗赠给雅典城，向公众开放。在倡导奴隶制民主政治和自由争论的风气影响下，古希腊创西方园林之先河，开始兴建公共园林。

7.3.3 园林类型

希腊园林不断发展，出现了各种园林类型，可划分为庭园、圣林、竞技场和学园四种类型。其发展对近代欧洲的体育公园、校园、寺庙园林的发展与成熟产生了极为深远的影响。

1. 庭园

古希腊时代，贵族们的目光关注着海外的黄金和奇珍异物，而对国内的政治权力不甚关心。与此同时，平民甚至奴隶都可以议论朝政，管理国家大事，他们通过个人奋斗可以跻身于贵族行列。因此，古希腊没有东方那种等级森严的大型宫苑，王宫与贵族庭园也无显著差别，故统称庭园园林。

《荷马史诗》曾经描述了阿尔卡诺俄斯王宫富丽的景象：它有树篱环绕的大庭园，其中的果树园内载满了四季开花结果的梨、石榴、苹果、无花果、橄榄、葡萄等果树。规则齐整的花园位于庭园的尽端，园中有两个喷泉，一个喷泉涌出的水流入四周的庭园，另一个喷泉喷出的水则通过前庭入口的下方流向宫殿一侧，供城里的人们饮用。虽然这个宫苑中也有喷泉之类装饰物，但庭园本身依旧是以种植果树和蔬菜为主，是生产色彩颇浓的实用园。

公元前5世纪波希战争之后，古希腊国高度繁荣，大兴园囿之风，昔日实用、观赏兼具的庭园也开始向纯粹观赏游乐型庭园转化。园林观赏花木逐渐流行，常见有蔷薇、三色堇、荷兰芹、罂粟、百合、香红花、风信子等，还有一些芳香植物也为人喜爱。这一时期的庭园采用四合院式布局，一面为厅，两边为住房，厅前及另一侧常设柱廊，而当中则是中庭。以后逐渐演变成四面环绕列柱廊的庭院，被称为中庭式庭园或柱廊园。中庭是家庭生活起居的中心。中庭内是铺装的地面，里面有漂亮的雕塑，华美的瓶饰和大理石喷泉等，还种植着各种美丽的花卉。

2. 圣林

公共的开放空间是古希腊城市中重要的组成部分，圣林就是其中的一种形式。它不仅使神庙具有神圣与神秘之感，后来甚至被当作宗教礼拜的主要对象。圣林所用的树木与庭园不同，主要树种有棕榈树、槲树、悬铃木。在荷马史诗中也描写过许多圣林。但荷马时代的圣林只是作为墙壁围在祭坛的四周，以后才逐渐发展为带有神苑的景观。如奥林匹亚祭祀场的阿波罗神庙周围有长达 60～100 米的空地，据考证就是圣林的遗迹（见图 7.5）。最初在圣林里是不种果树的，后来也以果树来装饰神庙。在奥林匹亚附近，环抱着宙斯神庙的圣林中，除有许多祭神殿外，还在一些地方并排放置了不少雕像、瓮等、故称之为“铜像与大理石雕之林”。在这个宙斯神庙中，每隔 4 年便举行一次祭祀，届时还照惯例进行各类体育比赛，比赛的名次优胜者还能赢得将自己的半身或全身塑像装饰在圣林中的殊荣。

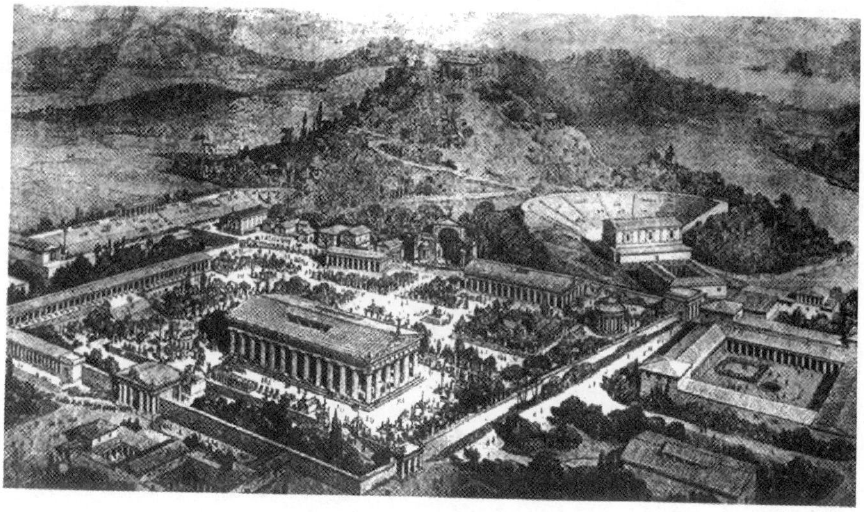

图 7.5　奥林匹亚祭祀场的复原图

3. 竞技场

竞技场是指由体育运动场增加建筑设施和绿化而发展起来的园林。公元前 776 年，在希腊的奥林匹亚举行了首次运动竞技会，以后每隔 4 年举行一次，杰出的运动员被誉为民族英雄。这就极大地推动了国民的体育运动热潮，体育运动的训练场地和竞技场地纷纷出现。最初的竞技场是仅供训练的裸露场地，周围并无一树。后来，雅典著名政治家西蒙建议在竞技场周围种植悬铃木以形成绿荫，既可供竞技者休息，又为观众提供良好的观赏环境。以后又有了进一步的发展和完善，除林荫道之外，还布置有祭坛、凉亭、柱廊及座椅等设施。于是，体育场就成为人们散步和集会的场所，并最终发展为向公众开放的园林。

这种类似后世体育公园的竞技场，一般都与神庙结合在一起，主要是由于竞技场和圣林一样，往往与祭祀活动相联系，竞技比赛也是祭典活动的主要内容之一。体育场原来也与祭祀的神庙有关。如雅典近郊塞拉米科斯著名的阿卡德弥体育场是哲学家柏拉图设计的，用体育竞赛的方式祭祀英雄阿卡德弥。场内种植有洋梧桐林荫树和灌木，殿堂、祭坛、柱廊、凉亭及座椅等遍布场内各处，还有用大理石嵌边的长椭圆形跑道。

4. 学园

古希腊哲学家，如柏拉图和亚里士多德等人，常常在露天公开讲学，尤其喜爱在优美的公园里聚众演讲，表明当时的文人对以树木、水体为主体的自然环境的酷爱。如公元前 390 年，柏拉图在雅典城内的阿卡德莫斯园地开设学堂。

演说家李库尔格（Lycurgue）在阿波罗神庙周围的园地聚众讲学，到了公元前330年，亚里士多德学堂又常在此聚会。

此后，文人们又开辟了自己的学园。园内有供散步的林荫道，种有悬铃木、齐墩果、榆树等，还有爬满藤本植物的凉亭。学园里布设有神殿、祭坛、雕像和座椅以及杰出公民的纪念碑和雕像等。如哲学家伊壁鸠鲁（Epicurus，公元前341—前270）的学园占地面积较大，被认为是第一个把田园风光带进城市的人。再如哲学家提奥弗拉斯特（Theophrastos，约公元前371～前287），也曾拥有一座建筑与庭园合成一体的学术园林。

7.3.4 园林风格与特征

（1）美学、数学和几何学的发展，影响到希腊园林的布局形式，奠定了西方规则式园林的基础。古希腊美学把美看做是有秩序和规律的、合乎比例并且协调的整体。只有均衡稳定的规则式构图，才能确保园林美感的产生。园林是人工营造的空间，是建筑空间在室外的延续，属于建筑整体的一部分。园林的布局形式采用规则式样，以求与建筑几何形的空间相协调。

（2）古希腊人丰富的文化和社交活动，也使得园林的类型多种多样。虽然在形式上还处于初始阶段，元素也比较简单。但是它们作为后世欧洲园林的雏形，其影响是十分深远的。在后世的体育公园、校园、寺院园林等园林类型中，都留有古希腊园林的痕迹。

（3）园林植物丰富多姿，据提奥弗拉斯的《植物研究》记载约500余种，而以蔷薇最受青睐。亚里士多德的著作中有关于芽接法繁殖蔷薇的记载。人们以蔷薇欢迎大捷归来的战士，男士也可将蔷薇花赠送未婚姑娘，以示爱心，也可装饰神庙、殿堂及雕像等。

7.4 古罗马造园

7.4.1 历史背景

古罗马（公元前9世纪—公元1453年）位于现今意大利中部的台伯河下游地区，包括北起亚平宁山脉，南至意大利半岛南端的地区。意大利半岛为多山的丘陵地区，典型的地中海气候。

公元前509年，罗马人建立了贵族专政的奴隶制共和国，开始建造罗马城。公元前27年，渥大维成为罗马帝国的第一代皇帝，称号奥古斯都大帝（Augustus，公元前27—公元14在位），罗马进入了繁荣昌盛的黄金时代。公元1—2世纪是罗马帝国的鼎盛时期，版图地跨欧、亚、非三大洲，中国的汉朝与它成为屹立于东、西方的两大帝国。自3世纪起，罗马帝国外部受到北方日耳曼（Germani）民族的入侵，内战频繁，国力衰退。395年，罗马帝国分裂为东、西两部，476年，西罗马帝国灭亡。东罗马建都于拜占庭，发展成为封建制国家，基督教成为国教，1453年被奥斯曼帝国所灭。

7.4.2 发展概况

曾经称雄一世的罗马帝国，最初只是一个小的城市国家。后来，传说中的7位国王陆续登基，在他们贵族政治的统治下罗马逐渐发展起来。后世的考古发掘表明罗马园林主要有两种类型，即建造在城市中的住宅庭园和建造在郊野的别墅花园。住宅庭园封闭性较强，以建筑围绕庭园，周围环以柱廊，庭园是住宅的一部分。别墅花园呈开放式，建筑融入花园，成为景观元素之一；理花园成为建筑的一种装饰。

公元前2世纪末，古罗马人在征服希腊之后，全盘接受了希腊文化，在文化、艺术方面表现出明显的希腊化倾向。许多罗马建筑都是以希腊建筑为模式，并且多数取用希腊建筑的名称。园内装饰着整形的水体；雄伟的大门、洞府，直线和放射形的园路，两边是整齐的行道树；作为装饰物的雕像置于绿荫树下；几何形的花坛、花池，修剪整齐的绿篱、造型植物，以及葡萄架、菜圃、果园等，一切都体现出井然有序的人工美。在共和时代罗马征服希腊之后，这种希腊化倾向就更加明显。尤其是富裕阶级，开始竞相效法希腊和东方豪华奢侈的生活方式，别墅及别墅花园的发展十分迅速。古罗马园林对后世欧洲的园林产生直接的影响，文艺复兴运动起源于意大利正是古罗马影响的直接反映。

7.4.3 园林类型

古罗马园林可以分为宫苑、别墅庄园、中庭式庭园（柱廊式）和公共园林四大类型。

1. 宫苑

在共和制后期，罗马皇帝和执政官选择风景秀美之地建设避暑宫苑。距罗马城不远的蒂沃利（Tivoli）景色优美，成为当时庄园别墅集中的避暑胜地。其中，以皇帝哈德良（Publius Aelius Hadrianus，117—138 在位）的山庄最有影响，是一座建在蒂沃利山谷的大型宫苑园林（见图 7.6）。这些庄园的建造，为文艺复兴时期意大利台地园的形成奠定了基础。

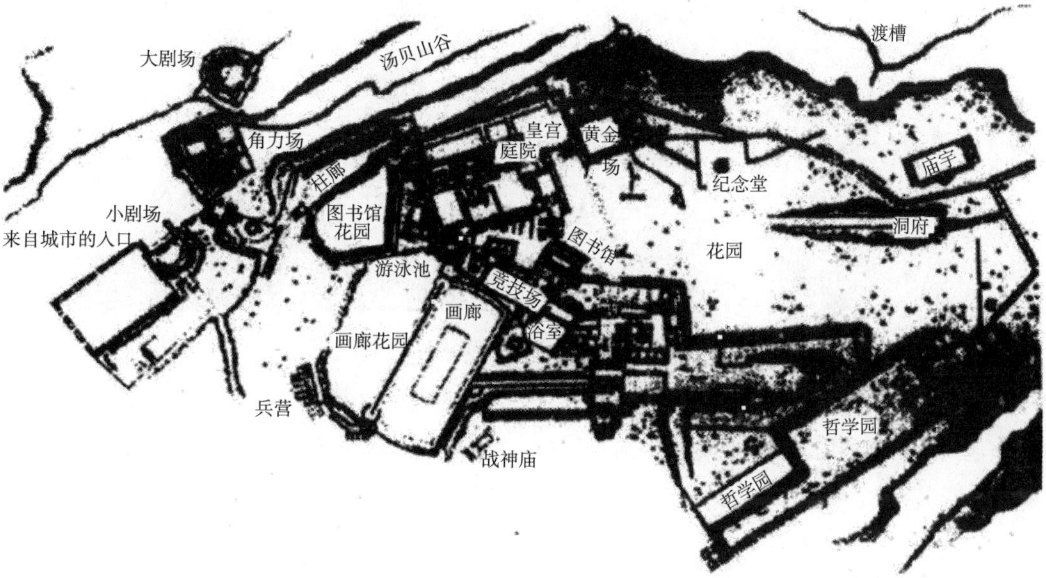

图 7.6　根据哈德良山庄遗址绘制的庄园平面图

哈德良山庄建造时间大约从 118—138 年，占地面积约 760 英亩，位于两条狭窄的山谷之间，地形起伏较大。山庄的中心区为规则式布局，其他区域如图书馆、画廊、艺术宫、剧场、庙宇、浴室、竞技场、游泳池等建筑能够顺应自然，随山就水布局。园林部分富于变化，既有附属于建筑的规则式庭园、中庭式庭园（柱廊园），也有布置在建筑周围的花园。花园中央有水池，周围点缀着大量的凉亭、花架、柱廊、雕塑等，饶有古希腊园林艺术风味。

哈德良山庄是历史上罗马庭园的典范，今天我们仍能从残存的遗迹中感受到它当初的风貌以及它所体现的罗马别墅庭园的基本造园思想：无数的建筑物及其组成的室外空间，至今仍能使人感觉到的相互间强烈的视觉关联。穿过大厅、天井、走廊、水池、花园等一系列室内外空间的透视线，便是柏树、黄杨、月桂树、橄榄树、冬青造成的浓荫。它是一种全然不同于普通住宅庭园的所谓能够浏览周围景色的开放的庭园，而哈德良山庄所处的位置及其延展的露台也刚好能使人环顾其周围乡村的全景画面。另外，哈德良山庄还利用大面积的水体来创造一种神奇的效果，也成为后来意大利文艺复兴时期庭园的重要特征之一。

2. 别墅庄园

古罗马人吸收希腊文化的同时，也促进了别墅庄园的流行。当时著名的将军卢库卢斯（Lncius hcullus，公元前 106—前 67）被称为贵族庄园的创始人。著名的政治家与演说家西塞罗（Marcus Tullius Cicero，公元前 106—前 43）

提倡一个人应有两个住所，一个是日常生活的家，另一个就是庄园。他后来成为推动别墅庄园建设的重要人物。

作家小普林尼（Gaius Plinius Caecilius Secundus，约62～115年）详细地记载了自己的两座庄园，即洛朗丹别墅庄园和托斯卡那庄园。

1）洛朗丹别墅庄园（Villa Laurentin）（见图7.7）。该庄园建在奥斯提（Ostie）东南约10公里的拉锡奥姆（Latium）的山坡上，距罗马27公里，背山面海，交通十分便利。入园后可见美丽的方形前庭，半圆形的小型列廊式中庭，然后是一处更大的庭院。院子尽头是一座向海边凸出的大餐厅，从三面可以观赏不同的海景。透过二进院落和前庭回望，可以眺望远处的群山。别墅附近有网球场，两侧是二层小楼和观景台。登临其上，可以远观青山碧波，近瞰美丽的花园。园路围以黄杨，迷迭香周围环绕着一片片树林，其中有大面积的无花果、葡萄棚架和桑树园。

图7.7　洛朗丹别墅庄园鸟瞰复原图

2）托斯卡那庄园（Villa Pliny at Toscane）（见图7.8）。庄园周围自然环境优美，群山环绕，林木葱笼。依自然地势形成一个巨大的阶梯剧场。从高处俯瞰，远处山丘上的葡萄园和牧场尽收眼底，景色令人陶醉。

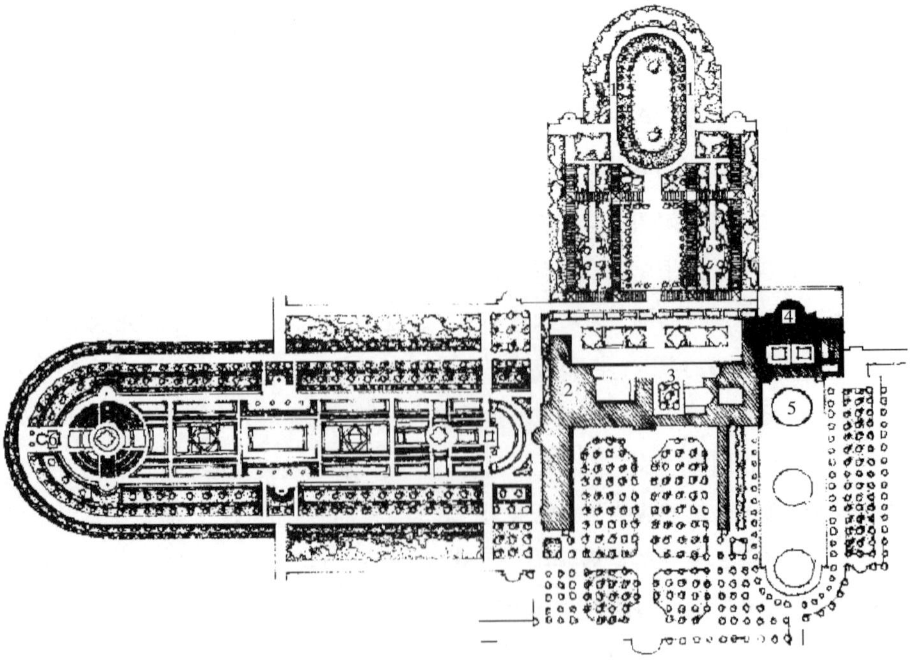

图7.8　根据对遗址勘测绘制的托斯卡那庄园平面图

1—环形林荫散步道；2—别墅建筑；3—四悬铃木庭园；4—大理石水池；5—球场；6—凉亭

别墅入口点缀花坛，环以园路，两侧黄杨为篱，外侧斜坡上以黄杨修建出各种动物造型，间杂着各类花卉，整体上呈现模纹花坛的外貌。花坛边缘的绿篱修剪成栅栏等各种形状。与园路相接的是环形的林荫散步道。环形场地中央是黄杨等灌木修剪出的上百种植物造型，周围环以矮墙和黄杨篱。从罗马时代起，黄杨即作为花园的代表性植物而广泛运用，而绿色雕刻也成为园林的特色之一。花园中的草地如绿地毯一般，精心管理。庄园结合果园，以及园外的村庄、田野、牧场等，构成富有田园气息的整体风貌。

别墅建筑入口为柱廊。柱廊的一端是宴会厅，厅门对着花坛，透过窗户可以看到田野和牧场。柱廊后面的住宅围合出前庭，硬质铺地结合盆栽点缀，其后是悬铃木庭园。庭园中央是大理石泉池，夏季园内阴凉湿润。悬铃木庭园的一侧是居室和客厅，另一侧还有一处小院落，中央点缀着盘式涌泉，欢快的落水声给庭院带来愉悦的气氛。柱廊的另一端，与宴会厅相对的是一座大厅，从这里可尽情欣赏园中的花坛和远处的牧场。庄园内还有一处充满田园风光的地方，与规则式花园形成强烈对比。在花园的尽头，有一座供收获时休憩的凉亭，四根大理石柱支撑着棚架，下面放置着大理石桌凳。桌子中央也有水盆，进餐时主菜放在水盆边，配菜搁在水盆中的船形和水鸟形盘内。在罗马贵族的庄园中，水景同样十分重要，而且具有相当成熟的水工技艺。

3. 中庭式庭园（柱廊式）

古罗马庭园通常由三进院落组成：第一进为迎客的前庭；第二进为列柱廊式中庭；第三进为露坛式花园。这种庭园形式是对古希腊中庭式庭园（柱廊园）的继承和发展，近代考古专家从庞贝城遗址发掘中证实了这一点。潘萨（Pansa）住宅是典型的庭园布局（见图7.9）；维蒂（Vettt）住宅前庭与列柱廊式中庭相通；弗洛尔（Flore）住宅则有两座前庭，并从侧面连接；阿里安（Arian）住宅内有三个庭院，其中两个都是列柱廊式中庭。

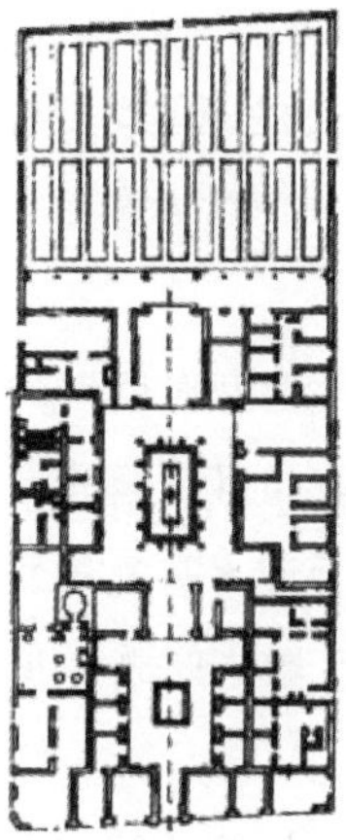
（a）潘萨住宅

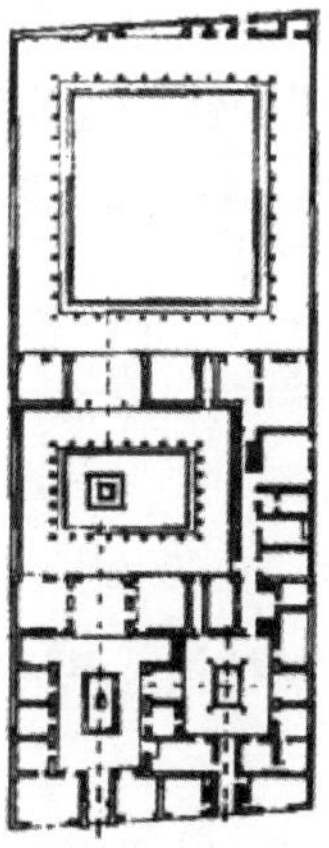
（b）弗洛尔住宅

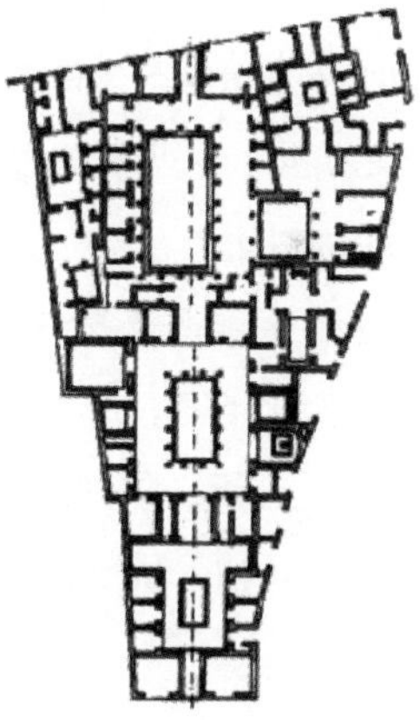
（c）阿里安住宅

图7.9 根据庞贝城遗址绘制的住宅复原平面图

4. 公共园林

古罗马人从希腊接收了体育竞技场的设施，却并没有用来发展竞技，而把它变为公共休憩娱乐的园林。在椭圆形或半圆形的场地中心栽植草坪，边缘为宽阔的散步马路，路旁种植悬铃木、月桂，形成浓郁的绿荫。公园中设有小路、蔷薇园和几何形花坛，供游人休息散步。

古罗马的浴场遍布城郊，除建筑造型富有特色、引人注目外，还设有音乐厅、图书馆、体育场和室外花坛，实际上也成为公共娱乐的场所。剧场也十分壮丽，周围有供观众休憩的绿地。有些露天剧场建在山坡上，利用天然地形和得天独厚的山水风景巧妙布局，令人赏心悦目。

古罗马的公共建筑前都布置有广场，成为公共集会的场所，也是美术展览的地方。人们在这里休憩、娱乐、社交等，使它成为后世城市广场的前身。

7.4.4 园林风格与特征

（1）罗马的地貌以丘陵为主，夏季山坡上气候更为宜人，庄园别墅多依山而建。为便于活动，将坡地开辟出数层台地，布置景物。抬头可眺望远景，视野开阔；低头则园内美景尽收眼底。这也为以后文艺复兴时期意大利台地园的发展奠定了基础。

（2）在使用功能上，罗马人将花园视作府邸和住宅在自然中的延续。因此，庄园的设计方法便是运用建筑的手法来处理自然地形，山坡上开辟出水平的台层。花园中装点规整的水景，直线和放射形的园路，整齐种植行列树，雕像置于绿荫树下作为装饰。几何形的花坛、花池，修剪的绿篱，以及葡萄架、菜圃、果园等，一切都体现出井然有序的人工美。罗马园林采用规则形式也是秉承希腊园林传统的结果。

（3）花园既是罗马人寄托感情和喜好的产物，也是神祇的生活场所，是人与神交流的媒介。这就是神殿、洞府、神像以及教堂出现在绘画、浮雕，以及树林繁茂、流水潺潺的花园中的原因。罗马的园林艺术经过发展逐渐建立起自身的美学体系。将自然景物，如植物、水系、风景等用于人的修身养性；同时也被赋予浓厚的宗教、哲学和文学含义。

（4）柱廊的使用是在建筑和自然之间建立密切的联系。花园大多数建在山坡上，依次形成不同高度的台地，以台阶或缓坡甬道相连。远处的乡村田野等远景被巧妙地融于庄园的景观构成之中，使别墅花园拥有宽广而深远的景色。

（5）建筑主体是外向的，尽量将四周的自然风景引入建筑空间。建筑、花园及自然密切联系，并通过绿廊、荫棚、套门等形成过渡，空间相互渗透。泉池、树木也是建筑与自然在园林中交汇的产物。花园本身则是封闭而内向的，将人们的视觉焦点停留在园内。

（6）植物和水体是造园艺术的两大要素，也是改变园林小气候的主要因素。在罗马的别墅花园中，植物和水体都在很大程度上建筑化。这些都被意大利文艺复兴时期和巴洛克时期的园林所继承，并使意大利台地园与法国古典主义园林形成鲜明的对比。

（7）罗马园林中很重视植物造型的运用，常用的植物为黄杨、紫杉和柏树。植物造型在后世的欧洲园林中得到极大发展，造型变化丰富，成为受人喜爱的园林装饰。花卉在园林中的运用，出现如月季园等专类园的布置方式。同时还兴起了“迷园”的建造热潮，成为园中的娱乐设施。古罗马园林中常见乔灌木有悬铃木、白杨、山毛榉、梧桐、槭、丝杉、柏、桃金娘、夹竹桃、瑞香、月桂等，果树按五点式栽植，呈梅花形或V形，以点缀园林建筑。

（8）雕塑成为园林中的重要装饰。雕塑技术的应用也十分普遍，从栏杆、桌椅、柱廊的雕刻，到墙面上的浮雕、圆雕等，为园林增添了细腻耐看的装饰物和艺术文化氛围。

思 考 题

1. 简述古埃及园林的类型及其主要特征。
2. 分析古巴比伦园林的风格与特征。
3. 简述古希腊园林的类型及风格特征。
4. 古罗马园林的类型有哪些，各有什么特点？

7.5 中世纪造园

7.5.1 历史背景

“中世纪”（Middle Ages）是指从5世纪罗马帝国的瓦解，到14世纪文艺复兴时代开始之前的这段时期，历时约1000年。这一时期，因欧洲古代文明的光辉泯灭殆尽而被称为“黑暗时期”。在这个动荡不安的岁月中，人们纷纷从宗教中寻求慰藉。宣扬来世因果报应思想的基督教，成为欧洲各国的国教。

自3世纪起，罗马帝国受到北方日耳曼民族的入侵，395年分裂为东、西两部分。东罗马建都于拜占庭，西罗马都城留在罗马。476年，西罗马灭亡，基督教也随之分裂为东、西两部分，即东教会（东正教）和西教会（天主教）。天主教形成政教合一的局面，教会成为社会的主宰。教会排斥一切世俗文化，包括来自希腊、罗马的古典文化，《圣经》成为评判一切思想文化的最高准则。

中世纪在自然科学和美学思想上的发展基本处于停滞状态。12世纪以后，在阿拉伯文化和古希腊、罗马文明的滋养下，才重新走上科技发展之路。诗人但丁（Dante，1265—1321）的美学思想成为从封建社会到资本主义社会这个过渡阶段的代表。

7.5.2 发展概况

中世纪文明主要是基督教文明的渗透，对园林也产生了深刻影响。以意大利寺院庭园为代表的实用性园林得以出现，为教士们提供了宁静、幽雅的生活环境。然而，由于基督教反对豪华奢侈的生活方式，园林艺术不可能在寺院庭园中得到很大发展。11世纪以后，欧洲大部分地区的官爵都采用世袭制度，封地领主几乎拥有一切公共权利，分封独立，随之而来的是城堡林立的局面，这一切导致国王的权力相对削弱。因此，中世纪的欧洲缺少壮丽的王宫别苑，更多的是王公贵族们简朴的城堡庭园。因此在中后期，以法国的城堡庭园为代表的城堡园林得到发展。

7.5.3 园林类型

中世纪园林发展可以分为两个时期：前期是以意大利为中心发展起来的寺院庭园，后期是以法国为中心发展完善的城堡庭园。

1. 寺院庭园

在中世纪的战乱动荡岁月中，教会寺院相对保持宁静的环境。早期的寺院多建在人迹罕至的山区，僧侣们过着极其清贫的生活，不需要也不允许有园林与之相伴。之后，随着寺院进入到城市，这种局面逐渐有了转变。基督教徒们最初是利用罗马时代的一些公共建筑，如法院、市场、大会堂等公共建筑作为他们活动的场所。后来，他们又效法称为巴西利卡（Basilica）的长方形大会堂的形式来建造寺院。所以，按照这种样式建造的寺院就称为巴西利卡式寺院。建筑物的前面有连拱廊围成的露天庭院，院中央有喷泉或水井，供人们进入教堂时取水净身之用，人们将这种露天庭院称为“前庭”（artrium）。前庭作为建筑物的一部分，虽然最初只是一片硬质铺地，但却是以后寺院庭园的一个雏形。

教会严格的清规戒律，要求僧侣们的生活必需品全部由寺院生产。修士们在传教之余还要从事农业生产，寺院中随之出现了菜圃和果园以及药草园。此外，僧侣们还有着用鲜花装点教堂和祭坛的习惯，为了种植花卉他们又修建了具有装饰性质的花园。于是，在欧洲寺院庭园中便产生实用性与装饰性两种不同目的、不同内容的园林性质。

从布局上看，寺院庭园的主要部分是教堂及僧侣住房等建筑围合成的中庭，面向中庭的建筑前有一圈柱廊，类似希腊、罗马的列柱中庭庭园，柱廊的墙上绘有各种壁画，其内容多是圣经中的故事或圣者的生活写照。稍有不同的是，希腊、罗马中庭周围的柱廊多是楣式的，柱子之间均可与中庭相通；而中世纪修道院内的中庭周围，柱廊多采用拱券式，柱子架设在矮墙上，如栏杆一样将柱廊与中庭分隔开，只在中庭四边的正中或四角留出通道，起到保护柱廊后面壁画的作用。中庭内仍是由十字形或交叉的道路将庭园分成四块，正中的道路交叉处为喷泉、水池或水井，水既可饮用，又是洗涤僧侣们有罪灵魂的象征。四块园地上以草坪为主，点缀着果树和灌木、花卉等。有的寺院中在院长及高级僧侣的住房前还有私人使用的中庭。此外，还有专设的果园、药草园及菜园等。17 世纪在瑞士圣·高尔教堂（St. Gall）的图书馆中发现的该教堂的规划图，可以让我们了解到该教堂当时的一些情况。

圣·高尔教堂（见图 7.10）于 9 世纪初建在瑞士的康斯坦斯湖畔，占地约 1.7 公顷，全院分为三个部分：一是中央部分，为教堂及僧侣用房、院长室等；二是南部及西部，为畜舍、仓库、食堂、厨房及工场、作坊等附属设施；三是东部，为医院、僧房、药草园、菜园、果园及墓地等。中央部分有典型的以建筑围合的中庭柱廊园，十字形园路当中为水池，周围四块草地；在医院及僧房、客房建筑间也有面积很小的庭园。此外，在医院及医生宿舍处有药草园，内有 12 个长条形畦，种植了 16 种草本药用植物，有的药用植物同时也具有观赏价值。墓地内整齐地种植了 15 种果树，有苹果、梨、李、花楸、桃、山楂、榛子、胡桃及月桂等，周围有绿篱围绕。墓地以南是排列着 18 个畦的菜园，其中种植了胡萝卜、土茴香、荷兰防风草、香草、卷心菜等。

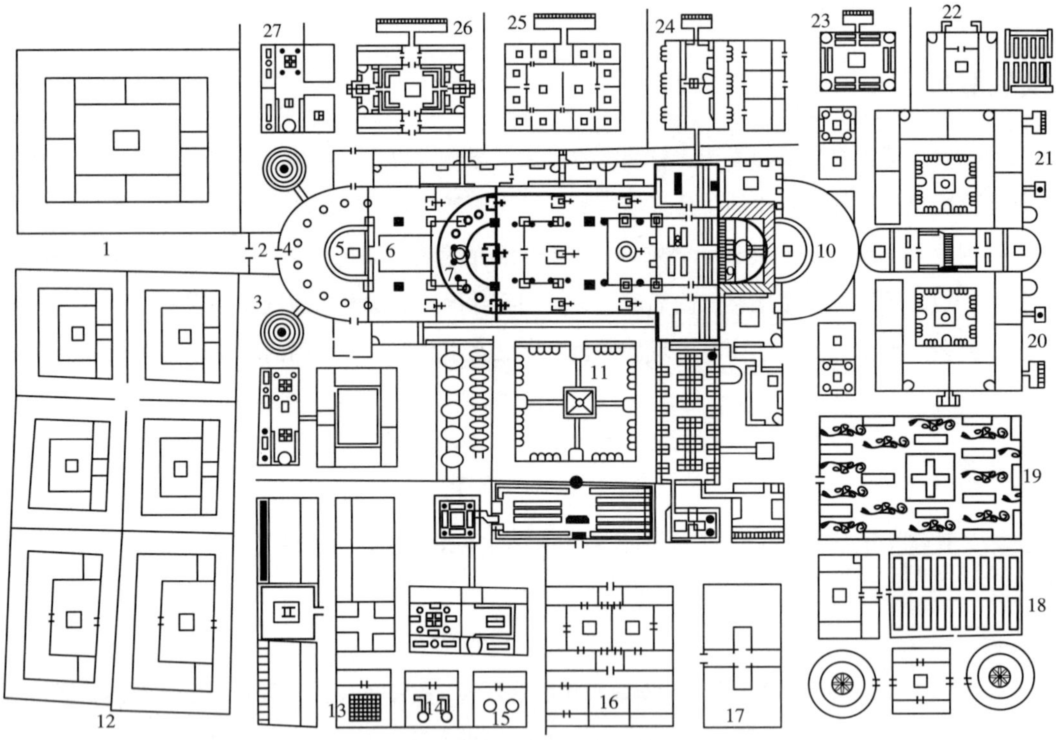

图 7.10　圣·高尔教堂平面规划图

1—公共入口；2—门廊；3—塔；4—天堂；5—圣坛；6—唱诗班；7—洗礼盆；8—唱诗班；9—神坛；10—天堂；11—修道院庭院；12—农场建筑；13—窑房；14—泥灰房；15—磨房；16—作坊；17—谷仓；18—花园；19—公墓；20—见习修道士集会地；21—医院；22—医生房；23—制药房；24—居住区；25—学校；26—贵宾休息场所；27—储备及生活用房

圣·高尔教堂的规划反映出教会自给自足的特征，同时，教会掌握着文化、教育、医疗大权，寺院里有学校、医院宿舍、病房、药草园等。在总体规划上功能分区明确，庭园则随其功能而附属于各区，显得井然有序。

保存至今的寺院还有一些在布局上留有当年的痕迹，如著名的意大利罗马圣保罗教堂（SanPaolo fuorile Mura），西西里岛蒙里阿尔寺院山（Duomodi Monreale），以及圣加特尔（Santi Quattre）寺院等。

2. 城堡庭园

中世纪初期由于战乱频繁，王公贵族们带有防御工事的府邸城堡便是当时欧洲最显著的建筑形式。城堡多建在山顶上，周围是带有木栅栏的土墙及内外壕沟，当中为高耸的、带有枪眼的碉堡式中心住宅建筑。中央庭园与修道院中庭十分相似。11世纪之后，实用性庭园逐渐具有了装饰和游乐的性质。十字军东征对这种变化无疑具有一定的影响。去圣地朝拜的骑士们在拜占庭和耶路撒冷等东方繁华的城市中，感受到了东方文化的精致和生活的奢侈。他们把东方文化，包括精巧的园林情趣，甚至一些造园植物带回欧洲。到13世纪法国寓言长诗《玫瑰传奇》（Le Roman de la Rose），便有了对于当时城堡园林的描述，从中可以看出当时园林的布局：果园四周环绕着高墙，墙上只开有一扇小门，由墙及壕沟围绕的庭园里有木格子墙，散生着雏菊的草地中央有喷泉，水由铜狮口中吐出，落至圆形的水盘中；园内还有修剪过的果树及花坛。此外，还饲养一些小动物以增添田园牧歌式的情趣。

13世纪之后，由于战乱逐渐平息和受东方的影响，城堡的结构发生了显著的变化，它摒弃了以往抑郁的形式，成为更加开敞、更适宜居住的宅邸形式。到14世纪末，这种变化更为显著，建筑结构更为开放，外观上的庄严性也减弱了。到了15世纪末期，这种建筑仅存其城堡的外观，且面积也扩大了。城堡内还有宽敞的厩舍、仓库，供骑马射击的赛场、果园及装饰性花园等。四角带有塔楼的建筑围合出方形或矩形庭院，城堡外围仍有城墙和护城河，城堡的入口处架桥，易于防守。庭园的位置也不再局限于城堡之内，而是扩展到城堡周围，但是庭园与城堡仍然保持着直接的联系。法国的比尤里城堡（Chateau Bury）和蒙塔尔吉斯城堡（Chateau Montargis）（见图7.11）是这一时期比较有代表性的城堡庭园。

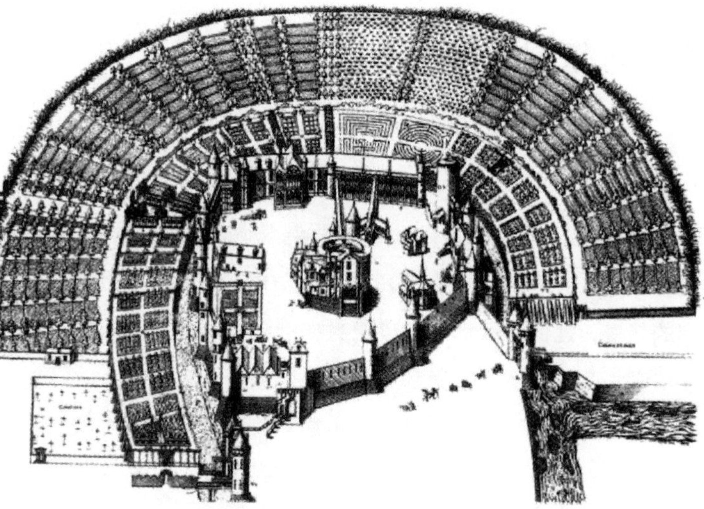

图7.11 蒙塔尔吉斯城堡

从布局上看，中世纪城堡庭园结构简单，造园要素有限，面积不大却相当精致。由栅栏或矮墙围护，与外界缺乏联系。除了方格形的花台之外，最重要的造园元素就是一种三面开敞的龛座，偶尔可以看到凉亭。泉池是不可或缺的。树木多修剪成各种几何形体，与古罗马的植物造型相似。此外还用低矮绿篱组成图案的花坛。图案或是几何图形，或是鸟兽形象及徽章纹样，在其空隙中填充了各种颜色的碎石、土、碎砖等（开放型结园 Open Knot Garden）；或种植色彩艳丽的花卉（封闭型结园 Closed Knot Garden）。过去用以种植蔬菜的菜畦也开始种植花卉。这类花坛所强调的已不是单枝花朵的形状、色彩，而是注重其整体效果。在较大的庭园中，设有水池，并放养鱼和天鹅。

7.5.4 园林风格与特征

（1）中世纪欧洲园林都是以实用性园林作为开端。一方面是寺院生活自给自足要求的产物，另一方面也促进了中世纪欧洲园艺事业的发展。随着不断提高，实用性庭园逐渐具有了装饰和游乐的性质。

（2）植物是中世纪乃至后世欧洲园林最重要的元素。除了常见的种植形式之外，由于庭园规模不大，要求小巧精致，加之植物修剪技术发达，结园（Knot Garden）和迷园等人工景观设施得到广泛应用。

(3) 水体多以水池和喷泉的形式出现，成为庭园的视觉中心。喷泉的式样繁多，如同建筑的变迁一样，出现了罗马式、哥特式，以及后来的文艺复兴式等各种样式。在中世纪庭园中喷泉和水池形式的变化直接受到了东方文化的影响。

(4) 围墙是中世纪庭园中最常见的元素。防御性的外墙以石料、砖块、灰泥等坚固材料砌筑，而分隔庭园内部的隔墙则多采用编织栅栏、木桩栅栏、栏杆、花格墙、树篱等形式。凉亭和棚架与藤本植物结合，起到遮阴和装饰作用。

(5) 中世纪除寺院庭园和城堡庭园两大园林形式外，后期还有仿效波斯而建造的猎园，如德意志国王腓特烈一世（Fredrick I Barbarossa，约1123～1190）于1161年修建的猎园。在高墙围绕的大片土地上植树造林，放养鹿、兔等飞禽走兽，供贵族们狩猎取乐。

思 考 题

1. 中世纪欧洲的庭院类型及特点。
2. 结合实例说明中世纪欧洲的庭院园林风格与特征。

7.6 文艺复兴时期的造园（意大利）

7.6.1 历史背景

文艺复兴运动是指13世纪末从意大利开始、16世纪以后遍及西欧，资产阶级在思想文化领域中反封建、反宗教神学的运动，前后历时300多年。它不仅仅是希腊、罗马古典文艺的再生，也不单纯是意识形态领域的运动，更重要的是欧洲社会经济基础的转变，是促使欧洲从中世纪封建社会，向近代资本主义社会转变的一场伟大的思想解放运动，在精神文化、自然科学、政治经济等方面都具有重大而深远的意义。

文艺复兴运动既是资本主义社会和经济发展的需要，也是新兴资产阶级大力提倡的结果。“人文主义”思想是文艺复兴运动的核心。人文主义的积极意义表现在两个方面：一是确立了既有别于传统神学又有别于新兴自然科学的学科体系，导致了人文学科（Humanities）的产生；二是铸就了以人为价值原点的信念体系，认为人本身是最高价值的体现，也是衡量一切事物的价值尺度。这就使欧洲国家摆脱了封建制度和教会神权的束缚，在生产力和精神上都得到解放。

14世纪由于东西方贸易的兴盛和工商业的发展，得益于优越的地理位置，意大利的一些城市已成为欧洲最繁华的地方。尤其是佛罗伦萨，因交通便利，毛纺织业和银行业发达，成为当时欧洲最著名的手工业、商业和文化中心。以经营航运和港口贸易为主的威尼斯、热那亚也是比较发达的城市。

正当文艺复兴运动遍及西欧之时，意大利的政治局面和经济形势却日见衰败。15世纪后期，随着美洲新大陆的发现和通往印度海上航线的开辟，改变了昔日世界贸易的格局，意大利的地理优势渐渐丧失，昔日的繁华不复存在。15世纪末，法兰西国王查理八世（CharleS VIII，1491—1498在位）入侵佛罗伦萨。16世纪时，意大利大部分地区被西班牙人所控制。

政治上的分裂割据状态和阶级分化日趋严重，导致教会势力不断上升。经济的衰退，又破坏了文化繁荣的基础。战乱与政局的不稳，致使人文主义者纷纷逃离。然而，正是在这个风雨飘摇的历史时期，让外来侵略者接触到意大利文艺复兴运动所产生的灿烂文化，并为之惊叹不已，才使得文艺复兴运动迅速传播到欧洲各地。

意大利文艺复兴时期的造园经历了初期的发展、中期的鼎盛和末期的衰落三个阶段，折射出文艺复兴运动在园林艺术领域从兴起到衰落的全过程。

7.6.2 文艺复兴初期的造园

1. 发展概况

意大利位于欧洲南部亚平宁半岛上，国土面积的80%为山地和丘陵。阿尔卑斯山脉呈弧形绵延于北部边境，亚平宁山脉纵贯整个半岛。北部山区属温带大陆性气候，半岛及其岛屿属亚热带地中海气候。夏季谷地和平原闷热逼人，而山区丘陵凉风送爽。这些独特的地形和气候条件，是意大利台地园林形成的重要自然因素。

14世纪末到15世纪初，宗教禁锢下的欧洲开始觉醒，古典文化重新复兴，始于意大利的文艺复兴主要表现为科学、文学和艺术的普遍高涨。一大批不朽的科学家、航海探险家、艺术家诞生了，如哥白尼、哥伦布、伽利略、但丁、薄伽丘、达·芬奇等。正是在他们不懈的努力下，欧洲终于冲破了中世纪的黑暗，迎来了文艺复兴的曙光。

佛罗伦萨堪称为文艺复兴运动的发源地。14世纪初期，这座以毛纺织业为主的工业城市逐渐繁荣起来。佛罗伦萨郊外美丽的风景、肥沃的土壤、郁葱的林木、丰富的水源和宜人的气候，为建造别墅花园提供了理想的场所。新兴的工商业贵族势力不断壮大，在财力、物力的充分保障下，开始大兴土木，建造别墅和花园，很快便出现新的园林建设热潮。1434年美第奇家族掌握了佛罗伦萨政权，以君主的姿态荣登统治地位。这个家族中的科西莫·德·美第奇（Cosimo de Medici，1389—1464）和他的孙子罗伦佐·德·美第奇（Lorenzo de Medici，约1449～1492年）对艺术情有独钟。由于美第奇家族的带动作用，促使奢华的别墅花园更加流行，文艺复兴初期最著名的庄园都出自美第奇家族，如卡雷吉奥庄园（Villa Careggio）、卡法吉奥罗庄园（Villa Cafaggiolo）、费索勒的美第奇庄园（Villa Medici at Fiesole）、卡加诺的波吉奥庄园（VillaPoggio，Cajano），以及萨尔维亚提庄园（Villa Salviati）等。

新的造园热潮带来园艺学的兴盛，古罗马有关园艺学的书籍成为意大利人的主要参考文献。因此，人们对古罗马的瓦罗、科隆梅拉等人所著的园艺著作、小普林尼的作品和维吉尔的《田园诗》爱不释手。这些书籍在给他们带来知识的同时，还唤起了他们对古罗马人别墅生活的憧憬。

在别墅花园建造热潮的影响下，造园理论的研究也逐渐兴起。著名建筑师和建筑理论家阿尔贝蒂（Leon Battista Alberti，1404—1472）在《建筑十书》中，以小普林尼的书信为主要蓝本，对庭园建造进行了系统的论述。他认为，庄园应建于可控制佳景的山坡上，建筑与园林应形成一个整体，如建筑内部有圆形或半圆形构图，也应该在园林中有所体现，以获得协调一致的效果。园林应尽可能轻松、明快、开朗，除了形成所需的背景以外，尽可能减小阴暗的地方。阿尔贝蒂被看成是园林理论的先驱者，他提倡的以常绿灌木修剪成篱围绕草地，被称为“植坛”的做法，在意大利园林和后来的规则式园林中十分普遍。

2. 园林实例

（1）卡雷吉奥庄园（Villa Careggio）。

这是美第奇家族的庄园中最古老的一座，位于佛罗伦萨西北两英里处。1417年柯西莫命米切罗兹设计了建筑与庭园。它清晰地反映了中世纪到文艺复兴初期别墅的变迁。该别墅内建筑开窗极小，具有中世纪城堡的外观，建筑多建在平坦地带，由于布置巧妙，从这里可以饱览托斯卡纳一带的美丽景色。据戈塞因记载，庭园自建成后，历经数个世纪的沧桑，除它的栽植发生了很大的变化外，其他主要特征仍然如故。该庄园的主庭园在建筑物正面展开，并封闭在高大的锯齿形墙内。前面的花坛大概是由小墙壁和门等与大庭园分开的，可能还装饰着一些陶制花瓶。主庭园内还建有绿廊，其余各处植有果树，还栽着造型黄杨树，建筑内设有座凳的园亭。庄园中植物的品种繁多，外观形若一座植物园。

（2）费索勒的美第奇庄园（Villa Medici at Fiesole）（见图7.12）。

费索勒的美第奇庄园是15世纪中叶米切罗兹为柯西莫（Cosimo dei Medici）之子乔孔（Giovanni）建造的，后几易其主，但始终维护得很好。

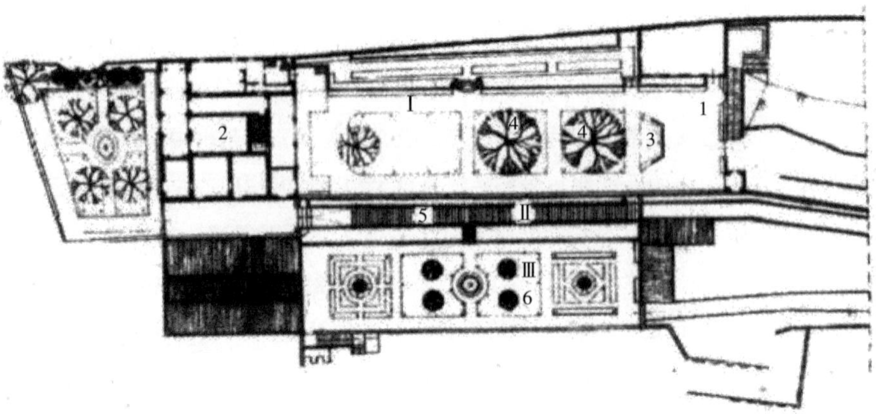

图7.12　费索勒的美第奇庄园平面图

Ⅰ—上台层；Ⅱ—小台层；Ⅲ—下台层

1—入门；2—主建筑；3—水池；4—树畦；5—花架；6—绿丛植坛

费索勒的美第奇别墅建造在斜坡之上，土地整体造型巧妙，宛如天然自成一般。别墅的整个布局综合利用了绘画技巧与地形学方法，用平台将斜坡拦腰切断。在美第奇别墅中，还能看到意大利庄园所特有的那种巧妙的协调，即各区域间既各有个性，又不是孤立分散的。建筑物与它的平台密不可分地结合成为一体，所有一切都布置得那么尽善尽美。这正是美第奇别墅获得巨大成功的真正原因。

庄园入口设在上台层的东部，入园后，在小广场的两侧设置了半面八角形的水池，广场后的道路分设在两侧，当中为绿荫浓郁的树畦，既作为水池的背景，又使广场在空间上具有完整性。树畦后为相对开阔的草坪，角隅点缀着栽种在大型陶盆中的柑橘类植物，这是文艺复兴时期意大利园林中流行的手法。草坪形成建筑的前庭，当人们走在树畦旁的园路上时，前面的建筑隐约可见，走过树畦后，优美的建筑忽然展现在眼前。建筑设在西部，其后有一块后花园，使建筑处在前后庭园包围之中。后花园形成一个独立而隐蔽的小天地，当中为椭圆形水池，周围为四块绿色植坛，角落里也点缀着盆栽植物。这种建筑布置手法，减弱了上部台层的狭长感。

由入口至建筑约80米长，而宽度却不到20米，设计者的重要任务就是力求打破园地的狭长感。主要轴线和通道采用顺向布置，依次设有水池广场、树畦、草坪三个局部，空间处理上由明亮（水池广场）到郁闭（树畦），再由豁然开朗（草坪）到封闭（建筑），形成一种虚实变化。这样即使在狭长的园地上，人们仍然感受到丰富的空间和明暗，色彩的变化。每一空间既具有独立的完整性，相互之间又有联系，并加强了衬托和对比的效果。

下层台地中心为圆形喷泉水池，内有精美的雕塑及水盘，周围有四块圆形绿丛植坛，东西两侧为大小相同而图案各异的绿丛植坛。这种植坛往往设置在下层台地，便于由上面台地居高临下欣赏，图案比较清晰。中间台层只有一条4米宽的长带，也是联系上、下台层的通道，其上设有覆盖着攀缘植物的棚架，形成一条绿廊。设计者在这块很不理想的园地上匠心独运，巧妙地划分空间，组织景观，使每一空间显得既简洁，整体又很丰富，也避免了一般规则式园林容易产生的平板单调、一览无余的弊病。

诺曼·牛顿曾评价说：美第奇庄园的最大特点不在于它的建筑细部而在于它的位置选择。它精巧简洁的设计为人们提供了一个极其开阔的观览范围，而不会仅仅由于它所拥有的那片场地，因此其周围远山美景的全部或最为精彩的小景都成为别墅自身的一部分。此外，下部的庭园和菜园都布置在视线以下，形不成对立因素，因而毫不妨碍人们的视线。从而使人在远眺时获得一种宁静，在这种心境下去审视自然之美也正是文艺复兴的精神所在。费索勒的美第奇庄园的大胆有序的手法、简洁的构造，使它成为后来意大利最为人工化的华丽别墅的典范。

7.6.3 文艺复兴中期的造园

1. 发展概况

16世纪，文艺复兴文化的中心开始从佛罗伦萨转移到了罗马。接受了新思想的教皇尤里乌斯二世提倡发展文艺事业，支持并保护一批从佛罗伦萨逃亡来的人文主义者，从而使文艺复兴时期文化艺术达到了全盛。文艺复兴时期卓越的科学家和艺术家米开朗琪罗（Michelangelo Bounaroti，1475—1564）、画家和建筑学家拉斐尔（Raphael，1483—1520）等人，也是在这一时期离开佛罗伦萨来到罗马，并创作了许多不朽的艺术作品。

为了将收藏的艺术珍品集中到梵蒂冈（Vatican），展示于贝尔威德尼山冈上的望景楼中，尤里乌斯二世委托布拉曼特（Donato Bramante，1444—1514）设计了一座建筑，并将望景楼与梵蒂冈宫连接起来。他在山坡上设计了两座长廊型建筑，随山势分别为1～3层，两端分别连接梵蒂冈宫和望景楼。在柱廊之间，他还设计了望景楼花园（Belvedere Garden），并结合地势采取了台地的形式。此后，罗马的贵族和富商们纷纷效仿，在丘陵地上建造台地式花园的做法成为一种时尚。16世纪40年代以后，意大利庄园的建造以罗马为中心，进入鼎盛时期，其中最著名的是法尔奈斯、埃斯特和兰特这三大庄园。

2. 园林实例

（1）埃斯特庄园。

埃斯特庄园建于1559—1580年，位于梯沃里山顶，是建筑师皮洛·理高利奥（Pirro Ligorio）为红衣主教依珀利特奥·埃斯特建造的。皮洛·理高利奥不仅是一位建筑师，也是一位艺术家、园林设计师、古玩鉴赏家、考古学家。他的这些才能也都反映在这座庄园的设计及建造上。绝妙的选址不仅为埃斯特提供了一个君临与浏览他的领地的绝佳的视线，也为充分展示庄园内各水景园提供了最佳的地形条件。整个庄园最基本的构图要素为古典时期备受钟爱的简单几何形。无数的装有各种技术的水景、喷泉、雕塑连同无数的寓言及象征意义，使得该庄园成为意大利文艺复兴式庄园所谓“个性风格”突出的代表（见图7.13）。

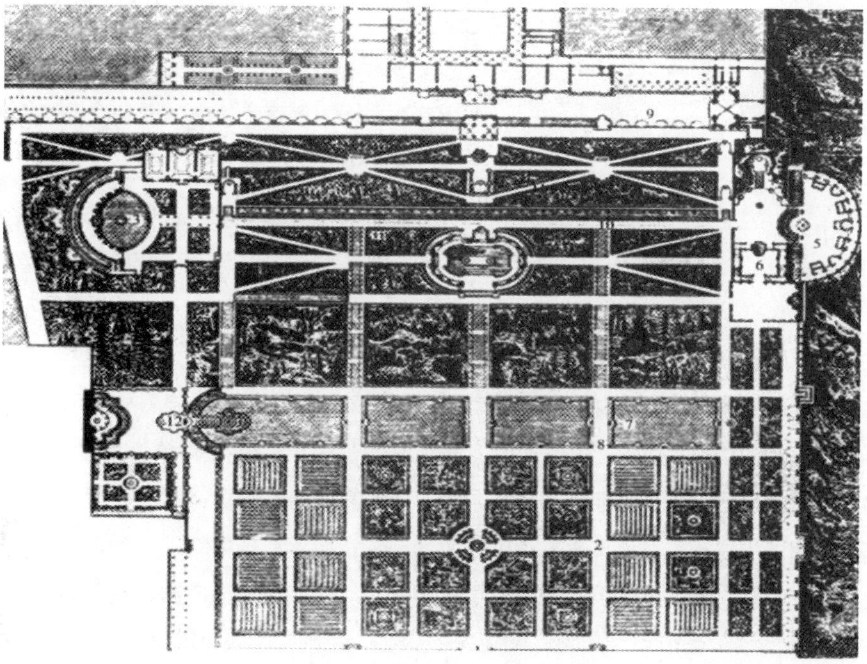

图7.13 埃斯特庄园平面图

庄园总面积为600英尺×800英尺（约14000平方米），总体规划在明显的轴线控制之下。庄园的地形主体向南并稍向西倾斜。主体宫殿建筑位于最高层，大致向北。宫殿前是一系列的凉亭。从山顶可以清晰地看到主轴线。轴线并不完全与主体宫殿建筑垂直，沿着主轴线依次顺势向下为杯状喷泉（Bicchierone）、著名的“龙喷泉”及最底层的由无数喷嘴组成的环形空间。其他的一些水景则隐藏在与主轴线相交的东西向轴线上，如水风琴源于1世纪的一部文学作品中的猫头鹰喷泉。它们不仅是绝妙的水景，也存有极深的象征意义（见图7.14）。

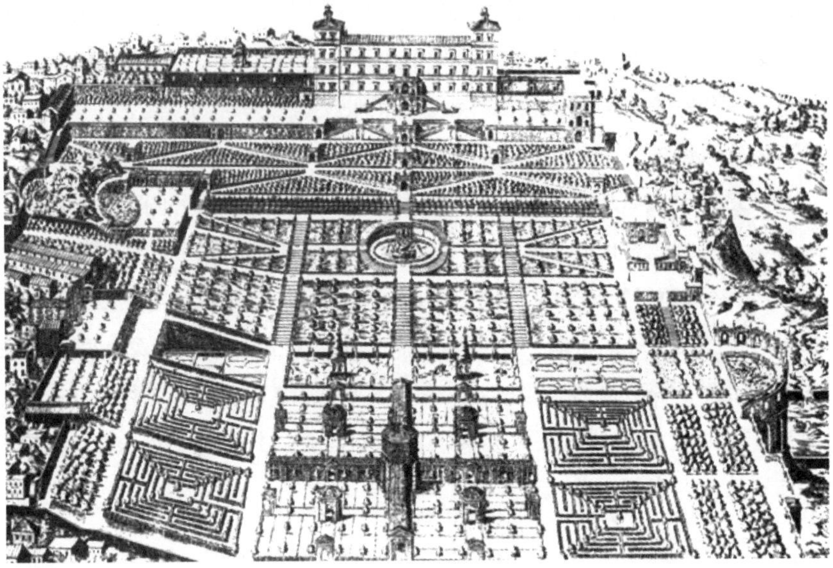

图7.14　埃斯特别墅庭园鸟瞰图

（2）兰特庄园。

兰特庄园是保存最完整的16世纪中期庄园，位于罗马以北96公里的维特尔博城（Viterbo）附近的巴涅亚小镇上（如图7.15）。1566年维尼奥拉在建造法尔奈斯庄园的同时，又接受红衣主教甘巴拉的邀请为他设计了这座夏季别墅，用了20年时间才将庄园大体建成。后来，这座庄园因后租给兰特家族而得名。

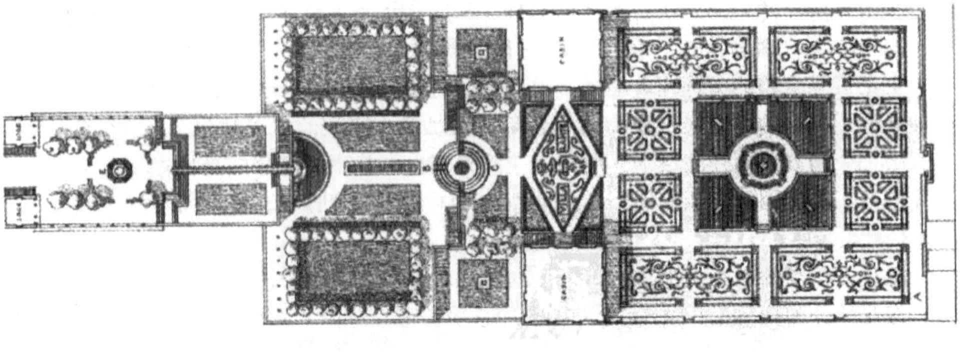

图7.15　兰特庄园平面图

庄园建造在一处朝北的缓坡上，约76米宽、244米长的矩形用地十分规整。全园高差近5米，设有四个台层。入口设在底层台地上，近似方形的露台上有12块图案精美的黄杨模纹花坛，环绕着中央石砌的方形水池，池中有圆形小岛和十字形小桥，4块水面中各有一条小石船。岛上有圆形喷泉，其上有单手托着主教徽章的四青年铜像，主教徽章顶端是水花四射的巨星。整个台地上无一株大树，空间开敞而明亮。

第二台层上有两座相同的建筑，对称布置在中轴线两侧，依坡而建，当中斜坡上的园路呈棱形。建筑后种有庭荫树，中轴线上设有畸形喷泉，与底层台地中的圆形小岛相呼应。两侧的方形庭园中是栗树丛林，挡土墙上有柱廊与建筑相对，柱间建鸟舍。

第三台层的中轴线上有一长条形水渠，据说曾在水渠上设餐桌，借流水冷却菜肴，并漂送杯盘给客人，故此又称餐园（Dining Garden）。这与古罗马哈德良山庄内的做法颇为类似。台层尽头是三级溢流式半圆形水池，池后壁上有巨大的河神像。在顶层与第三台层之间是一斜坡，中央部分是沿坡设置的水阶梯，其外轮廓呈一串蟹形，两侧围有高篱。水流由上而下，从“蟹”的身躯及爪中流下，直至顶层与第三台层的交界处，落入第三台层的半圆形水池中。

顶层台地中心为造型优美的八角形水池及喷泉，四周有庭荫树、绿篱和座椅。全园的终点是居中的洞府，内有丁香女神雕像，两侧为凉廊。这里也是储存山水和供给全园水景用水的源泉。廊外还有覆盖着铁丝网的鸟舍。

兰特庄园突出的特色在于以不同形式的水景形成全园的中轴线。由顶层尽端的水源洞府开始，将汇集的山泉送至八角形泉池；再沿斜坡上的水阶梯将水引至第三台层，以溢流式水盘的形式送到半圆形水池中；接着又进入长条形水渠中，在第二、第三台层交界处形成帘式瀑布，流入第二台层的圆形水池中；最后，在第一台层上以水池环绕的喷泉作为高潮而结束。这条中轴线依地势形成的各种水景，结合多变的阶梯及坡道，既丰富多彩，又有统一和谐的效果。

7.6.4 文艺复兴后期的造园

1. 发展概况

16 世纪末至 17 世纪，欧洲的建筑艺术进入巴洛克时代。巴洛克建筑不同于简洁明快、追求整体美的古典主义建筑风格，而倾向于烦琐的细部装饰；喜运用曲线的技巧来加强立面效果；爱好以雕塑或浮雕来形成建筑物华丽的装饰。受巴洛克艺术风格的影响，园林风格从文艺复兴时期的庄重典雅，向华丽装饰方向转化。主要特征是反对墨守陈规的僵化形式，追求自由奔放的格调，直至出现一种追新求异、表现手法夸张的倾向。园内建筑物的体量都很大，占据明显的统率地位。林荫道纵横交错，入口处采用城市广场中三叉式林荫道的布置方法，与城市相联系。园中大量充斥着装饰小品，随着植物修剪技术的发展，绿色雕刻形象和绿丛植坛的纹样日益复杂和精细。

随着意大利城市的发展，在罗马、佛罗伦萨、路加、西耶纳、威尼斯等城市的郊外，建造了大批的花园别墅。16 世纪、17 世纪之交的阿尔多布兰迪庄园（Villa Aldobrandini）的建立成为巴洛克园林萌芽的标志。17 世纪上半叶成为巴洛克园林的流行盛期，出现了许多巴洛克园林作品，其中最具代表性的有伊索拉·贝拉庄园（Villa Isola Bella）、加尔佐尼庄园（Villa Garzoni）、冈贝里亚庄园（Villa Gamberaia）等。

17 世纪下半叶，意大利的园林创作从高潮滑向没落。造园越加矫揉造作，大量繁杂的园林小品充斥着整个园林，同时对植物的强行修剪作为猎奇求异的手段。园林的风格背离了最初文艺复兴的人文主义思想，反映出巴洛克艺术的非理性特征，并最终导致了统治欧洲造园样式长达一个多世纪的文艺复兴式园林的衰落。此后，与巴洛克艺术同期产生的法国古典主义园林艺术登上了历史舞台。

2. 园林实例

(1) 阿尔多布兰迪尼庄园。

阿尔多布兰迪尼庄园是主教阿尔多布兰迪尼的夏季别墅，庄园因此而得名（见图 7.16）。园林艺术已居于各种艺术之首，园林不仅规模越来越大、空间伸展也越来越远，而且园中的景物也日渐丰富，渐渐表现出巴洛克艺术特征。

图 7.16 阿尔多布兰迪尼庄园中轴透视图

这座庄园坐落在亚平宁山半山腰的弗拉斯卡迪（Frascati）小镇上。府邸建造在山坡上，充分利用了环境特点，既将周围景色尽情借入，又使来自罗马方向的人们远远就能望见。经两侧坡道到达第一台层，外墙上有小型喷泉洞府，再经一对弧形坡道到达第二台层。这两层坡道在府邸前围合出椭圆形广场，地面铺装和石栏杆都非常精美，挡土墙前还有大型洞府和雕像。府邸的背面有下沉数步的半圆形广场，中轴上依山就势建有水剧场，装饰极其丰富。5个洞府般的壁龛中以丰富的水景和塑像，描绘出神话般的场景。水剧场之后是依山而建的水台阶，两侧高大的栎树林夹道，近宽远窄的空间增强了透视效果，这是巴洛克风格惯用的手法。

阿尔多布兰迪尼庄园以强烈的中轴线贯穿全园，最重要的设施和景物都在这条中轴上，如入口广场、林荫大道、喷泉广场、府邸建筑、水剧场、水阶梯和蓄水池等。府邸建筑作为全园的核心，前半段以林荫大道为主，感觉开敞而平淡，作为府邸前景的喷泉广场在地面铺装、栏杆、壁龛、雕塑及中心喷泉的处理上精雕细作，成为中轴上的一个景观高潮，在林荫道与府邸建筑之间起转承过渡作用。水剧场位于全园纵、横轴线的交汇点，华丽精巧的壁龛、雕像、泉池，结合跌水产生的音响效果，在花草树木的点缀下，产生丰富多变的空间效果，构成全园景色的高潮。随后的跌水、瀑布、蓄水池等处理手法则由人工渐趋自然化，使全园的中轴线逐渐融入大片自然山林之中。

（2）伊索拉·贝拉庄园。

这是波罗麦昂群岛的第二大岛上的一个庄园（见图7.17）。该岛位于马乔列湖西岸的新特雷扎城的附近。1630—1670年，建筑师安格洛·克里弗里（Angelo Crivelli）为伯罗米奥（Borromeo）家族设计建造的。克里弗里最初的设计思想是将宫殿建筑、庭园及整个小岛建成一艘大船，在远处黛色山峦的映衬下驶过平静的湖面，但并未完全实现。主体建筑像一个削去顶尖的金字塔，据称是仿造古巴比伦的“空中花园”，是现存唯一一座意大利文艺复兴时期的湖上庄园。

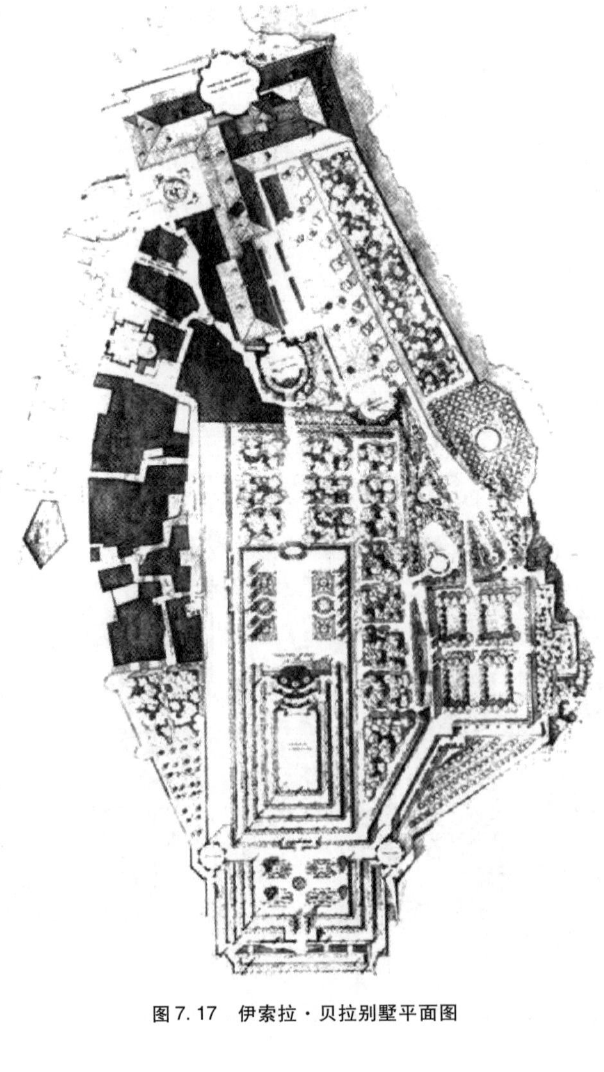

图7.17　伊索拉·贝拉别墅平面图

因它完全是作为避暑庄园来设计的，所以主要房间都朝北。由于受制于岛的形状，故宫殿的视线和庭园的主轴线在平面图上并不成一直线，但两者中间的小院却完成了两者之间巧妙的过渡。园中巴洛克式的水剧场正对着宫殿的一侧，其中布满了壁龛和贝壳装饰品。石栏杆与角柱顶上也设有许多表现农业与艺术活动的雕像以及火神、战神的塑像。在水剧场的顶上饰有骑马雕像，四处耸立的尖塔使这里引人注目。宫殿装饰采取了巴洛克式，过于烦琐，毫无简洁可言。

台地下方造有一个大蓄水池，用水泵将湖水抽上来，再从这里送往庭园中的各个喷泉处。在露坛南侧的两个八角形凉亭中现还保存着一个这样的机械装置。

这座置身于湖光山色中的庄园，充分展示了人工建造的台地以及人工装饰的魅力。与其说它是一座用于留心居住和游乐的花园，不如说是一个豪华装饰的场所。在这里建筑和雕塑起着主导作用。大量的装饰物体现出这个时代的巴洛克艺术的特征。然而，远远望去它仍然是一座笼罩于绿荫之中的宫殿。

7.6.5 文艺复兴时期意大利台地园造园特征

文艺复兴时期意大利造园是由文艺复兴初期的简洁发展到中期的丰富，又由丰富发展到后期的过分装饰。具体的基本特征如下。

（1）台地园属于规则式园林，该时期的造园实践将西方的造园技艺推向了史无前例的空前的高度。设计者多为建筑师，善于以建筑设计的方法将庄园作为一个整体进行规划。他们认为建筑只是组成庄园的一部分，而花园通常被看作是府邸的室外延续部分。总体布局充分反映了古典主义的美学原则：中轴对称、严整清晰、对称均衡、主次分明、变化统一、比例协调、尺度适宜。最广泛采用的形式是以建筑物的轴线作为庭园的主轴线。早期的庄园中，各台层有自己的轴线，而无联系各层之间的轴线；至中期则常有贯穿全园的中轴线，并尽力使中轴线富于变化。

（2）适应地形变化造成了意大利台地式园林突出的立面特征，地形决定了园林中一些重要轴线的安排，也决定了台地的设置、花坛的位置与大小、坡道的形状等。建筑物的位置安排，也要考虑其与台地之间的关系。台地园成功并充分地利用了原有地形的高度，塑造了极具特色的园林形式，其竖向上的处理经验为后人提供了宝贵的设计财富。

（3）轴线通常由各种水景，如喷泉、水渠、跌水、水池等，以及雕塑、台阶、挡土墙、壁龛、宝坎等装饰构成。在文艺复兴后期，受巴洛克风格的影响，往往在某一局部或景点上精雕细刻，使其绚丽夺目，然而，也出现了忽视整体效果的倾向。

（4）植物（尤其是植篱）是意大利台地园建筑向自然环境过渡的重要手段，其形式的多样性也标志着园林种植技术的高度成熟。采用了多种花木，色香兼备。草坪、花坛为规则式，多以黄杨包在花坛外围，花木交错种植，不遮挡观赏视线，能看清有层次的整个花园。

（5）水景丰富多样，大都把水引至高处，作为本源，在园内作出水池、喷泉、暗喷泉、瀑布、叠瀑、水风琴、水剧场等多种多样的水景。

（6）除主建筑外，庄园中也有凉亭、花架、绿廊等，尤其在上面的台层上，往往设置拱廊、凉亭及棚架，既可遮阳，又便于眺望。此外，在较大的庄园中，常有露天剧场、卡西诺（cosino）和迷园。

（7）丛林背景。在花园的周围或一侧，常建有大片的树林，称为 Park。这种 Park 背景，或称为 Bosquet 背景。使花园面貌更加清晰，环境更加优美，而且它具有多种实用功能价值。

7.6.6 文艺复兴时期意大利造园对法国园林的影响

1. 发展背景及概况

法国位于欧洲西部，地势东南高西北低，国土以平原为主，间有少量盆地、丘陵与高原。农业十分发达，森林茂盛，约占国土面积的25%。开阔的平原、众多的河流和大片的森林构成法国秀丽的国土景色，也为其独特的园林风格形成提供了重要的物质条件。

15世纪初期，以佛罗伦萨为中心的人文主义运动从意大利北部蔓延到北方各国。法国的文艺复兴运动始于查理八世的"那波利远征"之时，1494—1495年，法国军队入侵意大利，查理八世及其贵族被意大利文化艺术，尤其是意大利别墅庄园华贵富丽、充满生活情趣的园林艺术深深吸引。查理八世归国时从意大利带回大批的珍贵艺术品和造园工匠，促进了法国的文艺复兴。从此，意大利造园风格传入法国。在意大利，文艺复兴初期的佛罗伦萨别墅建筑尚带着中世纪城堡式的外观，但从15世纪左右开始，就逐渐变成了开敞式的文艺复兴风格。那波利远征尽管时值那样一个时代，但法国本身的建筑样式却没有向开敞式转化，外观上仍是带雄蝶与壕沟的戒备森严的城堡式，因而，它的庭园在细部上虽然可以见到意大利风格的影响，但整体却还是围着厚墙，保持着规则的形状。16世纪中叶以后，一批杰出的意大利建筑师来到法国，同时留学意大利的法国建筑师也相继回国。之后虽然形成了意大利台地园林艺术风靡一时的格局，但受法国独特的地理、地形限制，意大利台地园林并没有在法国独占风流。

文艺复兴时期，法国全面学习意大利台园造园艺术，并在借鉴中世纪园林某些积极因素的基础上，结合本国的地形、植被等条件，促进了本国园林的发展。如埃蒂安·杜贝拉克于1582年出版了《梯沃里花园的景观》，在借鉴意大利园林艺术的基础上，提倡适应法国平原地区的规划布局方法。雅克·布瓦索在1638年出版了《依据自然和艺术的原则造园》(3卷)，论述了造园法则和要素、林木及其栽培养护、花园的构图与装饰等，被誉为法国园林艺术的真正开拓者，为后来的古典主义园林艺术奠定了理论基础。

2. 园林类型

这一时期，法国园林主要有城堡花园、城堡庄园和府邸花园三种类型，分别以谢农索城堡花园（Le Jardin du chateau de Chenonceaux)、维兰德里庄园（Le Jardin du chateau de Villandry）和卢森堡花园（Le Jardin de Luxembourg）为代表。

(1) 城堡花园。

谢农索城堡花园中的城堡是法国最美丽的城堡建筑之一，其主体建筑采用廊桥形式，跨越谢尔河（le cher）两岸。城堡最早是由伯耶在弗朗索瓦一世时建造的，亨利二世（Henri II，1547—1559在位）将它送给狄安娜·波瓦狄埃。国王死后，王太后卡特琳娜·美第奇（Catherine de Medici，1519—1589）以肖蒙府邸做交换，换回了谢农索城堡。王太后聘请建筑师德劳姆（Philibert de l' Oreme）建造了美丽的廊桥式城堡。

王太后有两处花园，分别在城堡前庭的西面和谢尔河的南岸。前者为一个简洁的花坛，中央是圆形水池，带有意大利文艺复兴时期的特点。谢农索城堡花园有着很浓的法国味，表现在水体的运用上。水渠包围着府邸前庭、花坛、跨河廊桥，给人一种亲近的环境气息。近处的花园，周围的林园，清澈的流水形成一个和谐的整体。尽管面积不大，视线也伸展不远，却非常宁静。

(2) 城堡庄园。

现在的维兰德里庄园始建于20世纪初，是一座按照法国文艺复兴时期园林特点建造的仿古庄园。城堡过去的花园始建于1532年，园主为当时的财政部长勒布雷东（Jean Le Breton)，曾任法国驻意大利大使。在意大利期间，他潜心研究意大利的建筑及园林，回国后在旧城堡的基础上以16世纪初法国园林的风格建造了维兰德里庄园。18世纪，花园改建成英国风景式园林，1906年，卡尔瓦洛（Joachim Carvallo，1869—?）开始重建这座庄园，使其与城堡建筑风格更加协调。

维兰德里庄园建造在临近谢尔河合流处的山坡上。花园布置在城堡西南两侧，因借地形，在坡地上开出三层台地，以石台阶联系。在府邸的西侧，一条南北向水渠贯穿全园，它的北端连接着水壕沟，南端为上层台地中的水池，园中的水景用水由此池供给。水池两边是简洁的草坪花坛，显得简朴、宁静。在台地的一角还设有迷园。中层台地呈拐角形，与府邸的基座等高，布置成装饰性和游乐性花园，游乐性花园是三块方形花坛，为16世纪文艺复兴样式，以黄杨篱做图案，其中镶嵌各色花卉。向北下 15 级台阶，进入底层台地中的观赏性菜园。维兰德里庄园在整体布局上，以及府邸与花园的结合方式上，尤其是喷泉、建筑小品、花架和黄杨花坛中的花卉和香料植物等的处理手法，反映了意大利园林的影响。

（3）府邸花园。

卢森堡花园是巴黎市内一座大型府邸园林，它是国王亨利四世的王后玛丽·德·美第奇（Marie de Medici，1573—1642）建造的。王后从彼内一卢森堡公爵（Le Duc Pinei luxembourg）手中买下了园地，在亨利四世死后，为自己修建了府邸。建成后的花园按原主人的名字命名为卢森堡花园。

玛丽王后在法国生活的 10 多年中，十分怀念故乡佛罗伦萨美妙的风景与庄园。她童年生活在彼蒂宫中，因此要求仿照彼蒂宫来建造她的府邸，并希望花园也带有意大利风格。从总体布局上看，卢森堡花园与意大利波波利花园有相似之处。

3. 园林风格特征

（1）在法国文艺复兴初期，法国园林中仍然保持着中世纪城堡园林的高墙和壕沟，或大或小的封闭院落组成的园林在构图上与建筑之间毫无联系，各台层之间也缺乏联系。花园大都位于府邸一侧，园林的地形变化平缓，台地高差不大。意大利的影响主要表现在建园要素和手法上，园内出现了石质的亭、廊、栏杆、棚架等，花坛出现了绣花纹样的简单图案，偶尔用雕像点缀。岩洞和壁龛也传入法国，内设雕像，洞口饰以拱券或柱式。

（2）16 世纪中叶后，法国园林风格焕然一新。府邸不再是平面不规则的封闭堡垒，而是将主楼、两厢和门楼围着方形内院布置，主次分明，中轴对称。花园通常布置在邸宅的后面，从主楼脚下开始伸展，中轴线与府邸中轴线重合，采用对称布局。

（3）法国园林在学习意大利园的同时，结合本国特点，创作出一些独特的风格。其一，运用适应法国平原地区的布局法，用一条道路将刺绣花坛分割为对称的两大块，有时图案采用阿拉伯式的装饰花纹与几何图形相结合。其二，用花草图形模仿衣服和刺绣花边，形成一种新的园林装饰艺术，称为“摩尔式”或“阿拉伯式”装饰。绿色植坛划分成小方格花坛，用黄杨做花纹，除保留花草外，使用彩色页岩细粒或砂子作为底衬，以提高装饰效果。其三，花坛是法国园林中最重要的构成因素之一。从把整个花园简单地划分成方格形花坛，到把花园当作一个整体，按图案来布置刺绣花坛，形成与宏伟建筑相匹配的整体构图效果，是法国园林艺术的重大飞跃。

7.6.7 文艺复兴时期意大利造园对英国园林的影响

1. 发展背景及概况

英国是大西洋中的岛国，西临大西洋，东隔北海，东以多佛尔海峡与欧洲大陆相望。国土由英格兰、苏格兰、爱尔兰三大岛及其附属岛屿组成，其中以英格兰面积最大，人口最多，文化最为发达。英格兰北部为山地和高原，南部为平原丘陵，属海洋性气候，雨量充沛，冬温夏润，多雨多雾，为植物生长提供了良好的自然条件。英国历史上是以畜牧业为主的国家，草原面积约占国土面积的70%，森林面积为国土面积的10%左右。这种自然景观为英国园林风格的形成奠定了天然的环境条件。

最初生活在这里的居民是凯尔特语民族，1 世纪被罗马人征服，5—6 世纪盎格鲁撒克逊人开始迁入，6 世纪传来基督教，7 世纪形成封建制度，8—9 世纪经常遭到北欧海盗的骚扰。1066 年，法国诺曼底公爵征服英格兰，成为威廉一世（William I，1066—1087 在位）。1072 年征服苏格兰，1081 年征服威尔士。威廉一世通过分封土地建立了一套严密的封建等级制度。此后，又通过全国土地财产调查、编制土地调查书、组织商讨国事的枢密院等措施，建立了强大的诺曼底封建王朝。1154—1485 年间金雀花王朝（或称安茹王朝）统治英格兰，国王被迫接受了旨在保护封建领主利益的《大宪章》，产生了具有立法权的上、下两院的议会制度，客观上刺激了自由贸易和商品经济的发展。15 世纪末，意大利文艺复兴的春风刮进英伦三岛，英国在接触欧洲文化以后焕发出青春活力。从都铎王朝

（House of Tudor，1485—1603）开始，英国逐渐出现了所谓“羊吃人”的圈地运动，城市工商业勃兴，意味着中世纪的结束。英国社会开始从封建社会向资本主义社会过渡，至伊丽莎白一世（Elizabeth，1558—1603 在位）国力逐渐强盛。

去过欧洲大陆的英国人对意大利、法国园林表现出极大的兴趣，并开始模仿。尤其到了伊丽莎白时代，英国作为欧洲的商业强国，聚天下富饶之财，王宫贵族愈益憧憬并追求欧洲大陆国家王宫贵族豪华奢侈的生活方式，纷纷兴建宏伟富丽的宫室与府邸。

英国文艺复兴后的 200 多年间，依次出现的圈地运动、海内外扩张和资产阶级革命，意味着英国从封建社会过渡到了资本主义社会。经济的发展、思想的进步，使英国的园林艺术得到了一定发展。这个时期的园林建筑艺术除受到意大利台地园影响之外，还深受本国社会变迁因素的影响。

2. 园林类型

英国文艺复兴时期园林模仿意大利和法国台地园林规则式布局风格，主要有国王宫苑和贵族府邸两种园林类型。下面以汉普顿宫苑（Hampton Court）和波维斯城堡园（Powis Castle）为例加以介绍。

（1）汉普顿宫苑。

汉普顿宫苑是英国文艺复兴时期最为著名的规划式园林作品，位于伦敦以北 20 公里处的泰晤士河畔。最初属于红衣主教沃尔西（Cardinal Thomas Wolsey，1475—1530）的庄园，沃尔西去世以后归国王亨利八世所有。亨利八世扩大花园的范围，在园内兴建了网球场，成为英国最早的网球场地。1553 年，亨利八世又在花园中新建了“秘园”，在整形划分的地块上有小型结园，绿篱中填充着五彩缤纷的花卉，其中有雏菊、桂竹香、勿忘我、霍香蓟、三色堇、一串红等，还用彩色的砂砾铺路；另一空间以圆形水池喷泉为中心，两端为图案精美的结园。秘园的一端为“池园”，呈长方形，以“申”字形道路划分，中心交点为水池及喷泉，纵轴的终点用修剪的紫杉围成半圆形壁龛，内有白色大理石的维纳斯雕像。整个池园是一个沉床园，周边形成三个低矮的台层，外围是藤蔓爬满的绿墙。

（2）波维斯城堡邸园。

波维斯城堡园建在利物浦（Liverpool）与加的夫（Cardiff）之间的一片坡地上，主要由台地组成，建成于 17 世纪。建筑建在最高层台地上，有窄长的露台，沿建筑中心的中轴线布置层层台地。第二层台地也比较窄长，由花坛、雕像和整形的树木组成。最底层的台地十分开阔，规则形水池对称布置在中轴线两侧，池中心立有雕像，在侧面还安排有菜园，并种有果树，建筑后面与两侧栽植大片树林。从低层台地水池旁仰望建筑，层层花木，景色丰富。若从建筑前眺望，可俯视全园和远处山峦，景色更为壮观。

波维斯城堡园是完全吸取意大利文艺复兴时期台地园的特点的典型实例，这种情况在英国是少见的。

3. 园林风格特征

（1）文艺复兴传入英国后，英国园林出现了中世纪庭园与意大利规则式园林的结合，既有宏伟高大的宫殿，又有富丽堂皇的府邸园林。秘园、绿丛植坛、绿色壁龛及其雕像、池园及喷水等无不受到意大利台地园林风格的影响。

（2）英国文艺复兴盛期，造园家们摆脱中世纪封闭式园林风格的束缚，追求更宽阔、优美的园林空间，将本国的优秀传统与意、法、荷等园林风格融合起来。并根据本国天气灰暗的特点，在继续保持绿色的草地、色土、砂砾、雕塑及瓶饰的风格基础上，以绚丽的花卉增加园林鲜艳、明快的色调。

思　考　题

1. 简述文艺复兴时期意大利造园发展的三个阶段及特点。
2. 结合实例说明文艺复兴时期意大利台地园的特征。
3. 简述文艺复兴时期意大利造园对法国和英国的影响。

7.7　17—18世纪的法国造园

法国位于欧洲大陆的西部，国土总面积约为55万平方公里，是西欧面积最大的国家。在世界园林体系中，由于受法国本土文化、经济、思想意识等诸多因素的影响，法国古典主义造园艺术在世界园林体系中独树一帜，影响深远。

路易十四时期，法国专制王权进入极盛时期。路易十四大力削弱地方贵族的权力，政治上采取一切措施强化中央集权，经济上推行重商主义政策，鼓励商品出口。为此建立了庞大的舰队和商船队，成立了贸易公司，从而有力地促进了资本主义工商业的发展。文化方面，路易十四积极倡导体现着唯理主义哲学思想的古典主义文化，因此在他的支持和资助下，古典主义的戏剧、美学、绘画、雕塑和建筑园林艺术都获得了空前辉煌成就。

法国园林萌芽于罗马－高卢时期。在中世纪，园子附属于修道院或者封建主的寨堡，以种植蔬菜、药草、果木为主。16世纪初，受到意大利文艺复兴时期园林风格的影响，法国园林出现了台地式花园布局、剪树植坛、岩洞、果盘式喷泉等。因法国地形平坦，因此园林规模更宏大而华丽。在园林理水技巧上多用平静的水池、水渠，很少用瀑布、落水，在剪树植坛的边缘加上花卉镶边，以后逐步大量应用花卉，发展成为绣花式花坛。

17世纪下半叶，法国的古典主义造园艺术得到极大的发展，其中最具代表性的是安德烈·勒·诺特尔，勒·诺特尔为法国国王路易十四设计的凡尔赛花园，成为古典主义的代表。宏伟、壮丽、典雅、稳重，伴随着路易十四的宫廷文化，法国古典主义造园艺术传播到西班牙、俄罗斯、意大利乃至整个欧洲，产生极为深远的影响。

7.7.1　勒·诺特尔式园林的产生

17世纪上半叶，古典主义已经在法国各个文化领域中发展起来，造园艺术也发生重大变化。J. 布瓦索于1638年在著作《论依据自然和艺术的原则造园》中，肯定人工美高于自然美，而人工美的基本原则是变化的统一。他认为，园林地形和布局的多样性，花草树木的品类、形状和颜色的多样性，都应该“井然有序，布置得均衡匀称，并且彼此协调配合”。他主张把园林当作整幅构图，以直线和直角为基本形式，服从比例原则，园林各要素的安排要有利于一览无余地欣赏整幅图案，甚至不种树木，只在植坛上种植低矮的黄杨和紫杉等。17世纪下半叶，法国王朝专制制度达到顶峰，绝对君权如日中天，古典主义文化盛行。一位才华横溢的宫廷造园师安德烈·勒·诺特尔把古典主义在园林中应用到了极致。在他亲自设计和主持下，建造并改造了一系列皇家和贵族的园林。这些园林规模宏大，庄重典雅，开敞华丽，与欧洲历史上的园林风格相比，具有前所未有的“伟大风格”，被称为“勒·诺特尔式园林”(Style Le Notre)。

安德烈·勒·诺特尔于1613年3月12日出生在巴黎的一个造园世家，13岁起便跟巴洛克绘画大师伍埃（Simon Vouet，1590—1649）习画，在伍埃的画室里，他结识了许多来访的当代艺术家，其中包括著名的古典主义画家勒布仑（Char les Le Brun，1615—1690）和建筑师芒萨尔（FranqotsMansa，1598—1666），这些顶级人物对他的艺术思想影响极大，不但激发了他的艺术天分，同时使他对于以后的造园受益匪浅。1636年，勒·诺特尔离开伍埃的画室，改习园艺。在此后的很多年里，他一直跟随父亲，在丢勒里花园从事一般性的园艺工作。于此时期，他还学习了建筑、透视法和视觉原理。勒·诺特尔受古典主义影响，研究过笛卡尔（Rene Descatres，1596—1650）的唯理论哲学。这些知识在他后来的作品中都有所体现。大约从1661年开始，勒·诺特尔开始投身于凡尔赛宫苑的建造中。从那时起直到1700年去世，他作为路易十四的宫廷造园家长达40年，被誉为“王之造园师和造园师之王”（The Gardner of Kings，The King of Gardners)。他设计或改造了许多府邸花园，表现出高超的艺术才能，创造了风靡欧洲长达一个世纪之久的勒·诺特尔式园林。他的主要作品除著名的凡尔赛宫苑、孚·勒·维贡特府邸花园外，还有枫丹白露城堡花园等。

勒·诺特尔是法国古典主义园林集大成的代表人物。他继承和发展了整体设计的布局原则，借鉴意大利园林艺术，并为适应宫廷的需要进行创新，眼界更开阔，构思更宏伟，手法更复杂多样，使得法国造园艺术摆脱了对意大利园林的摹仿，成为独立的流派。它以理性主义思想为基础，采取了严格的理性构图，创造了简洁明朗、庄严华丽的园林风格，影响了欧洲各国 1 个多世纪的造园风格，并对现代风景园林设计和各国的城市建设产生深远影响。

7.7.2 勒·诺特尔式园林的特点

勒·诺特尔总是把宫殿或府邸放在高地上，作为中心，居于统率地位。从其前面伸出笔直的林荫道；在其后面，是一片花园，花园的外围是林园。府邸的中轴线，前面穿过林荫道指向城市，后面穿过花园和林园指向荒郊。他所经营的宫廷园林规模、尺度都很大。花园的布局、图案、尺度都和宫殿府邸的建筑构图相适应。花园里，中央主轴线控制整体，再配上几条次要轴线和几道横向轴线。这些轴线和大路小径组成严谨的几何格网，主次分明、条理清晰。轴线和路径伸进林园，把林园也组织到几何网格中。轴线或路径的交叉点，用喷泉、雕塑、水池及小建筑物做装饰，不仅标志出布局的几何性，而且形成节奏感，进而产生出多变的景观。除此之外，勒·诺特尔重视水景创作，主要是用石块砌成形状规整的水池或沟渠，并设置了大量喷泉。具体特征有以下几种。

(1) 平面图案式园林。有平面的铺展感，平缓而舒展，选址较为灵活。法国园林中有许多成功之作就曾将沼泽等不利地形，改造成美丽的园林景观。

(2) 善于利用宽阔的园路形成贯通的透视线，此外还采取了设置水渠的方法以构造出前所未有的恢宏园景。

(3) 在平面构图上采用了意大利园林轴线对称的手法。主轴线从建筑物开始沿一条直线延伸，以该轴线为中心对称布置其他部分。

(4) 构图上，府邸居于中心地位，起着控制全园的作用，通常建在制高点上，花园的规划服从于建筑。

(5) 花园本身的构图体现等级制度。贯穿全园的中轴线重点装饰，最美的花坛、雕像、喷泉等布置在中轴线上，形成全园的视觉中心。道路分级严谨，整个园林置于纲目清晰、简洁明快、秩序严谨、主次分明、庄重典雅的几何网格。

(6) 完全体现了人工化的特点。勒·诺特尔式园林设计追求空间的无限性，广袤旷远而外向性，因而需要广阔平坦的场地。

(7) 树篱和丛林。树篱是花坛与丛林的分界线。树篱的厚度常为 0.15 ~0.16 米，形式规则，且相互平行。从 1 米的短树篱到 10 米的高树篱，各种高度应有尽有。树篱一般栽种较为密集，行人不能随意穿越，因而设有专门出入口。丛林通常是指一种方形的造形树木种植区，分为“滚木球戏场”、“组合丛林”、“星形丛林”、“V 形丛林”四种。“滚木球戏场”是在树丛中央辟出一块草坪，在草坪中央设置喷泉。草坪周围只有树木、栅栏、水盘，除此外没有其他装饰物。“组合丛林”和“星形丛林”中都设有许多圆形小空地。“V 形丛林”则是在草坪上将树木按每组五棵种植成 V 字形。

(8) 水景的处理：喷泉和水渠。勒·诺特尔十分重视用水，认为水是造园不可或缺的要素，巧妙地规划水景，特别善用流水的动态作为表现庭园生机活力的有效手段。法国园林中喷泉的设计方案多种多样，有的取材于古代希腊罗马神话，有的取材于动植物装饰母题，它们大多具有特定的寓意，并能够与整个园林布局相协调。

(9) 花坛。勒·诺特尔设计的花坛有六种类型，即“刺绣花坛”、“组合花坛”、“英国式花坛”、“分区花坛”、“柑橘花坛”、“水花坛”。“刺绣花坛”是将黄杨之类的树木成行种植，形成刺绣图案，在各种花坛中是最优美的一种。“组合花坛”是由涡形图案栽植区、草坪、结花栽植区、花卉栽植区四个对称部分组合而成的花坛。“英国式花坛”就是一片草地或经修剪成形的草地，四周辟有 0.15 ~0.16 米宽的小径，外侧再围以花卉形成的栽植带，形式比较普通。“分区花坛”与众不同，它完全由对称的造型黄杨树组成，没有任何草坪或刺绣图案的栽植。“柑橘花坛”与“英国式花坛”有相似之处，但不同的是“柑橘花坛”中种满了橘树和其他灌木。“水花坛”则是将穿流于草坪、树木、花圃之中的泉水集中起来而形成的花坛。

（10）花格墙和雕塑。花格墙的设计虽然由来已久，但只是在法国园林中才将中世纪粗糙的木制花格墙改造成为精巧的庭园建筑物并引用到庭园中。在勒·诺特尔设计的造园中，花格墙成为十分流行的庭园要素，得到广泛应用，并有专职工匠制作。庭园中的客厅、凉亭、走廊、园门及其他所有建筑性构造物都用它造成。雕塑大致可分为两类：一是对古代希腊罗马雕塑的摹仿；二是在一定体裁的基础上的创新。后者大多个性鲜明，具有较强的艺术感染力。

7.7.3 勒·诺特尔式园林的典型代表

1. 孚·勒·维贡特府邸花园（Vaux－Le－Vicomte）

使得勒·诺特尔一举成名的作品是孚·勒·维贡府邸（Vaux－Le－Vicomte）的花园（以下简称“孚园”）。该园是福奎（Nicholas Fouguet）的壮丽宫殿的附属庭园，是前所未有的新式庭园，也是勒·诺特尔的处女作，它是法国古典主义园林艺术走向成熟的标志。规划这一宫殿和庭园的福奎，因深受辅助过幼小的路易十四后又成为首相的马札然（Jules Mazarin）的厚爱，因而成为财政大臣。在任职期间，他聚敛了大量财富，并向往着享受奢侈的生活。位于巴黎与枫丹白露宫之间的默伦有块孚·勒·维贡土地，因土地归其所有，便想在这里实现他的荣华梦。1650年初，先由著名建筑师勒孚（Louis le Vau）建造宫殿。在此期间，曾与勒·诺特尔一起在伍埃画室学画的古典主义绘画大师勒布伦，也参加了这项工程的建造。在挑选宫殿建造附园设计的人选时，勒布伦推荐了勒·诺特尔，使勒·诺特尔有幸获得了施展造园专长的机会。

建造“孚园”的工程始于1656年，历时5年。整个府邸建在一块矩形空地上，东西宽600米，南北长1200米。由于没有任何旧的构筑物成为设计的限制，因此设计师有一个极大、极自由的设计空间。这是任何其他项目很难具备的。该府邸花园采用严谨对称的古典主义样式，它迥然不同于中世纪的庭园——一个私人的、封闭的空间。相反，设计者将它看成是个人权利的象征。

孚·勒·维贡特府邸花园的布局虽然完全是几何式的，但在选址和布局上仍然与原地形相协调。基址位于一条名为安格耶的小河的河谷地带，勒·诺特尔将安格耶河谷的最低处设计成运河。建筑的南面是主花园，整体布局对称严谨，控制在一条南北向的中轴线及一条东西向的主轴线下。整个花园由北向南延伸，由中轴向两侧过渡。地势也是由北向南，缓缓下降，过了最低点运河之后，地势又上升成斜坡。利用自然地势的坡度，将中轴线设计成高差变化丰富，但又统一、充满秩序的空间序列。紧邻中轴线的两侧是严格几何对称的，为适应这种对称性，地形也经过改造。靠近边缘的一些部分，根据原有地形，设计成上升或下沉的台地。南北轴线长约1公里，两侧是顺向布置的矩形花坛、雕塑、喷泉、植物修剪的模纹花坛。花坛的外侧是茂密的林园，以高大的暗绿色树林，衬托着平坦而开阔的中心部分（见图7.18）。

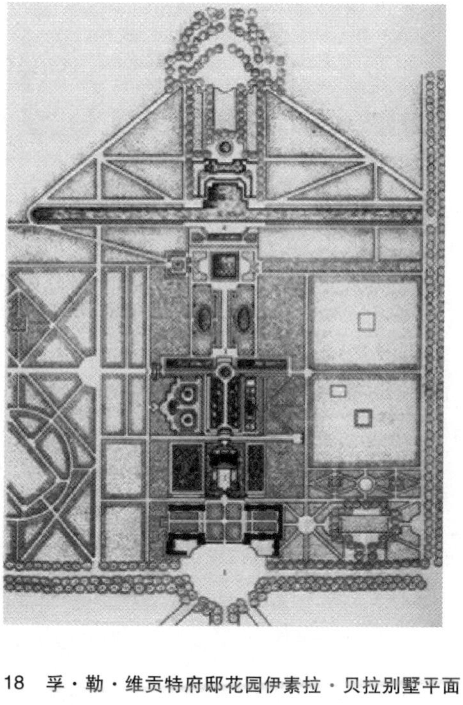

图7.18 孚·勒·维贡特府邸花园伊索拉·贝拉别墅平面

花园的南北轴分为三个主要段落，各具鲜明的特色，且富于变化。第一段花园的中心，紧邻府邸，以绣花花坛为主，强调人工装饰性。华丽的刺绣花坛，紫红色砖末衬托着黄杨花纹，图案精致清晰，色彩对比鲜明。花坛角隅部分点缀着整齐的紫杉及各种瓶饰。刺绣花坛的两侧，各有一组花坛台地，东侧地形原来略低于西侧，勒·诺特尔有意抬高了东台地的园路，使得中轴左右保持平衡。第一段以圆形水池作为端点，两侧是长条形水池，长约120米，形成较强的、垂直于中轴的横轴，与大运河相呼应，增强了横向轴线感。与之平行的有一条横向园路，其东端尽头地势稍高，顺势修筑了三个台层，靠台阶相联系。最上层两侧对称排列着喷泉，饰以雕塑，挡土上装饰着高浮雕、壁泉、跌水和层层下溢的水渠等。中轴路第二段花园的两侧，过去有注水渠，密布着无数的低矮喷泉，称为“水晶栏杆”，现已改成草坪种植带。其后是草坪花坛围绕的椭圆形水池。沿着中轴路向南，是方形的水池，因水面平静如镜，故称“水镜面”。由此向南望去，运河对岸的岩洞台地仿佛就在池边，其实两者间隔250米。而由南向北望，则府邸的立面完全倒映在水中（见图7.19）。

第二段花园以水景为主，重点在喷泉和水镜面。东西两侧，各有洞窟状的忏悔室，从其上面的平台上，可以更好地观赏园景。走到花园的边缘，低谷中的横向大运河忽现眼前。从安格耶河引来的河水，在这里形成长近1000米、宽40米的运河，宽阔的草地及后面高大的乔木，使运河显得比实际更宽大。运河边缘的飞瀑，与运河形成动与静的强烈对比。与飞瀑相对的岩洞中，饰有雕像喷泉，进一步活跃了水景气氛。园中以运河作为全园的主要横轴，是勒·诺特尔首创，以后也成为勒·诺特尔式园林中具有代表性的水体处理方式。中轴处的运河上不仅没有架桥，而且水面向南扩展，形成一块外凸的方形水镜面。这种处理既便于游船在此调头，又形成南北两岸围合而成的、相对独立的水面空间，使运河既有东西延伸的舒展，又加强了南北两岸的联系，局部景观更加丰富，同时也强调了全园的中轴线（如图7.20）。

图7.19　孚·勒·维贡特府邸花园的刺绣花坛

图7.20　孚·勒·维贡特府邸花园中轴处向南扩展的运河

第三段花园坐落在运河南岸的山坡上，坡脚处理成大台阶。中轴线上有一座紧贴地面的圆形水池，无任何雕琢，但是从中喷出的水柱花纹十分美丽。登上台阶，沿着林荫路，可到达山坡上的绿荫剧场。半圆形绿荫剧场与府邸的穹顶遥相呼应。坡顶耸立着的“海格力士”（Hercules）的镀金雕像，构成花园中轴的端点。在海格力士像前，回头北望，整个府邸花园尽收眼底。

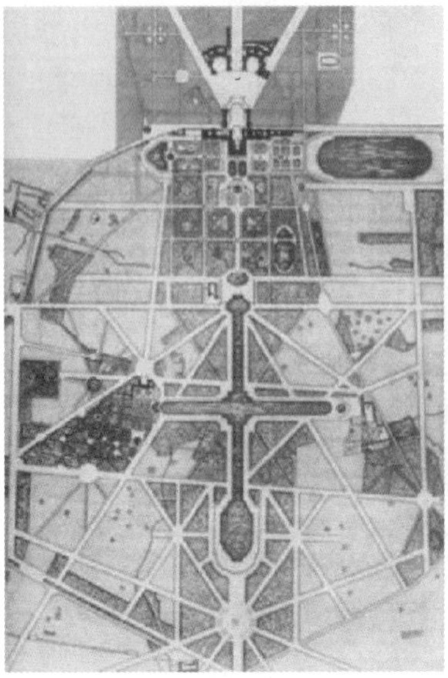

图7.21　凡尔赛宫平面图

孚·勒·维贡特府邸花园的两边是浓密的林园。高大的树木，形成花园的背景。树林形成的篱墙或开或合，围合出花园的空间，最后在花园的南端收缩并随地形上升，将视线集中于大力神雕像及其身后的茫茫林海之中，透视深远。

孚·勒·维贡特花园的独到之处，就在于处处显得宽敞辽阔，又并非巨大无垠。各造园要素布置得合理有序，避免了相互间的冲突和干扰。序列、尺度、规则，这些伟大时代形成的特征，经过勒·诺特尔的处理，已经达到不可逾越的高度。

2. 凡尔赛宫苑（Chateau de Versailles）

真正使勒·诺特尔名垂青史的作品是凡尔赛宫苑（见图7.21）。在这一巨作中，勒·诺特尔不仅把古典主义造园原则运用得更彻底，将要素组织得更协调，使构图更完美，从而体现一种庄重典雅的风格。更为重要的是，勒·诺特尔成功地以园林的形式表现了皇权至上的主题思想。路易十四是欧洲君主专制政体中最有权势的国王，他提出了“君权神授”之说，自称“太阳王”。因而凡尔赛宫苑的规划设计反映的正是以君主为中心的封建等级制度，其布局和形象都体现着皇权至尊的观念，是绝对君权专制政体的象征。如贯穿凡尔赛宫苑的主轴线上，除了阿波罗，只有其母拉托娜的雕像。宫苑的中轴线采取东西布置，宫殿的主要起居室和神驾马车、从海上冉冉升起的阿波罗雕像均面对着太阳升起的东方；以此来象征一种周而复始、统治永恒的力量。因此凡尔赛宫苑不仅使古典主义造园在路易十四统治时期发展到了巅峰，更成为强大的国家和强大的君主的纪念碑。

凡尔赛宫最初是路易十三修建的用于狩猎的行辕。路易十四当政时开始建宫。从 1661 年动工，到了 1689 年才得以完成。凡尔赛宫苑占地面积巨大，规划面积达 1600 公顷，东西向主轴长约 3 公里，其中仅花园部分面积就达 100 公顷。宫苑从 1662 年开始建造，到 1688 年大致建成，历时 26 年之久，其间有些地方修改多次，力求精益求精。

（1）轴线景观布局。

全园有两条轴线。主轴线为东西轴线，宫殿坐东朝西，建筑围城的前庭正中有路易十四面向东方的骑马雕像。庭院东面的入口处有“军队广场”，从中放射出三条林荫大道向城市延伸。园林布置在宫殿的西面，近有花园，远有林园。宫殿二楼正中，朝东布置了国王的起居室，由此可眺望穿越城市的林荫大道，象征着路易十四自喻为太阳王，控制巴黎、控制法兰西，甚至控制全欧洲的雄心壮志。朝西的二层中央，原设计为平台，后改为著名的“镜廊”，好似伸入园中的半岛，又是花园中轴线的焦点。由此处眺望园林，视线深远，循轴线可达 8 公里之外的地平线。气势之恢宏，令人叹为观止。

花园中首先建造的是宫殿凸出部分前的刺绣花坛，后又改成“水花坛”，由五座泉池组成，勒·诺特尔打算以五彩缤纷的水流，描绘出花坛般的景象，但最终未能实现。取之而建的“水花坛”是一对矩形抹角的大型水镜面。大理石池壁上装饰着爱神、山林水泽女神以及代表法国主要河流的青铜雕像。雕像都采用卧姿，与平展的水池相协调。从宫殿中看出去，水花坛中倒映着蓝天白云，与远处明亮的大运河交相辉映。从水花坛西望，中轴线两侧有茂密的林园，修剪齐整的高大的树木（见图 7.22）。

花园中轴的艺术主题完全是歌颂“太阳王”路易十四的。起点是饰有雕像的环形坡道围着的“拉托娜泉池”，池中是四层红色的大理石圆台，拉托娜（Latona）雕像耸立顶端，手牵着幼年的阿波罗（Apollo）和阿耳忒弥斯（Artemis），遥望西方。立于泉水中心的拉脱娜下面有口喷清泉的乌龟、青蛙、跪着的村民和头部刚刚变成青蛙的农夫，水柱将雕像笼罩在水雾之中。

拉托娜泉池两侧各有一块镶有花边的草地，称为“拉托娜花坛”。中央是圆形水池和高大的喷泉水柱，草地的外轮廓与拉托娜泉池完美地嵌合在一起，使这一广场显得十分精美（见图 7.23）。

图 7.22　凡尔赛宫宫殿前的水花坛

图 7.23　凡尔赛宫拉托娜泉池及凡尔赛宫国王林荫道

从拉托娜泉池向西行，是长 330 米、宽 45 米的“国王林荫道”（大革命时改称“绿地毯”），中央为 25 米宽的草坪带，两侧各有 10 米宽的园路。其外侧，每隔 30 米立一尊白色大理石雕像或瓶饰，共 24 个。在高大的七叶树和绿篱的衬托下，显得素静典雅。“阿波罗泉池”在林荫道的尽头，在椭圆形的水池中，阿波罗驾着战车，迎着朝阳破水而出，英姿勃勃。阿波罗泉池的两侧，弧形园路上各有 12 尊雕塑，他们在树木和绿篱衬托下，既作为国王林荫道雕塑布置的延续，同时也装饰了阿波罗泉池所在的广场（见图7.24）。

阿波罗泉池之后，便是凡尔赛苑中最壮观的大运河。大运河的建造构思巧妙，富于想象力。呈十字形的运河既延长了花园中轴的透视线，也是为沼泽地的排水而设计的。大运河长1650米，宽62米，并在纵横轴交会处拓宽成轮廓优美的水池。路易十四经常乘坐御舟，在广阔的水面上宴请群臣。

在水花坛的南北两侧有“南花坛”和“北花坛”。这两座花坛一南一北，一开一合，表现出统一中求变化的手法。南花坛台地略低于宫殿的台基，实际上是建在柑橘园温室上的屋顶花园，由两块花坛组成，中心各有一喷泉。由此南望，低处是柑橘园，远处是“瑞士人湖”和林木繁茂的山冈。瑞士人湖面积有13公顷，因由瑞士籍雇佣军承担挖掘工程而得名。这里原是一片沼泽，地势低洼，排水困难，故就势挖湖，在南面形成以湖光山色为主调的开放性的外向空间（见图7.25）。

图7.24　凡尔赛宫阿波罗泉池

图7.25　凡尔赛宫南花坛及瑞士人湖

与南花坛相对照，北花坛则处理成封闭性的内向空间。这里地势较低，也有两组花坛及喷泉，四周围合着宫殿和林园，十分幽静。它北面因水景处理十分巧妙而著称，从“金字塔泉池”开始，经“山林水泽仙女池”，穿过“水光林荫道”，到达“龙池”，尽端为半圆形的“尼普顿泉池”一系列喷泉引人入胜。尼普顿泉池虽不似瑞士人湖那么辽阔，但在幽暗和狭窄的空间对比之下，也显得十分壮观。尼普顿泉池与瑞士人湖，在横轴两端遥相呼应，又富有强烈的动与静的对比。

（2）林园景观。

国王林荫道两侧的林园之后，是隐藏在大片林地之中的另一个世界。较小的空间尺度亲切宜人，堪称为凡尔赛宫苑中最别具一格的部分，是真正供人们的娱乐和休憩的场所。

全园共有14处小园林，其中两处在水光林荫道路的两边，其余的布置在中轴两侧，以方格网园路划分成面积相等的12块。园路的四个交点上布置有4座泉池，池中分别有象征春天的花神、象征夏天的农神和象征冬天的酒神雕像，代表四季交替。每一处小园林都有不同的题材、别开生面的构思和独具匠心的设计风格。

“迷园”是勒·诺特尔构思最巧妙的小林园之一，源于伊索寓言。入口两侧相对而立的是伊索和厄洛斯的雕像，暗示受厄洛斯引诱而误入迷宫的人会在伊索的引导下走出迷宫。“迷园”于1775年被拆毁，改成“王后林园”。

“特里阿农瓷宫”（Trianon Porcelain）是勒·诺特尔为蒙黛斯潘侯爵夫人兴建的一处十分精美的场所，两侧配以亭廊，室内和外侧都装饰了大量瓷砖和瓶饰。园内方形水池的中央，有一座独特的喷泉，在一株逼真的铜铸的树上，长满了锡制的叶片，在所有枝叶的尖端，布满了小喷头，向四周喷水。水池边的“芦苇叫”则向池中心喷出水柱。池的四个角隅上有不断向池内喷水的“天鹅”。不同方向的水柱纵横交错，使人眼花缭乱、目不暇接。此外，在两侧大理石镶边的台层上，还设有长条形水渠，里面是各种酒瓶、酒杯、水罐等造型的涌泉。园内有“阿波罗浴场”、“水剧场”、“水镜园”、“柱廊园”。

“阿波罗浴场”位于“特里阿农瓷宫”后面，其中有大岩洞，主洞是海神洞，有巡天回来的阿波罗与众仙女的雕像，两个副洞有太阳神的马匹雕像。岩洞完全摹仿自然山岩，到处是层层跌落的瀑布。1776—1778 年，阿波罗浴场改成浪漫式风景园林。

“水剧场”也是备受人们赞赏的小林园。在椭圆形的园地上，三个小瀑布潺潺流淌，淙淙有声，还有 200 多眼喷水，可以组成 10 种不同的跌落组合，在绿色植物的衬托下恰似优美的舞台景象。观众席环绕舞台呈半圆形布置，并逐层向后升起，上面铺着柔软的草皮。遗憾的是这一景观已毁于 18 世纪中叶，现存的是后建的“绿环丛林”。

“水镜园”建于 1672 年，水池的处理十分简洁，蔚蓝的天空和朵朵白云倒映其中，别具特色。水面与驳岸平齐，自然过渡到斜坡式草坪，与西侧的“帝王岛”（亦称“爱情岛”）合为一体。路易十八（Louis XVIII，1814—1824）时期，帝王岛被改成英国式花园，称为“国王花园”。

“柱廊园”是树林环绕的大理石圆形柱廊，共 32 开间。粉红色大理石柱纤细轻巧，柱间有白色大理石盘式涌泉，水柱高达数米。当中为直径 32 米的露天演奏厅，中心是雕塑家吉拉尔东（Francois Girardon，1628—1715）的杰作“普鲁东抢劫普洛赛宾娜”，柱廊园是凡尔赛中最美的园林建筑，是由小芒萨尔在 1684 年建造的。其做法与勒·诺特尔以植物材料为主的创作手法大相径庭。

（3）凡尔赛宫的影响。

凡尔赛宫不仅在规划中体现了皇权至上的主题思想，同时也是当时最先进的科学技术的反映。凡尔赛成为各国君主梦寐以求的人间天堂，它的建成，对当时整个欧洲的园林艺术产生了深刻的影响。德国、奥地利、荷兰、俄罗斯和英国都相继建造自己的“凡尔赛”，然而，无论在规模上还是在艺术水平上都未能超越凡尔赛。1715 年路易十四死后，凡尔赛宫苑几经沧桑，渐渐失去了 17 世纪时的整体风貌。规划区域的面积从当时的 1600 多公顷，缩小到现在的 800 多公顷。虽然园林的主要部分还保留着原来的样子，却难以反映出鼎盛时期的全园风貌。

7.7.4 18 世纪的法国造园

18 世纪初期，法国绝对君权专制的鼎盛时代没落，随之而来的古典主义艺术也逐渐衰落，洛可可艺术开始流行。在过去的世纪里，规则式园林在人们心中是至高皇权的代表，因此招来民众对其排斥与憎恨。最具代表的推崇风景式造园理论的人物是卢梭（Jean Jacques Rousseau，1712—1778）。卢梭因仇恨封建贵族统治的腐朽社会，而仇恨所有规则式花园。他主张放弃文明，回到纯朴的自然状态中。吉拉丹侯爵（Louis - Rene，le marquis de Girardin），是卢梭思想的追随者。1776 年，他在埃麦农维勒子爵领地上，按照卢梭的设想，建成了一座风景式园林，标志着法国浪漫主义风景园林艺术时代的真正到来。

法国造园艺术受到中国自然山水园和英国风景园的影响，开始追求亲切而宁静的氛围，宫廷式园林也发生了一些变化，增强了自然的韵味。逐步显现自然主义风格，出现了模仿自然形态的假山、叠石等中国造园的景致，造园中设计园路和河流迂回曲折，穿行于山岗和丛林之间，湖泊采用不规则的形状，驳岸处理成土坡、草地，间以天然石块等自然式处理手法。此时的园林即被称为“英中式园林”。具有代表性的有埃麦农维勒林园、小特里阿农王后花园、麦莱维勒林园、莱兹荒漠林园等。

埃麦农维勒林园内地形变化丰富，农奈特河（la Nonette）的河水的引入，形成园内的溪流和湖泊。埃麦农维勒林园由大林苑、小林苑和荒漠三部分组成。大量的植物和水景而使得园内景观步移景异，生机盎然。为表示对卢梭的尊敬，在园内的一个僻静之处依照其在的《新爱洛绮丝》里描写的克拉伦的爱丽舍花园建造了一座小花园，也因此使得埃麦农维勒林园得以著名（见图 7.26）。

图 7.26 埃麦农维勒园中杨树岛上的卢梭墓

小特里阿农王后花园得益于路易十五对植物学的兴趣而首先具备了众多美丽的植物。路易十六继位后，将花园送给王后玛丽·安托瓦奈特，王后将花园交付于具有相当造诣的植物学家小理查德（Antoine Richard）进行设计。不久以后，便造就了一座美覆天伦的绘画式风景园林。

作为风景园林的一种独特风格，“英中式园林”随着1789年法国资产阶级大革命的爆发以及随后的拿破仑战争，带来了更强有力的新思潮，到18世纪末，“英中式园林”就已不再流行了。

思 考 题

1. 为什么说沃勒维贡特府邸花园标志着法国古典主义园林艺术走向成熟？
2. 以凡尔赛宫苑为例分析法国古典主义造园要素和造园方法。

7.8 18世纪的英国造园

16世纪，英国的壁垒森严的城堡逐渐被改变成适宜居住的住宅，园林受到意大利文艺复兴园林的影响，在造园要素和手法方面出现了一些革新。随着人们在园中举行庆会、游乐、接待等活动的不断频繁，出现了一批豪华的宫苑园林。汉普顿宫（Hampton Court Palace）、怀特庄园（Palace of Whitehall）、农萨其宫（Nonesuch Palace）等花园是当时的代表。这个时期，造园大体上延续中世纪以来的造园手法，绿色雕刻和植物迷宫已经盛行。受意大利园林影响，各种水景，喷泉、水池、水技巧和水魔术大量出现，农萨其宫花园中的水魔术在当时非常有名。随着大陆文化影响的不断加深，英国造园家努力将意大利和法国的园林与本土传统相结合，以欧洲大陆的造园样式为模板，但对花卉的装饰更加注重。除了传统的草地，五色石、砂砾、雕塑、瓶饰外，绚丽的花卉成为园林必不可少的精美装饰。

17世纪，法国园林在英国的影响下不断加强。查理二世派人去法国学习园林，最著名的约翰·罗斯在凡尔赛随勒·诺特尔学习。罗斯后来经营了一个园林设计公司，设计一些法国式的规则园，如肯特郡（Kent）的克鲁姆园（Croome）、得贝郡（Derbyshire）的墨尔本庄园（Melbourne Hall）等，满足了当时英国人的造园趣味。这一时期最重要的设计师还有乔治·伦敦和亨利·怀斯。伦敦曾是路易十四在凡尔赛御用的造园家之一，回英国后成为皇家造园师。伦敦参与了肯辛顿园（Kensington）及汉普顿宫苑的改造。怀斯早先跟随伦敦学习造园，1681年两人成立了园林设计公司，设计了许多法国式园林，成为英国规则式造园的大师。但遗憾的是那些规则式园林大多毁于后来的自然风景式造园运动。

18世纪英国自然风景园的出现，是欧洲造园领域里一场极为深刻的革命。它改变了欧洲延续千年的规则式园林的传统布局形式，开创了自然式造园的新时尚。不仅使欧洲园林的发展进入新的历史时期，而且对近现代园林也产生了巨大影响。

19世纪，英国园林趋向于折中主义，园林更自然、更通俗、更有人情味。此外，工业时代带来的环境资源社会问题危及到城市的安全，英国开始出现城市运动的热潮。

7.8.1 自然风景园林的产生背景

18世纪英国自然风景式园林的产生是多因素作用的必然结果。这里有哲学、政治、社会、经济、美学等原因，还有国外的影响，尤其是中国的影响。

1. 哲学思想的影响

17世纪，当欧洲大陆盛行理性主义（Rationalism）时，英国却在自然科学影响之下产生了建立在秩序与和谐思想上的牛顿（Sir Isaac Newton，1642—1727）宇宙观和以培根（Francis bacon，1561—1626）、洛克（J . Locke，

1632—1704）为代表的经验主义。牛顿学派从现象观察和实验方法出发，探索事物的发展规律。经验主义反对古典主义的教条，否认理性的至高无上，认为感性经验是一切知识的来源。培根反对古典主义“美是比例的和谐”的观点，认为“凡是高度的美，在比例上显得有些古怪”。他强调动态的美，赞赏想象和情感，在著作《训示》（Sermons）中呼吁人们抛弃“对称、树木整形和一潭死水”的园林设计手法。18 世纪，欧洲启蒙运动（Enlightenment）思想家大多崇尚自然主义，如法国的卢梭认为“文明是对人的自由和自然生活的奴役”，主张要“回到自然中去”。

2. 政治体制的影响

17 世纪中叶英国发生了资产阶级革命。辉格党人提出了和平、宽容、和谐、平衡与公平的政治口号，1689 年，英国通过《权利法案》，议会的权利日益超过国王的权利，国王逐渐处于“统而不治”的地位，君主立宪制在英国逐渐形成和发展起来。因此，作为宫廷文化的古典主义，象征君权至上的规则几何式园林失去了政治基础。几何式构图、明显轴线、笔直景观道、对称、尺度和比例等体现君权控制的园林空间表现形式受到批判。18 世纪，资产阶级革命继续深入，欧洲大陆资产阶级启蒙思想声势浩大，强有力地批判封建专制制度的任何方面。自然主义受到前所未有的吹捧。

3. 畜牧经济的影响

15 世纪末 16 世纪初，英国的对外贸易迅速增长，进一步刺激了英国羊毛出口业和毛织业的发展。羊毛价格不断上涨。养羊业成为获利丰厚的事业。往往 10 英亩牧场的收益超过 20 英亩的耕地。圈地运动加快进行，大部分圈占地变成牧场，主要的圈占者是乡绅。英国资产阶级取得决定性胜利之后，城市工业进一步发展，城市人口急剧增加。因此，对农产品的需求日益增加。地主贵族为了生产肉类和商品粮以供应城市的需要，扩大投资，改善土地的生产能力，同时加速进行圈地。政府通过议会立法使圈地合法化，18 和 19 世纪，英国议会通过 4763 件有关圈地的法案，共批准圈占 269 万公顷供耕地和公有地。在圈地运动中，英国涌现出众多大型农场、牧场，占国土面积的 1/4，为畜牧业服务的饲料种植面积仅占耕地面积的 45%，为了提高土壤肥力，耕种和放牧进行轮作。大片牧草或耕地、斑块状小树林、下沉式道路、独立小村庄所组成的田园风光吸引着厌倦了城市生活的权贵和富豪，使得乡村建筑大型庄园的风气日盛。牧场风光、疏林草地成为英国重要的国土景观，具有浓厚的民族特色。

4. 文学绘画的影响

18 世纪，英国文学和绘画从古典主义向浪漫主义过渡，造园艺术也明显反映了这个过程。浪漫主义的精神是情感、想象、好奇、心灵的解放和个性的自由。原始的自然是这种精神最好的寄托和抒发对象。造园师从诗歌和绘画中激发了创造的灵感。如沃波尔认为米尔顿在《失乐园》中描写的伊甸园是利特尔顿的海格利园和维特郡的斯图海德园的参照。肯特曾以罗萨的风景画为蓝本设计了白金汉郡的斯陀园。文人和画家不仅是园林艺术理论的倡导者，而且纷纷建筑了自然式园林，推动了自然风景园的发展。这一时期，园林成为了热门话题，并逐步提高到与建筑、绘画同等重要的艺术地位。斯威泽尔 1715 年出版的《贵族、绅士和园林师的娱乐》，造成了巨大影响，3 年后又出版了《乡野平面图法》，丰富了前一本的内容。贝蒂・兰利 1728 年出版了《造园新原则》，惠特利 1770 年出版了《现代造园图解》。作家也在小说中大量描写当时的园林，自然风景式园林已深入人心。

5. 林业复苏的影响

15 世纪以前，英国森林资源丰富。17 世纪后期，由于内战以及王朝复辟后的暴政，英国的乡村和森林遭到了摧毁。虽然其后有一系列有利于农业的政策和法规，但英国国土的面貌还没有出现显著的变化。18 世纪下半叶，产业革命以后，由于滥垦滥伐、毁林放牧等使森林资源遭到严重破坏。由于航海需要大量木材制造船只，内战需要大量木材修缮房屋，18 世纪起，英国开始了大规模的植树造林活动。英国乡村逐步出现了大量的小树林。此外，正在兴起的庄园美化热潮也需要种植树木。为了解决苗木匮乏，英国人从海外引进了大量的外来植物，并进行繁育和推广工作。引进了欧洲七叶树、桑树、悬铃木、椴树、美国胡桃、欧洲夹竹桃等阔叶树，黎巴嫩雪松、云杉、冷杉及各种松树等针叶树。植物景观的色彩变得更加协调，也促使园林师在种植设计方面游刃有余，能够运用各种植物构成丰富多变的植物群落类型。

6. 地形气候的限制

英国大部分国土是山区，平展规则的园林形式所需土方工程大，费用昂贵。自然风景园随地势起伏，更适合在丘陵地区营建。而且英国气候潮湿多雨，植物生长快，保持植物的园艺形状，需要频繁地修剪和养护，所以西班牙式的整形园艺慢慢退离了英国园林，人们更崇尚自然布置的植物群落和树林。

7.8.2 自然风景园林的发展和特点

英国自然风景园的出现，是欧洲造园领域里一场极为深刻的革命。它改变了欧洲长达几千年的规则式园林的理性传统，顺应了当时时代发展的潮流和需要。这也导致欧洲园林原有秩序的重组，成为左右现代园林发展方向的一个重要流派，并对近现代园林产生极其深远影响。

英国自然风景园的发展从来不是一蹴而就的，从布里奇曼发肇，到肯特的早期绘画派，到布朗的纯净的自然主义、钱伯斯的晚期绘画派，到雷普顿的折中主义，自然风景园的造园理论的争论就没有停止过体现设计的民主性和多元化。

1. 不规则造园时期

不规则造园（Irregular－garden）阶段是自然式园林的孕育阶段，主要指18世纪的前20年，此时由于艺术中盛行“洛可可”风格，因此又称为洛可可园林时期。

18世纪初的造园师一方面用传统的造园手法，同时又追随思想家和理论家的新观念，进行园林的创造。威思泽尔在《贵族、绅士和园林师的娱乐》批评英国园林中过于人工化的做法，抨击植物整形修剪和几何式小花坛，尤其是将四周包围起来的小块园地。他认为，最重要的造园要素是大片的树林、起伏的草地、潺潺的小溪和林荫下的小径。威思泽尔、范布勒、伦敦等造园家以及一些园林爱好者都开始追求一种更高形式的园林美，他们反对笔直的原路，僵硬的轴线，开始从风景画的角度考虑造园，寻求自然灵活、丰富变化的园林景观。

霍华德庄园（Castle Howard Gardens，Youk）（见图7.27）位于约克市北面约40公里，建筑由范布勒设计，是晚期巴洛克风格。庄园的园林面积超过2000公顷，地形自然起伏，变化较大，思威泽尔在建筑的东面设计了小树林，称为“放射状丛林”（Ray Wood），由曲线形道路和树荫下的小路组成路网伸向林间空地，空地上布置喷泉、瀑布和环形廊架等景观。这个自然的丛林虽然和范布勒在建筑南面设计几何式花坛格格不入，但范布勒还是高度认可了这片丛林。后人将思威泽尔设计的这处小丛林看成是英国风景园造园史上的具有决定意义的转变。思威泽尔还在建筑南边设计了一个人工湖。从湖中引出河流，蜿蜒的流向四神祠，改变了传统规则水渠的做法。

图7.27 霍华德庄园平面图

1—霍华德城堡；2—南花园；3—“阿特拉斯”喷泉；4—树林；5—几何式花坛；6— 人工湖

布里奇曼（Charles Bridgeman）积极从事造园活动的改革，被誉为自然风景式园林的鼻祖，留下了不少园林作品。他首创成为“哈哈”（The ha－ha ditch）的隐垣，即在园边不筑墙而挖一条宽沟，不仅限定园林范围的作用，又可防止园外的牲畜进入园内。而在视线上，园内与外界却无隔离之感，极目所至，远处的田野、丘陵、草地、羊群，均可成为园内的借景。此外，他还擅长利用基址内原有的植物和设施。他设计的不规则的园路也使当时的人们耳目一新，受到很高的称赞。斯陀园（Stone）是布里奇曼的代表作之一。斯陀园虽然没有完全摆脱规则式园林布局的影响，但已经从对称束缚中解脱出来，园中有非行列式不对称的植物栽种方式，并完全抛弃了之前普遍存在的植物雕刻；园中道路不是几何直线，而设计成自然曲线，增加了园林的游线长度，扩大了园林的空间。斯陀园是规则式园林向自然式园林过渡时期的代表作品，被称为是不规则式园林。虽然范布勒和布里奇曼的作品只是整体几何布局的框架下的园林要素的一些变化，但与古典主义园林相比有了很大的突破，如弯曲的小径、自然的植物，为真正风景式园林的出现开辟了道路，是自然风景园林的前奏。

2. 自然风景园时期

18 世纪 30 年代至 50 年代是自然风景园的形成期。威廉·肯特（William Kent）是真正摆脱了规则式园林的第一位造园家，也是卓越的建筑师、室内设计师和画家。肯特初期的作品追随布里奇曼的手法，不久就完全抛弃一切规则式，创造出了一条新路，成为真正的自然风景园的创始人。肯特以洛兰、普桑等人的风景画为蓝本，营造富有野趣的自然景观和荒野的乡村风貌。他造园时抛弃修剪的绿篱、笔直的园路、排列整齐的行道树、人工的喷泉等。他擅长用细腻的手法处理地形，经他设计的山坡和谷地，高低错落有致，宛若天然。他认为风景园的协调、优美，是规则式园林所无法体现的。肯特造园思想的核心是完全模仿自然、完全再现自然，越像自然越好，而“自然是厌恶直线的”（Nature are abhors a straight line）。肯特对斯陀园进行了开创性地改造。他十分赞赏“哈哈”隐垣（见图 7.28），并把直线形水沟改造为曲线形，把水沟旁行列式，种植方式改造成植物群落，使水沟和周边环境更加融合。府邸前方的八角形水池也被改建为自然形水池。这些改造得到了当时极大重视并获得了大量的称赞。肯特在造园中还喜欢修建各种小建筑，使园林更具有哲理和文化气息。他在斯陀园中修建了 38 座小型建筑，而且式样和风格多变，这种方式营造了园林的文化氛围和画意，但受到了当时很多理论家的批评。肯特为后人留下了不少园林及建筑作品，如切斯维克府邸花园（见图 7.29 和图 7.30）、夏宅园、海德公园的纪念塔、邱园的邱宫。肯特的思想对当时风景园的兴起，以及对后来风景园林师的创作方法都有极为深刻的影响。

图 7.28 斯陀园中的隐垣

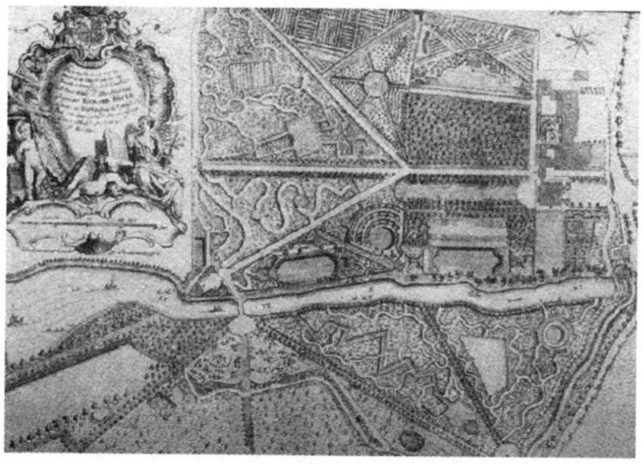

图 7.29 切斯维克府邸总图

图 7.30 切斯维克府邸花园

同时期，英国的庄园美化活动方兴未艾，许多庄园主投入造园实践并成为造园理论家。诗人申斯通是其中的代表人物。从18世纪40年代起，申斯通将自己的里骚斯庄园进行整治，并成为18世纪中叶英国造园艺术的中心，许多人曾慕名来此参观学习、相互切磋，促进了造园艺术的发展，扩大了自然风景园在英国的影响。申斯通本人的著作《造园艺术断想》(Unconverted Thoughts of Gardening) 对18世纪上半叶的英国园林艺术进行了总结，对自然风景园的发展具有深远的影响。

3. 牧场式风景园时期

由于圈地的合法化，自18世纪中叶开始，英国自然乡村风貌出现了显著变化，农牧场成为英国国土的重要特色。乡村风貌的改变导致在乡村中修建大型庄园的风气更加兴盛。同时，自然山河和乡村景观的改善，对庄园中的园林产生了巨大的影响，造园家开始以牧场化的乡村风貌作为造园的蓝本。朗斯洛特·布朗 (Lancelot Brown, 1715—1783) 是肯特的学生，也是继他之后英国园林界的权威，被誉为“自然风景式造园之王”，在园林史上与“规则式造园之王”的勒·诺特尔齐名。布朗的作品标志着自然风景式园林的成熟。布朗原是蔬菜园艺家，后在伦敦学习建筑，再转为风景园林师。布朗曾随肯特一起在斯陀园从事造园工作，1741年被任命为总园林师，他是斯陀园（见图7.31）的最后完成者。他担任过汉普顿宫的宫廷造园师，当年栽种的一株葡萄仍保留至今。他设计、建造或参与改造的风景式园林约有200多处，代表作有斯陀园、布伦海姆风景园查兹沃斯风景园、哈瑞伍德府邸（见图7.32）等。由于他对任何立地条件下建造风景园都表现得十分有把握，并常有一句口头语，“It had great capabilities”，即“一切皆有可能”，人们因而称他为“万能的布朗”(Capability Brown)。布朗造园追求极度的纯净，拒绝一切直线条、几何形、中轴对称及等距离的植物种植形式。园林中尽量避免人工雕琢的痕迹，以自由流畅的湖岸线、宁静的水面、舒缓的山坡，整洁的草地、蛇形的园路、起伏地形上散置的树木取胜。他的追随者们将他的设计称誉为另一种类型的“诗、画或乐曲”。

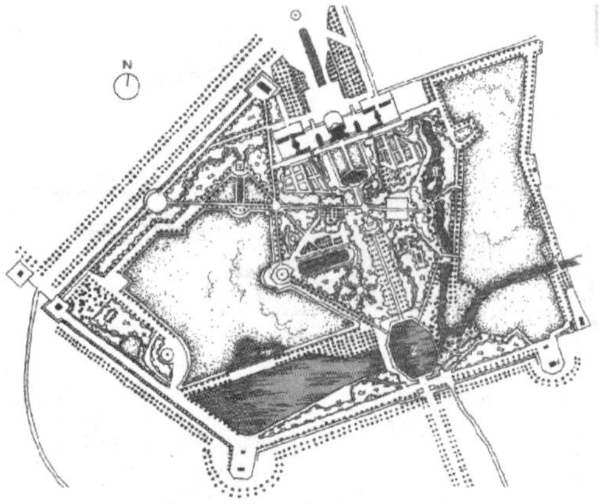

图7.31　斯陀园平面图

图7.32　哈瑞伍德府邸园林图

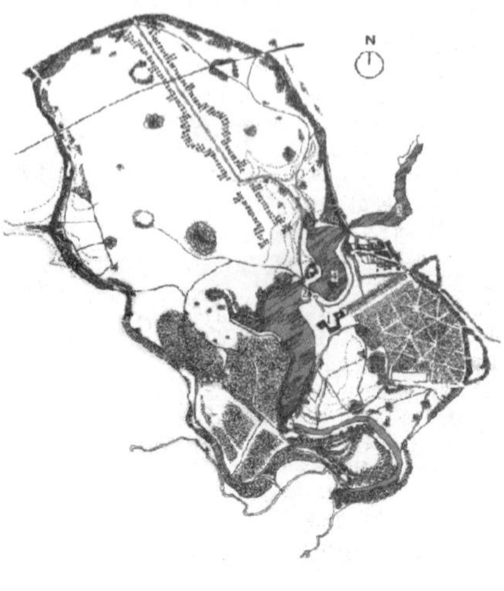

图7.33　布伦海姆宫苑

布朗擅长处理风景园中的水景，他的成名作就是为格拉夫顿公爵设计的自然式水池。后来，他又在马尔勒波鲁公爵的布仑海姆宫苑（见图7.33）改建中显示出他卓越的造园才华，由勒·诺特尔式花园的形式改建成自然风景园，成为他最有影响的作品之一。布朗对此园的改造也是他改造规则式花园的典型手法。他拆去围墙，拆去规则式台层，恢复成天然的缓坡草地；将规则式水池、水渠恢复成自然曲岸，水渠上的堤坝则建成自然式的瀑布；岸边的道路为曲线流畅、起伏平缓的蛇形园路；自然式地布置草地、栽种孤植树、树丛和树林；继续应用隐垣，并比布里奇曼和肯特更加得心应手。此外，他还对第九世布朗洛伯爵的伯利园(Burley) 进行了改造，并在该园工作了很长一段时间。他在该园所建的温室、水池、树林等保留至今。布朗于1751年设计修建了克鲁姆

（Croome）府邸花园。此园被认为是布朗在并不理想的平坦立地条件下出色地创造的一个美丽的自然风景园林代表作。1763 年改建了的卢顿·胡（Luton Hoo）园。在这座旧园中，他将一条小河堵住，形成面积达 2.6 平方公里的湖泊。湖中有岛，岛上种树，陆地上有茂密的树林，还采用了隐垣的手法以扩大空间感。布朗的作品如雨后春笋般出现在英国大地上，甚至有人称之为“大地的改造者”。

许多园林师和园林爱好者追随他的步伐，创造了一些杰出的风景园林作品。其中最有代表的是本布洛克（Benbloch）侯爵的威尔顿园（Wilton）和亨利·霍尔的斯图海德园。最杰出的是胡弗莱·雷普顿（Humphry Repton，1752—1818）。但布朗这种在一切立地条件下彻底改造规则式园林的做法，也引来了一些人的反对。威廉·吉尔平（William Gilpin，1724—1804）和普赖斯（Sir Uvedale Price，1747—1821）认为布朗毫不尊重历史遗产，也不顾及人们的感情，几乎改造了一切历史上留下的规则式园林。普赖斯特别反对他破坏古木参天、浓荫蔽日的林荫道。吉尔平认为林荫道和花坛是与建筑相协调的传统布置方式，而布朗对伯利园的改造，与古建筑的风格不相适应，抨击他以一种狭隘、偏激的情绪改造旧园林。

4. 绘画式风景园时期

自 18 世纪 80 年代，英国风景式造园又开创了一个新时期即绘画式风景园时期。威廉·钱伯斯（William Chambers，1723—1796）是绘画式风景园的开创者。当布朗致力于将自然景观牧场化的同时，追随肯特的一些造园师，仍在继续完善肯特开创的更加野趣、更富变化、更能激发想象力的如画式的风景园林。邱园（The Kew Garden，见图 7.34）是这个时期的代表作品，而且邱园中建设了大量中国式建筑，如中国塔（见图 7.35），还有孔庙、清真寺、岩洞、废墟等。同时，从 18 世纪中叶兴起的先浪漫主义也对绘画式园林产生了一定的影响，这种思想倾向未经改造过的原始自然。绘画派风景园造园师认为，造园家要使园林的自然元素多样化，能提供比原始的自然状态更加丰富的情感，动人的园林景色应具有强烈的对比和变化。雷普顿是继布朗之后 18 世纪后期英国最著名的风景园林师，可称为风景式造园的集大成者，他从小广泛接触文学、音乐、绘画等，有良好的文学艺术修养。他也是一位业余水彩画家，在他的风景画中很注意树木、水体和建筑之间的关系。1788 年后，雷普顿开始从事造园工作。作为造园家，他在造园界取得了辉煌的成就，亲自创设及改造了 200 个以上的庭园，业主遍及全英国，几乎包罗了各个阶层的人士，代表作有谢菲尔德风景园（Sheffield Iandscape Garden）和西怀科姆比园（West Wycombe Garden）。但更有成就的是雷普顿的著作，著有《造园理论与实践》和《红书》（他把所作的设计、说明书以及别人求证他有关设计的意见，共 400 多份资料，统统收集在一个红色封皮的本子里，并称之为红书）。可以说，他的著述提高了当时整个英国的造园水平。

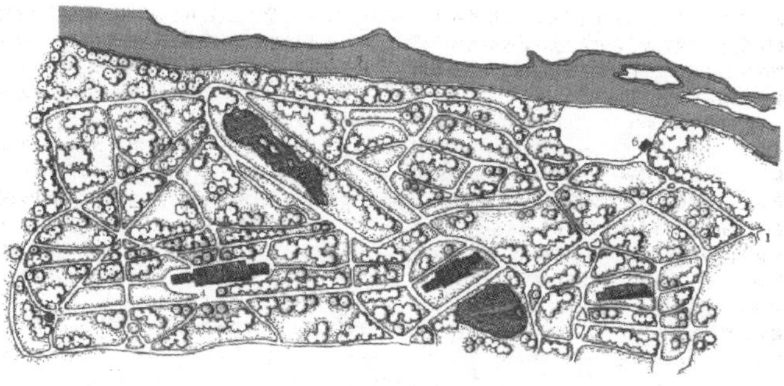

图 7.34 邱园平面图

（注：19 世纪）

图 7.35 邱园中国塔

18 世纪末期，模仿自然持不同态度的布朗派（Brownist）和绘画派（Picturesque School）掀起了巨大的辩论。布朗派中坚人物有造园家雷普顿和马歇尔。绘画派则以绘画评论家普赖斯、奈特及森林美学家吉尔平为代表。奈特于 1794 年公开发表的诗作《风景》（The Landscape）向布朗派宣布挑战。他提倡在绘画前景中，描绘出仪态万千的各种树群，来代替布朗派所酷爱的独立树木（见图 7.36）。普赖斯也在同年发表《论绘画》（Essays On the Pictur-

图 7.36　奈特图画式园林

esque）阐述了“美的”（beautiful）与“绘画的”（picturesque）两者之间的不同，批评布朗派将此两者混为一谈而不加以深刻地理解。普赖斯对造园与绘画作品进行了认真的对比。他认为，在景观构成、造园要素的配置、色彩的协调、形态的统一、明暗的效果等方面，造园与绘画的基本原则完全一致。雷普顿及时发表了自己的观点，他于 1795 年出版了名著的《造园理论与实践》（Sketches and Hins on Landscape Gardening）。由于雷普顿本人是画家，他十分理解并擅长找出绘画与造园中的共性。然而，雷普顿最重要的贡献却在于提出了绘画与园林的差异所在。他认为，首先，画家的视点是固定的，而造园则要使人在动中纵观全园，因此，应该设计不同的视点和视角，也就是我们今天所谓的动态构图；其次，园林中的视野远比绘画中的更为开阔；三是绘画中反映的光影、色彩都是固定的，是瞬间留下的印象，而园林则随着季节和气候、天气的不同，景象千变万化；此外，画家对风景的选择，可以根据构图的需要而任意取舍，而造园家所面临的却是自然的现实；并且园林还要满足人们的实用需求，而不仅仅是一种艺术欣赏。雷普顿对布朗留下的设计图及文字说明进行深入的分析、研究，取其所长，避其所短。他认为自然式园林中应尽量避免直线，但也反对无目的的、任意弯曲的线条；他也不像布朗那样，排斥一切直线，主张在建筑附近保留平台、栏杆、台阶、规则式花坛及草坪，以及通向建筑的直线式林荫路，使建筑与周围的自然式园林之间有一个和谐的过渡，越远离建筑，越与自然相融合；在种植方面，采用散点式、更接近于自然生长的状态，并强调树丛应由不同树龄的树木组成；不同树种组成的树丛，应符合不同生态习性的要求；他还强调园林应与绘画一样注重光影效果。雷普顿的论点不仅对当时的激烈争论产生重要影响，对后世的园林设计也产生了深远影响。

5. 园艺式风景园时期

18 世纪下半叶，自然风景园成为英国的代表性艺术，并对整个欧洲产生了极大的影响，完全取代了古典主义园林，成为统帅整个欧洲造园的新形式。然而，18 世纪末期，英国自然风景园呈现盛极而衰的趋势，很难有新的突破。因此英国造园家们不再追求园林形式本身的变革，而把目光聚焦造园要素的发展和创新，植物造景成为新的趋势。并且，随着 19 世纪英国海外贸易的拓展和殖民地的陆续扩大，大量的美洲和亚洲的植物被引种英国，大大丰富了英国的植物物种。伴随温室技术的提高，为各种外来植物的展示和反季节开发提供了技术保障。园林中开始盛行栽植异国他乡的奇花异木，并大建温室，放置观赏植物。英国造园的主要内容也从原来的创建风景，转变为陈列珍贵树木和奇花异草。园艺式风景园成为了英国 19 世纪园林的主流。

7.8.3　中国对自然风景式园林的影响

早在马可·波罗（Marco Polo，1254—1324）时代，东方文化艺术的魅力就已经令西方神往。随着 1600 年英国东印度公司的成立，来自东方的商品备受欧洲人的青睐，精湛的东方工艺品，尤其是中国的陶瓷、漆画、壁纸、丝绸等令当时的西方人赞叹不已。自 1582 年意大利神父利玛窦（Metteo Ricci，1552—1610）前往中国并与中国宫廷建立关系后，罗马教廷派遣了大批传教士前往中国。1601 年利玛窦年出版了有关中国的记述，传教士和商人也写回大量的报告和信件，其中极力渲染了中国文化艺术，使当时的欧洲人对中国产生了浓厚的兴趣，并在当时掀起了“中国热”。1665 年，在荷兰驻北京大使纽霍夫（Johan Nieuhof，1618—1672）撰写的《荷兰东印度公司使节出使鞑靼 - 可汗，即现今中华帝国》报告中，涉及中国的建筑艺术，尤其称赞了南京的报恩寺琉璃塔。这本书被译为英文、法文、德文等西方文字，影响很大。在西方人眼里，南京报恩寺琉璃塔成为了中国建筑的代表。17 世纪下半叶，中国艺术开始渗透到西方建筑中。18世纪初，英国在建筑装饰、家具和园林等艺术风格上，明显带有中国、印度等东方痕迹。

自18世纪，中国的园林艺术对英国造园开始产生巨大的影响。坦普尔爵士在1692年出版的《论伊壁鸠鲁的花园》中，称赞中国园林宛若自然中的一部分，富有很强的想象力。他认为曲折多变的道路具有一种自然无序的美，并把中国园林中表现出的特点用Sharawadgi进行概括。Sharawadgi是坦普尔自创的词语，它的含义也许是诗情画意，也许是自然生动，只能意会，但它却成为18世纪英国人遵循的最重要的造园原则之一。

法国传教士王致诚（Jean Denis Arriret，1702—1768）1738年来到中国并任职宫廷画师，参与了影响巨大的圆明园四十景的绘制工作和西洋楼的设计与建设。他在初次见到圆明园后在信中提道“我的眼睛从来没有看到过与此类似的东西，中国人在建筑方面表现出来的千变万化、复杂多端，令人难以置信，我唯有钦佩他们的天才。我不得不承认，和他们相比，我们又单调又缺乏生气。”1747年，他在《中国皇家园林特记》中，赞美圆明园为“万园之园，无上之园”，是“自然之园”。他指出中国园林的特点在于不规则的构图和柔和的线条，无论蜿蜒曲折的道路还是变化无穷的池岸，都是迥然不同于欧洲的规则式园林的。这本书1749年被翻译成英文，并于1752年再版，对整个欧洲尤其英国产生了巨大的影响。另一位传教士蒋友仁（Michael Benoisr，1715—1774）参与了圆明园西洋楼和大水法的设计和建造工作，他同样大力称赞了圆明园“一瞥之下，美景如此之多，以至于人们的想象力无法集中到几个特别的景物上”，“在中国的园林里，眼光越不会感到疲倦”。维克多·雨果（Victor Hugo）称赞圆明园“请诗人出身的建筑师建造一千零一夜的一千零一个梦，添上一座座花园、一方方水池、一眼眼喷泉，请你想象一个人类幻想中的仙境。”欧洲各国文化艺术交流频繁，圆明园给包括英国在内的西方各国带来了巨大的冲击。

中国园林的自然式布局，动摇了西方人古典主义艺术不容置疑的地位，加速了自然风景园的发展。18世纪下半叶，由于钱伯斯的著作相继出版，英国对中国园林的了解更加深入。1757年，出版了《中国的建筑艺匠》和《中国的建筑、家具、服饰、机械和器皿的设计》，1972年出版了《东方造园论》（Dissertation On Oriental Gardening）。《设计》中具体提到中国园林中假山置石的大量灵活运用；理水的观念和手法；植物的树形色彩以及植物与水景的关系；并称赞了曲径通幽、障景等园林艺术手法。《东方庭园论》中，他将中国的庭园介绍到英国，同时还认为英国的风景式园林只是粗犷的田园风光，因此提议在风景式造园中应吸收中国庭园的风格。1742—1763年期间，钱伯斯主持了邱园的设计和建造，他运用了中国的造园手法和造园元素，在园中挖湖堆山，构筑山洞，并模仿南京报恩寺琉璃塔建造了一座十层八角的中国塔及被称为“孔子之家”的阁楼。中国对于园林的理解以及中国的造园手法给英国自然风景园带来了重要参考，英国人纷纷在园林中建造具有“中国风格”的景观，掀起了“中国热”。斯陀园的“中国之家”，埃姆斯伯里修道院的中国亭，沃邦修道院的“中国式”乳品厂，建筑师阿尔布拉汉姆兴建的阿尔通塔都是当时的“中国式”作品。英国的自然风景也影响了整个欧洲的造园风格，法国把自然式园林称为“英中式园林”（Jardin Anglo－Chinois）或“中英式园林”（Jardin－Chinois）。

然而，中国园林掇山理水、源于自然高于自然的造园技艺，西方人很难精准把握，就是单体建筑也千变万化和环境融为一体，仿制得差别稍大就流于怪诞。因此，在“中国热”逐渐冷却的时候，欧洲园林中的中国式建筑受到越来越多的批评。批评者认为中国式建筑与当地的气候和自然风貌相背离。到18世纪末，对西方造园观念产生巨大影响的中国艺术仅仅局限于建筑装饰风格方面了。19世纪鸦片战争之后，“中国热”彻底消失。

思考题

1. 英国自然风景式园林产生的原因有哪些，受到中国园林的影响有哪些？
2. 分析英国自然风景式园林的发展过程，各个阶段的特点是什么？
3. 英国自然风景式造园时期有哪些代表人物和作品？

第8章 欧洲近现代园林

8.1 英国现代园林

19世纪英国的城市工业快速发展，由于城市人口的激增，打破了原有城市环境的平衡状态，城市出现了拥挤不堪、空气污染，缺乏绿地等许多问题，卫生与健康环境严重恶化。针对现代城市出现的种种弊端，英国议会在19世纪中叶通过了多项法案，准许动用税收来建造城市公园和其他城市基础设施。1843年，世界园林史上的第一个城市公园伯肯海德（Birkenhead）公园诞生。

8.1.1 英国工艺美术运动与园林设计

18世纪中叶开始的工业革命，促进了经济的繁荣和社会的进步，同时也带来了产品的审美与工业化批量生产之间强烈的矛盾，从而促使众多的有识之士积极探寻工业时代的设计准则和审美标准。工艺美术运动应运而生，使园林的内容和形式发生了巨大的变化，为现代主义景观的产生奠定了基础。

1. 工艺美术运动概述

工艺美术运动（Arts & Crafts Movement）得名于1888年成立的艺术与手工艺展览协会（Arts and Crafts Exhibition Society），是起源于19世纪下半叶英国的一场设计改良运动。运动的持续时间大约从1859—1910年，工艺美术运动的产生受到了艺术评论家约翰·罗斯金（John Ruskin）和设计师威廉·莫里斯（William Morris）等人的影响，并参考了中世纪的行会制度。

（1）工艺美术运动的产生背景。

1）工业革命的批量化生产造成了设计水平下降。

工艺美术运动是针对家具、室内产品、建筑、装饰艺术等因为工业革命的批量生产所带来设计水平下降而开始的设计改良运动。18世纪下半叶的工业革命给英国带来了新技术、新材料和新的生产方式，是一场以机器取代人力，以大规模工厂化生产取代个体工场手工生产的生产与科技革命。大规模生产和工业化方兴未艾，但这一时期的设计风格却远远落后于批量化大生产的发展速度。造成的后果是工业产品外形粗糙，粗制滥造，设计水准急剧下降；普通民众只能用毫无设计美感的低质工业品，而精致漂亮的手工艺品仍然被上层社会所独享。工艺美术运动意在抵抗这一趋势而重建手工艺的价值，艺术家和设计师开始重新思考如何解决工业化生产与高质量、高品位产品之间的矛盾。

2）水晶宫的建造引起争议。

为了炫耀工业革命所带来的与日俱增的经济技术实力，1851年，英国在伦敦举办了世界博览会，展览大厅由约瑟夫·佩斯顿（Joseph Paxton，1801—1865）设计，全部采用钢材与玻璃结构，被称为“水晶宫”（Crystal Palace，见图8.1），它开创了采用标准构件、钢铁和玻璃这两种新材料的设计与建造的先河，轰动了全世界。但古典主义风格的水晶宫和部分展品在设计界引起了很大的争议。以约翰·拉斯金（John Ruskin，1819—1900）为首的一批社会活动家和艺术家极力反对这种风格，认为它是盲目复古和华而不实，造成了形式与内容的脱离。随后，拉斯金通过著书立说和演讲表达了他的设计美学思想，成为工艺美术运动的理论指导者。

3）过分装饰、矫揉造作的维多利亚风格大行其道。

1831—1901年是英国女王维多利亚在位的时间，在这一时期流行的以繁缛为特点的复古风格被称为维多利亚风格。工业革命中新兴的资产阶级拥有了大量的财富，社会地位也得到了提升，他们迫切地期望改变居住环境和室内装饰样式来炫耀自己的财富与成就，于是以矫揉造作、过分装饰为特点的"维多利亚风格"开始大行其道。而对于正在蓬勃发展的工业革命而言，这种装饰风格是背道而驰的。

4）一部分知识分子对工业化感到震惊和恐惧。

工业化的来临造成了贫民窟、城市环境恶化和疾病蔓延等一系列社会问题。一些艺术家、建筑家和艺术理论家面对残酷的现实，感到无法解决工业化所带来的问题，对全面工业化的来临感到震惊甚至恐惧。他们消极地企图通过艺术与设计来逃避现实，逃逸到他们理想化了的中世纪、哥特时期去，这是 19 世纪英国和其他欧洲国家产生工艺美术运动的根源。

（2）工艺美术运动的设计思想。

工艺美术运动提倡哥特式和中世纪的风格，设计需具备简单、朴实无华和良好功能的特点；在装饰上推崇自然主义和东方艺术，反对设计上哗众取宠、华而不实的维多利亚风格和其他各种古典、传统的复古装饰风格；提倡艺术化手工艺产品，反对工业化对传统工艺的威胁，反对机械化生产。这些主张同样反映在景观设计之中。

图 8.1　水晶宫内景

2. 英国工艺美术运动中的主要景观设计师及其作品

工艺美术运动时期，花园的设计与建造在英国十分盛行，涌现出了一大批优秀的景观设计师，下面介绍其主要代表人物。

（1）威廉・莫里斯。

威廉・莫里斯（William Morris，1834—1896）是英国工艺美术运动的奠基人，是真正继承和实现了拉斯金设计思想的设计先驱。莫里斯的园林设计思想体现为：庭园无论大小都必须从整体上进行设计，外貌必须壮观；庭园必须脱离外界，决不可一成不变地照搬自然的变化无常和粗糙不精。1860 年，莫里斯与菲利普・韦伯合作完成了自己在伦敦郊区肯特郡的住宅"红屋"（the Red House）。建筑采用了非对称的布局，没有任何表面粉饰，具有民间建筑和中世纪建筑的典雅、美观以及反对追逐时髦的维多利亚风格的设计特点，庭院采用了纯自然的布置，草坪、石径、灌木丛、藤蔓植物和凉亭等元素与建筑和室内设计相得益彰。由于对建筑、室内设计和庭园设计进行了统一的考虑，风格统一，充分体现了工艺美术运动的风格，莫里斯所设计的"红屋"获得了广泛的好评，为工艺美术运动的全面发展奠定了基础。

（2）威廉・罗宾逊。

威廉・罗宾逊（William Robinson 1839—1935）是著名的园艺学家，开创了以多年生草花为主的所谓"英国花卉庭园"，被称为"英国花园之父"。1867 年他游历法国后写了《法国花园集》（Gleanings from French Gardens）一书，书中批评了流于形式的法国园林，并大力提倡自然式的园林。1870年，罗宾逊出版了《英国花园的高山花卉》（Alpine Flowers for Gardens）和《野生花园》（The Wild Garden）并提出了自己的设计理念，在《英国花园的高山花卉》中，他认为从阿尔卑斯山的岩石缝中看到的植物可以在英国花园中生长，这推动了岩生植物在英国花园中的广泛运用。在《野生花园》中，他主张简化繁琐的维多利亚式花园，认为园林设计应满足植物的生态习性，任其自然生长，这种观点成为工艺美术园林风格的一个基本原则。

鲁宾逊倡导自然式园林风格，希望重新唤起人们对自然的热爱。他反对繁琐的维多利亚式庭园和陈列一年生草本的地毯式花坛，反对用建筑的原则和方法来设计庭园；提倡发展英国乡土景观，主张在园林中使用适应英国气候的植物；园林设计应满足植物的生态习性，任其自然生长，形成混交群落；他认为设计师应该返回乡村，从乡村中保留的传统、质朴的风格中寻求灵感。

图8.2　格雷夫泰庄园

罗宾逊最有名的园林设计是位于英格兰的格雷夫泰（Gravetye）庄园（见图8.2），建于1898年，庄园总面积达到了141700平方米。受英国乡村园林风格的影响以及出于对自然式景观的热爱，花园采用了不规则设计，并种植了大量植物，特别是野生植物。在庄园最鼎盛的时期，它被约667000平方米的田野、森林所环绕，足见其自然环境的优越。

（3）格特鲁德·杰基尔。

格特鲁德·杰基尔（Gertrude Jekyll 1843—1932）是20世纪英国最负盛名的女园林设计师。她一生设计了约400座花园，但大多已毁于战火。她以花园中的花境设计闻名于世，推动了花境在英国庭院中的普及运用，如今世界各地仍然沿袭着她的花境设计方法和植物配置方式。杰基尔还根据自己的研究和设计实践编写了13本著作和1000余篇文章，这对后世产生了深远的影响。

杰基尔在花园设计中前所未有地使用了大量的植物，她擅长利用植物的色彩和质地，艺术性地把不同植物配置在一起，在不同季节构成动人的画面。杰基尔对植物的色彩进行了一些应用上的尝试，她运用暖色调的红色、橙色和冷色调的蓝色、紫色的对比来强调花境的深度和视觉焦点。杰基尔对自然式庭园和规则式庭园都很欣赏，她的设计将规则式布局与自然植物合理结合，无论花园的风格和规模大小，她对结构、比例、色彩、气味和质感都十分重视。她认为园林与建筑是一个统一的整体，园林设计不应在建筑设计之后进行，在有限的空间里，应用尽量丰富的植物材料。

从1890—1914年期间，杰基尔与著名的建筑师埃德温·路特恩斯合作设计建造了100多个别墅及别墅庭园。两人都深受工艺美术运动的影响，主张从大自然中吸取灵感，并且希望将传统的材料、工艺和乡村的质朴魅力，融合到他们设计的园林中去。他们经常结伴到乡村和大自然中去实地考察，并讨论途中所见的乡土材料以及建造方法。他们设计的花园面积都较大，充满了乡间的浪漫情调，整个花园由一些较小的、分布在建筑周围的小园组成，这些小园的类型和形式非常丰富，有自然式或规则式的岩石园、玫瑰园、菜园、药园、草坪等，也有规则式的平台、游泳池以及富有装饰的园林家具和廊架。每一部分都有各自的使用功能，同时又成为别具特色的景观，色彩斑斓的植物软化了规则式的线条和平台。她在实践中创造出一种以规则式布局和自然式种植相结合的园林设计风格，风靡英国，并且影响到后来欧洲大陆的花园设计。

杰基尔的花园设计代表作包括领主宅邸花园（Manor House）、曼斯特德·伍德花园（Munstead Wood Garden，见图8.3）和山城公园（Town Hill Park House）。1908年，杰基尔设计了领主宅邸花园（Manor House）。这是一个4.5英亩的庭园，体现了她在花园设计中提倡的简洁、自然、清新，功能合理，强调自然材料的运用等很多特征，深受工艺美术运动所倡导的崇尚自然的理念影响。房子的西侧是自然式庭园，沿着半圆形的台阶走进这个小花园，路的两边种植各种玫瑰，前边有一个小水塘，接近水塘的地方有核桃树、小灌木和各种野花。花园边上种植着黄水仙。房子的东边是规则式庭园，采用几何式设计，没有弯曲的曲线，由玫瑰园、保龄球场和网球场三部分构成。玫瑰园的边缘设计了典型的草本花境，颜色从冷凉的蓝色和白色到暖色调的红色和橙色再逐渐过渡回冷色调。两个球场的边缘用紫杉和草本花境围合，树篱的外边有果园、菜园、苗圃。

（4）埃德温·路特恩斯。

埃德温·路特恩斯（Edwin Lutyens，1869—1944）是英国著名的建筑师和园林设计师。从1889年开始，路特恩斯开始和杰基尔合作设计了许多著名的园林作品。路特恩斯和杰基尔共同创造了以规则式布局和自然式种植相结合的园林设计风格，引领了当时园林设计的潮流，并且影响到后来欧洲大陆的花园设计。路特恩斯在其作品中还十分强调同当地的风情、传统相结合。

图8.3 曼斯特德·伍德花园

路特恩斯的代表园林设计作品是1911—1931年间在印度新德里设计的莫卧儿花园（Mughal Garden），又称总督花园（见图8.4和图8.5）。花园同样体现了规则式与自然式相结合，将英国花园所具有的自然特色和伊斯兰规整的传统园林形式结合在一起。花园由三部分组成：第一部分是紧贴着建筑的一个规则式方形花园，由四条水渠组成，水渠的四个交叉点上是独特的花瓣喷泉。以四条水渠为主体，再分出一些小的水渠，延伸到其他区域，外侧是小块的草坪和方格状布置的小花床。规则的水渠、花池、草地、台阶、小桥、汀步等动静变化都在桥与水面之间展开。交叉的水渠象征着《古兰经》中所描绘的天堂中的“水、乳、酒、蜜”四条河流。建筑师运用了现代建筑的简洁的几何形式，给予了印度伊斯兰传统园林以新的生命，创造了美丽的园林景观。第二部分是长条形花园，这是整个园中唯一没有水渠的花园。在这一部分，路特恩斯设计了一个优美的花架，上面爬满了九重葛，在花架的旁边，是一些绿篱围合的小花床。花园的第三部分是下沉式的圆花园，圆形的水池外围是众多的分层花台，一排排花卉种植在环形的台地上，体现了宁静、平和的台地式英国乡村花园的风格。

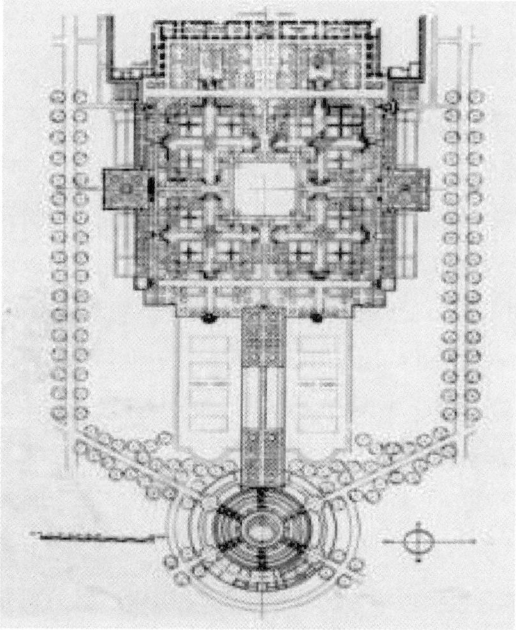

图8.4 莫卧儿花园平面图

图8.5 莫卧儿花园实景

3. 自然式与规则式的园林风格之争

19 世纪末，受工艺美术运动的影响，园林逐步走上注重功能、以人为本的设计道路。以罗宾逊为代表的园林设计师主张采用自然式的园林设计手法，这一观点得到了拉斯金和莫里斯的支持。这使得罗宾逊信心大增，他开始批评园林中直线条的运用，以及当时英国园林中流行的建筑露台和规则形式。

建筑师 R. 布罗姆菲尔德（R. Blomfield，1859—1942）在其 1892 年出版的《英格兰的规则式庭院》（The Formal Garden in England）中大力提倡规则式设计，与罗宾逊展开了激烈的争论。布罗姆菲尔德主张建筑和园林应该统一设计，园林应该成为建筑的延伸。他主张采用规则对称的空间布局形式，以及将园中植物修剪成几何造型，来取得园林和建筑的协调统一，并提出在建筑附近不能有自然形态的植物。他在书中提出，规则式园林和建筑在一起更加协调，自然式园林则很难与建筑有机结合。尤其是在面积较小的园林空间中，自然形式看上去就更加不自然。

当时的英国园林界展开了一场关于自然式园林和规则式园林的激烈论战，这场论战反映了长期以来经验主义与理性主义这两种对立的美学倾向和园艺师与建筑师这两种职业之间矛盾的集中爆发。

当时最负盛名的女园艺师杰基尔认为论战双方的观点既有正确的地方，又都有些极端。她认为，从功能上说在建筑附近建造露台是合适的，但应该把植物种植成自然的形式。杰基尔和路特恩斯在考察和实践中逐渐摸索出规则式布局和自然式种植相结合的园林设计模式。这种以规则式为结构、以自然植物为内容的风格，从实践上化解了园艺师和建筑师之间的争论。实现了由规则式与自然式的对立到规则式布局与自然式种植相结合的转变。最终，论战双方都接受了杰基尔的观点。

4. 工艺美术运动中花园的设计特点

英国工艺美术运动使园林风格更趋向于自然，更加注重植物的运用，花园反映了简约、高雅、注重功能、追求整体、学习自然等工艺美术运动的特点。

以罗宾逊、杰基尔、路特恩斯为代表的设计师们尝试从不同角度对园林风格进行创新，尤其是杰基尔和路特恩斯的规则式布局和自然式种植相结合的园林设计模式体现了对地方自然特色和文化传统的尊重，风靡英国。因此，即使它没有完全摆脱传统风格的束缚，但依然对西方园林尤其是私家花园的设计产生了持久的影响。

8.1.2 霍华德与田园城市

1. 田园城市产生的背景

19 世纪末 20 世纪初是资本主义从自由竞争阶段向帝国主义垄断阶段过渡的时代，工人、农民失业严重，日益贫困。农村大量的劳动力涌入城市，城市人口与用地规模急剧膨胀，使城市不堪重负，造成了一系列的城市问题，如城市地价飞涨、贫富日益悬殊、穷人的生活条件恶劣，导致城市环境不断恶化，社会矛盾不断尖锐。人们开始对城市提出质疑，一些有识之士对当时恶劣的居住环境不满，开始对城市与自然的关系做系统性反思。其中以埃比尼泽·霍华德（Ebenezer Howard，1850—1928）提出的“田园城市（Garden City）”理论最为著名，霍华德于 1898 年出版《明日：一条通往真正改革的和平道路》（Tomorrow：a Peaceful Path towards Real Reform）一书，提出建设新型城市的方案。1902 年修订再版，更名为《明日的田园城市》（Garden City of Tomorrow）。从深层次来说，霍华德倡导的是一种社会改革思想：用城乡一体的新社会结构形态来取代城乡分离的旧社会结构形态。

2. 霍华德的田园城市理论与实践

（1）田园城市的概念。

田园城市是为健康、生活以及产业而设计的城市，其规模能足以提供丰富的社会生活，但不应超过这一程度；四周要有永久性农业地带围绕，城市的土地归公众所有，由一委员会受托掌管。田园城市的特征是规模不能太大；被乡村带包围；全部土地公有。其实质是城市和乡村优点的结合体。

（2）田园城市的设想。

霍华德设想的田园城市包括城市和乡村两个部分。城市四周为农业用地所围绕；城市居民经常就近得到新鲜农产品的供应；农产品有最近的市场，但市场不只限于当地。田园城市的居民生活于此，工作于此。所有的土地归全体居民集体所有，使用土地必须缴付租金。城市的收入全部来自租金，在土地上进行建设、聚居而获得的增值仍归集体所有。城市的规模必须加以限制，使每户居民都能极为方便地接近乡村自然空间。

霍华德对他的理想城市作了具体的规划，并绘成简图。他建议田园城市占地为6000英亩（1英亩＝0.405公顷）。城市居中，占地1000英亩，四周的农业用地占5000英亩，除耕地、牧场、果园、森林外，还包括农业学院、疗养院等。农业用地是保留的绿带，永远不得改作他用。在这6000英亩土地上，居住32000人，其中30000人住在城市，2000人散居在乡间。城市人口超过了规定数量，则应建设另一个新的城市。田园城市的平面为圆形，半径约1240码（1码＝0.9144米）。中央是一个面积约145英亩的公园，有6条主干道路从中心向外辐射，把城市分成6个区。城市的最外圈地区建设各类工厂、仓库、市场，一面对着最外层的环形道路，另一面是环状的铁路支线，交通运输十分方便。霍华德提出，为减少城市的烟尘污染，必须以电为动力源并将城市垃圾应用于农业。

霍华德还设想，若干个田园城市围绕中心城市，构成城市组群，他称之为“无贫民窟无烟尘的城市群”。中心城市的规模略大些，建议人口为58000人，面积也相应增大、城市之间用铁路联系。

（3）霍华德的田园城市实践。

霍华德在1899年组建了“田园城市协会”宣传自己的主张，并积极地投入到田园城市的实践当中去，把理论变为现实。霍华德分别于1903年和1920年在伦敦的周边建立了两个试验性质的田园城市：莱奇沃斯（Letchworth）和韦林（Welwyn）。两个城市虽然并没有完全体现霍华德的设计思想，但是直到今天这两个城市都仍然是健康和持续发展的社区。田园城市的建立引起社会的重视，欧洲各国纷纷仿效，但多数并没有理解霍华德田园城市的思想本质，仅是成为冠以“田园城市”名称的城郊居住区。

3. 田园城市理论产生的影响

霍华德的田园城市理论对现代城市规划思想起了重要的启蒙作用，被视为现代城市规划的开端。他针对现代社会出现的城市问题，提出了先驱性的规划思想；并对城市规模、布局结构、人口密度、绿带等城市规划问题，提出了一系列独创性的见解，其所运用的对大城市进行疏解的方法，则通过“卫星城镇”、“有机疏散”论等理论和实践活动得到了全面的推广，对现代的城市规划理论颇有影响。

8.1.3 唐纳德

克里斯托弗·唐纳德（Christopher Tunnard，1910—1979）是英国著名景观设计师，是现代主义园林的先驱之一。20世纪20~30年代，欧洲的景观设计师开始进行现代园林的尝试，唐纳德吸收了同时代的艺术和建筑中的现代主义思想，形成了自己的现代景观设计理念。

1. 唐纳德的经典著作——《现代景观中的花园》

1938年，唐纳德完成了经典著作——《现代景观中的花园》（The Garden in the Modern Landscape）一书，填补了现代景观设计的理论空白。他在书中提出了现代景观设计的三个原则，即功能的、移情的和艺术的。

唐纳德深受建筑师阿道夫·卢斯（Adolf Loos，1870—1933）和勒·柯布西耶（Le Corbusier，1887—1965）的影响，从现代主义建筑中借鉴了功能主义，认为功能是现代主义景观最基本的考虑，是三个原则中占主导地位的。功能主义使景观设计从情感主义和浪漫主义中解脱出来，去满足休息、消遣、等人的理性需求。这一转变对现代景观设计产生了巨大的影响，标志着功能理性在现代景观设计中的兴起。

唐纳德认为现代景观设计有必要脱离规则式，特别是对称式，提倡运用日本园林中，尤其是枯山水中组石布置所采用的均衡构图手段，以及从没有情感的事物中感受园林的精神实在的设计手法。唐纳德推崇日本园林，主张像日本庭园一样用材料的精神来处理自然，谨慎地使用色彩，关注植物的细腻配置，有效地利用背景，使建筑与环境相协调，直接表达这些园林要素自身的内涵。

《现代景观中的园林》中还介绍了盖夫雷设计的三角形花园，柯布西耶的萨伏伊别墅，对当时英国优雅浪漫的园林设计风格产生了很大的冲击。

1942 年，唐纳德发表了文章—现代住宅的现代庭园（Modern Gardens for Modern House），他提出景观设计师要理解现代建筑，抛弃所有的陈规老套；要运用隔断和能透过视线的种植设计来创造三维的流动空间等。

2. 唐纳德的景观设计作品

1935 年，唐纳德为建筑师谢梅耶夫（Serge Chermayeff）设计了名为“本特利树林”（Bentley Wood）的私家庭园（见图 8.6），完美地体现了霍华德所提倡的“现代景观设计的三原则”。这个庭园是从住宅的餐室透过玻璃拉门向外延伸，直到矩形的铺装露台，露台的一侧用墙围合。他用框景的手法在露台尽端建了一个木框架，框住了远处的风景，在木框架附近一侧的基座上，侧卧着亨利·摩尔的雕塑，面向无垠的远方。

图 8.6　本特利树林

1936—1938 年，唐纳德设计了位于彻特西（Chertsey）圣安山（St. Ann' s Hill）的住宅庭园（见图 8.7）。基地位于一个建于 17 世纪的风景园中，在保留原有的荷兰式厨房花园和较好的植物的基础上，唐纳德将住宅、庭园和周围的风景园有机地结合在一起。在紧临建筑的一侧，布置了一个规则式的平台庭园，有水池和漂亮的花卉。一道特别开敞的翼墙分隔了平台和缓坡草地，自然的景色一览无余。建筑的另一侧，布置了弧形的泳池平台，弧的中心是美丽的杜鹃花灌丛。在建筑的屋顶花园上，可以透过建筑上白色混凝土构架形成的框景，欣赏庭园及周围的大自然景观。

图 8.7　圣安山住宅庭园

唐纳德于 1939 年接受了格罗皮乌斯请他去哈佛执教的邀请，加入了哈佛大学格罗皮乌斯的研究室，他的教学和设计保持了现代主义的特色，影响了一批学生投身于现代主义景观设计。

8.1.4 杰利科

杰弗里·杰利科（Geoffery Jellicoe，1900—1996）是英国现代景观设计的代表人物，现代景观设计的先驱之一和首届国际景观设计师联盟（IFLA）的主席。杰利科的景观设计理论研究与设计实践长达70余年，出版专著数十部，完成建筑与景观设计100余项，对现代景观设计的影响深远。

1. 杰利科的主要景观理论与著作

杰利科就读于英国著名的AA建筑学院学习建筑学，1924年，为了完成关于意大利文艺复兴园林的毕业论文，他与同学谢菲尔德（Jock Shepherd）对意大利园林进行了实地调研，并出版了专著——《文艺复兴时期的意大利花园》（Italian Gardens of the Renaissance），并成为了这一领域的权威著作，这一研究激发了杰利科开始思考建筑物与其环境的整体关系。

1975年，杰利科与夫人合著出版的《图解人类景观——环境塑造史论》（The Landscape of Men）影响遍及世界各国建筑与景观规划设计界。在该书中，杰利科运用大量的图片示例，简明介绍了世界各地景观设计的历史与现状，其范围几乎囊括了所有的景观设计类别，包括花园、城市与区域景观、涉及景观规划的城镇规划等。

杰利科认为景观设计是对历史及文化的反射，不同时期、不同地区有着不同的艺术表现形式，景观设计是艺术形式的一种，是一种带有技术色彩的艺术。

2. 杰利科的主要景观设计作品

在杰利科的景观设计作品中，他强调设计与其环境背景之间的关系的重要性，总是力求展现项目场地的场所精神；他充分吸取欧洲古典园林的营养，形成了自己的设计语言，在作品中大量运用古典园林的要素，如绿篱、雕塑、链式瀑布、远景等，作品带有浓厚的古典色彩；他非常喜爱用长平台或长步道联系一系列单独的、有时相对封闭的花园空间，使之具有很好的整体感，同时也引导人们体验不同的空间，获得意想不到的感受；他将建筑融合于景观之中，在杰利科的设计中，建筑不再是场地的核心；他善于利用基地的条件，创造出丰富的水景，如池塘、瀑布、跌水、水池、喷泉等，水往往成为园林中视觉的中心。

（1）肯尼迪纪念园（The Kennedy Memorial）。

1965年，杰利科设计了纪念美国肯尼迪总统的纪念花园，该花园位于英国兰尼米德（Runnymede）一块可以北眺泰晤士河的坡地上。纪念碑的设计看起来非常简单，一条隐藏在自然生长的树林中的蜿蜒的石砌小路引至山腰，展现在眼前的是以草地和树林为背景的一块简洁平整的长方形纪念碑，碑上刻有肯尼迪的名字及纪念文字，纪念碑的尺度平易近人，毫无宣扬之意，使游人在平静安详的气氛中品味被纪念者辉煌的人生（见图8.8）。纪念碑后种有美国橡树，每到11月，即肯尼迪遇难的季节，满树绯红，映衬着前面白色的纪念碑，其景致具有强烈的感染力。再经过一片开阔的草地，沿一条规整的小路，游人可以俯瞰泰晤士河和绿色的草地。该设计很好地将不可见的深刻思想蕴藏于可视的设计作品中，于平凡中却蕴含着深刻的意境。

图8.8 肯尼迪纪念园

（2）萨顿庄园（Sutton Place）。

萨顿庄园位于吉尔德福德（Gildford），被认为是杰利科作品的顶峰。

杰利科设计了围绕在建筑东西两侧的一系列小花园，包括苔园、秘园、伊甸园（见图8.9）、厨房花园和围墙角的一个瞭望塔。在建筑西边杂院的后面，有一个墙围合的花园，中心是矩形的水池。这个花园通向一个更大的布置着花坛和小果树林的厨园。在东面，穿过法国式的园门，踏着长水池中的汀步，穿过壕沟，便来到了伊甸园，这是一个半规则式的花园，布置着凉亭和植物的攀缘架，它和苔园被绿篱分隔开来。苔园是一个私密性很强的花园，这是一个封闭的看起来很自然的场地。平面上基本是两个相交的圆，一块植着苔藓，一块是草地，一条弯曲的铺着块石的园路通向墙角的一个二层小塔。建筑的南面是长步道，部分路段上覆盖着凉亭，创造出带着浓荫又稍有点神秘的植物通道，长步道将意想不到的多个元素并置起来，它引导人们来到一个原有的水池和一个英国艺术家 B. 尼科尔森（B. Nicholson）创作的白色大理石几何雕塑前（见图 8.10）。这条长步道的一端布置着一个露天音乐剧场，剧场中心是草地，周围是由紫杉树篱围合的包厢式的小空间，剧场里布置可移动的座椅。长步道南侧的草地斜坡上，沿着建筑的轴线，设计了一组链式瀑布（见图 8.11）。从最高处的长方形水池开始，当溪水流到树林时水池逐渐伸长，形状也更加随意，变成一串长的鱼形池塘，水池、池塘之间形成了瀑布，最终消失在树林背后。杰利科在住宅北面设计了一个鱼形的湖，从住宅和入口的道路上都可以看到。

图 8.9　萨顿庄园中的伊甸园

图 8.10　萨顿庄园

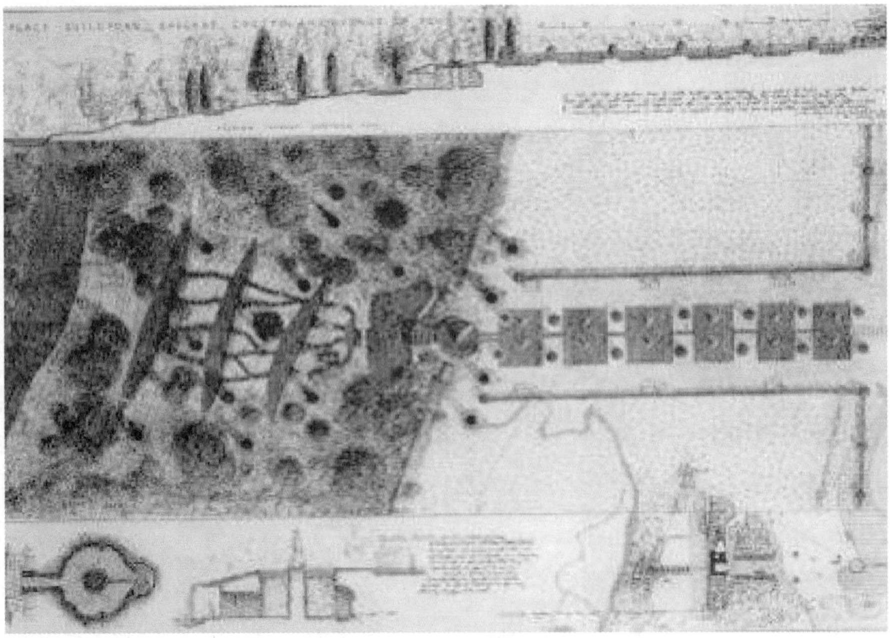

图 8.11　链式瀑布平面图

这个设计在许多方面受到了意大利文艺复兴园林的影响。杰利科试图赋予园林一些含义，是要引喻人在宇宙中的位置等一系列的事物和思想。鱼形的池塘和小湖，引喻水和更神秘的东西，它与周围的小山精心组合，代表着阴阳结合。整个园林似乎微妙地潜藏着一些当今世界之外的东西。杰利科认为，景观是历史、现在和将来的连续体。在这种意义上，萨顿庄园的设计是连续的，是现存轴线、视景线和原先设计者设计意图的发展。

思考题

1. 简述英国工艺美术运动中的主要景观设计师及其作品。
2. 简述霍华德的田园城市构想。
3. 简述唐纳德提出的现代景观设计的三原则。

8.2 美国园林及城市公园运动

回首美国近现代景观设计的发展历程可以看出，美国景观设计经历了从对欧洲造园传统的亦步亦趋，到19世纪中叶城市公园运动将美国景观设计发展引上职业化、学科化的道路，再到20世纪30年代对现代主义景观设计和地域景观的探索，经过安德鲁・杰克逊・唐宁、弗雷里克・劳・奥姆斯特德、弗莱彻・斯蒂尔、托马斯・丘奇、盖瑞特・埃克博、丹・凯利等一大批景观设计师的不懈努力，美国现代景观逐渐成为了世界景观设计的主流之一。

8.2.1 美国浪漫主义景观设计

1830—1870年是美国浪漫主义景观设计时期，英国自然式造园风格在美国逐渐盛行，景观设计表现出由传统的"几何式"向"画境般"转变的趋势。

1. 美国浪漫主义景观设计的产生

19世纪初，文学艺术中的浪漫主义、哲学的经验主义、英国自然式造园风格和美国本土对自然景观的赞美均对美国浪漫主义景观设计产生了影响，其中，尤以英国自然风景园和美国风景画的影响最为重要。

(1) 英国自然风景园对美国浪漫主义景观设计的影响。

在19世纪初，雷普顿、普莱斯和钱伯斯等人的自然风景园的设计思想和作品传入美国，冲击着美国人对景观的欣赏方式，产生了广泛的影响。但同时，美国人在吸收欧洲和英国造园传统与经验时，没有采取简单的拿来主义，而是结合本国的自然景观，有选择地加以吸收，把他们认为有助于发展美国景观设计的有用经验借鉴，吸收到美国的景观实践中来。

(2) 美国风景画对浪漫主义景观设计的影响。

风景画家们通过一幅幅直观的画面，诠释了心中的浪漫理念，把抽象的"田园主义情感"具象为生动的画面展现在人们的眼前，深入他们的内心，最后成为他们现实生活的一部分。起源于19世纪20年代的美国哈德逊河画派把美国独特的自然景观作为创作的主题，以形象、直观的绘画语言表达了他们对美国民主实验所怀有的热情和憧憬，赞美了美国西部原始景观以及科技进步对美国景观的改变，引导了美国人对本土自然景观的欣赏，激发他们的民族自豪感，哈德逊河画派的绘画作品体现出自然景观在美国人头脑中逐渐占据重要地位的趋势。

2. 乡村花园式墓园

在19世纪30年代，乡村墓地的规划思想与英国自然主义景观设计风格结合起来，开创出具有浪漫主义特征的乡村花园式墓园，成为19世纪美国景观设计的一种新类型。它们一改过去典型的教堂式传统墓地形式，而将墓地选址定在城市外围或城市与乡村相结合的具有良好自然风景的地方。乡村花园式墓园往往具有起伏变化的地

图 8.12 奥本山墓园

形条件、郁郁葱葱的林地、蜿蜒的溪流、曲折的道路等，营造出如画般的风景。因此它们不仅是缅怀逝去的亲人的公墓，更是当时受到公众欢迎的户外空间和家庭聚会的场所。乡村花园式墓园为自然式风景园在美国的发展迈出了第一步。

1831 年建于美国马萨诸塞州坎布里奇市（Cambridge）的奥本山墓园（Mount Auburn Cemetery）占地 175 英亩，是美国第一个根据浪漫主义风格建造的乡村花园式墓园（见图 8.12），被后人纷纷仿效，具有里程碑的意义。

3. 唐宁的影响

唐宁（Andrew Jackson Downing，1815—1852）是美国近代著名的景观设计师和作家。

唐宁撰写了大量的关于园艺和景观设计的著作，其中最著名的当属 1841 年发表的《论园林的理论与实践》（ATreatiseonthe Theoryand Practiceof Landscape Gardening）一书，在书中他摒弃了在景观设计中风行的古典风格，结合美国的自然环境和社会状况，以批判的眼光诠释了英国自然式风景园，该书获得了广泛的认可和声誉，使唐宁成为园艺界的权威和时髦风尚的带头人。唐宁对美国的乡土风光给予了高度的评价，并强调回归自然的重要性，他提倡从每一个家庭的庭院开始，人人都有美化环境的义务，他还鼓励人们在庭院中栽种树木，所以唐宁设计的庭院常常呈现出树木园的景观。

唐宁担任《园艺家》杂志的主要撰稿人和主编，对公园建设发表了很多独到的见解，由他设计的新泽西州西奥伦治的卢埃仑公园成为当时郊区公园的典范，他还改建了华盛顿议会大厦前的林荫道。唐宁在景观设计史中起着承前启后的作用，他继承了雷普顿和劳顿的自然式风景园模式，并将其演化为具有美国特色的风格，影响了奥姆斯特德等一批景观设计师的设计思想。

8.2.2 美国的城市公园

1. 美国城市公园的产生背景

（1）欧洲皇家园林的公众化。

随着 17 世纪资产阶级革命的胜利，在“自由、平等、博爱”的旗帜下，新兴的资产阶级统治者没收了封建领主及皇室的财产，其中的宫苑和新园开始向公众开放，并统称为“公园”。如英国的海德公园（Hyde Park）、肯辛顿公园（Kensington Gardens），在意大利还出现了专门的动物园、植物园、废墟园、雕塑园等。进入 19 世纪，大部分皇家园林已成为公园。19 世纪 30 年代以后，原有皇家园林已不能满足大众游人的需求，城市需要满足市民休闲娱乐需求的公共活动空间。

（2）园林服务对象发生变化。

工业革命不仅仅是以机器取代人力，以大规模工厂化生产取代个体工厂手工生产的一场生产与科技革命，它同时引起了社会结构、经济基础、人们的思想观念和生活方式的巨变。园林形式也随之发生了深刻的变化，园林的服务对象也由上流社会贵族和富豪阶层转变为城市自身和普通市民。

（3）不断出现的城市问题。

城市公园是随着近代城市的发展而兴起的。工业革命使生产规模不断扩大，大量农村人口涌入城市，造成城市人口急剧增加，城市规模迅速扩大，打破了原有城市环境的平衡状态。人们越来越远离自然环境，拥挤不堪、环境污染，缺乏绿地等各种城市问题不断涌现。城市公园的产生成为近代城市环境和卫生问题日趋严重的必然结果。

（4）英国自然风景园的影响。

19 世纪美国著名的景观设计师唐宁、奥姆斯特德、沃克斯等均深受英国自然风景园的影响，并将其演化为具有美国特色的风格。他们认为回归自然可以调节人们在城市工作造成的疲惫心理状态，城市公园应最大限度地逼真再现自然，尽量避免矫揉造作的人工痕迹，以改善城市中人和自然分离的状态。

2. 美国城市公园的发展历程

（1）奥姆斯特德与纽约中央公园。

奥姆斯特德被誉为美国“美国景观设计之父”，是美国景观设计协会（American Societyof Landscape Architects，ASLA）和美国景观设计专业的创始人。奥姆斯特德率先采用 Landscape Architect 代替了过去一直沿用的专业名称 Landscape gardener。尽管他极少著书立说，但其影响却通过他的学生和作品广为传播。奥姆斯特德与他的合作者们设计过数百个景观设计作品，其中最具代表性的是纽约中央公园、布鲁克林的希望公园（Prospect Park，1866，见图 8.13）、芝加哥的滨河绿地（Riverside Estate，1869）、波士顿的公园道（Parkway，1880）等。

图 8.13　希望公园平面图

世界上第一个城市公园是 1847 年竣工的英国利物浦附近的伯肯海德公园，然而，对后世影响最大的则是由美国著名的景观设计师奥姆斯特德（Frederick Law Olmsted，1822—1903）和沃克斯（Carlvert Vaux）共同规划设计的纽约中央公园（Central Parkof NewYork，见图 8.14）。这块坐落于纽约曼哈顿岛中央的场地，曾经一度是城市垃圾的倾倒场和贫民窟的所在地。

图 8.14　纽约中央公园

在 1857 年的中央公园设计竞赛中，奥姆斯特德和沃克斯合作完成的“绿色草坪”（Greensward）设计方案拔得头筹。该公园占地约 340 公顷，设计者综合考虑了交通组织、游览线路、原始地形、水体、绿化、灌溉、建筑、审美等，设计方案包括一个大草坪，草坪上有一些缓坡，四周种植了树木，另外通过对森林、散步路、人工湖的配置，为纽约市民提供了一处优美而充满自然气息的日常游憩场所。奥姆斯特德继承了唐宁的景观设计思想，摒弃了私家花园的设计手法，采用了自然风景模式，为了保持景观所体现的田园风格，公园周边的城市景观通过公园地形的变化和浓密的遮阴植物来遮蔽，来暗示公园矩形边界的不存在和田园景色的无尽延续。设计者还创造性地引入了人车分离、立体交叉的道路处理手法，即将步行路、马车道分离，有效解决了公园内由于有市内交通要道穿越而造成不便的问题。1857 年纽约中央公园设计竞赛标志着城市公园运动的开始，它造就了美国景观设计逐渐摆脱欧洲传统，走上专业化、学科化的独特发展道路。

奥姆斯特德在其城市公园设计中所体现的设计原则被归纳为“奥姆斯特德原则”：

1）保护自然景观，在某些情况下，自然景观需要加以恢复或进一步强调。

2）除了在非常有限的范围内，尽可能避免使用规则式。

3）保持公园中心的草坪和草地。

4）选用乡土树种，特别用于公园周边稠密的种植带中。

5）道路应呈流畅的曲线，所有道路均呈环状布置。

6）全园以主要道路划分不同区域。

这些原则对于现在的公园规划设计依然具有重要的指导意义。

（2）埃利奥特与城市公园系统。

奥姆斯特德发起的城市公园运动催生了大量新型的城市公园，但是仅仅依靠单个公园的建设无法解决美国的城市问题，城市公园系统正是在这样的背景下产生和发展起来的。美国城市公园系统建设中的代表人物是查尔斯·埃利奥特（Charles Eliot，1859—1897），他被誉为美国“城市公园系统之父”。

埃利奥特在哈佛大学毕业后进入奥姆斯特德的事务所当学徒，后来成为该事务所的合伙人，是波士顿城市公园系统创建过程中的核心人物。1890 年埃利奥特发表了《摇曳的橡树林》（Waverly Oaks）一文，呼吁对 Belmont 山的一片处女林进行保护，并强调了对大波士顿地区和麻省有优美景观的地区进行保护。这篇文章促使了美国公共保护协会（the Trustees of Public Reservations）的成立，以及 1893 年波士顿城市公园系统的产生。

美国的公园系统（Park System）指公园（包括公园以外的开放绿地）、公园路（Parkway）和绿道（Greenway）所组成的系统。通过将公园与线性绿地的系统连接，达到保护生态系统，引导城市开发向良性发展，增强生活舒适性的目的。

波士顿城市公园系统突破了美国城市方格网的限制，以河流、泥滩、荒草地等废弃土地所限定的自然空间为定界依据，利用 200 ~ 1500 英尺宽的带状绿化，将分散在波士顿市的多个城市公园串联起来，构成一个城市公园系统，就像一条绿色的“翡翠项链”（见图 8. 15）。波士顿城市公园系统不仅为市民提供了休闲娱乐的场地，同时解决了城市的排水问题。

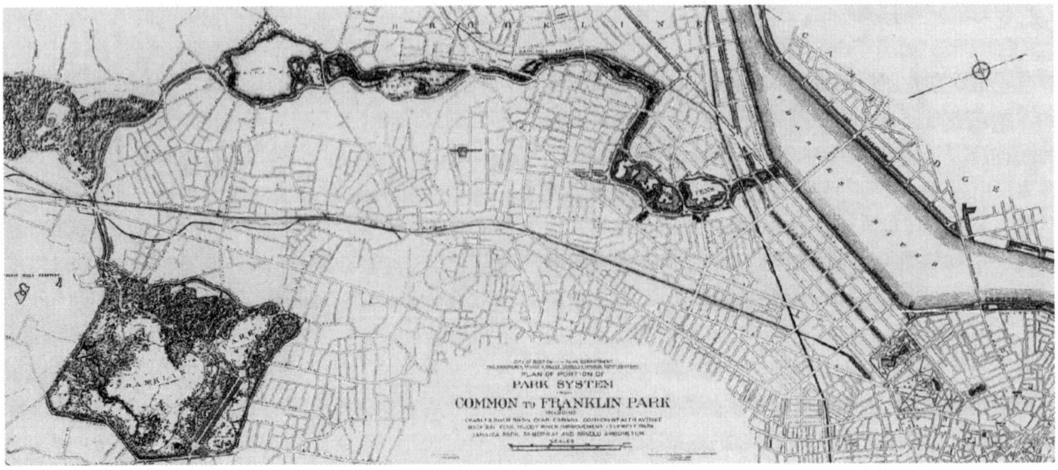

图 8. 15　“翡翠项链”规划方案

除城市公园系统之外，埃利奥特还在设计实践中摸索出了一整套“先调查后规划”的景观设计方法，该理论将景观设计学从经验导向系统和科学，深刻地影响了麦克哈格（Ian Mc Harg）的生态规划理论。

3. 美国城市公园产生的影响

19 世纪中叶以来，以奥姆斯特德为代表的美国“城市公园运动”虽然并没有开创新的景观风格，但却对现代景观设计产生了深远的影响。奥姆斯特德和沃克斯在纽约中央公园设计竞赛中第一次使用了“景观设计”和“景观设计师”这两个称呼，使景观设计从此走上独立的道路并发展成为一门新的学科。城市公园运动还增强了人们对城市公园和自然美景的向往，拓宽了景观设计领域。从住宅和墓园拓展到了公园、校园景观设计、区域规划、土地与资源保护规划等，改变了城市居住模式。公园不再是少数人赏玩的奢侈品，而是普通公众身心愉悦的空间。美国城市公园运动逐渐影响到欧洲和亚洲的一些国家，掀起了城市公园的建设热潮。

8.2.3 美国的国家公园

国家公园（National Park）与国家公园体系（National Park System）在美国是相互联系的两个概念。国家公园是指面积较大的自然地区，自然资源丰富，有些也包括历史遗迹，并且禁止狩猎、采矿和其他资源耗费型活动。至 2005 年，美国共有 58 个国家公园。美国的国家公园体系则是指由美国国家公园管理局（National Park Service）管辖的全部领域，包括国家公园、国家纪念地、国家战场、国家历史公园、国家湖滨、国家保留地等。在这个体系中国家公园处于核心，保护措施最为严格，其他单位则根据级别的不同而制定不同的保护措施。国家公园体系包括 20 个分类，379 个单位，总占地面积 34 万平方公里，覆盖了美国 49 个州、哥伦比亚特区以及其他美属领地。

1969 年，国际保护自然以及自然资源联盟（ICUN）对国家公园作出了明确的定义：国家公园是一个土地所用或地理区域系统，该系统的主要目的就是保护国家或国际生物地理或生态资源的重要性，使其自然进化并最小地受到人类社会的影响。

1. 美国国家公园的产生

（1）产生背景。

19 世纪，随着工业高速发展，大规模地铺设铁路，开辟矿山，美国西部大片草原被开垦。由于肆意砍伐，茂密的森林遭到严重破坏，以致大量生活在这片富饶土地上的动物失去了赖以生存的栖息之地，植物群落也遭到破坏。一些有识之士开始认识到西部大开发对原始自然环境造成了巨大的威胁。其中，美国艺术家乔治·卡特林（George Catlin）在 1832 年首先提出了国家公园的概念，他建议将印第安文明、野生动植物和荒野保护起来，政府可以通过一些保护政策设立一个大公园——国家公园，其中有人也有野兽，所有的一切都处于原生状态，体现着自然之美。与此同时，财大气粗的铁路公司也发现了西部荒野在旅游开发上的潜在价值，于是保护自然的理想主义者和强调旅游开发的实用主义者结成了同盟，共同反对伐木、采矿、修筑水坝等活动。1872 年，在多方努力之下，美国国会立法批准建立了世界上第一个国家公园——黄石国家公园，国家公园这一概念正式应用于实践。

建立国家公园的主要宗旨是对未遭受人类重大干扰的特殊自然景观、天然动植物群落、有特色的地质地貌加以保护，维护其固有面貌，并在此前提下向游人开放，为人们提供在大自然中休息的环境。同时，也是认识自然，对大自然进行科学研究的场所。

（2）黄石公园。

黄石公园（Yellowstone National Park）于 1872 年 3 月 1 日被正式命名为保护野生动物和自然资源的国家公园。黄石公园地处素有号称“美洲脊梁”的落基山脉，北、中部园区海拔 2400 多米，公园东北角的鹰峰海拔 3462 米，是整个公园的最高点。黄石公园总面积 8956 平方公里，大部分位于怀俄明州西北部，有一部分伸展到蒙大拿州和爱达荷州。黄石公园分为5个区：西北的马默斯温泉区以石灰石台阶为主，故也称为热台阶区；东北为罗斯福区，仍保留着老西部景观；中间为峡谷区，可观赏黄石大峡谷和瀑布；东南为黄石湖区，主要是湖光山色；西及西南为间歇喷泉区，遍布间歇喷泉、温泉、蒸汽、热水潭、泥地和喷气孔。黄石公园还是美国最大的野生动物保护区，栖息着北美野牛、灰狼、棕熊、驼鹿、麋鹿、巨角岩羊、羚羊等野生动物。园内交通方便，环山公路长达500多公里，将各景区的主要景点连在一起，步行道1500多公里。黄石公园有10000个温泉点，其中有250个间歇泉，温泉的数目为世界之最。

2. 美国国家公园的发展

20世纪10年代，国家公园的数量在逐渐增多，但没有专门机构进行管理，保护力度十分薄弱。国家公园重新面临着资源开发的巨大压力。这种情况下，1916年，美国筹建了国家公园管理局，并制定了以景观保护和适度旅游开发为双重任务的基本政策。同时积极帮助扩大州立公园体系以缓解国家公园面临的旅游压力，并在美国东部大力拓展历史文化资源保护方面的工作。从而使美国国家公园运动在美国全境基本形成体系。

1933年，罗斯福总统签署法令将国防部、林业局等所属的国家公园和纪念地以及国家首都公园划归国家公园局管理，极大增强了国家公园体系的规模，同时雇佣了成千上万的年轻人在国家公园和州立公园内完成了数量众多的保护性和建设性工程项目，这些项目对国家公园体系产生了深远影响。

第二次世界大战后为了应对因旅游业的繁荣、游客大量增加对国家公园体系内公共设施造成的压力，国家公园管理局启动了“66计划”，该计划从1956年起，用10年时间，花费10亿美元用以彻底改善体系内的基础设施和服务条件。“66计划”对国家公园体系的影响是两面性的。它在满足了游客的需求的同时也被批评过度开发破坏了生态。1964年国会通过了《荒野法》(Wilderness Act)，对荒野进行界定并实行严格保护。

随着20世纪60年代生态学的兴起，国家公园体系的保护观产生了根本性的转变，由原来注重保护风景景观的完整性转向保护体系内特别是国家公园内的生态完整性。同时在为公众提供服务方面对教育设施进行更新，强化了体系的教育功能，使国家公园体系成为进行科学、历史、环境和爱国主义教育的重要场所。

8.2.4 美国现代花园设计

1. 美国花园设计对本土地域风格的探索

20世纪初，深受唐宁和鲁滨逊（William Robinson，1839—1935）的设计原则和实践的影响，以自然主义设计原则为指导，具有田园趣味的景观小品和本土植物作为主要设计素材的美国地域风格在美国出现。丘奇、詹森、西蒙兹等一批景观设计师开始摆脱对欧洲设计风格的简单模仿，转而开始尝试创作反映美国本土多样性的自然环境、社会、文化的景观设计作品，走上自我发展的道路。

(1) 斯蒂尔对美国现代主义景观设计的启蒙。

弗莱彻·斯蒂尔（Fletcher Steel，1885—1971），1909年从哈佛大学景观设计专业毕业后，曾多次去欧洲旅行，深深地被费拉兄弟等人的法国装饰艺术园林所吸引。1925年，斯蒂尔在巴黎参观了“国际现代工艺美术展”，盖夫雷等设计师的空间表现手法、轴线组织、材料运用和植物设计，使他受到了很大的启发。斯蒂尔将展览前后法国建造的现代庭园介绍到美国，在美国引起了很大的反响，成为美国第一个对法国现代庭园进行深入分析并实践的人。斯蒂尔除了众多的实践之外，还通过教学、演讲和写作来扩大自己的影响。

斯蒂尔一生设计了700多个花园，其中，斯蒂尔与乔埃特（Mabel Choate）女士合作完成的瑙姆科吉（Nomkeag）庄园的花园设计被称为20世纪早期的一个经典作品。瑙姆科吉庄园位于山坡中部，地形复杂，自然环境优美。斯蒂尔从空间、形式、色彩的现代设计角度，在原有庭园的基础上因地制宜地建造了一系列小花园，其中包括“午后花园”（Afternoon Garden，见图8.16）、“南部草地”（South Lawn）和他著名的代表作“蓝色的阶梯”（BlueStairs，见图8.17）等。“蓝色的阶梯”花园中，坚固的石砌台阶与纤细弯曲的白色扶手栏杆形成强烈的对比，在精心种植的白桦林的衬托下，形成强烈的透视美感和雕塑感。

图 8.16 午后花园

图 8.17 蓝色的阶梯

20 世纪 20～30 年代，斯蒂尔对法国新型花园的介绍给当时的美国景观设计界带来了崭新的理念和思想，产生了巨大的反响，成为美国和欧洲现代园林之间的一个重要纽带。

（2）草原风格。

草原风格是美国著名建筑师赖特开创的一种建筑风格，被景观设计师们引用到中西部地区的花园设计之中。草原风格的倡导者和景观设计师们所提到的“草原”，并非意味着花园只是由草和其他植物构成，而是代表了美国整个中西部草原的景观，如茂密的林地、独特的石灰岩断层、静静流淌的河流及极富戏剧性变化的地形。

20 世纪前 20 年间，美国作家威廉·米勒（Wilhelm Miller，1869—1938）在《花园杂志》（Garden Magazine）上发表了数篇文章，对“美国式花园”进行了探索。他提倡在花园设计中应用美国乡土植物，每个乡村都应使用本土乔木、灌木、蔓藤及其永久性材料，使花园的风格自然而然地发展。米勒认为应当创造一种源自美国中西部特有的植被、水系和地形等因素的景观设计风格，展现在传统或非传统的美国花园设计中，它是以保护中西部的自然资源景观，恢复当地景观以及表现大地辽阔的水平线等为出发点的草原风格。

古斯塔夫·斯提克里（Gustav Stickley，1858—1942）是美国工艺美术运动的代表人物，在《工匠、手工住宅、更手工的住宅》一书中，他遵循英国自然主义造园思想，提出了运用本地材料、自然色彩和结合地形的住宅设计来实现住宅与自然环境和谐统一的设计思想。

草原风格景观的典型特点包括：舒展、开阔的水平感；强调独特的地域特征，寻求对美国中西部典型的自然与人文景观加以保护；强调独特的草原植物种植比例；以及与大地形成对比的、宽阔的景观尺度；提倡使用乡土植物。

著名的草原风格景观设计师包括西蒙兹（Ossian Cole Simonds，1913—2005）、格林（Greene）兄弟、廷斯·詹森（Jens Jensen，1860—1951）等。

西蒙兹设计的格雷斯兰德（Graceland）墓园（见图 8.18）被看作是美国草原风格景观设计的源头。西蒙兹在园中采用了大量的伊利诺伊州的乡土植物，并创造性地运用了草原风格的设计原则，如宽阔的尺度比例、水平感、狭长的远景以及建筑与周围环境有机融合的手法等。

詹森倾心于中西部的自然风光，在伊利诺伊州的景观设计实践中，他摸索出了一种基于草原自然景色、植物配置以及地形特征的景观设计方法（见图 8.19）。在芝加哥的洪堡公园改造设计中，詹森把反映中西部草原自然美景的瀑布、溪流、湖水等有机地组织到景观设计中，把对自然的模仿提升到艺术高度。公园内大量的树木不仅起到划分空间的作用，而且还是隔离公园与周围街道的自然屏障。詹森创造性地以小溪代替大面积的树木种植来组织公园空间，从而保持了公园原有的开敞视觉效果。

草原风格景观设计仅对美国中西部地区产生了一定的影响，影响范围和规模较小，而且该风格在着力表现自然景物特征的同时，对协调场地现实条件和满足社会需求方面考虑不足，但作为联系 19 世纪景观设计的浪漫主义风格和 20 世纪中期景观生态规划之间的重要纽带，以及美国景观设计师对美国地域景观设计的一次重要的探索，草原风格仍具有重要的意义。

图 8. 18　格雷斯兰德墓园

图 8. 19　詹森的草原风格作品

（3）加州花园。

20 世纪 40 ~ 50 年代，在经过了超过 10 年的大萧条和战争之后，美国经济得到复苏，中产阶层日益扩大，在西海岸温暖的气候、优美的景色以及深刻变化的社会生活方式的影响下，一种带有露天木制平台、游泳池、不规则种植区域和动态平面的庭园为人们创造了户外生活的新方式，受到了中产阶层的喜爱，成为当时美国本土地域风格的现代花园代表，这种花园风格被称为“加州花园”（California Garden）。

“加州花园”的典型特征包括简洁的形式、室内外直接的联系、可以布置庭园家具的紧邻住宅的硬质表面、小块的不规则的草地、红木平台、木质的长凳、游泳池、烤肉架，以及其他消遣设施。围篱、墙和屏障创造了私密性，现有的树木和新建的凉棚为室外空间提供了阴凉。有的还借鉴了日本园林的一些特点，如低矮的苔藓植物、常绿树和自然点缀的石块。它是一个艺庭园和游泳池模仿自然池塘功能的和景观的构图，它的每一部分都综合了气候、景观和生活，是美国本土的、时代的和人性化的设计，既满足了舒适的户外生活的需要，维护也非常容易。

托马斯·丘奇（Thomas Church，1902—1978）是加州花园的代表人物。1926 年，在哈佛大学设计研究生院求学的丘奇获得哈佛旅行奖学金，得以去欧洲实地学习意大利和西班牙的园林，他研究后认为，将地中海地区花园的传统应用到加州的关键是要把握尺度，并在规则的建筑与外围的自然景观之间进行微妙的转换。1932 年他在旧金山开设了自己的事务所，不断尝试将对地中海园林和加州园林的研究运用到实践中。1937 年，丘奇第二次去欧洲旅行，芬兰著名建筑师阿尔托（A. Aalto）设计的玛丽亚别墅和花园（见图 8. 20）给了他很大的启发。在研究了一系列优秀建筑师的建筑及一些现代画家、雕塑家的作品之后，他的作品开始展现一种新的动态均衡的形式：中轴被抛弃，流线、多视点和简洁平面得到应用，质感、色彩呈现出丰富变化。他受“立体主义”（Cubism）的影响，利用多重视觉焦点产生无尽的视觉感受。“立体主义”、“超现实主义”（Surrealism）的形式语言如锯齿线、钢琴线、肾形、阿米巴曲线被他结合形成简

图 8. 20　玛利亚别墅花园

洁流动的平面，并结合庭园中质感的对比，运用木板铺装的平台和新物质，如波状石棉瓦等，形成了一种新的风格。

丘奇在40年的时间中设计了近2000个花园作品，其中最著名的作品是在1948年设计的唐纳花园（Donnell Garden)。花园由入口院子、游泳池、餐饮处和大面积的平台组成。用红木贴面的混凝土平台将院子角落的橡树围在中央，可做休息之用。花园轮廓以锯齿线和曲线相连，肾形泳池流畅的线条以及池中雕塑的曲线，与远处海湾的S形线条相呼应。树冠的框景将原野、海湾和旧金山的天际线带入园中（见图8.21和图8.22)。

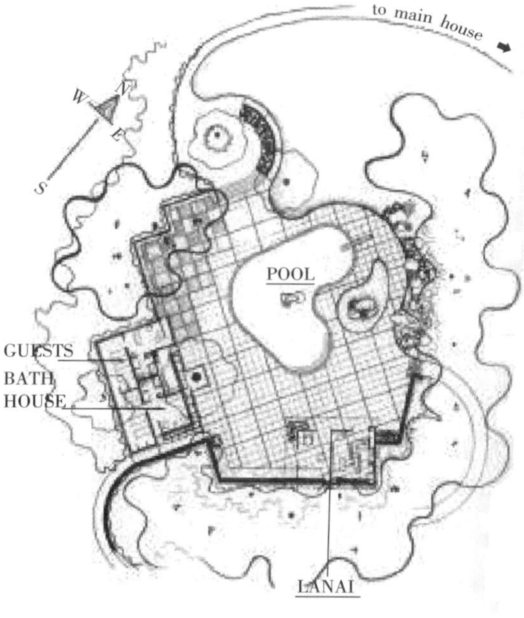

图8.21 唐纳花园局部平面

图8.22 唐纳花园肾形游泳池

丘奇的设计富有人情味，他反对形式绝对主义，认为设计方案取决于建筑物的特性、基地的情况以及客户希望的生活方式，“规则式或不规则式，曲线或直线，对称或自由，重要的是你以一个功能的方案和一个美学的构图完成。”因而，他的作品显示了不同的设计方式。他于1955年出版了《庭园与生活》（Gardensare for People）著作，总结了他的思想和设计。丘奇对现代花园发展的影响是极为巨大而广泛的，从20世纪30年代晚期起，他的风格在很长时间内对美国和国外的年轻设计师们起着引导的作用。他使美国花园的历史从对欧洲风格的复兴和抄袭转变为对美国社会、文化和地理的多样性的开拓。

2. 哈佛三杰的花园设计理论与实践

由于第二次世界大战的爆发，20世纪30～40年代，欧洲不少著名的建筑大师纷纷来到美国寻找安身之地，其中包括格罗皮乌斯、密斯、布劳耶、纽特拉、门德尔松等，美国逐渐取代欧洲成为世界建筑活动的中心。1937年，格罗皮乌斯担任了哈佛大学设计研究生院的院长。他依然贯彻包豪斯的办学精神，彻底改变了哈佛建筑专业的“学院派”传统。然而，景观规划设计的教授们却依然执拗地认为园林不同于建筑，建造园林的材料几百年来没有什么变化，树也不能从工厂里制造出来，因此“现代园林”不是什么关键问题，自然式的草地树丛看起来同样适合于古典建筑和现代建筑，园林的革新无非是规则式和不规则式之间微妙的平衡变换而已。

以詹姆斯·罗斯（James Rose，1910—1991)、丹·凯利（Dan Kiley，1912—2004)、盖瑞特·埃克博（Garrett Eckbo，1910—2000）为代表的渴求新思想的学生们却不愿接受这样的观点，他们研究现代主义艺术和现代主义建筑的作品和理论，并尝试将其运用到景观设计中去。三位意气相投的学生深受斯蒂尔、唐纳德等人著作的影响，他们通过各种杂志书籍和相互间的交流，了解现代建筑的发展潮流和1925年法国现代工艺美术展上出现的景观设计方面的新潮流。他们在设计中学习现代主义构图技巧，并努力尝试将铝、钢筋混凝土、玻璃、塑料等新材料运用到设计之中。

1938—1941 年间，丹·凯利、盖瑞特·埃克博、詹姆斯·罗斯三人在《Pencil Point》，即后来的《进步建筑》(Progressive Architecture)、《建筑实录》（Architecture Record）上发表了一系列文章讨论美国现代主义景观设计理论。詹姆斯·罗斯认为地面形式从空间的划分中发展而来，“空间”才是景观设计中真正的关键所在。盖瑞特·埃克博做了市郊环境中花园设计的比较研究，他认为花园是室外生活的空间，其内容应由用途发展而来。他们的文章和研究引起了轰动，动摇并最终导致了哈佛景观规划设计系的“巴黎美术学院派”教条的解体和现代设计思想的建立，并推动美国的景观规划设计行业朝向现代主义的方向发展。这就是今天被人们津津乐道的“哈佛革命”（Harvard Revolution)。

(1) 盖瑞特·埃克博。

盖瑞特·埃克博（Garrett Eckbo，1910—2000）是 20 世纪最重要的景观设计师之一。

1938 年，盖瑞特·埃克博在哈佛大学设计研究生院求学期间，在《Pencil Point》杂志上发表了“城市中的小庭园”一文。这个研究包括一个街区的 18 个小庭园设计，位于一个斜坡上，每一个庭园的条件相当，但设计各异。庭园中的铺装、台阶、坡道、水面、树木、灌丛及围墙、凉亭、花架等都被细致地以矩形、斜线、尖角、曲线、方格等形式组合，经过仔细地协调，在每一个设计中产生统一的空间体验。盖瑞特·埃克博提出，庭园是人们室外生活的地方，它必须是愉快的、充满幻想的家；设计必须是三维的，因为人们必须生活在体积中，而非平面上；设计应当是多方位的，而不是轴线的，空间的体验远比直线更重要；设计必须是运动的，而不是静止的。

1950 年盖瑞特·埃克博出版了著作《生活庭园》(Landscape for Living)。书中阐述了庭园的功能意义，说明了怎样将市郊生活的日常必需的设施，如晒衣场、儿童游戏沙坑和烧烤野餐地等成为新庭园设计的一部分。他鼓励主人在自己的庭园中使用工业产品，如混凝土和其他廉价的材料。他强调了“空间”是设计的最终目标，材料只是塑造空间的物质。他还谈到了“人”的重要性，谈到了景观的特定特征是由气候、土地、水、植物、地区性等综合而成的“特定条件”所决定的。

盖瑞特·埃克博共设计了大约 1000 个作品，早期的作品中私家花园占了大多数，这也是他对“加州学派”的贡献。艾尔科（Alcoa）花园是他的一个代表作品（见图 8.23 和图 8.24)，他在此居住的 15 年中，一直不断地建设这个花园，这个花园也因此成为他实施新思想、实验新材料的场所。园中最著名的是用铝合金建造的花架凉棚和喷泉。盖瑞特·埃克博充分发挥想象力，用咖啡色、金色的各种各样的铝合金型材和网格建造了一个有屏风和顶棚的花架。在庭园的水池边，盖瑞特·埃克博还设计了一个绿色的喷泉水盘，同样用铝材做成，水从水盘的中心喷出，再有盘边流入水池。这个作品被大量报道后，在全美掀起了一股用铝合金构筑庭园小品的热潮。

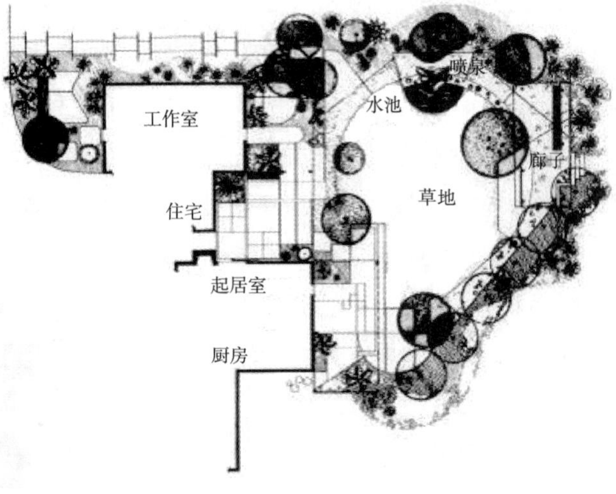

图 8.23　艾尔科花园平面图

图 8.24　艾尔科花园中的铝合金花架

盖瑞特·埃克博的著名作品还包括位于洛杉矶的联合银行广场设计、新墨西哥州大学阿尔伯克基（Albuquerque）校园规划、奥克兰运河公园和雕塑花园设计等。

盖瑞特·埃克博从形式构成与视觉角度表达了对现代景观设计的思考。他强调“空间”在设计中的重要性和“直觉”在设计过程中的作用，认为通过空间设计便能创造出丰富的视觉想象或进行即兴创作。盖瑞特·埃克博认为设计是为土地、植物、动物和人类解决各种问题，而不是仅仅为了人类本身。他还认为，设计师、生态学家和社会学家应当合作，发挥科学在设计中的作用。

（2）詹姆斯·罗斯。

1938年10月，詹姆斯·罗斯（James Rose，1910—1991）在《庭园中的自由》（Freedominthe Garden）中，将庭园定位于建筑学和雕塑之间。1938年9月，盖瑞特·埃克博发表了《城市中的小庭园》（Small Gardens in the City），提出了在同一条件下的小庭园设计中形式和空间的可能变化。1938年，他又做了市郊环境中庭园设计的比较研究。他认为，庭园是室外生活的空间，其内容应由其用途发展而来。詹姆斯·罗斯常采用现场设计并同时借助模型进行设计的工作方法，以求创造出生动、富有变化的景观作品。

詹姆斯·罗斯把景观设计作为雕塑的设计观，使他在景观设计中表现出对雕塑的喜好。在詹姆斯·罗斯设计的马里兰州巴尔的摩的维尔茨堡（Wurtbuger）公园中，雕塑作品陈列在阶梯状的台地上，从周围的树林中看去，雕塑显得隐隐约约、姿态各异，与周围的环境结合在一起，从而产生了一种极富震撼的戏剧性效果。

第二次世界大战时在日本冲绳的经历，使詹姆斯·罗斯受到了日本园林设计风格的影响。在新泽西州里奇伍德（Ridgewood）的詹姆斯·罗斯住宅花园（见图8.25），即体现了这一转变。

图8.25 位于里奇伍德的詹姆斯·罗斯住宅花园

（3）丹·凯利。

丹·凯利（Dan Kiley，1912—2004）是美国现代景观设计的奠基人之一。1930年高中毕业后丹·凯利进入了著名景观设计师沃伦·曼宁（Warren Henry Manning，1860—1938）的事务所当学徒。在实际的工程实践中，丹·凯利积累了丰富的景观设计工程经验。1936年，丹·凯利进入了哈佛大学设计研究生院学院，然而保守死板的教学使丹·凯利大为失望，受格罗皮乌斯、唐纳德、斯蒂尔等人的影响，丹·凯利与同学盖瑞特·埃克博、詹姆斯·罗斯

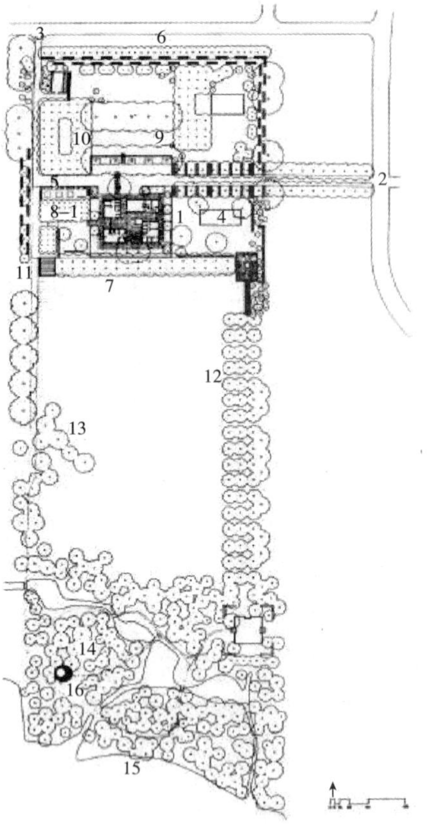

图 8.26　米勒花园平面图

1—住宅；2—主入口；3—次入口；4—游泳池；5—侧柏篱；6—交错的侧柏篱；7—刺槐林荫道；8—紫荆树丛；9—草坪；10—果园；11—雕塑；12—草地；13—垂柳；14—泛滥区；15—Flatrock 河；16—浪漫园

掀起了“哈佛革命”，投入到现代主义的浪潮中去。20 世纪 40 年代末到 50 年代初，丹·凯利的作品显示出他用古典主义语言营造现代空间的强烈追求。他利用古典的几何学来表现空间的理性秩序，由此而成为了景观设计中结构主义的先驱。

1955 年丹·凯利设计的米勒花园（Miller Garden）是其第一个真正现代主义的设计，也是其结构主义的经典代表（见图 8.26 和图 8.27）。他将基地分为三个部分：庭院、草地和树林，并在紧邻住宅的周围，以建筑的秩序为出发点，将建筑的空间扩展到周围的庭院空间中去。同时还通过借鉴建筑设计中的自由平面思想，采用乔木和绿篱达到了结构与围合的对比，塑造了一系列室外的功能空间。

在米勒花园之后，丹·凯利开始在几何结构中探索景观与建筑之间的联系，从基地和功能出发，确定空间的类型，然后用轴线、绿篱、整齐的数列和树阵、方形的水池、树池和平台等古典语言来塑造空间，注重结构的清晰性和空间的连续性，材料的运用简洁而直接，没有装饰性的细节。空间的微妙变化主要体现在材料的质感色彩、植物的季相变化和水的灵活运用。

丹·凯利设计了大量的优秀作品，如加利福尼亚州奥克兰博物馆景观设计、科罗拉多空军学院空军花园（见图 8.28）、达拉斯喷泉广场、国家银行花园广场、费城独立大道第三街区等。在丹·凯利的作品中，典型的设计平面是利用各种具有一定比例关系且有一定内在关联的网格，多样化的错位或组合表现出富有节奏和韵律变化的景观品质。

图 8.27　米勒花园刺槐林荫道

图 8.28　科罗拉多空军学院空军花园

思　考　题

1. 简述美国城市公园运动的发展历程。
2. 简述奥姆斯特德原则。
3. 简述美国现代花园设计对本土地域风格的探索。

8.3 法国现代园林

产业革命的浪潮自英国开始，逐渐波及到欧洲大陆的其他国家，法国步入英国的后尘，工业开始蓬勃发展。随之而来的社会变革，大大改变了城市面貌，也赋予了园林以全新的概念，产生了脱胎于传统园林，但又与其内容和形式都不同的新型园林。随着法国君主政权的覆灭，不少以前归皇家所有的园林开始逐步对平民开放。如巴黎郊外拥有自然式优美景观的布劳涅林园（Bois de Boulogne），原是皇家狩猎地，几经改造后向平民开放。这些开放的皇家园林，成了当时上流社会重要的表演舞台，也是公众聚会的场所，起着类似俱乐部的作用。这些对外开放的园林，主权仍然归属园主人所有，不能称为公共园林。但也说明一般城市居民对园林绿地需求的迫切性，进而也促进了城市公共绿地的发展。

从19世纪下半叶到20世纪上半叶，法国一直处于世界的文化中心，新艺术运动（Art Nouveau）和装饰艺术运动都发源于此。法国现代园林深受法国古典主义园林和现代艺术思潮的影响，继勒·诺特尔式园林之后再一次引领了设计的潮流。但20世纪中叶，法国的景观设计经历了长期的停滞与衰落阶段，景观设计强调卫生保健作用、功能性、经济性，而忽视园林形式。

8.3.1 法国装饰艺术园林

装饰艺术运动（Art Deco）是在20世纪20～30年代在法国、美国和英国等国家兴起的一场承上启下的设计运动。它是新艺术运动的延伸和发展，与现代主义运动同时发生发展，并受到现代主义的一定影响。但两者在意识形态上却截然不同，装饰艺术运动发源于法国，其名称来源于1925年在法国举办的装饰艺术博览会。

装饰艺术运动结合了因工业文化所兴起的机械美学，以机械式的、几何的、纯粹装饰的线条来表现。如齿轮或流线型线条、对称简洁的几何构图等，并以明亮且对比的颜色来彩绘。这些特征均在装饰艺术园林中得到了体现。然而，由于这一时期的景观设计师注重园林的形式远胜于内涵，使其不可避免地陷入了媚俗的泥潭。

8.3.2 1925年巴黎“国际现代工艺美术展”

1925年的巴黎国际现代工艺美术展是装饰艺术运动的一次集大成的重要展示，展会分为5个部分：建筑，家具，装饰，戏剧、街道和园林艺术，教育。虽然在布置展览时，园林并未受到足够的重视，但这次展览对于现代景观设计的发展具有相当重要的意义，一些具有现代特征的园林作品的出现，揭开了现代景观设计新的篇章。

1. 巴黎国际现代工艺美术展中的景观设计作品

展区的景观设计作品位于两块区域，分别位于塞纳河的两岸。这些作品风格迥异，从地中海的院子，到摩尔式的水池和鸟笼，从雕塑的形式到陈列陶器和瓷器的室外展台，可谓异彩纷呈。由于展品的建造时间只有不到10天，所以为了取得立竿见影的效果而又能维持6个月的展览要求，一些独特的构思便产生了。

（1）光与水的庭园。

建筑师盖夫雷（Gabriel Guevrekian，1900—1970）设计的“光与水的庭园”（Garden of Water and Light）引起了巨大的轰动，在当时几乎成为了新园林的代名词。

“光与水的庭园”打破了以往的规则式传统，以三角形为母题，将混凝土、玻璃、光电技术应用于全新的几何构图中，打破了人们固有的欣赏模式。庭园位于一块三角形的基地上，由草地、花卉、水池、围篱组成，这些要素均按三角形母题划分成更小的形状（见图8.27和图8.28）。水池周围的草地和花卉的色块不在一个平面上，以不同方向的坡角形成立体的图案。色彩以补色相间，如绿色的草地对比深红色的秋海棠，橘黄的除虫菊对比蓝色的藿香蓟。水池的侧面和底面刷着法国国旗的颜色——红、白、蓝，折射着法国人的爱国热情。最标新立异的是设计者在水池的中央有一个多面体的玻璃球，随着时间的变化而旋转，吸收或反射照在它上面的光线。水池的后面有一个喷头从远处向池中喷水，水池内有一些小的喷头。这个庭园偏激的外表和严格的施工，表达了规则式庭园的新发展，并且在对新物质、新技术的使用上显示了大胆的想象力。

图 8.27 “光与水的庭园”平面图

图 8.28 光与水的庭园

（2）地中海式庭园。

费迪南德·巴克（Ferdinand Bac，1859—1952）在此次展览会上展出了地中海式庭园，并出售了两本关于建筑和庭园设计的美学思想的著作——《迷人的花园》和《莱科洛姆比厄雷》，他用美丽的图片配以充满哲理和幻想的文字，试图唤起人们对地中海精神的关注，因为那里曾经是欧洲、中东和北非灿烂文明的摇篮。费迪南德·巴克的思想及作品对墨西哥建筑师和景观设计师巴拉甘（Luis Barragon，1902—1988）等许多著名的园林设计师产生了极大的影响。

（3）混凝土树。

建筑师斯蒂文斯（Robert Mallett－Stevens）设想在其园林中两块对称的矩形草坪上种植 4 棵形状大小完全一样的树，当然，这几乎不可能做到。为了实现设计构想，他请了两位雕塑家用混凝土制作了 4 棵一模一样的雕塑树（见图 8.29）。他们并没有试图完全模仿自然，而是用十字形截面的支柱和巨大抽象的混凝土片的组合来代替树的形态，其结果是既新鲜又有趣，更新了人们关于景观材料的观念。

图 8.29 混凝土树

(4) 泰夏德花园。

在这次博览会的大宫殿展区中，展出了当时著名的家具设计师和书籍封面设计师雷格莱恩（P. E. Legrain）设计的泰夏德（Tachard）住宅花园的平面和照片。

雷格莱恩是最早在园林中运用立体派现代艺术的形式语言的设计师之一，他吸收了立体派绘画的特点，在几何形的组合上颇有新意。在这个景观设计作品中，雷格莱恩把室内设计向室外延伸，将功能空间贴切地反映在平面图形的组合上。从平面上看，这个花园与他设计的一幅书籍封面有很多相似之处，他似乎把植物从传统的运用中解脱出来，而将它们作为构成放大了的书籍封面的材料。草地代替了摩洛哥羊皮，花床、树池代替了烫金的花纹，三角形、圆形、方形、锯齿线等图形构成了一个纯粹几何的有秩序的平面，但是没有对称。该花园设计并没有完全陷于图形的组合上，而是与功能、空间紧密结合的。花园分成几个室外的空间：绿廊、秘园、下沉草地、室外餐厅和厨房花园。泰夏德花园不受传统的规则式或自然式的束缚，采用了一种当时新的动态均衡构图；它具有强烈的几何性，但又不是轴线支配下的静态平衡；它是一种不规则的几何式。泰夏德花园的锯齿形边缘的草地成为它的象征，随着各种出版物的介绍而广为传播，这个园林也成为本次博览会园林展区的银奖。

2. 巴黎国际现代工艺美术展的影响

1925 年巴黎国际现代工艺美术展上出现了一批具有现代特征的园林。光电技术、玻璃、混凝土等新材料的运用，具有创新意识的新的园林形式，不规则的几何式与动态均衡的平面构图使人们耳目一新，展示了景观设计发展的新方向与新领域。

美国的景观设计师斯蒂尔（Fletchlier Steele 1885—1971）当时正在法国旅游考察，法国的装饰艺术园林给他留下深刻的印象。回国后，他发表了一系列的文章介绍这些园林，在美国新一代正在成长的景观设计师中产生了巨大的反响。一时间，法国园林成了现代园林的代名词。丹·凯利、盖瑞特·埃克博、詹姆斯·罗斯等年轻的设计师争相学习，研究法国人的设计手法，形成了一股强大的反传统的力量，最终爆发了“哈佛革命”，推动了美国的景观设计脱离学院派，走向现代主义。

法国 20 世纪 20 年代兴起的装饰艺术园林，尽管存在的时间很短，也没有最终形成一股强大的潮流与稳定的风格，但其奠定了现代景观设计的基础，是现代景观设计发展史上的里程碑。

8.3.3 三角形庭院

1925 年的国际现代工艺美术展结束后，“光与水的花园”为盖夫雷赢得了广泛的赞誉，并因此在 1927 年获得了为富有的瑙勒斯（Noailles）设计位于法国南部的耶尔的别墅花园的机会。别墅的建筑是采用混凝土的现代主义建筑，花园位于一块坡地最低处的一块尖锐的三角地上。盖夫雷的设计打破了狭小基地的限制，以铺地砖和郁金香花坛的方块划分三角形的基地，沿浅浅的台阶逐渐上升，至三角形的顶点以著名的立体派雕塑家里普希茨（Jacques Lipchitz）的作品“生活的欢乐”作为结束（见图 8.30 ~ 图 8.32）。它强调了对硬质景观（墙、铺地等）的表达，与植物占主导的传统有很大区别。三角形的空间概念和“之”字形组合在这个作品中发挥了最大的潜能，打破了传统的空间，开拓了现代花园的更加自由灵活的构图形式。盖夫雷这一系列令人耳目一新的景观设计作品，成为当时最具开拓性的景观设计师之一。

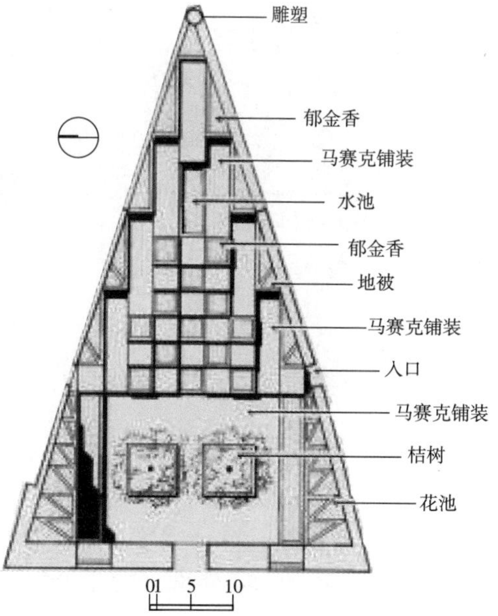

图 8.30 瑙勒斯别墅花园平面图

图 8. 31　瑙勒斯别墅花园

图 8. 32　瑙勒斯别墅花园细部

8. 3. 4　韦拉兄弟

韦拉兄弟（Andre and Paul Vera）是 20 世纪初期法国著名的景观设计师，他们完成了许多设计作品，其中最有影响的作品是 1924—1926 年与莫劳克斯（Jean - Charles Moreaux）合作设计的瑙勒斯花园（Le Jardin Noailles）。花园紧邻巴黎市中心的一个建于 19 世纪的旅馆，平面呈三角形，面积约 450 平方米，主要供人们从旅馆的窗户向外观望。设计吸取了立体派的思想，以动态的几何图案组织不同色彩的低矮植物和砾石、卵石等材料，围篱上还安装了一排镜子，使花园的空间无形中扩大（见图 8. 33）。

图 8. 33　韦拉兄弟与莫劳克斯合作设计的瑙勒斯花园

韦拉兄弟的园林通常由基本的几何形状构成，比起传统的法国规则式园林，植物种类更为多样。他们常用修剪的黄杨构成直线形图案，不同的几何区域种植着花期长、色彩丰富的植物，有时也使用一些新材料如混凝土。韦拉兄弟的作品吸收了20世纪艺术转变的思想，尝试使古典园林与现代生活相适应，继续发展了法国规则式花园的传统。

思 考 题

1. 列举巴黎国际现代工艺美术展中的主要景观设计作品。
2. 简述巴黎国际现代工艺美术展的影响。

8.4 德国园林

8.4.1 德国传统园林的类型与特征

德国本身并没有自己的造园传统，其传统园林作品大多是经法国或荷兰造园家之手设计建造的，带有强烈的法国或荷兰园林的特征，同时也有意大利园林风格的影响，因此德国园林自身的特点并不明显。

1. 德国城堡庭园

德国大部分的城堡一直到18世纪仍保留着防御性的壕沟，园林也处于壕沟的包围之中。由于没有水，在不设壕沟的地方，就建造了防御塔，并围着坚固的围墙。园林由一系列大小不一的庭园和花坛组成。园中装饰性喷泉的设计常常作为主要部分，喷泉多用金属而不用石材，喷泉被排列呈阶梯状，通过台阶可走向它们，四周围着栏杆。庭园中的水井也极富装饰性。花坛也十分精美，在一些庭院中，花坛四周围着长长的甬道，而有的庭园中花坛被甬道分为四部分。植物造型在德国也非常流行，园中的树篱、树木等都被修剪得千姿百态。园内大多建有园林建筑，如园亭、凉亭、鸟舍等，布置在花坛中央或四周。此外，高台也是常见的造园要素之一，呈四方形，其上筑有瞭望台，设有平缓的蹬道；也有呈圆形的高台，蹬道则布置成螺旋形，道旁种着低矮的树篱。果园和菜园大多建在远离主庭园的地方，并有坚固的栅栏或壕沟保护。德国的城堡中一般还设有骑马赛枪场。

2. 文艺复兴时期的德国园林

16世纪初期，德国也受到意大利文艺复兴运动的影响，大批的德国学者奔赴意大利，他们为意大利的造园思想在德国的传播而积极努力。然而，德国却没有在意大利的影响下产生新的造园样式。该时期德国宫廷花园都是由荷兰造园家仿照意大利或法国样式来建造的。而由富裕阶层建造的小规模的城市庭园，则在设计及植物种植上表现了德国传统的兴趣爱好。德国造园的发展主要表现在对植物学的研究及新品种的栽培方面，在16世纪初期就开始营造私人植物园，1580年在莱比锡建造了第一个公共植物园，接着在其他几个城市也相继建造了植物园。

3. 勒·诺特尔式园林

从17世纪后半叶开始，受法国宫廷的影响，德国的君主们开始竞相建造大型园林，法国勒·诺特尔式造园样式也随即传入德国。这些园林作品大多是由法国造园师设计建造的，也有一些是荷兰国家的作品。

尽管法国勒·诺特尔式造园之风在德国盛行一时，也建造了许多规模宏大的勒·诺特尔式园林，但是德国园林自身的特点并不明显。原因是这些作品大多是经法国或荷兰造园家之手设计建造的，因而带有强烈的法国或荷兰勒·诺特尔式园林的特征，同时也有意大利园林风格的影响。

这一时期德国园林自身的特点是在一些造园要素的处理上有其独到之处。

首先，德国勒·诺特尔式园林中最突出的还是水景的运用。在园林中，可以看到法国式的喷泉、意大利式的水台阶以及荷兰式的水渠，而且处理的非常恢宏、壮观。林芬宝宫殿前的水渠和林荫道，长达数千米，从花园中引申出来，一直通向慕尼黑。海伦豪森也以大规模的水景而闻名于世，园中的喷泉水柱高达 80 多米，成为当时欧洲之最。威廉山卡尔斯堡园中的水台阶成为巴洛克式水台阶的代表作品。

此外，绿荫剧场也是德国园林中常见的要素，比意大利园林中的剧场更大，又比法国园林中的绿荫剧场布局紧凑，结合雕像的布置，具有很强的装饰性，同时兼有实用功能。现在德国一些园林中的绿荫剧场还能举行露天演出活动。还有的绿荫剧场中的雕像从近到远逐渐缩小，在小空间中创造出深远的透视效果，是巴洛克风格强调透视原理的典型实例。

德国勒·诺特尔式园林或由于建造周期很长，或前后经过多次改造，有着多种时期、多种风格并存的特点。建筑物或花园周围设有宽大的水壕沟，保留了更多的中世纪园林的痕迹。巴洛克透视原理的应用、巴洛克及洛可可式的雕像和建筑小品，结合古典主义园林的总体布局，使德国园林的风格不那么纯净，却富于变化。

8.4.2 德国近代园林的类型与特征

1. 自然风景园

由于受英国风景园（Landscape Garden）的影响，从 18 世纪中叶开始，德国开始大规模地出现了自然风景园，德国园林史上一个最重要的时期也随之开始了。风景园使德国园林产生了彻底的革命，绝大多数文艺复兴和巴洛克时期的几何园林都在这场变革中全部或部分地被改为自然风景园了。这以后，尽管几何式与自然式两种完全对立的园林形式仍在处于争论和变化之中，但是从整个历史进程来看，18 世纪中叶至今，自然式一直是德国园林设计的主流。第二次世界大战后联邦德国新建的城市公园尽管与 18、19 世纪的自然风景园已有很大的不同，但是在园林形式上却是相近的，即都是自然式的。可以说自然风景园彻底改变了当时德国园林的设计思想与设计手法，也为当代德国城市公园的风格奠定了基础。今天德国最重要、最受欢迎的园林，多是这些 18 世纪中叶到 19 世纪中叶 100 年中建造的自然风景园，和 20 世纪特别是第二次世界大战后新建的城市公园，它们共同构成了德国城市园林的骨架。由此看来，要了解当今德国的园林设计手法，有必要首先了解 18、19 世纪的这场风景园林运动。

自然风景园进入德国的时间大致是 1770 年左右，除英国外，法国的自然风景园也对德国（特别是德国南部）的园林有很大影响。尽管在时间上德国与法国几乎同时出现了自然风景园，但是法国、德国与英国却不同，英国在 1750 年后以布朗（L. Brown）为代表的纯净的风景园已发展成为以钱伯斯（W. Chambers）为代表的英中式或中英式园林，可以说德国风景园就是从模仿这种英中式园林开始出现的，并且常常是很盲目地模仿。那时德国人把这种园林称为中国式或英国式的，这种模仿完全是出于好奇心，但结果却带来了园林的根本变革。早期的风景园主要以两种形式出现：一是渐渐地侵入原有的几何园中，使之自然风景化；二是新设计的自然风景园。从 1770 年开始，德国历史上众多的巴洛克园林大多部分或全部地被改为自然风景园了，不过绝大多数几何园并没有彻底改变其基本骨架，特别是中轴线、水渠等多保留着。

就在一些几何园被改为风景园的同时，德国的一些新建园林则直接采用了自然风景园的风格，它已不再是简单地模仿英中式园林了，而是从观念上、形式上都有了发展。

风景园发展到 1785 年以后开始了净化的过程，英中式园林越来越少，自然式园林越来越多。其主要原因是建造的中国式建筑大多不成功，比例失调，不伦不类又矫揉造作，加上一些园林理论家抨击对中国建筑的模仿，使得中国建筑也越来越少。尽管点景物并没有彻底消失，但主要以欧洲本身的建筑形式为主，如古希腊、古罗马建筑或建筑废墟等，而整个园林是逐渐地向纯净的表现自然质朴的风景园方向发展。

从 18 世纪 70 年代起，风景式园林已经是德国园林设计的主导风格，但是这些园林还不是纯净的自然风景园，它们大的面貌多是英中式园林，至少是自然风景式园林加上众多点景物。中国式小建筑在这期间广受喜爱，成为必不可少的景物。除此之外还有隐居所、废墟等一些感伤情调的景观。这反映出当时人们在追求自然的同时又掺杂着一些好奇古怪的兴趣，这种兴趣在一开始是促进风景园发展的，但是到了1800年以后，其手法已完全僵化，当初精巧轻盈的感伤情调的景致到这时往往成为人们情感的一种病态的寄托，因而渐渐遭到反对。

风景园在德国的发展就是这样一个净化的过程，自然风景式比重越来越大，点景物越来越少。到1800年后纯净的自然风景园终于出现了，并且涌现出大批经典作品，风景园在德国达到了高潮。

19世纪中叶以后，风景园不曾再产生新的思想与新的理论，新建园林的成就在总体上也不可能超越以往的经典的风景园了，并且这种自然风景园对于一个小块地段或者城市中的小块环境并不一定合适。讲求理性的德国人认为，在自然式的园林与几何式的建筑的严谨造型之间总是存在着矛盾，于是，建筑附近的园林，城市中的小块绿地就出现了几何式的复活。

1850年前后，德国园林的发展还出现了一些新的趋势。

第一个趋势是园林植物越来越丰富，并且越来越受到设计者和公众的关注。大量的树木种类特别是花卉的应用彻底改变了自然风景园中宁静的气氛。建筑旁边多布置花坛，并且一般在宫殿旁就建造温室，以便四季鲜花盛开。这些花坛大多是几何形的，如卡塞尔威廉山的花坛。由于花卉的大量应用，一些专类花园也应运而生，如岩石园、墙园、水景园等，这些专类花园又有不少是几何形的。尽管花园规模不大，但它反映的这种思潮已部分地改变了风景园的面貌。

应该提到的是这些新的植物品种有不少来自中国，如果说中国园林艺术是自然风景园产生的动力之一，那么中国植物的应用则成为自然风景园变化的因素之一。那时的欧洲风景园中到处都是中国植物，有的竟达50%以上。

第二个趋势是，1850年以后美国的公园设计成为德国园林设计的蓝本。美国最早的公园设计师奥姆斯特德（F. L. Olmsted）的作品吸引了欧洲大批园林设计师，他们纷纷赴美学习。不莱梅的本酷（W. Benque）曾作为奥姆斯特德的助手，参与了纽约中央公园的规划。1865年本酷设计了不莱梅公园，其中可以看出中央公园的影子。不管园林性质如何，其形式已与自然风景园完全不同了。它是一个几何式与自然式相互交错的园林，园中实际上包括了花园和林园两个部分。这以后，德国大城市出现的一系列公园都是这种自然式与几何式相混合的园林，有的轴线还非常明显，如里希特瓦克（A. Lichtwack）和舒马赫（Schumacher）1910年设计的汉堡城市公园。

第三个趋势是，由于工业增长，人口膨胀，很多医生、教师、建筑师、园林师、政治家齐声呼吁改善生存环境。由于职业的缘故，医生施雷伯（Schreber）1870年左右提出家庭小花园的概念，随后这种位于市郊，面积200平方米左右的小园林在大城市，特别是工业城市迅速发展起来。这些小园设计手法更加灵活多变，其中不少是几何式的。另外，墓园也开始从教堂中分离开来，成为独立的绿地了，它们多半也是规则式的。

尽管在1850年以后，几何式又大量被采用，有时它还成为园林设计的主导风格。如20世纪初新艺术运动中德国建造的园林都是几何式的，20世纪30年代的园林多有严谨的轴线，植物还做修建，园中也布置很多雕像、喷泉，俨然是巴洛克园林，但毕竟时间短暂。自然风景园结束了，但是自然式并没有消亡。到了第二次世界大战以后，联邦德国建造的大型公园几乎全是自然式的。与18、19世纪的自然风景园不同的是，现代公园已不再属于某一个人或一个阶层，它的主要功能是为全体公民的消遣休憩，为改善整个城市的生态环境，它已不再仅仅是一个艺术品了。

2. 现代庭园

直到19世纪末，德国才出现了真正的兴趣转向的端倪。造园界所进行的有关规则式与风景式的论战也明显体现了这一特点。19世纪结束时，这场关于新旧样式庭园的论战没有得到真正的结果。不久以后，建筑师以理论家与实干家的姿态参加了论战，其中最杰出的代表人物是穆特希乌斯。穆特希乌斯念念不忘英国先进的造园样式，他说："现代庭园都具有相互依赖的特殊的规则部分，除了房间平台、花园、草坪及依附于温室的菜园是露天的以外，还可以在房屋的平面图上做一番比较。它们既有特殊的多样性，且整体在本质上又表现出规则地围成的形状。庭园中的每个部分都是水平布置的，它们之间的界线一目了然。"不久以后，户外房间应运而生，作为人们对现代庭园的幻想的代名词。这样，穆特希乌斯认识到协调房屋与庭园关系的重要性，并且在观赏性庭园中反复利用从外部可见的垂直或水平的房屋轮廓线、雕刻品及其他装饰物。他所希望的理想设计是要在庭园中尽量再现内部部分，他认为称为庭园家具的凳子、栅栏或花架廊的边缘、园路之类，都应该与房屋的室内配置多少有些相似之处。

这时，建筑师舒尔兹·诺伯格出版了《庭园》（Garten）一书，表明当时人们的眼光实际上已转向了小住宅庭园。他们认定的目标就是要遵循美术法则，合理地进行“户外房间”的规则式设计。

1897年，首次举办了造园展览会。展览会在规则派的大本营汉堡举行1904年在杜塞尔多夫、1905年在达姆斯塔特及1907年在曼海姆初次公开展出了别具风格的建筑式庭园模型。也许因为尚属试验性的作品，所以在这些早期展览会上展出的模型，大部分只表现了粗糙的构想。这些最初提出的设计方案只适合于展览会，但不久以后，在昔日的专职造园家的队伍中加入了生力军，他们必须与建筑师合作，满足后者的要求，倘不如此，造园事业就会有所后退。

自20世纪初以来，德国年轻的新一代建筑师们就一直忙于设计类似于英国平民庭园的大庭园，这些庭园的样式新颖而独特。这些庭园建筑师大部分出生于德国北部和中部地区，即汉堡和不来梅、科隆和莱比锡。他们不仅具有丰富的建筑专业知识，而且也掌握了丰富的植物学知识。在他们设计的庭园中极少造型树篱，它的使用范围十分有限，并且就建筑特征而言，它们也不引人注目。这些庭园最主要的因素是户外居室，它们的确是名副其实的“室外房间”。

8.4.3 德国现代园林的新趋势

1. 联邦园林展与德国现代的城市公园

欧洲举办园林展的历史可以一直追溯到18世纪下半叶公园出现之时，作为大众参与的园林展也只有伴随着公园的出现才有可能举办。可以设想在手工业、商业为主的中世纪的城堡园或修道院园等属于亲王、帝侯的私园中，是不可能举办园林展的。随着法国大革命的胜利及中产阶层的崛起，许多历史园林开始向公众开放。1789年慕尼黑开始建造德国最早的，也是欧洲大陆最早的公园——366公顷的“英国园”（Englischer Garten）。昔日的私园敞开了大门，而新建的园林成为真正的大众公园。在这种环境下园林展也就应运而生了。

1809年比利时举办了欧洲第一次大型园艺展，从此形成了园林展览的初步观念。98年后的1907年，德国曼海姆市为纪念建城300周年，举办了大型国际艺术与园林展览。半年的展览时间里，游客达600万人次，展览时间与游人次数均与今天的园林展相近，它成为德国园林展的里程碑，从此园林展深入人心。这以后，德国又举办了多次园林展，重要的有1929年在埃森和1939年在斯图加特的园林展。与和现在联邦园林展一样，这些展览强调的不仅仅是园林展本身，同时着眼于展览对社会、对城市发展的积极影响。

第二次世界大战后，联邦德国一切都面临重建，于是又萌生了举办因战争而中断的园林展的念头。经过数年的酝酿，1951年终于在汉诺威成功地举办了第一届联邦园林展。尽管当时20公顷的展园，面积上还不及现在多数展园的⅓，规模与今天更无法相比，但它却奠定了联邦园林展的基础，也成为德国大中城市第二次世界大战后新建公园的起点。自1951年起，联邦德国每两年举办一次大规模的综合性园林展览——联邦园林展（Bundes Gartenschau），从1953年开始，展览每隔10年邀请一些国家的园林界参加，称为国际园林博览会（Internationale Garten Bauausstellung）。

能获得联邦园林展的举办权是一个城市的殊荣，一届成功的园林展对展览城市来说，绝不仅仅是半年的展览本身，它同时还能促进城市更新、促进第三产业的发展。更重要的是，为城市留下一片大型绿地，从而改善城市的环境，甚至于改善整个城市的结构布局。

因此，申办展览的竞争也相当激烈。为举办一届园林展要提前10年左右向德国风景园林师联合会提交一份详细的申办报告，内容包括城市概况、交通、展览园选址、展览宗旨等，以便获得举办权后能有足够的时间完成报告中所提到的目标。因为改善城市整体环境和建造一个展览公园并使之达到一定的景观效果，绝不是二三年所能完成的。同时德国风景园林师联合会通过审查也保证了展览园中文物古迹不因园林展而遭受破坏，新建的园林能更有效地改善城市的环境，并且成为市民的休息空间。以1993年国际园艺博览会为例，斯图加特在1977年举办第14届联邦园林展时，就已决定申办1993年的园艺博览会，并于两年后递交了申办报告。获准后于1986年举办了设计竞赛，从24份方案中评选出一等奖作为实施方案。从展览园规划设计到展览开幕的6年时间里，按申办报告所提出的“城市与大自然交流，自然需要您，您需要自然”的宗旨，建成了位于市中心北部的100公顷的公园。它把市中心东、西部的分散绿地联系起来，成为一条6.5千米的环绕市区东、北、西三面的U形绿带，大大地改善了该市的城市结构。1993年于斯图加特举办的第五届国际园艺博览会是至今规模最大的园林展。在100公顷的自然风景式展览园中，分布着种类繁多的有关自然与园林的展品，其中包括小花园、主题花园、小农庄、药用植物园、菌类植物园、墓园。在为期半年的展览中，举办了23次不同主题的大型室内国际花展。展园中有来自亚、非、欧三大洲22个国家的园林（其中包括中国的清音园），有世界各地的建筑师设计的2000多座生态型住宅。此外，公园中还有各类休息地、娱乐设施、露天音乐台，并举办了数十次节庆活动（见图8.34）。

图8.34　1993年斯图加特国际园艺博览会展园

从23次历届展览来看，展园的面积相差很大，小的仅20公顷，大的达160公顷，但多数为70公顷左右。多年的经验证明，这样的规模最为理想。展出时间均在4～10月，在这半年时间里，可以充分体现出春、夏、秋不同季节的景观。迄今为止，所有的联邦园林展均在大城市举行，有些城市举办了多次，如汉堡和斯图加特各有三届。这是因为举办一届展览投资巨大，如1993年斯图加特国际园艺博览会投资达1亿马克，对于小城市是无法承受的。但各州也定期举办小型的园林展，使小城市也可以通过园林展来建造公园。

园林展迫使城市本身在基础建设及公园设施上投以巨资，它改善了城市环境，同时也促进了经济发展。参展者要通过最好的展品展示自己的能力与成绩，来自各地的游客是为了看其他地方所见不到的东西，可以观赏也可以受到启发。所以说城市的投资、园林界的参展以及游人的参观三者缺一不可。展览的组织者就是要使之有机地结合起来，否则展览是不可能成功的。

回顾联邦园林展40余年的历史，可以看出当代德国园林设计完整的变革脉络。20世纪的50～60年代的园林展还仅仅是着重于设计一个公园环境。设计者的着眼点也仅仅是景观质量，这样游人就成了完全被动的观赏者。对他们来说，脚下、眼前仅仅是道路，公园中几乎没有活动场所，草地也禁止践踏，观赏是第一位的，它差不多是公园的全部功能。

但那时的园林展重要的是成为第二次世界大战后德国城市重建的发动机，成为医治战争创伤的动力。1953年汉堡国际园艺博览会掀起了该市重建的高潮。而卡塞尔市更为典型，由于位于原东、西德边境处，该市在战后恢复极为不理想，1955 年在此举办的联邦园林展极大地促进了私人在该市的投资，以此对市区进行了规划，老城得以改建。180 公顷的 Karlsaue 这一在战争中遭到严重破坏的 18 世纪初建造的巴洛克园林，作为园林展展园，也有幸得到修复。可以说，今天卡塞尔市的格局仍是当时打下的基础。

20 世纪 60 年代末、70 年代初，公众的观念已大大改变。人们更看重个人权利，游人希望不再受清规戒律的限制，观赏也不再是公园的唯一功能，更主要的是作为大众闲余的休憩与消遣地。园林中空间开阔了，草坪比重加大并能在上面进行多项活动，活动场地大大增加。1969 年多特蒙德园林展把这个钢铁生产的重工业城市的景观完全引入了 70 公顷的公园中，游人在公园中可以望见远处的高炉、矿山设备等工业景观，公园与城市连为一体，成为市民消遣的中心。园中的音乐台、舞厅定期举办节庆活动及艺术表演。1969 年多特蒙德园林展为原西德留下 3000 多株月季展览园（见图 8. 35）。1973 年汉堡国际园艺博览会的主题便是“在绿地中度过假日”，休息、娱乐成为公园的主要功能。1975 年海曼姆路易森公园由 Bruno Leipacher 设计，41 公顷，在园中有齐全的活动设施，展览结束后又建了音乐台等设施。1979 年波恩园林展使该市不再仅仅是政治中心，也成了风景城市。由汉斯亚克布兄弟（Gottfried Hansjakob & Anton Hansjakob）设计的公园在展览后恢复成莱茵河河谷式自然风景园。

20 世纪 70 年代末开始，人们充分认识到，要使环境不遭破坏就不能无限制地利用它。保护环境、改善城市生态状况的思想引入了园林设计。1977 年斯图加特园林展第一次出现了向大自然的转向，园林中有大片的原始状态的原野草滩灌木丛。尽管当时许多游人不理解，但设计师坚持在以后的几届展园设计中规划大片的原野地。1981 年卡塞尔园林展中有 6 公顷的自然保护地。1993 年斯图加特园林展中也有大片自生自灭充满着自然野趣的原野地。现在，游人对这样的景观早已认同。

对城市生态环境改善可以从 1983 年慕尼黑园林展体现出来。这个处于高速公路与城市环路交汇处的公园，建园前是一块平坦的采石场荒地，由于地处交通要地，噪音颇大且影响周围居民，是一处看来毫无建园希望的地段。设计时大动土方，沿地段东西纵深下挖 6 ~ 8 米，土方达 150 万立方米，形成了长 3. 5 公里、高差 25 米的谷地式风景，仅地形处理就达一年之久，耗资 500 万马克。西园是阿尔卑斯山山前谷地式风景，谷带中是开阔的草坪及水面，它是游人活动与观赏的中心。山谷既可避噪音，又与慕尼黑所处的阿尔卑斯山山前这一地理环境相协调。建成后的西园几乎无一丝噪音，成为理想的风景式休息地了（见图 8. 36）。

图 8. 35　1969 年多特蒙德园林展

图 8. 36　慕尼黑国际园艺博览会展园——西园

不管园林展是多么重要，展览时间有多长，游人有多少，作为展览本身总是要结束，但展览园留下的效益却是永久的。实际上园林展结束后展园的利用远比展览本身更为重要。作为联邦园林展园在设计之初就已考虑到展览结束后的利用问题。这些园林展的园子主要形成了下列三类公园：

一是风景园。展览园在展览结束后恢复成自然风景园，公园不设围栏，自由出入。园中是开阔的大草坪及湖泊风景。为保持其宁静的风景特性，园中也不再举办展览。大多数园林展展园在展览结束后成为这类园林。

二是休憩园。这种公园主要目的是供游人休息与消遣。园中有众多的活动场地与体育设施，并且定期举办一些展览。多数公园不设围栏，出入自由，也有些为便于管理只限白天开放。从景观上看它与自然风景园并没有区别，都是开阔的自然景观，只是在此游赏已不是主要目的，大多数人来公园是为了休闲、活动和消遣。

三是假日园。这类公园的活动设施更为齐全，为便于管理，公园用围栏围起，并收门票。与前两类园林的最大不同，在于它在园林展后不仅仅是恢复成自然风景园，而且在自然景观的基础上又增建了一些活动设施。

这三类园林是德国当代城市公园的基本类型，就景观上看，除了人工设施的比重不同外，无太大的区别，都是自然风景式园林。

与18至19世纪的风景园相比，当代的德国园林除了形式上更简洁外，本质上也有很大差别。这突出表现在人与园林的关系上。18至19世纪的风景园属于艺术的范畴，园林是奢侈品，是为少数亲王侯爵所建造的。虽然欣赏风景是最根本的要求，但人与园林的关系处于欣赏与被欣赏的状态，人是园林被动的观赏者。当代园林成为城市与市民的必需品，游人与园林的关系已完全改变。人与园林是不可分割的，更不是矛盾的，人给风景带去生气，每个人在公园里都能找到各自的需要，都能充分享受自然的恩惠。人属于公园，公园属于人，人本身就是风景，风景的观赏不再是园林唯一的目的。

2. 后工业景观公园

后工业景观是指工业生产活动停止后，对遗留在工业废弃地上的各种工业设施、地表痕迹、废弃物等加以保留、更新利用或艺术加工，并作为主要的景观构成元素来设计和营造的新景观。这些工业设施涵盖了与工业生产相关的各类设施，主要类型有生产设施、仓储设施、交通运输设施、动力设施、给水与污水处理等基础设施、管理与公共服务设施等，具体包括各类车间厂房、库房、变配电站、锅炉房、烟囱、井架、水塔、水池、水渠等建、构筑物；高炉、气罐、油罐等工业生产设备；铁路、机车、管道、传送带、特种车辆等交通运输设施或动力传输设备等。

后工业景观公园指的是依托工业废弃地上的后工业景观，将场地上的各种自然和人工环境要素统一进行规划设计，组织整理成能够为公众提供工业文化体验以及休闲、娱乐、体育运动、科教等多种功能的城市公共活动空间。后工业景观公园起源于20世纪60～70年代欧美发达国家，成熟于20世纪90年代的德国。德国通过工业废弃地的保护、改造和再利用，完成了一批对欧洲乃至世界上都产生重大影响的工程。其中，德国鲁尔区北杜伊斯堡景观公园被认为是后工业景观公园的代表作。

国际建筑展埃姆舍公园位于德国鲁尔区，由西边的杜伊斯堡市到东边的贝格卡门市（Bergkamen），长70公里，从南到北约12公里宽，面积达800平方公里（见图8.37）。区内人口约为250万人。埃姆舍河地区原为德国重要的工业基地，经过150年的工业发展，这一地区形成了以矿山开采及钢铁制造业为主要产业的工业区。纵横交错的铁路、公路、运河、高压输电线、矿山机械、高大的烟囱、堆料场等成为地区的典型景观。自20世纪60年代以来，作为主要工业的煤矿和铁矿开采，渐渐衰落、倒闭，大量质量很好的建筑也不再使用。经济和环境促使当地政府为地区的复兴采取有效措施，即建造国际建筑展埃姆舍公园。主要内容包括：350公里长的埃姆舍河及其支流的生态再生工程，净化区域中被污染的河水，恢复河流两侧的景观；建造300平方公里的埃姆舍公园，改善地区的生态环境；改造现有住宅，并兴建新住宅，解决居住问题；建造各类商务中心，解决就业问题；原有工业建筑的整治及重新使用等。这些项目多与风景园林相关，世界上许多最著名的建筑师、景观设计师都参与了项目中一些建筑与环境的规划与设计。

由于整个地区被大量的高速公路、铁路、轻轨、污水排水渠、高压线等分隔，埃姆舍公园的规划非常复杂。当地政府希望“通过这个方案使该地区成为居住和办公区，并有就近休息的绿地，景观必须是生态的、功能的、美观的，工业的痕迹要看得出来，要有休憩和运动场。”处于核心地位的埃姆舍公园，把这片广大的区域中的城市、工厂及其他单独的部分联系起来，同时为整个区域建立起新的城市建筑及景观上的秩序，成为周围城市群及250万居

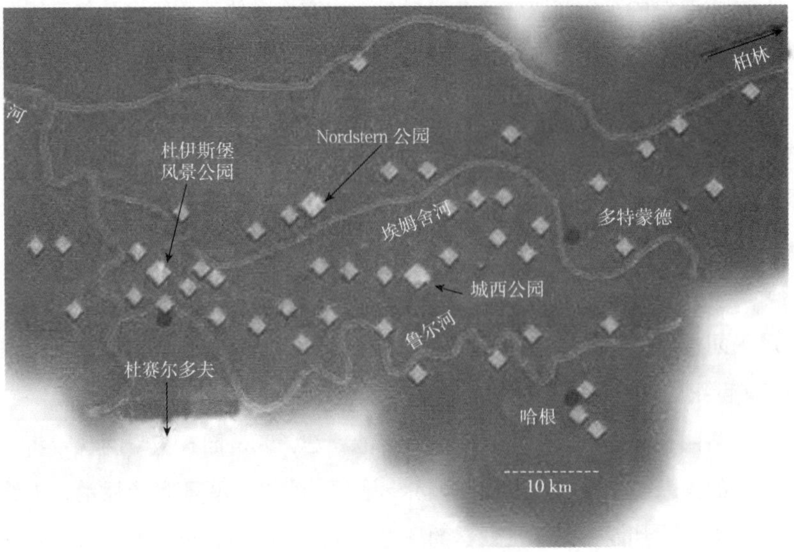

图 8.37 埃姆舍公园区位示意图

民的绿肺，园中有人行小径和自行车道系统。在埃姆舍公园中，又包括了众多景观独特的公园，杜伊斯堡风景公园是其中之一（见图 8.38）。

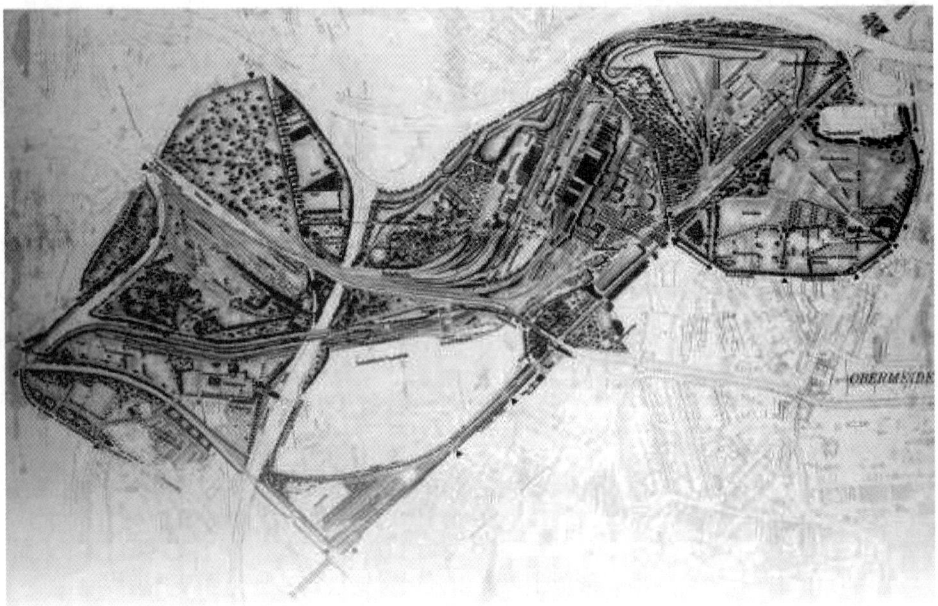

图 8.38 北杜伊斯堡景观公园总平面图

面积 200 公顷的杜伊斯堡风景公园是拉茨的代表作品之一，公园坐落于杜伊斯堡市北部，这里曾经是有百年历史的 A. G. Tyssen 钢铁厂，尽管这座钢铁厂历史上曾辉煌一时，但它却无法抗拒产业的衰落，于 1985 年关闭了，无数的老工业厂房和构筑物很快淹没于野草之中。1989 年，政府决定将工厂改造为公园，成为埃姆舍公园的组成部分。拉茨的事务所赢得了国际竞赛的一等奖，并承担设计任务。从 1990 起，拉茨与夫人——景观设计师 A · 拉茨领导的小组开始规划设计工作。经过努力，1994 年公园部分建成开放。

规划之初，小组面临的最关键问题是这些工厂遗留下来的东西，像庞大的建筑和货棚、矿渣堆、烟囱、鼓风炉、铁路、桥梁、沉淀池、水渠、起重机等，能否真正成为公园建造的基础，如果答案是肯定的，又怎样使这些已经无用的构筑物融入今天的生活和公园的景观之中。拉茨的设计思想理性而清晰，他要用生态的手段处理这片破碎的地段。首先，上述工厂中的构筑物都予以保留，部分构筑物被赋予新的使用功能，煤气储罐被改造成潜水中心，高炉等工业设施可以让游人安全地攀登、眺望，厂区中保留的建、构筑物，废弃的高架铁路可改造成为公园中的游步道，并被处理为大地艺术的作品，工厂中的一些铁架可成为攀缘植物的支架，高高的混凝土墙体可成为攀岩训练场。公园的处理不是努力掩饰这些破碎的景观，而是寻求对这些旧有的景观结构和要素的重新解释。设计也从未掩饰历史，任何地方都让人们，去感受历史。建筑及工程构筑物都作为工业的纪念物保留下来，它们不再是丑陋难看的废墟，而是如同风景园中的点景物，供人们欣赏。其次，工厂中的植被均得以保留，荒草也任其自由生长。工厂中原有的废弃材料也得到尽可能地利用。红砖磨碎后可以用作红色混凝土的部分材料，厂区堆积的焦炭、矿渣可成为一些植物生长的介质或地面面层的材料，工厂遗留的大型铁板可成为广场的铺装材料。第三，水可以循环利用，污水被处理，雨水被收集，引至工厂中原有的冷却槽和沉淀池，经澄清过滤后，流入埃姆舍河。拉茨最大限度地保留了工厂的历史信息，利用原有的“废料”塑造公园的景观，从而最大限度地减少了对新材料的需求，减少了对生产材料所需的能源的索取。在一个理性的框架体系中，拉茨将上述要素分成四个景观层：以水渠和储水池构成的水园、散步道系统、使用区，以及铁路公园结合高架步道。这些层自成系统，各自独立而连续地存在，只在某些特定点上用一些要素如坡道、台阶、平台和花园将它们连接起来，获得视觉、功能、象征上的联系。

由于原有工厂设施复杂而庞大，为方便游人的使用与游览，公园用不同的色彩为不同的区域作了明确的标识：红色代表土地，灰色和锈色区域表示禁止进入的区域，蓝色表示为开放区。公园以大量不同的方式提供了娱乐和文化设施。

独特的设计思想为杜伊斯堡风景公园带来颇具震撼力的景观。在绿色成荫和原有钢铁厂设备的背景中，摇滚乐队在炉渣堆上的露天剧场中高歌，游客在高炉上眺望，登山爱好者在混凝土墙体上攀登、市民在庞大的煤气罐改造成的游泳馆内锻炼娱乐，儿童在铁架与墙体间游戏，夜晚五光十色的灯光将巨大的工业设备映照得如同节日的游乐场……从公园今天的生机与 10 年前厂区的破败景象对比中，能明显感受到杜伊斯堡风景公园的魅力，并启发人们重新思考公园的作用与含义。

3. 博览会和运动会园林

德国通过举办博览会和运动会建造了一些有影响的园林，其中 1972 年慕尼黑奥林匹克公园是重要的园林之一（见图 8.39）。

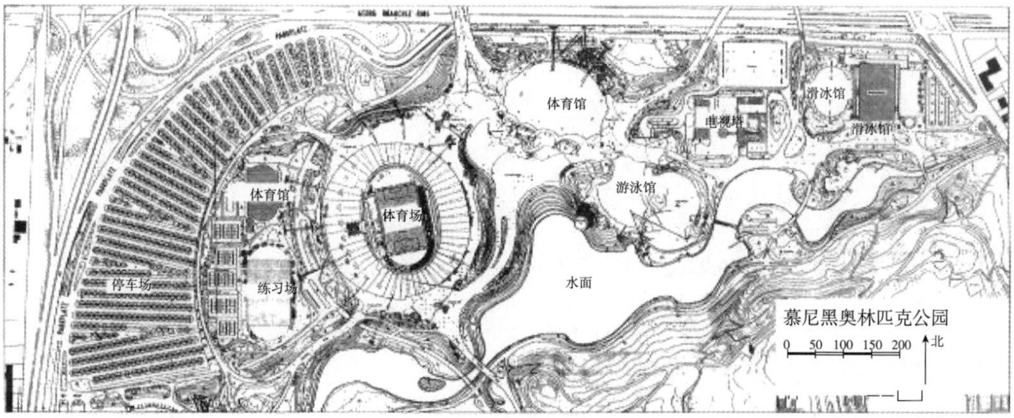

图 8.39 慕尼黑奥林匹克公园平面图

公园占地 140 公顷，位于慕尼黑北部，距市中心 4 公里，1972 年第 20 届夏季奥运会在此举办。公园基址原是一块极为荒凉的空地，周围是兵营及工业用地。南部是第二次世界大战后由城市中清理出的废墟瓦砾所堆积的高 60 米的小山，一直作为练兵场来利用。尽管 20 世纪 50 年代人们就试图把它变成绿地，但一直没有实现。

公园规划的目标是要把奥运会办成“绿色的奥运会”。同时，在规划时就考虑了运动会结束后的使用问题，体育设施要成为市民健身和文化活动的场所，运动员村成为居民区和大学生宿舍，绿地则是市民休闲娱乐的公园。

整个场地被市中环路分为两部分，北边是运动员村，景观设计主要由卢茨完成；南边是140公顷的奥运公园。由纽芬堡花园引来的水穿过公园，在公园的中心形成一个水面。水体北部是体育场、体育馆、游泳馆、自行车赛场等体育设施（见图8.40），南部是绿地山景。

图8.40　慕尼黑奥林匹克公园水面北部体育馆

公园在平面和立体上都采用流线型的布局，与帐顶的体育建筑浑然一体。建筑物结合地形设计，尽量减少尺度。由于采用悬索结构，建筑物的墙体和屋顶均采用大面积的玻璃建造，减少了建筑对绿地视线上的分割。

公园是风景式园林，绿地成为市民休闲活动的场所。每到周末，公园中都有大型的体育比赛。假日里人们在此散步、跑步、骑车、打球、登山、野营、享受日光浴和观赏风景，更有一些不知名的歌手在湖边的露天剧场演唱，冬天可以滑雪、滑冰。于是，奥运公园成为市民喜爱的一处休闲公园。

思　考　题

1. 简述德国现代景观设计的发展趋势。
2. 简述德国现代园林展的发展历程。
3. 简述德国后工业景观公园的景观设计手法。

8.5　其他部分国家（地区）的园林

8.5.1　拉丁美洲：布雷·马克斯的抽象式园林

巴西风景园林设计师布雷·马克斯是20世纪杰出的艺术家和园林设计巨匠，他将巴西的传统文化与发源于欧洲的现代艺术思想相结合，并且沿用本土植物，开创了热带植物的园林价值，影响到具有相同气候的国家和地区，他开辟出景观设计的新天地。

布雷·马克斯是一位优秀的抽象画家，他的风格受立体主义、表现主义、超现实主义的影响。他为许多重要建筑创作了壁画，用艺术的手法来创作景观给人耳目一新的感觉。“我画我的花园（I paint my gardens）”一语道出了他的造园手法。他的设计中多采用自由流动的曲线和大面积植物色彩的配置，显示了他的平面绘画式的设计风格。

芒太罗花园是布雷·马克斯为他的好朋友设计的。花园的基址位于一个宽阔的山谷中，布雷将他的设计融入到自然景色中，使两者之间相互融合。整个平面图看起来犹如一幅抽象画。布雷·马克斯使用了流动的、有机的曲线来组织构图：弯曲的道路相互联系、穿插；不同植物按它们的品种成色有用意地配置在一起，颜色与材质的搭配或统一、或对比，十分协调。一条天然的小溪流经花园，溪边配置水生植物。植物的艺术栽植形式同周围的自然景致很好地融合在一起，整个花园充满了生机和活力。他将建筑融入自然园林中，利用自然景观和植物材料创造出美丽的园林，显示了他驾驭建筑与环境的能力，艺术的植物栽植形式同自然很好地融在一起，丝毫没有显示人统治自然的强烈意志。芒太罗花园可以说是布雷·马克斯设计的最充满活力的私家园林之一（见图8.41）。

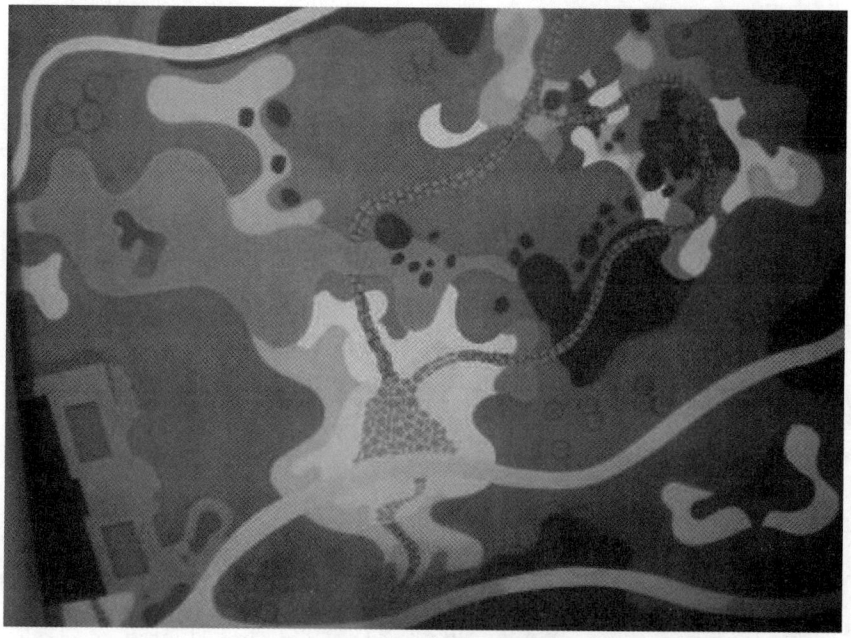

图8.41 芒太罗花园平面图

布雷·马克斯受到巴西现代建筑师的影响，他的绘画和园林作品里包括纯几何形式。他不认为几何形式和自然形式是一种对立的关系，相反，他认为园林是建筑和自然之间的过渡。在他的园林设计中，既运用建筑的几何形式，又运用自然的有机形式，他将两者结合起来，以达到自然、建筑、园林之间的相互协调。

布雷·马克斯的园林设计从巴西的传统中吸取了很多营养，也从葡萄牙的园林中学习了很多手法。如强调水的使用、黑白棕相间的马赛克地面和瓷砖贴面等。他对于科帕卡巴纳海滩海滨大道的设计达到了极致，他选用当地棕、黑、白的三色马赛克在人行道上铺出连续的精彩图案，看起来仿佛是一幅连环画，自然而流畅，引人入胜，并且还能有效地减轻司机长时间开车的单调感。海边的步行道用黑白两色铺装成具有葡萄牙传统风情的波纹状，与海浪形式相得益彰。人行道上的树木作间隔性种植，树下设有坐凳等休息设施，形成阴凉的休憩空间。在这个设计里，布雷·马克斯用传统的马赛克将抽象绘画艺术表现得淋漓尽致。

布雷·马克斯的景观设计平面形式感强烈，但是他的作品绝非仅仅是二维的、绘画的，而是由空间、体积和形状构成。草地、砾石和水面提供了一个平坦的连绵不断的大空间，乔木和灌木的使用与低矮的植物形成对比并起到分隔或限定空间的作用。

布雷·马克斯的园林扩展了古老的花坛的形式。他的曲线花床，如同一支饱含水分的画笔在大地上画出的鲜艳的笔道。他用花床限制了大片的植物的生长范围，但是从不修剪植物。他用植物叶子的色彩和质地的对比来创造美丽的图案，还将这种对比扩展到了其他材料，如砂砾、卵石、水、铺装等。在他的眼里，这些造园的材料好像都是调色板上的颜料，任凭他在大地上挥洒自如。他的这种注重材料的整体的色彩和质感的方式，被许多后来者学习。

布雷·马克斯的一生创作了大量的作品，他坚持工作，为他所热爱的事业贡献终身。他这一生中也获得了多项殊荣，而巴西政府授予他的圣多特蒙哥奖章，认为他是“景观设计师、画家、壁画家，现代园林的真正创始人”。

8.5.2 巴拉甘的本土现代主义园林

墨西哥景观设计师巴拉甘，将乡土文化、殖民文化和自然景观融为一体，形成了自身的园林风格。巴拉甘推崇平静有深度的园林风格，在水景的应用上独具匠心，其运用的手法被人们纷纷效仿。

图 8.42 巴拉甘代表作品“情侣泉”

巴拉甘在拉丁美洲现代园林的发展中占有重要的地位。他的作品，将现代主义与墨西哥传统相结合，开拓了现代主义的新途径。他的作品规模都不大，以住宅为多，常常是建筑、园林连同家具一起设计，形成具有鲜明个人风格的统一和谐的整体。而园林以明亮色彩的墙体与水、植物和天空形成强烈反差，创造宁静而富有诗意的心灵的庇护所（见图 8.42）。

巴拉甘的作品独立于国际建筑和园林的主流风格之外，具有鲜明的墨西哥地方特色。由于墨西哥是世界古代文明的重要发源地之一，墨西哥本土的印第安艺术中，鲜明的色彩和丰富的充满幻想的装饰是一种传统。这些特点与西班牙的艺术特点相结合，形成了墨西哥感性的、外向的具有浪漫品质的多元文化特点。

巴拉甘 1902 年生于墨西哥哈利斯科省的省府瓜达拉哈拉的乡村，乡土建筑和传统的乡村生活方式给巴拉甘以后的建筑和园林设计留下了深深的烙印。欧洲美丽的园林让他流连忘返，尤其是西班牙格兰那达的花园、意大利的别墅花园和地中海北部的花园。格兰那达的阿尔罕布拉宫和夏宫的游览经历使他终生难忘，西班牙摩尔艺术的亲切、宁静和私密感深深打动了他。因而，在他的作品中，既有显而易见的地方传统特点，又有浓郁的伊斯兰风格。

巴拉甘特别注重墙的高度、各种角落、材料的质感和花园设计等细节处理，并用这些来说明“时间、地点和情感”。巴拉甘反对现代主义中的纯粹功能主义，尤其是那句著名的口号“住房是居住的机器”。他认为，建筑不仅是我们肉体的居住场所，更重要的是，它是我们精神的居所。他拒绝外墙巨大的玻璃窗，认为是对人的私密性的侵犯，也反对光秃秃的混凝土外墙，觉得“太可怕，必须涂上颜色”。

在巴拉甘设计的一系列园林中，使用的要素非常简单，主要是墙和水，以及引入的阳光和空气，有时再添加一两件木制的构件。童年时期对父亲的农场的记忆构成他作品的基础，他的作品就是要将这些遥远的、怀旧的东西移植到当代世界中。特别是对水的美好回忆一直跟随着他：排水口、种植园中的蓄水池、修道院中的水井、流水的水槽、破旧的水渠、反光的小水塘，这些都体现在了他的设计中。

巴拉甘的作品强化了孤寂、神秘、喜悦和死亡。对他来说，优秀的园林就是和整个宇宙息息相通。他的作品赋予我们的物质环境一个精神的价值，他将人们内心深处的、幻想的、怀旧的和遥远的世界中来的情感重新唤起。他的建筑是神秘的、意外的、唤起回忆的堡垒，排斥过度的无约束的外向生活。他的作品中暗含西班牙格兰那达的宫苑，摩洛哥的墙、色彩和格子，意大利南部的建筑的影子，他的色彩来自于哥伦布以前的墨西哥，也来自于摩洛哥等地中海国家。他自己从现实生活中提取色彩，也从画家的绘画中借用了一些颜色和色彩组合。早期作品中色彩的运用多局限于小的要素，如栏杆、格子、木门、窗户、家具和墙的厚度。后期的色彩运用尤其大胆，整面的墙和天花板都是鲜艳的明黄、大红、桃红、海蓝、橘黄、紫罗兰等颜色，而且毫不忌讳地大量运用各种对比色，体现出他的作品独一无二的特点。

巴拉甘还注重在建筑和园林空间中创造神秘和孤独。对他来说，设计是一个发现的过程，是寻找答案的过程，只有那些具备美丽和能够感动人的品质的答案才是正确的。他的构造空间唤起了一种情感，一种心灵的反应，一种怀旧的情结和为人们的思想提供了一种归属感。他简练而富有诗意的设计语言，在各国的建筑师和园林设计师中独树一帜。巴拉甘是独特的，但他并不是游离于世界艺术潮流之外的，他了解并掌握现代建筑的本质，更重要的是，他还发现了传统建筑中的永恒价值，并把两者完美地结合了起来。

思考题

1. 简述布雷·马克斯景观设计作品的特点。
2. 简述巴拉甘景观设计作品的特点。

8.6 现代园林设计新思潮

8.6.1 西方现代园林的探索

1. 英国的工艺美术运动中的园林设计

工艺美术运动提倡简单、朴实无华、具有良好功能的设计，在装饰上推崇自然主义和东方艺术，反对华而不实的维多利亚风格；提倡艺术化手工业产品。在园林设计中，他们找到了统一建筑和花园的新方法，采用规则式布置与自然植物的完美结合。

1911～1931 年，路特恩斯在印度新德里设计的莫卧儿花园就体现了自然式和规则式的结合。通过对波斯和印度传统绘画的学习和对当地一些花园的研究，将英国花园的特色和规整的传统莫卧儿花园形式在这个园林中结合在一起。

2. 欧洲的新艺术运动中的园林设计

新艺术运动发生于 19 世纪末—20 世纪初的欧洲，在各国表现风格各异，但总的思想一致，都十分强调整体艺术环境，并运用从自然草木中抽象出来的花纹与曲线进行各种设计，流动的形态和蜿蜒交织的线条体现了自然生命的象征和隐喻。曲线风格最极端的表现在西班牙天才建筑师高迪的设计中。

8.6.2 西方现代园林的特征

1. 现代园林新的设计思想

（1）以大众为服务对象。

为大众而设计，以人为本。

（2）形式与功能相结合的思想。

现代主义园林的设计是为了满足人们的使用功能，形式与功能进行了有机的结合，而不仅仅局限于视觉上的观赏效果。

（3）与环境相融合的思想。

传统的园林与周围的环境以及建筑的关系都是相对独立的，园林只是作为建筑的陪衬，与周围的环境更是缺乏有机的联系。而现代主义园林则非常注重与环境的融合，园林为城市带来了优美宜人的景色，为建筑增添了舒适美观的室外活动空间。

（4）注重空间的思想。

现代主义园林则从现代建筑中吸取了空间的概念，把空间作为设计的重要指导思想之一。

（5）创新的思想。

现代主义园林相对传统园林来说，无论从形式上还是设计要素上都非常新颖和丰富，园林设计师也在不断地利用艺术手法和技术手段进行创新。

要素非常丰富，除了传统的地形、水体、植物、建筑与构筑物等形体要素外，设计师还可以通过高科技自由地应用光影、色彩、声音、质感等形式要素。即便是传统的要素，现代设计师也可以挖掘出许多新的用法。

2. 现代园林新的设计风格

在现代主义园林设计思想的指导下，园林的设计风格也发生了极大变化。现代主义园林已不再局限于“意大利式”、“法国式”、“英国式”或“折中式”，这些风格和形式早已不能适应现代社会发展对园林的需要。唐纳德早在1941年的《现代环境中的现代庭院》中就提出了园林现代主义者的宣言：“新形式的现代主义园林不向大众提供一种现成的方法和风格，20世纪最好的风格就是没有风格。”但总的来说，现代园林除了注重使用功能以外，在形式上还是强烈反对模仿传统的样式，把现代艺术的抽象几何构图和流畅的有机曲线运用到构图中，形成了现代特有的简洁、自由的园林设计风格。

（1）简洁的构图。

由于受到现代主义建筑“少就是多”的思想影响，现代主义园林在构图上追求简洁的均衡构图，反对传统的严格对称和复杂的装饰。无论是采用简单的几何形体，还是自然线形进行构图，都充分地体现了简单明快的现代风格。

美国景观设计师丹·凯利的作品大都是以几何的网格进行构图，各种要素皆在满足功能的基础上按一定的几何规律来布置，形成了简洁、整齐的景观效果。

（2）自由的布局。

现代主义园林的布局形式非常自由，不仅在平面上可以采用各种有机曲线和抽象图案自由布局，而且在空间上也很灵活、自由。英国的园林设计师杰里科设计的肯尼迪总统纪念园便是采用简洁的自然线形进行构图的例子。

（3）丰富的设计手法。

现代主义园林除了遵循“形式服从功能”这一现代主义的基本原则以外，还在设计中常采用各种手法。例如，对传统的借鉴；对东方文化的借鉴，对现代艺术的借鉴，对地方文化的借鉴。

1）对传统的借鉴。

例如，西班牙传统园林中的阿尔罕布拉宫狮子院中精美的水景常常被现代主义园林设计师争相模仿，丹·凯利的北卡国家银行总部广场和哈普林的麦克英特瑞花园中的水渠都充分地反映了这种传统摩尔人造园手法的影响。

2）对东方文化的借鉴。

现代园林除了借鉴西方传统园林中的一些形式和手法以外，还从东方文化中吸取了养分和灵感。特别是日本传统园林的简洁、紧凑与现代主义的审美情趣在一些方面不谋而合，因而一些现代主义设计师对日本禅宗园中精心布置的石块、植物产生了浓厚的兴趣，在设计中融合了日本枯山水纯净的形式。

3）对现代艺术的借鉴。

现代园林从现代艺术中获取了许多新的形式语言，特别是现代绘画艺术。许多现代主义园林设计师都对现代艺术有着深入的研究，如丘奇、马克斯、杰里科等，他们的作品都不同程度地受到了立体主义、超现实主义的影响。

4）对地方文化的借鉴。

虽然现代园林在形式与功能上具有许多共同的特征，但是由于地域文化的差异。有些设计师把现代园林的现代主义思想与当地的自然、文化相结合而形成独特的风格特色。

8.6.3 西方现代园林的发展方向

随着园林与其他一些艺术和学科的交流，现代园林也开始呈现出丰富多彩的形式，在现代主义的基础上开始向多元化的方向发展。

1. 解构主义设计思潮

解构主义是从结构主义演化而来的，因此，它的形式实质是对结构主义的破坏和分解。将传统结构分解成一系列要素并重新组合，组合的原则却不再遵循传统的均衡与稳定，更加强调因地制宜和随机性。

解构主义大胆向古典主义、现代主义提出质疑，认为应当将一切已定的规律加以颠倒，如反对建筑中的统一与和谐，反对形式、功能、结构、经济彼此之间的有机联系。提倡分解、片断、不完整、无中心、持续的变化……解构主义的裂解、悬浮、消失、分裂、拆散、移位、斜轴、拼接等手法，也确实产生一种特殊的不安感。

为了纪念法国大革命200周年巴黎建设的九大工程之一的拉·维莱特公园是解构主义的景观设计的典型实例（见图8.43）。建筑师屈米就是从法国传统园林中提取出点、线、面三个体系，并进一步演变成直线和曲线的形式，叠加成拉维莱特公园的布局结构。屈米的创新主要在于运用建筑代替传统园林中的自然要素，构成新的点、线、面体系，认为以此构成的人工体系，结合人工化的自然，才能够产生与城市环境相协调的城市公园。在他的设计中首先把基址按120米×120米画了一个严谨的方格网，在方格网内约40个交汇点上各设置了一个耀眼的红色建筑，称为Folie，构成园中“点”的要素（见图8.44）。这些“点”的建筑有的具有实际功能，作为医务室、问询处等，而有些仅作为“点”出现。公园中“线”的要素有两条长廊、几条笔直的林荫路和一条贯通全园主要部分的流线型的游览路构成（见图8.45）。Folie构成的严谨的方格网所建立起来的秩序，同时也联系着公园中10个主题小园，包括童话园、风园、雾园、龙园、竹园等。这10个主题园和其他场地、草坪及树丛构成公园中的“面”。

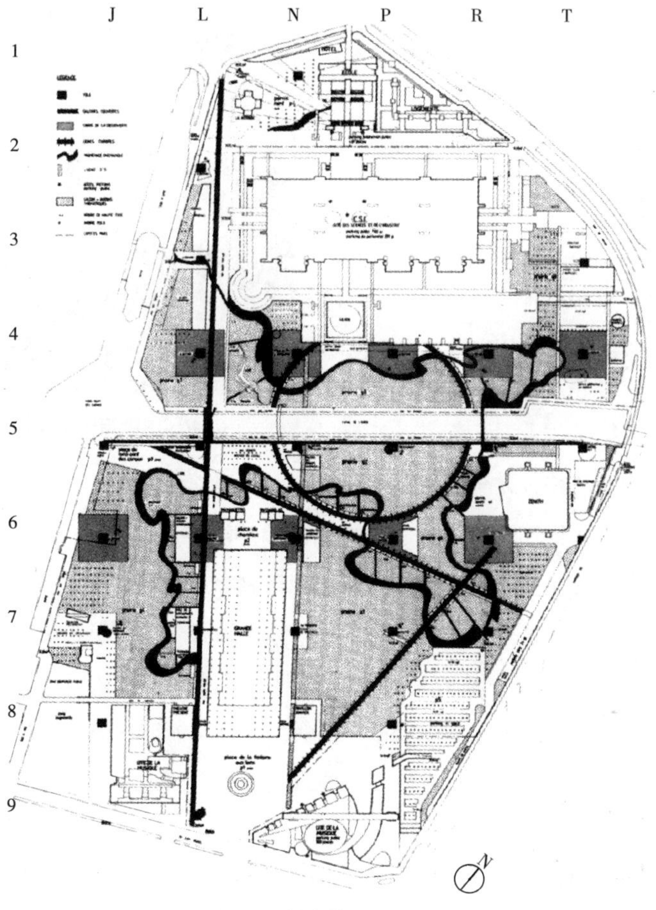

图8.43 拉维莱特公园平面图

图 8.44 公园中红色 Folie

图 8.45 公园中作为"线"的廊

2. 极简主义设计思潮

极简主义又称为"简约主义"，20 世纪主要在美国形成流派，在艺术上源于抽象主义，以杜尚的"减少、减少、再减少"原理对画面进行处理。造型语言简练、色彩单纯、空间纯净简单。极简主义在设计方面主要表现为以密斯为代表"少就是多"，主张摒弃一切虚假的、表面的东西，把握真实的、本质的、必不可少的、超越物质的东西，从而得到更多的空间，更多的效率和更多的美学效果。

极简主义的艺术作品的特征主要有崇尚工业化结构，选用工业材料、色彩尽量简单化，一般以一两种色调为主，强调整体几何化、序列化、规整化，如贾德的雕塑"无题"（见图 8.46）和安德拉的雕塑 Peace of Munster（见图 8.47）。

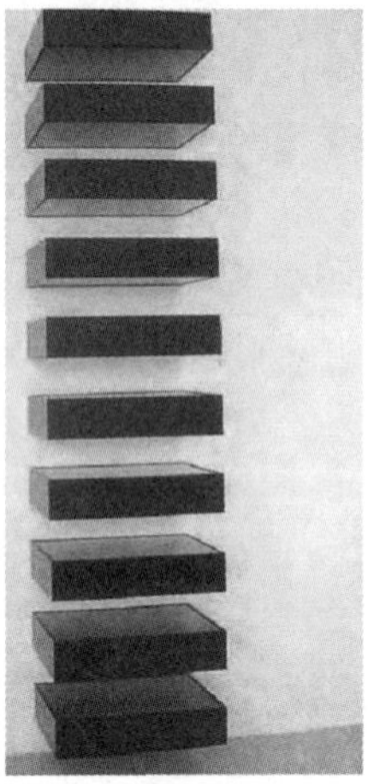

图 8.46 贾德的雕塑"无题"

图 8.47 安德拉的雕塑 Peace of Munster

如果回忆一下景观设计的思想历程，就会发现，中国和日本的传统式园林中，尤其是日本的禅宗庭院，植物很少、多以石块和水等极少数元素来象征性地表达沉思、冥想的精神境界。如 15 世纪禅宗对日本东京龙安寺的庭院的设计就是极简主义的典型代表。在龙安寺庭院以几座峰石以及线状纹路状细砂构成自然界的大海，反映出简洁、深层次的思想内涵。东西方园林设计中这些传统的思想、手法都蕴涵着一种极简主义的设计思想。这种设计思想渐渐演进，慢慢发展，直到 20 世纪与现代艺术相结合，就渐渐形成新的极简主义思想，并且渗透到建筑和景观设计领域。这时候，一些景观设计师就抛弃现代社会中繁杂、庸俗、贵族化的时尚方式，抛弃原来追求的表面的、堆砌的、繁杂的东西，转而追求一些简洁内在的、规律性的美学效果。在这些探索和追求的过程中，也出现许多优秀设计师和经典的极简主义作品。

3. 大地艺术思潮

大地艺术诞生于 20 世纪 60 年代的美国，这时的美国社会正处在种族流血暴乱、大规模的反战示威、学生叛乱等的剧烈动荡时期。工业化在带给人类物质财富的同时，也为社会造成许多灾难。波普艺术、极简主义艺术也不再能够满足艺术家不断追求创新的渴望，这一切都使得艺术家开始思考逃离这个社会，寻找新的出路。他们以一种批判现代都市生活和工业文明的姿态，将目光投向城市之外，以大地作为艺术创作的对象，进行新的艺术类型的尝试，形成了大地艺术流派。大地艺术的出现，为现代艺术进行变革与创新开辟了一条新的道路，形成了一个非常有影响的艺术流派。这类作品都利用现有的场所，通过给它们加入各种各样的构筑物，改变了它们的特征，并为人们提供了体验和理解他们原本熟悉的平凡无趣的空间的不同方式，如史密森的大地艺术作品“螺旋形防护堤”（见图8.48）。可见，“大地艺术”的作品超越了传统的艺术范畴，与大地产生了密不可分的联系，从而走向“空间”与“场所”，它远离尘嚣，视环境与人为一个整体，强调人的“场所”体验，将艺术这种“非语言表达方式”引入景观设计中，并为之提供了新的设计观念与思路，赋予其勃勃生机。因此，“大地艺术”并不全是“景观艺术”，而且也非源于景观艺术，它只是现代景观艺术的一个方面或者说是一个组成部分。“艺术”的介入，使得美国自20世纪60年代后期与建筑构筑物、雕塑共同融入“景观学”中，从而扩展了它的含义，使艺术能在更广阔的空间中找到灵感的源泉。玛利亚曾说：“土壤不仅应被看见，而且应被思考在大地艺术中，土壤、石头、木头、冰雪、砂石都成为艺术家常用的材料。沙漠、森林、农场或工业废墟，成为艺术家关注的对象。”

图8.48　史密森的大地艺术作品——“螺旋形防护堤”

4. 生态艺术思潮

现代景观设计的生态学思想可以追溯到18世纪的英国自然风景园，其主要原则是“自然是最好的景观设计师”。18世纪开始，工业文明的发展带来了越加凸显的城市问题，拥挤的城市，肮脏、混乱的街道和沉闷、浑浊的空气令市民厌倦了单调、乏味的城市“水泥森林”，他们急需清新的空气、开敞的绿色空间和自由舒展的新鲜生命来释放心中的愁闷。一些景观设计师也在不断探索如何通过景观设计的手段来改善人类的生存环境，这时充满浪漫主义风情的英国自然风景园开始被渴求自由与释放的城市居民所关注。英国自然风景园中蜿蜒起伏的地形、开阔幽静的水面和潺潺而流的溪水、碧绿的草坪、苍翠的林木如优美动人的伊甸园般打动着他们，人们开始意识到并由衷地欣赏起风景中充满浪漫情调的自然美。

随着技术的发展，城市变得越来越脱离自然，由人口和工业的聚居引发的各种矛盾和问题越来越突出和严重。在景观设计领域中，对生态、对环境注入了更多的关注，生态艺术的问世掀起了景观设计的新的热潮。设计师开始将注意力集中在大尺度的景观和环境规划上。将景观作为一个生态系统，在这个系统中，地理学、地形学、地下水层、土地利用、气候、植物、野生动物都是重要的要素，他运用了计算机辅助地图叠加的技术，将对各个要素的单独分析作为综合成整个景观规划的依据。因此设计师更加重视自然，他们通过理解、尊重自然。因为人是唯一具有理解力和表达能力的有意识的生物，它必须成为生物界的管理员。将生态学思想运用到景观设计中，将景观规划设计与生态学完美地融合起来，从而开辟了生态化景观设计的新时代。

生态主义思潮在实践上的尝试，掀开了景观生态设计的新篇章。它将生态景观设计在实践上提高到了一个新的科学高度，为以后的生态设计提供了有益的参照。设计师通过对工业废弃地的保护、改造和再利用，完成了一批对欧洲乃至世界都产生了重大影响的景观工程，其中以西雅图煤气厂公园最为著名。从工业废弃地向城市公园的成功转变，是生态设计的又一次进步，也由此掀起了生态设计的高潮。1990 年以来德国的工业景观设计向前迈进一大步，在众多设计师参与设计完成的国际园艺博览会展园埃姆舍公园、杜伊斯堡风景公园等，通过综合的设计，将原有的工业废弃地的环境改造成为一种良性发展的动态生态系统。强调了这些废弃结构设施的自然特性，即逐渐腐蚀而重归自然的性质，有弹性和适应性的再循环利用废弃的环境，使公园处在衰败和更新的动态过程中，保留了历史的记忆，又恢复了生态环境，并且为地区更新与发展提供了良好的基础。

5. 后现代主义

后现代主义是一场发生于欧美 20 世纪 60 年代，并于 20 世纪 70—80 年代流行于西方的艺术、社会文化与哲学思潮。其要旨在于放弃现代性的基本前提及其规范内容。在后现代主义艺术中，这种放弃表现在拒绝现代主义艺术作为一个分化了文化领域的自主价值，并且拒绝现代主义的形式限定原则与党派原则。其本质是一种知性上的反理性主义、道德上的犬儒主义和感性上的快乐主义。后现代主义景观的设计类型主要有历史主义、地方主义、大众文化主义、隐喻主义和叙事主义 5 种设计类型，具有重构性后现代主义特征有反讽、种类混杂、狂欢性、表演性、参与性、构成性、内在性等。

美国建筑师文丘里被认为是后现代建筑理论的奠基人。1979 年他设计的华盛顿西广场是这个时期景观设计的代表作，在这里用铺装图案来隐喻城市的历史格局（见图 8.49 和图 8.50）。

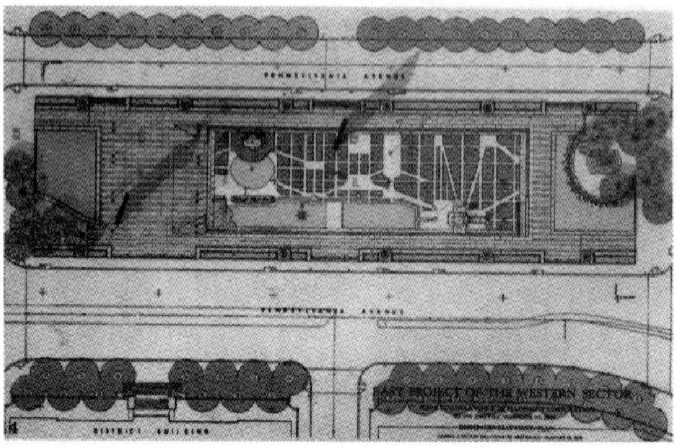

图 8.49　华盛顿西广场平面图

图 8.50　华盛顿西广场

后现代主义景观在格式塔心理学理论的基础上形成了各种设计手法：引入与流变，夸张与精秀，情采与变相，虚实与反转，替换与拼贴，保留与恢复。

后现代主义是一个在理论上难以下精准定论的概念，在建筑方面用的比较多，其主要的思想是反对那些约定俗成的形式，排斥整体的观念，强调异质性、特殊性和唯一性。

6. 现代雕塑派园林

20 世纪 60 年代的西方艺术界，雕塑的内涵和外延都已经得到相当的扩展，雕塑与其他艺术形式之间的差异已经模糊，特别是在景观设计的领域里。美国现代园林注意内容与形式的统一，但设计师的“厚味”不够。建筑师、景观设计师和城市规划师逐步认识到，大尺度的雕塑构成会给新的城市建筑和园林方案提供一个很合适的装饰。许多雕塑艺术家就有了机会加入到园林设计的队伍中来，以自己的特长对园林的发展做出了贡献。他们采用大尺度的雕塑作品，控制城市局部区域的景观，以此参与城市景观空间的创作，一些雕塑家更是直接涉足景观设计空间的领域，用雕塑的语言来进行景观设计。这其中较突出的是美国雕塑家野口勇。他认为园林仅仅注重满足于人们的活动要求还远远不够，还要给人以浓郁的艺术感觉。他的作品中大量展示了最新的艺术风格，阐述了艺术家对于园林所做出的新的理解，1951 年，野口勇设计了日本广岛和平公园（见图 8.51）。

图 8.51 日本广岛和平公园中名为“出发”的桥

美国现代园林艺术的发展时间不长，但却新奇百出，标新立异早已成为家常便饭。野口勇认为：现代园林艺术虽然已经带有自然与活动的功能，但这还不够，还要加进强烈的雕塑艺术表现意识与展示功能。所以，这种风格的园林，空间除了考虑自然与活动的造园因素之外，更把大量具有各种不同风格流派、材质造型的雕塑艺术作品加进去，使园林成为名副其实的雕塑公园。

思 考 题

1. 简述西方现代园林的特征。
2. 简述现代园林的设计风格。
3. 简述西方现代园林的设计思潮。

8.7 西方现代园林的特点

现代园林正是随着工业文明的发展而不断发展的，它紧随时代的步伐，不再是“意大利式”、“法国式”、“英国式”或“折中式”。现代园林一方面是以城市公园、城市绿地为其重要特征，另一方面由于其自净功能而成为生态系统中极为重要的人化自然。

8.7.1 注重功能，以人为本

园林功能较传统园林有了很大的改变。服务对象不再局限于为少数人服务，而为公众服务成为其核心内容，公众可以充分享受现代园林带来的优美舒适的环境，不受地位和身份的限制。现代园林是为了人的使用，提供更理想的户外环境。园林中一般都有不同的功能分区，提供不同使用功能的景观空间，以满足人们欣赏景观、安静休憩、健身娱乐、聚会演讲等多种需求。现代园林亦强调人的参与性。盖瑞特·埃克博提出每一个园林是一个舞台，每一个拥有者都是演员。此外，园林的生态功能成为园林的核心功能之一。如何使造园朝科学化的方向发展，合理设计群落结构，选配植物，并进行绿化效益的估算，成为现代园林生态规划的重要目标。造园范畴由微观的私园、公园并发展到宏观的城市绿化系统、人类聚居环境与大地景观。

8.7.2 设计思想和风格多元化

造园艺术和手法上由继承各国传统到艺术交流融合，抽象艺术、构成艺术、解构艺术等手法在现代园林中广泛运用，成为现代园林的重要风格。通过近几十年的发展，西方现代园林设计的不同流派形成了各自成熟的形式及特点，由于在园林设计中，需要处理的社会和环境问题趋向复杂，各流派在保持自己风格的同时开始互相借鉴，互相渗透，取长补短，来建立一种生命力更旺盛、适应性更广泛的新型综合性园林。随着社会的发展，园林流派之间的界限将会越来越模糊，园林设计思想和风格是逐渐趋于多元化、多样化的。设计师在设计形式上不断寻求新的突破，设计形式的探索与创新建立在传统基础上的，而设计形式往往受设计思想和功能的影响，传统与现代的完美交融需要设计师既要对传统文化有深刻的理解与感悟，也要适应现代社会生活的要求。

8.7.3 与环境相融合，并强调空间属性

与传统园林中，园林作为建筑的附属为建筑服务不同，现代园林注重与环境的融合，尤其与建筑的协调。现代园林是现代城市化的产物，为城市服务，不仅在功能上满足市民的各种需求，作为城市的一部分在形式上也与现代城市的大环境相融合。许多现代主义建筑师提出了建筑与环境的关系问题，强调室内外空间的连续以及建筑与园林的结合。园林设计师在设计中也不局限于园林本身，园林成为室外的生活空间，并使建筑与自然产生有机的连接。同时，园林设计师像建筑师注重空间一样，强调园林的空间属性。

8.7.4 园林设计多边性，多学科相结合

社会的发展使行业更加细化，园林作为城市环境创造与改善的主导行业之一，包含了几十种专业的交融与汇集。园林学科所涉及的专业有生态学、形态学、文学、行为心理学、植物学、土壤学、建筑学、城市规划学、材料学、美学、工程学、哲学等。随着社会的进步、人类对环境要求的提高，这就要求园林景观具备多重功能与审美需求，并且满足生态满足人们的日常生活功能使用和一切审美意识的要求。构成园林的元素和系统是多样且相互联系的，设计时往往需要通过对场地的生态、历史、文化、技术革新和社会的内在系统和外在系统充分理解和融合，创造出新的跨越自然的和人工的、结合理性和感性的综合性园林。园林的设计和建造常常由不同专业的事务所通过合作来完成。许多园林作品，都是景观规划设计师和城市规划师、建筑师和园艺师等合作的结晶。

思 考 题

1. 简述西方现代园林的特点。
2. 简述自己对园林行业多学科结合的认识与看法。

8.8 现代园林的发展趋势

8.8.1 趋向设计要素的创新，设计程序的外向型与开放性

在现代园林的设计中，最引人注目并且理解的就是以现代面貌出现的设计要素。现代社会给予设计师的材料与技术手段比以往任何时候都要多，现代设计师可以自由地应用色彩、光影、质感、声音等形式要素与地形、植物、水体、建筑与构筑物等形体要素结合来创造园林。工业技术的发展更促进了园林景观面貌的多样化，从而出现工业物体构件、新技术美学或材料，使其能更好地展示高精度的当代工程技术。工业技术的使用不仅赋予景观设计以动态，带来无拘无束的新装饰语言和动感视觉，同时有实际效益，如人造草坪、塑造植物、钢结构棚架师的出现，带动了即时性、消费性、装配性景观，为更广阔的园林空间绿化提供了可能。计算机的使用使园林走向了信息化与科技化时代，通过各种制图软件的使用可以逼真地模拟未建成的园林景观，从而使设计方案变得更加直观、生动，增强了设计方案的感染力，同时也为全民监督提供了可能；原始的图纸需要大量的空间进行堆放，而现代科技只需拇指大小的电子存储器就可以容纳数以万计的各种图纸；网络的出现使虚拟的加工厂、营销公司大量出现，为异地交易提供了操作性更强的平台，各式各样的苗木信息可以通过互联网得到共享，各种设计方案能够通过网络平台相互交流，互联网的引入为园林走向信息化、科技化提供了可能；地理卫星定位系统为园林现状的勘察提供了更科学、更准确的手段，通过卫星判读可以快速而准确地调查现有的园林资源，从而为下一步的规划研究提供充分的依据。

8.8.2 趋向对意义的探索及场所精神与文脉主义

重视隐喻与设计的意义在当今园林设计中日趋普遍，这成为当代园林设计多元化倾向的特征之一。很多设计师为了体现自然理想或基地场所的历史与环境，在设计中通过形态、空间或文化的隐喻创造出有意义的内容和形式，赋予园林景观以意义使之易于理解。园林将会更加富于抽象性和寓意性。它将既不再像传统的东方园林去模山仿水，也不再像规则式园林去逼近自然，而是力求对大自然进行本质性洞察，摒弃烦琐的细节性模拟，以生态型与几何型的有机结合，使得自然式与规则式融为一体。而在 20 世纪 80 年代设计师们热衷的一个话题当属文脉主义了。然而，对文脉主义的理解却深浅不一，有一些只不过是对周围环境现有形式与风格的看齐或模仿，这只是对文脉主义一种粗浅的认识。而对文脉的深层阅读要求深入到一个场所的精神领域之中，并关注到传统的组粒。从某种程度上讲，每一设计实际上都是在创造一种场所，因此设计师只有更倾心地体会设计场地中隐含的特质，充分揭示场地的历史人文或自然物理特点，才能领会真正意义上的场所精神，使设计本身成为一部关于场地的自然、历史或演化过程的美学教科书。

8.8.3 趋向自然生态美、注重绿地的系统性

在生态平衡理论、重视大环境建设、建立健全城市绿地系统的倡导下，园林纳入城市宏观发展规划和建设轨道。生态科技的发展是促进现代园林景观设计的重要动力，未来的园林密切联系着生态科学。园林场地中天空与植物的关系、植物与土壤的关系、土壤与微生物的关系以及融在这个空间中的人类、动物、建筑物、构筑物、园林设施等相互之间的关系，这些关系又影响了整个场地生态环境的相对稳定，使这个场地在更大城市背景下保持稳定。这些生态研究将是未来园林规划设计的不可缺少的考虑因子，为创造更具生命力的园林场所提供理论依据。生态设计得以贯彻、执行需要将场地当作一个整体来考虑。设计师不仅应在公园中设立自然保护区，保护有生态意义的湿地与水体，在人工制造的环境中种植未经驯化的野生植物，而且要在整个设计过程中贯彻生态与可持续发展的思想，从选址、项目选择、开发方式到分期建设、过程监控都极其注重生态演进过程。大力推行植树造林，保护和增

加林草植被，建立以森林植被为主体、乔灌草相结合的生态安全体系，这能有效缓解温室效应，减少水土流失，保持生物多样性，维护生态平衡。

8.8.4 趋向大地园林化

现代园林的范围从传统的城市环境中扩展到城市郊野以及更大范围的大地园林。在深刻地理解大自然及其秩序、过程与形式的基础上，设计师们以艺术抽象的高超手段再现自然的精神，而不是简单地进行移植或模仿。以城市大园林的布局方式构造城市“分散集团式”的城市布局和市级城镇体系，形成由中心市区 - 绿化防护绿地（绿化隔离带）- 边缘集团 - 卫星城 - 小城镇所组成的现代城市形态规划体系。从城市到城乡过渡带，到乡村采用大尺度园林规划的手法，实现更广阔的范围——大地园林化。

思 考 题

1. 简述现代园林的发展趋势。
2. 简述自己对“场所精神”的认识与看法。

参考文献

[1] 王向荣，林箐．西方现代景观设计的理论与实践［M］．北京：中国建筑工业出版社，2002.

[2] 王浩．园林规划设计［M］．南京：东南大学出版社，2009.

[3] 伊丽莎白·巴洛·罗杰斯编．世界景观设计（Ⅱ）——文化与建筑的历史［M］．韩炳越，译．北京：中国林业出版社，2005.

[4] 中国大百科全书总编辑委员会《建筑·园林·城市规划》编辑委员会编．中国大百科全书（建筑·园林·城市规划卷）［M］．北京：中国大百科全书出版社，2004.

[5] 吴志强，李德华主编．城市规划原理［M］．4 版．北京：中国建筑工业出版社．2010.

[6] 王受之．世界现代设计史［M］．北京：中国青年出版社，2002.

[7] 王受之．世界现代建筑史［M］．北京：中国建筑工业出版社，1999.

[8] ［英］埃比尼泽·霍华德编．明日的田园城市［M］．金经元，译．北京：商务印书馆，2000.

[9] 陈晓彤．传承·整合与嬗变——美国景观设计发展研究［M］．南京：东南大学出版社，2005.

[10] 沈守云主编．现代景观设计思潮［M］．武汉：华中科技大学出版社，2009.

[11] ［英］安德鲁·威尔逊．现代最具影响力的景观设计师［M］．张红卫，佘美萱，译．昆明：云南科学技术出版社，2005.

[12] 英保罗·库珀．新技术庭园［M］．刘林海，译．贵阳：贵州科技出版社，2002.

[13] 俞孔坚，李迪华．景观设计：专业、学科与教育［M］．北京，中国建筑工业出版社，2005.

[14] ［美］伯恩鲍姆等编著．美国景观设计的先驱［M］．孟雅丹，俞孔坚，译．北京：中国建筑工业出版社，2003.

[15] 王向荣，张晋石．西方现代风景园林设计师丛书——布雷·马克斯［M］．南京：东南大学出版社，2004.

[16] 王向荣，林箐，蒙小英．北欧国家的现代景观［M］．北京：中国建筑工业出版社，2007.

[17] Andersson，Sven – Ingvar&Lund，Annemarie. Landscape Art in Denmark［M］. Copenhagen：Arkitektens Forlag，1990.

[18] 王端廷，李黎阳．写给大家的西方美术史［M］．北京：时事出版社，1999.

[19] 何政广．世界名画家全集［M］．石家庄：河北教育出版社，1998.

[20] Buendia，Palomar，Eguiarte. The Life and Work of Luis Barragán［M］. 1997，New York.

[21] Kassler，Elizabeth B. Modern Gardens and the Landscape［M］. The Museum of Modern Art，New York，1994.

[22] Walker，Peter and Simo，Melanie. Invisible Gardens［M］. The MIT Press，1994.

[23] Attilio Petruccioli. Gardens in the time of the great Muslim empires：theory and design［M］. E. J. Brill，1997.

[24] 吴家骅．环境设计史纲［M］．重庆：重庆大学出版社，2002.

[25] 陈志华．外国造园艺术［M］．郑州：河南科学技术出版社，2001.

[26] 易军等．中外园林简史［M］．北京：机械工业出版社，2008.

[27] 汪菊渊．中国古代园林史纲要［M］．北京林业大学园林系讲义，1980.

[28] 童寯．造园史纲［M］．北京：中国建筑工业出版社，1983.

[29] 中国城市规划设计研究院．中国新园林［M］．北京：中国林业出版社，1985.
[30] 计成．园冶注释［M］．2 版．北京：中国建筑工业出版社，2005.
[31] 陈从周．惟有园林［M］．天津：百花文艺出版社，1997.
[32] 周维权．中国古典园林史［M］．北京：清华大学出版社，1999.
[33] 曹林娣．凝固的诗·苏州园林［M］．北京：中华书局，1996.
[34] 赵兴华．北京地方园林史话［M］．北京：中国林业出版社，2000.
[35] 毕沅．关中胜迹图志［M］．西安：三秦出版社，2004.
[36] 樊国盛，等．园林理论与实践［M］．北京：中国电力出版社，2007.
[37] 刘庭风．中国古园林之旅［M］．北京：中国建筑工业出版社，2004.
[38] 王其钧，邵松．古典园林［M］．北京：中国水利水电出版社，2005.
[39] 王其钧．中国园林图解词典［M］．北京：机械工业出版社，2006.
[40] 魏民．风景园林专业综合实习指导书［M］．北京：中国建筑工业出版社，2007.
[41] 翟小菊，姚天新．中国园林之旅京郊园林集锦［M］．石家庄：河北教育出版社，2006.
[42] 中国历史大词典编撰委员会．中国历史大词典［M］．上海：上海辞书出版社，2000.
[43] 刘郭祯．苏州古典园林［M］．北京：中国建筑工业出版社，2005.
[44] 周维权．中国古典园林史［M］．北京：清华大学出版社，1990.
[45] 过元炯．园林艺术［M］．北京：中国农业出版社，1996.
[46] 屈永建．园林艺术［M］．西安：西北农林科技大学出版社，2005.
[47] 刘少宗．中国优秀园林设计集（1~4）［M］．天津：天津大学出版社，1999.
[48] 李嘉乐．园林绿化小百科［M］．北京：中国建筑工业出版社，1999.
[49] 潘谷西．江南理景艺术［M］．南京：东南大学出版社，2001.
[50] 游泳．园林史［M］．北京：中国农业科技大学出版社，2002.
[51] 朱观海．中国优秀园林设计集［M］．天津：天津大学出版社，2002.
[52] 郭风平，方建斌．中外园林史［M］．北京：中国建材工业出版社，2005.
[53] 陈值．中国造园史［M］．北京：中国建筑工业出版社，2006.
[54] 韩欣．中国名园：上、下卷［M］．北京：东方出版社，2006.
[55] 中国勘察设计协会园林设计分会．风景园林设计资料集——园林绿地总体设计［M］．北京：中国建筑工业出版社，2006.
[56] ［日］针之谷钟吉．西方造园变迁史——从伊甸园到天然公园［M］．邹洪灿，译．北京：中国建材工业出版社，1991.
[57] 郦芷若．朱建宁．西方园林［M］．郑州：河南科技技术出版社，2001.
[58] 陈志华．外国造园艺术［M］．郑州：河南科学技术出版社，2001.
[59] 刘庭风．日本小庭院［M］．上海：同济大学出版社，2001.
[60] 刘庭风．中日古典园林比较［M］．天津：天津大学出版社，2003.
[61] 上海市地方志办公室．上海名街志［M］．上海：上海社会科学院出版社，2004.
[62] 周向频，陈喆华．上海公园设计史略［M］．上海：同济大学出版社，2009.
[63] 周琳洁．广东近代园林史（精）［M］．北京：中国建筑工业出版社，2011.
[64] 俞孔坚，等．足下文化与野草之美——产业用地设计探索，岐江公园案例［M］．北京：中国建筑工业出版社，2003.

[65] 王其钧．中国古代绘画中的建筑与环境［M］．北京：中国建筑工业出版社，2006.

[66] 王晓俊．西方现代园林设计［M］．南京：东南大学出版社，2000.

[67] 王向荣，林菁．西方现代景观设计的理论与实践［M］．北京：中国建筑工业出版社，2002.

[68] 艾伦·泰特，周玉鹏，等译．城市公园设计［M］．北京：中国建筑工业出版社，2005.

[69] 里尔·莱威，彼得·沃克，彼得·沃克——极简主义庭园［M］．王晓俊，译．南京：东南大学出版社，2003.

[70] 章俊华．内心的庭园——日本传统园林艺术［M］．昆明：云南大学出版社，1999.

[71] 朱建宁．永久的光荣——法国传统园林艺术［M］．昆明：云南大学出版社，1999.

[72] 夏建统．对岸的风景——美国现代园林艺术［M］．昆明：云南大学出版社，1999.

[73] 刘晓明，吴宇江．梦中的天地——中国传统园林艺术［M］．昆明：云南大学出版社，1999.

[74] 张薇．《园冶》文化论［M］．北京：人民出版社，2006.

[75] 杨滨章．外国园林史［M］．哈尔滨：东北林业大学出版社，2003.

[76] 查尔斯·莫尔，风景［M］．李斯，译．北京：光明日报出版社，2000.

[77] 朱建宁．西方园林史：19 世纪之前［M］．北京：中国林业出版社，2008.

[78] 王海山．景观设计 I 规划与实例［M］．大连：理工大学出版社，2004.

[79] 程里尧．中国古典园林［M］．云南：人民出版社，1999.

[80] 金学智．中国园林美学［M］．2 版．北京：中国建筑工业出版社，2005.

[81] 章采烈．中国园林艺术通论［M］．上海：上海科学技术出版社，2004.

[82] 丁绍刚主编，风景园林概论［M］，中国建筑工业出版社，2009.

[83] 安怀起．中国园林史［M］．上海：同济大学出版社，1991.

[84] 程绪珂，王焘．上海园林志［M］．上海：上海社会科学院出版社，2000.

[85] 陆其国．老上海迷人风情录［M］．上海：中国福利会出版社，2004.

[86] 沈恭．上海勘察设计志编纂委员会．上海勘察设计志［M］．上海：上海社会科学院出版社，1998.

[87] 郦芷若，朱建宁．西方园林［M］．郑州：河南科学技术出版社，2001.

[88] 周武忠．寻求伊甸园——中西古典园林艺术比较［M］．南京：东南大学出版社，2001.

[89] 游泳．园林史［M］．北京：中国林业出版社，2006.

[90] 张祖刚．世界园林发展概论：走向自然的世界园林史图说［M］．北京：中国建筑工业出版社，2003.

[91] 陈志华．外国造园艺术［M］．郑州：河南科学技术出版社，2001.

[92] 郭凤平，方建斌．中外园林史［M］．北京：中国建材工业出版社，2005.

[93] 赵书彬．中外园林史［M］．北京：机械工业出版社，2008.

[94] 杨滨章．外国园林史［M］．哈尔滨：东北林业大学出版社，2003.

[95] 朱育帆．西方古典园林史图纲［M］．清华大学建筑学院（内部教材）．2004.

[96] 王晓俊．西方现代园林设计［M］．南京：东南大学出版社，2000.

[97] 刘庭风．日本园林的风格漫谈（一）［J］．广东园林，2002（02）．

[98] 刘庭风．日本园林的风格漫谈（三）池泉园、筑山庭、平庭［J］．广东园林，2002（03）．

[99] 刘庭风．日本园林的风格漫谈（四）坐观式、舟游式、回游式［J］．广东园林，2002（04）．

[100] 曹康，等．奥姆斯特德的规划理念——对公园设计和风景园林规划的超越［J］．中国园林，2005（08）．

[101] 王向荣，林菁．拉·维莱特公园与雪铁龙公园及其启示［J］．中国园林，1997（02）．

[102] 沈洁．从极简主义艺术到极简主义景观设计［J］．林业建设，2006（04）．

[103] 俞孔坚，刘东云．美国的景观设计专业［J］．国外城市规划，1999（2）．
[104] 叶莺，高翅．墓园发展概述［J］．广东园林，2008（3）．
[105] 龙赟．解构主义与景观设计［J］．山西建筑，2004（08）．
[106] 文玉．“大地艺术”与当代景观设计［J］．规划师，1999（03）．
[107] 左辅强．纽约中央公园适时更新与复兴的启示［J］．中国园林，2005（07）．
[108] Witod Rybczynski，陈伟新．纽约中央公园150年演进历程［J］．国外城市规划，2004（02）．
[109] 刘晓明，王朝忠．美国风景园林大师彼得·沃克及其极简主义园林［J］．中国园林，2000（04）．
[110] 蒋淑君．美国近代景观园林的风格创造者——唐宁［J］．中国园林，2003（4）．
[111] 杨锐．美国国家公园体系的发展历程及其经验教训［J］．中国园林，2001（1）．
[112] Martin，Ignacio San. Luis Barragán：The Process of Discovery［J］. Landscape Journal，1996（2）．
[113] 刘庭风．民国园林特征［J］．建筑师.2005（113）．
[114] 金经元．再谈霍华德的明日的田园城市［J］．国外城市规划，1996（4）．
[115] 黄妍．英国景观大师杰弗里·杰利科［J］．世界建筑，2001（4）．
[116] 高亦珂．格特鲁·德杰基尔的作品与著作［J］．风景园林，2008（6）．
[117] 金纪元．奥姆斯特德与波士顿公园系统：上、中、下［J］．城市管理，2002.
[118] 金经元．再谈霍华德的明日的田园城市［J］．国外城市规划，1996（4）．
[119] 刘滨谊，王敏．景观园林规划设计领域的首席人物杰弗里·吉利柯［J］．中国园林，2001（2）．
[120] 刘滨谊，周晓娟，彭锋．美国自然风景园运动的发展［J］．中国园林，2001（5）．
[121] ［美］卡尔．斯坦尼兹．景观设计思想发展史（上）［J］．中国园林，2001（5）．
[122] ［美］卡尔．斯坦尼兹．景观设计思想发展史（下）［J］．中国园林，2001（6）．
[123] 张健健.19世纪英国园林艺术流变［J］．北京林业大学学报（社会科学版），2011（2）．
[124] 林箐．“伟大风格”——法国勒诺特尔式园林（1）［J］．中国园林，2006，22（2）．
[125] 林箐．理性之美——法国勒诺特尔式园林造园分析［J］．中国园林，2006，22（4）．
[126] 董莹．浅析法国园林艺术［J］，艺术教育，2010（09）．
[127] 刘玉华，刘奎.20世纪90年代后的西方现代园林研究［J］，安徽农业科学，2009（11）．
[128] 罗枫，陈江．浅析西方现代主义园林的特征［J］．西北林学院学报，2007，22（1）．
[129] 洪琳燕．印度传统伊斯兰造园艺术赏析及启示［J］．北京林业大学学报（社会科学版）2007，6（3）．
[130] 闻奇．印度的泰姬陵［J］．中外建筑，2002，4（37）．
[131] 张哲．西方文化对近代上海公园的影响［D］．长沙：中南林业科技大学，2006.
[132] 吴义曲．现代景园对传统景园的继承与拓展［D］．武汉：武汉理工大学，2006.
[133] 刘海鸥．西方现代庭院的初步研究［D］．南京：南京林业大学，2004.
[134] 常俊丽．极简主义艺术及其对西方现代园林的影响［D］．南京：南京林业大学，2003.
[135] 王芳华．西方景观设计中极简主义现象的研究［D］．成都：西南交通大学，2004.
[136] 赵晨阳．生态主义影响下的现代景观设计［D］．南京：南京林业大学，2005.
[137] 张丹．西方现代景观设计的初步研究［D］．大连：大连理工大学，2006.
[138] 吴保光．美国国家公园体系的起源及其形成［D］．厦门：厦门大学，2009.
[139] 王立科．现代景观设计中地域特色的创作方法初探［D］．北京：北京林业大学，2006.
[140] 林箐．欧美现代园林发展概述［D］．北京：北京林业大学，1997.
[141] 二十天的印度［EB/OL］．（2006－10－19）［2006－10－30］．http：//www. 06txtx. corn/showpost. aspx?

postid = 1174.

[142] 泰姬陵［EB/OL］．(2006 - 01 - 15)［2006 - 10 - 30］. http：//www. cts2008. corn/Art/2006 - 01 - 15/1063356. html.

[143] 奉爱之旅，行走奇异印度［EB/OL］．(2004 - 06 - 23)［2005 - 08 - 03］. http：//hxtc. china. cn/Zhuanti2005/txt/2004 - 06/content - 5593403. htm.

[144] 刘晨秀．中国近代园林史上三个重要标志特征．中国风景园林网［J/OL］http：//dict. chla. com. cn/paper/showcard. aspx? id = 7126，2011.